人 机 交 互

董士海　王　衡　著

北京大学出版社
北　京

内容简介

本书是学习人机交互课程的教材，介绍了人机交互的发展历史、人机交互技术、交互设备、交互系统设计方法及交互系统评估等，总结了20世纪90年代人机交互多通道界面的前沿进展，并对新一代人机交互界面进行了展望。本书可用作计算机软件专业学生(包括研究生和高年级本科生)的基本教材，也可以供人机界面及其各相关领域的研究人员以及计算机界各层次工作人员参考。

图书在版编目(CIP)数据

人机交互/董士海，王衡著.—北京：北京大学出版社，2004.6
ISBN 978-7-301-07033-8

Ⅰ.人… Ⅱ.①董…②王… Ⅲ.人-机系统 Ⅳ.TB18

中国版本图书馆CIP数据核字(2004)第013997号

书　　名：人机交互
著作责任者：董士海　王　衡　著
责 任 编 辑：沈承凤
标 准 书 号：ISBN 978-7-301-07033-8/TP·0756
出 版 发 行：北京大学出版社
地　　址：北京市海淀区成府路205号　100871
网　　址：http://www.pup.cn　　电子信箱：zpup@pup.pku.edu.cn
电　　话：邮购部62752015　发行部62750672　编辑部62752038　出版部62754962
印　刷　者：河北滦县鑫华书刊印刷厂
787毫米×1092毫米　16开本　17.25印张　431千字
2004年6月第1版　2010年6月第2次印刷
定　　价：30.00元

作 者 前 言

人机交互是研究人和计算机以及它们二者之间的相互影响的领域。近二十年,人机交互的研究在计算机科学领域引起越来越大的兴趣,并取得快速发展,成为计算机系统研究的重要组成部分。随着计算机本身的处理速度和存储容量的飞速提高,人们越来越需要不断改进人机界面这个计算机与使用者之间的对话接口。人机界面已经从过去人去适应计算机,发展为计算机不断地适应人的习惯和以"用户"为中心的新阶段。人机界面的重要性在于它极大地影响了最终用户的使用,影响了计算机的推广应用,以至于影响人们的工作和生活。

人机交互是一个跨学科的领域,它在整个计算机研究与产业中的地位日趋显著。近年来它在欧美得到飞速发展,国内的研究也已经有国家支持的科研项目(国家自然科学基金、"863"计划、"九五"计划)。另外由于开发工作量极大,加上不同人群对界面的要求不全相同,人机界面已成为计算机研制中一个最困难的部分,人机界面的研究开发需要大量人才。互联网发展,虚拟现实,科学计算可视化,多媒体技术也对人机界面提出了新的挑战和更高的要求,同时也提供了许多新的机遇。

北京大学计算机系计算机软件专业于2000年春季首次开设了人机交互课程,以加强学生对人机交互问题的了解。本书是根据前两年课程的教学经验和本系人机交互与多媒体研究室董士海教授所写的两部相关书籍结合修改而编写的教材,其目的是使之更适合于本科生和研究生教学使用。它将具体介绍人机界面发展过程,多种交互技术与设备,交互系统设计方法,多通道人机交互系统的模型、设计问题、评估方法及开发环境。并试图与计算机科学、心理学等多学科相结合,完善人机界面的可用性,从技术、应用等多个视角来介绍人机界面。

本书共分八章。第1章是引言,介绍人机交互的发展历史和近年来国际上人机交互研究情况;第2章介绍人的因素;第3章介绍人机交互设备和技术;第4章详细介绍人机交互系统设计的理论和方法;第5章讨论多通道用户界面的主要问题,以国家自然科学基金重点项目"多通道用户界面研究"为背景介绍了多通道用户界面的研究实例;第6章介绍用户界面的开发工具和环境;第7章介绍界面评估和可用性测试;第8章是对人机交互及用户界面的展望,讨论了人机界面发展的历史趋势和诱人前景。

本书可作为人机交互或界面设计课程的教材,以人机界面及其各相关领域的研究人员(包括研究生和高年级本科生)为主要读者对象,也可以作为相关研究者的参考资料。那些过去对人机交互不够了解的读者,特别是那些从事着与人机交互关系非常密切的工作(包括人工智能、模式识别、多媒体、互联网等)的读者和研究者,可以通过本教材更加清晰了解当前人机交互的发展趋势。人机交互领域是一个科学技术转化为生产力的重要领域,人机交互的发展,技术与设备的成熟必然意味着巨大的市场。企业决策人员在考虑自己的产品战略时需要更加重视人机界面这一渗透各个产品的因素。本书也可作为企业决策、产品导向和研究支持等方面人员的参考。

2003年12月1日

致　谢

首先感谢北京大学出版社沈承凤老师的帮助。北京大学信息科学与技术学院人机交互与多媒体研究室汪国平老师，研究生岳玮宁、王悦、谭继志、陈文广、董爱琴、何琰等同学，99级本科生申峻嵘、张稚、梅俏竹、董云飞、胡卿、孙宏涛、汤彦等同学对本书提出许多意见和建议。完善本书的工作中得到教育部留学回国人员科研启动基金、国家自然科学基金重点项目（No. 60033020）和国家863高技术发展计划（No. 2001AA114170）资助，谨此致谢。

目录

第1章　引　言

人机交互(Human-Computer Interaction, HCI)是研究人、计算机以及它们之间相互影响的技术。人机交互研究的最终目的在于探讨如何使所设计的计算机能帮助人们更安全、更高效地完成所需的任务。自1946年世界上第一台数字计算机ENIAC诞生以来,计算机技术取得了惊人的发展。计算机不仅作为一种普通的计算工具为人们所使用,而且在新的产业革命中,与通信技术、新材料技术等结合在一起,扮演着一个重要的角色。现代计算机已经应用在社会生活的各个领域,它可以代替人做大量重复性的工作,它在这方面的能力,有的已大大超过了人。但计算机仍然是一种工具,一种高级的工具,它是人脑、人手、人眼等的扩展,因此它仍然受到人的支配、控制、操纵和管理。在计算机所完成的任务中,有大量是人与计算机配合共同完成的。在这种情况下,人与计算机需要进行相互间的通信,即所谓的人机交互。实现人与计算机之间通信的硬、软件系统即为交互系统。

交互系统通常包括计算机通过输出或显示设备给人提供大量信息及提示,以及人通过输入设备向计算机输入有关信息、问题回答等。在计算机发展的早期,人们把注意力集中在提高计算机本身的处理、存储能力方面。随着计算机处理、存储能力的飞速提高和成本的降低,人们已将注意力逐渐转移到改善人机交互的手段和界面方面,交互系统不断受到重视,因而得到很快的发展。计算机的发展,推动着人机接口技术和人机界面的发展。从计算机早期的面板开关、显示灯和穿孔纸带等交互装置,发展到今天的视线跟踪、语音识别、手势输入、感觉反馈等具有多种感知能力的交互装置。人机界面经历了手工操作、命令语言和图形用户界面(GUI)的三个阶段。图形用户界面是当前广泛流行的人机界面,它的发展和应用是计算机技术重大成就之一。人机界面影响到最终用户,影响到计算机的推广应用,甚至影响到人们的工作和生活。美国2000年信息技术(IT)研究预算中,HCI是基础研究的四个方面(软件、HCI、网络、高性能计算)之一。IT应达到的诸目标中的第一个是:研制出能说、能听懂语言的计算机。

用户界面(user interface)又称人机界面(human-computer interface),它作为计算机系统的一个重要组成部分,是计算机科学、心理学、认知科学和人素学(human factors)等学科的交叉研究领域,也是计算机行业竞争的焦点,是从硬件转移到软件之后,又一个新的、重要的研究领域[Foley 1990]。

人机界面和人机交互(或人机对话,human-computer dialogue)是两个不同的概念:

(1) 人机交互是指用户与计算机系统之间的通信,它是人与计算机之间各种符号和动作的双向信息交换。这里的"对话"定义为一种通信,即信息交换,而且是一种双向的信息交换,可由人向计算机输入信息,也可由计算机向使用者反馈信息。这种信息交换的形式是以各种符号和动作的方式出现的,如击键、移动鼠标、显示屏幕上的符号或图形等。

(2) 人机界面[Brown 1989, 董士海 1994a]是指用户与计算机系统之间的通信媒体或手段,它是人机双向信息交换的支持软件和硬件。这里"界面"定义为通信的媒体或手段,它的物化体现是有关的支持软件和硬件,如带有鼠标的图形显示终端。

人机之间的对话是通过一定的人机界面来实现的，在界面开发过程中，有时把两者作为同义词使用。

近20年来计算机硬件技术以难以想像的速度发展。一方面，计算机具备了百亿次的运算速度、海量的存储容量及智能的人机接口设备；另一方面，随着制造工艺的发展，计算机的体积越来越小，其应用也越来越广。计算机系统的拟人化，以虚拟现实为代表，而计算机的微型化和随身化，以掌上计算机为代表，它们将是计算机的两个重要的应用趋势。人机接口技术是适应这种趋势的瓶颈技术。人机结合以人为主，将是未来计算机系统的特点；实现人机高效合作将是新一代人机界面的主要目的。

1.1 人机交互的重要性

人机通信问题将是21世纪信息领域中必须解决的重大课题，人机接口技术是计算机应用的核心技术，以用户为中心是下一代人机界面的设计思想。人机界面作为人机通信的途径，其效果好坏直接影响到一个软件的功能、最终用户的使用、计算机的推广乃至人们的工作和生活。20世纪80年代，计算机及计算机的用户界面，有了很快的发展，它使得工业、商业、交通、军事、教育、科学研究及文化艺术等方面发生了深刻的变化，对社会的发展产生了深远的影响。在用户界面操作上的变化同样也给社会对计算机的各种应用带来了影响。计算机及计算机用户界面的进展也给个人的工作方式、生活内容带来变化。随着计算机技术的不断发展，软件在计算机中所占的比重越来越大。在软件研制中，人机界面的设计和开发在整个系统研制中所占的比重较大，约占40％～60％。加上不同人群对界面的要求不全相同，因而人机界面是计算机研制中的一个最困难的部分。因此，人机界面技术已成为世界各国软件工作者所着重研究的关键技术之一。

在计算机的推广过程中和广泛使用的同时，人们也产生了不少的担心及疑问。下面简要讨论计算机及用户界面在社会影响方面的情况。

1. 推动与发展

计算机作为20世纪高科技的最重要成果之一，使得整个世界的经济、科学技术、生产力发生了巨大的变化；而计算机的重要组成部分——用户界面在近几十年的发展变化，又使得计算机能够更加方便、更加高效地服务于人类。因而，计算机及其用户界面进展的主要影响是积极的，它说明了“科学技术是第一生产力”，说明了科学技术极大地推动了经济及社会生产力的发展。计算机用户界面的主要作用如下：

(1) 推动了生产力的发展

计算机是一种自动的高速计算工具，它首先被广泛用于科学技术工程的计算，无论是计算速度还是计算精度，计算机都大大高于人的计算能力。由于计算机具有自动执行存储程序的能力，因而它已成为各种控制系统的核心，从而大大减轻了人们控制、管理各种生产过程的繁琐劳动。今天，不论是会计工作、仓库管理、订票、图书馆、银行、保险、工业自动化还是军事方面，计算机都得到了广泛应用，这也正是由于计算机在数据处理、控制过程中起着核心作用的缘故。而用户界面的极大改进，使计算机成为人类十分方便实用的设计、通信工具，它在提高计算机的计算能力和使用效率方面起了积极作用。

(2) 提高了工作质量

计算机不仅提高了生产效率,而且提高了工作质量。例如,文字处理和激光排版系统可打印出高质量的报纸及书籍,不仅可保证名词术语的一致性,而且可纠正拼写的错误。航空订票系统不仅可很快确定航班的情况,而且可准确及时地提供查询座位和到达、转机时间的服务。工厂的自动化生产可保证产品的质量,并可提供各种快速、严格的测试。在军事技术方面及危险的场合,采用计算机控制可以在无人的条件下进行各种准确严格的试验。在计算机用户界面得到极大改进的情况下,人们可以通过人机对话来提高设计质量,改善产品的外观质量。此外,人们还可通过计算机的可视化手段直接了解未来产品或系统的内部结构及外观情况。

(3) 促进计算机进入个人及家庭生活

过去,计算机主要用于大型企业、政府部门及公共服务,自 1980 年起,个人计算机得到了飞速发展,并已在个人及家庭生活的许多方面得到了广泛应用,帮助人们合理安排生活,因而提高了人们的工作效率。在个人的工作方面,字处理系统为人们提供编写文件、创作小说等文字编辑排版功能;各种管理信息系统提供个人日程安排、电话号码管理、家庭账目管理、健康记录等功能。而在个人生活方面,则可以提供电子游戏、假期活动计划、税收情况管理等功能。目前已经出现了许多用计算机自动控制家庭电器,从而减轻人们的家务劳动等方案,这为人们提供舒适方便的生活环境展现了良好前景。

(4) 进行科学探索

人们在进一步认识客观世界,探索自然界奥秘的各种研究中,可以利用计算机这一工具构造数学模型,模拟自然规律及建造用于各种计算机控制的研究工具。当代前沿学科的研究几乎都离不开计算机,例如,生命科学中遗传密码的研究,合成材料的定性定量分析,超大规模集成电路的设计及测试等都需要极强的计算机系统支持。在当今十分活跃的"虚拟现实"的研究中,将以计算机为中心生成具有各种真实感的立体视觉、听觉等以仿真人类的各种工作环境。这一研究更加生动体现了当前计算机系统的巨大能力,也反映了当今人机界面技术的成就。

(5) 用于教育与训练

人机交互技术的进展为计算机教育提供了广泛应用的技术和工具。过去仅通过教师讲授很难讲清的概念、定理、现象或自然规律,现在可通过计算机进行生动的辅助教学。不仅如此,学生还可以通过计算机"课件"进行自学、自练、自测,从而大大减轻了教师的工作量。在许多有危险性或代价极大的工作培训中,现在可用计算机来模拟工作条件进行训练,诸如飞行模拟、航海模拟、外科手术模拟等。各种以计算机为核心的"电子书籍"、"电子词典"、"翻译机器"等均可提高人们的学习效率。

(6) 用于文化娱乐活动

用计算机进行的电子游戏、电脑下棋、计算机绘图、计算机书法、计算机音乐创作、邮票管理,以及各种体育比赛的记录统计等都可以使人们的业余生活变得更加丰富多彩。已经迅速发展起来的多媒体技术,不仅可用于教育和文献资料的查询方面,还可对视频、音响、报刊等各种媒体进行统一管理,产生更加丰富多彩的效果。

(7) 用于人际交往

计算机用户界面在联网条件下可使人们的通信更加迅速、方便。人们虽然远隔万里,但通过计算机终端则可即时通信,就像打电话一样方便。随着高速网络的发展,图像通信也将成为现实。在计算机网络支持下,远程可视会议、多人游戏、小组决策讨论等均可以成为现实。如今，计算机使人与人之间的关系变得更加紧密了。

2. 担心与疑问

计算机的发展推动了生产力的发展，改善了人们的工作与生活条件。但由于计算机研制中存在的局限性，它给人们以至于社会带来了一系列的问题：

(1) 可靠性问题

计算机是一种用电子器件构造的机器，它的软件系统是由人们用智力开发出来的，因而它不能保证绝对不出故障和错误。实际上，目前广泛使用的各类计算机系统常常会有故障产生。人们在和计算机打交道过程中深切感受到，在一些关键场合使用的计算机一旦出现故障，将给人们的工作以至于生命带来巨大的损害。为此，人们常常担心计算机使用中的可靠性、可信性问题，有时人们会说："计算机出了问题怎么办？还不如由人来控制呢!"如此担心的产生是很自然的，尤其是在许多关键场合，计算机的运行必须严格、准确、可靠。当前，有许多专家从事计算机可靠性的研究，并已取得了一系列的成果，对软件可靠性的研究也有进展，人们的这种担心将逐步被消除。

(2) 数据安全和保密问题

计算机系统可以存储大量的数据和重要的信息。人们从实践中已发现，由于机器的故障、人的恶意活动，会破坏所存储的信息和数据；由于某些人的犯罪活动，会丢失或改动信息，甚至泄露受法律保护的个人信息等。由此可见，数据安全及保密问题已经被提到了非常重要的位置。这个问题的解决需要从技术及法律两方面进行工作，才能确保计算机系统用户的数据安全。

(3) 计算机职业病

长期从事计算机操作或软件开发的人员，如不采取措施，身体健康会受到影响。例如，眼睛长期观察屏幕会造成视力减退；因连续开发程序引起的过度疲劳会影响神经系统。有的机房维护人员处于无日光的空调机房，或者受到打印机噪声的长期刺激，均可能对健康造成影响。解决的办法是改进计算机使用对人体所产生的影响，增强操作保护。现在许多单位已开始重视这一问题。

(4) 情感疏远问题

长期和计算机打交道的人，或者在计算机上花费许多时间的人，会减少与其他人的联系，因而容易造成情感疏远问题。有些人家里有计算机，他们不仅白天工作与计算机相处，晚上回家也继续在计算机上工作，结果疏远了家人。心理学家调查发现，花费过多时间在计算机上会增加人的孤独感，他们有时也会像对待机器一样去对待别人。当然，这里有思想方法的问题，也有合理安排工作、生活的问题。因为即使是在计算机上工作，也有依靠集体、相互讨论、取长补短的时候。所以，这一问题值得引起重视。

(5) 工作人员失业问题

计算机的应用大大提高了生产力，有些原来采用人工的地方改用计算机后可节省大批人力，因而就产生了安排多余人力的问题。例如，改用激光照排后，省去了铅字的制作，取消了拣字、拼铅字版等工序，提高了生产力，由此而产生了原有工人失业的问题。这样的问题在以往的每次工业革命中均有发生。从总的历史发展情况来看，生产工具的改进提高了生产力，也使生产者有更多时间从事更富有创造性的劳动或进行休息。对于具体的生产者个人来说，需要提高技术文化素养，以便更好地工作。但是在某一国家的某一时间内，某项技术的推广应用可能会造成待业人数增多,以致带来社会问题。

(6) 人脑是否会退化的问题

作为强大的计算、控制工具,计算机减轻了人的大量繁琐的计算工作和许多管理工作,人们似乎只要按几个按钮就能操纵机器,制造产品。在学校里学生们可用计算器算题,可用软件画函数图形。高级软件可解决设计中的一系列问题,帮助人们找出最佳方案。专家系统可提供许多领域的专家咨询。那么,如果人们长期使用计算机,会不会变懒? 人脑会不会退化? 从总体上看,计算机并不能解决所有问题,人们还要解决自然界及社会中的一系列问题,因而不会退化,反而会进步。

(7) "电脑万能"的问题

由于计算机的强大能力及人工智能技术的进展,"电脑万能"的观点开始盛行。确实,在许多场合计算机起了十分重要的作用,有的已超过了人的工作能力。但正如人创造其他一切社会财富一样,计算机是由人创造、由人控制和由人改进的,没有人的劳动和智慧就没有计算机的一切能力。更何况,现在有许多问题计算机还不能解决,因而"电脑万能"的观点也是不成立的。

3. 若干措施

为解决上面讨论中的种种问题,有必要加强以下措施:

(1) 提高计算机系统的可靠性。

(2) 加强数据保密及安全性研究。

(3) 制订法律,保护计算机安全,打击利用计算机进行犯罪的活动。

(4) 进行以人为中心的计算机系统设计,这就是在设计计算机系统的硬件与软件时,要充分考虑人的因素,要提供各种适合于人们习惯的图形、图像和声音的效果。

(5) 加强教育,使人们掌握并驾驭计算机,使它为人类服务,而不是被它的复杂程度所吓倒。

(6) 进行集体讨论,增强集体观念,在任务安排等方面努力改进个人作坊式的工作方法。

(7) 大力普及科学知识,克服"电脑万能"的障碍,促进生产力及科学技术的进一步发展。

人机交互的发展具有广泛的社会影响。随着技术的驱动、人使用要求的变化、网络的发展,人机交互的研究越来越面临紧迫性,人机界面已经是"不研究不行"的问题,人机交互技术是21世纪信息领域需要解决的重大课题。美国21世纪信息技术计划中的基础研究内容为四项:软件、HCI、网络和高性能计算。我国973、863、"十五"计划均将人机交互列为主要内容。

1.2 人机交互的发展历史

计算机的发展历史,不仅是计算机本身的处理速度、存储容量飞速提升的历史,而且也是计算机与用户之间交互界面不断改善的历史。由于计算机的用户界面直接关系到人们的使用效果,因而这一领域的技术进展十分迅速。特别是随着硬件价格的不断降低、人的生产效率的提高,用户界面已成为计算机十分关键的一个部分。

1.2.1 计算机发展的早期

世界上第一台数字计算机 ENIAC 在 1943～1946 年由美国宾州大学摩尔学院开发,并于 1946 年正式被美国军方的炮兵部队用于计算弹道方程的积分。开始设计时,ENIAC 的设计者们采用联线的方法在小接线板上进行相互连接。后来改进为在小接线板上联线建立起标准的操作,并用卡片阅读器送入标准的宏操作序列,以提供计算程序。在计算机发展的早期,计算机的程序和数据是采用穿孔卡片和穿孔纸带,由专门的卡片输入机(阅读器)或纸带输入机(阅读器)进行输入。而对计算机的管理和调试,则是通过计算机的控制面板,由开关和指示灯来控制。当时,计算机的输出是通过控制面板显示寄存器的内容,通过打印机在纸上输出计算结果等。后来,利用邮电通信中的电传机作为输入/输出的控制台设备。卡片及纸带输入设备沿用了很长的一段时间,其原因是卡片及纸带可以事先脱机进行准备,并容易保存。

计算机发展的早期,人机交互的主要特点是人去适应现在看来是十分笨拙的计算机,例如多数计算机是二进制机器,人们就使用二进制的机器语言编写程序,人们用各种开关、指示灯、卡片上的孔来表示数据或指令进行人机交互。采用依赖于机器的方法来使用计算机是十分不方便的,但当时计算机尚未大批生产,只是在军事或研究部门单独研制使用,而且多数计算机的使用者往往就是设计者本人,或者在设计者的单位内使用。虽然使用不怎么方便,但长期使用也就能熟能生巧了。

1.2.2 作业控制语言及交互命令语言阶段

计算机的处理能力不断提高,使得用户描述计算问题及提交计算作业的慢速方法(卡片和纸带)与之不相适应。由于符号汇编语言、子程序库及输入/输出的控制程序相继出现,因而逐渐改善了人们使用计算机的效率。在 20 世纪 50 年代中后期,IBM 704 机开始配置许多目前属于操作系统范畴的服务程序及汇编程序,诸如输入/输出控制程序,从一个作业到另一作业的顺序控制程序、汇编程序、子程序库与目标码的装配程序等。其中最重要的进展是一批不依赖于机器硬件的高级程序设计语言的出现,以及控制计算机进行批处理服务的作业控制语言的运用。

最早的一批程序设计语言,如 FORTRAN, COBOL, ALGOL, LISP, APL, BASIC 等,为计算机的广泛应用提供了极为重要的工具,它为改善人与计算机之间的通信提供了有力的支持。人们可以把各种计算问题以形式化的方法成批地向计算机提供,它并不依赖于(或基本上不依赖于)计算机的硬件,因而极大地改善了人们的使用效率。值得一提的是 1964 年由 C. Shaw 在 Rand 公司实现的第一个交互式语言 JOSS(Johnniac Open-Shop System),以及由 J. Kemeny 和 T. Kurtz 在 Dartmouth 学院开发的 BASIC (Beginner's All Purpose Symbolic Instruction Code)语言。它们在语言的设计及实现中,充分注意了人机交互方式的使用,以克服不少语言在程序的运行、调试时人们不能观察、介入的不足。

作业控制语言是为了适应自动处理多个计算任务的需要而采用的一种操作方法。早期的计算机,一次只能执行一个任务,直至该任务完成或出现错误为止。为了充分发挥计算机的处理能力和提高资源的利用效率,作业控制语言提供一个手段用以描述用户对计算系统的要求及发生问题时可能采取的措施(如打印、挂起或转向另一处理路径等)。这一操作方式比手工方式更加有助于提高机器效率,但增加了用户在时间上的开销。为帮助用户用好作业控制语言，一些大型计算中心配备了专门人员进行咨询服务并协助工作。

人们在程序设计语言及作业控制语言的大量使用经验的基础上，总结了编程风格的规律，这是计算机用户界面方面充分反映人的因素的一个典型例子。为简化作业控制语言的操作，逐渐发展了交互式命令语言及有关标准的研究。

1963年由美国麻省理工学院在IBM 709/7090计算机上开发的CTSS(Compatible Time Sharing System)是第一个成功的分时系统，它联结多个类似打字机的终端，可同时进行计算机操作。用户在一个终端上工作时，好像是整个计算机资源归他独用。在CTSS下，一个最早的正文编辑程序为用户提供了新的正文输入工具，它比以往的卡片、纸带及其他脱机输入工具更加方便，且易于修改。在CTSS以后，各种更强的分时操作系统和正文编辑程序竞相出现。

通常，计算机终端分为批处理终端和交互终端。和批处理终端不同，交互终端的用户并不是一次向计算机提交整个计算机作业，而是每次向计算机送入一行请求、程序语句或数据。对于用户的输入，计算机以足够快的速度予以接收，对于一次请求的命令则予以响应。交互终端和分时系统一起工作时，可以使多个用户同时分享计算机资源并使每个用户得到尽快的响应。早期的交互终端包括一个类似于打字机的键盘和一个印刷机构(还包括若干开关)。它最早出现在20世纪60年代初，沿用了通信中的电传机，它仅有50个字符键，每秒10个字符的印出速度。显示器虽然出现在20世纪50年代，但开始只是作为输出监视设备。在分时系统及交互图形学发展后，显示器连同键盘在内部缓冲寄存器的支持下，构成了后来广泛使用的交互显示终端。由于它比打印机有更高的输出速度，且输入部分具有局部缓冲器，便于输入出错的修改，因而得到极为广泛的应用。在字符型显示终端的基础上，后来发展了图形显示终端及其他专用交互终端，这些构成了当前计算机用户界面的主要硬件支持。

交互终端可以把各种输入/输出信息直接显示在终端屏幕上，分时系统使用户可以共享计算机系统资源，这个时期的系统设计开始考虑如何方便用户的使用。例如，可以通过问答式对话、文本菜单或命令语言等方式来进行人机交互。这个时期的人机界面为命令行界面(Command Line Interface, CLI)。

命令行界面是最早出现的人机界面。在这种界面中，人被看成操作员，机器只做出被动的反应，人只能使用手这种惟一的交互通道通过键盘输入信息，界面输出只能为静态单一字符。因此，这种人机界面交互的自然性和效率都很低，命令行界面可以看做第一代人机界面。在命令行界面中，界面和应用还没有分开。

1.2.3 图形用户界面阶段

1963年，美国麻省理工学院(MIT)的Ivan Sutherland的Sketchpad绘图系统首次引入了菜单、不可遮盖的瓦片式窗口、图标以及存储图，并引入了存储图形符号的数据结构，开发了使用键盘、光笔进行选择、绘制等一系列交互技术，并提出了许多其他基本原理及图形技术，这可以被认为是原始的图形用户界面(Graphic User Interface, GUI)技术。不久美国加州RI International公司的Douglas Engelbart发明了鼠标，从此人机界面进入了GUI时期，而且在20世纪70年代至80年代迅速成为计算机技术中一个十分活跃的分支。作为计算机图形学的一个十分重要的研究方向，人机交互技术发展也十分迅速。

随着超大规模集成电路技术及电视技术的发展，计算机图形学的成果广泛应用于军事、计算机辅助设计(CAD)、计算机辅助制造(CAM)、办公自动化、电子印刷、绘图、艺术等领域。19

世纪70年代美国Xerox公司的Alto计算机首先使用多窗口程序设计环境,采用高分辨率的图形显示器及鼠标器输入设备,首次开发了位映像图形显示技术,即屏幕上显示的每个像素点都受计算机内存中某一位的控制。由此而引入的一系列用户界面技术如可重叠窗口、弹出式菜单、菜单条、图标和剪贴等编辑功能,成为以后多窗口系统的样板。美国苹果公司1984年推出的Macintosh微型计算机是第一个通用的多窗口系统,它所提供的对话盒、滚动框、下拉式菜单及一些优秀的绘图软件,对用户界面的设计起了重要的作用,引发了微机人机界面的历史性变革。1986年美国微软(Microsoft)公司在IBM-PC/DOS环境下开发的Windows窗口环境应用于用户面更广的个人计算机平台,推动了计算机的普及。1987年3月美国MIT和DEC公司正式发布了X窗口系统的第11版本,是工作站环境下事实上的户界面工业标准,主要用于UNIX操作系统。以上工作奠定了目前图形用户界面的基础,形成了所谓的WIMP界面,即以窗口(Windows)、图标(Icon)、菜单(Menu)和指点装置(Pointing device)为基础的人机界面技术。

WIMP界面是基于图形方式的人机界面,可看做是第二代人机界面。在WIMP界面中,人机通过对话(dialogue)进行工作,人(也称用户)只能使用手这一种交互通道输入信息,界面输出为静态/动态二维图形/图像及其他多媒体信息。与命令行界面相比,WIMP界面的人机交互自然性和效率都有较大的提高。从命令行界面发展到WIMP界面,计算机到用户的输出带宽大大提高,但从用户到计算机的通信带宽仍然受到限制。无论是命令行界面,还是WIMP界面,实质上都属于单通道人机界面。在这种界面中,用户使用精确的信息在一维(命令行界面)和二维(图形用户界面)空间中完成人机通信,这是一种静态的人机界面,这种界面不具有自然进行三维直接操作的交互能力。目前以鼠标和键盘为代表的人机界面技术是影响它们发展的瓶颈。

1.2.4 网络用户界面的出现

互联网将世界上各种数字信息无序地联系起来,成为人们传递、交换信息的媒介和获取信息的宝库。人们怎样才能从这信息的海洋中去浏览和获取所需的信息?新的网络用户界面使这一目标成为可能。以超文本标记语言HTML及超文本传输协议HTTP为主要基础的网络浏览器是新的网络用户界面的代表,由它形成的WWW万维网已经成为当今互联网的支柱。从早期的Mosaic到Netscape公司的Communicator再到微软的IE,目前已经出现了一大批浏览器,它们与各种计算机窗口系统结合,形成了网络用户不可缺少的人机界面。

1.2.5 多通道、多媒体的智能用户界面阶段

近年来,计算机输入/输出装置在数量和能力上迅速增加,多种技术的进展,如模式识别、全息图像、自然语言理解和新的传感技术,虚拟现实技术、多媒体和可视化技术对计算机系统的人机交互提出了高效、三维和非精确的要求。利用人的多种感觉通道和动作通道(如语音、手写、表情、姿势、视线等输入),以并行、非精确方式与计算机系统进行交互,可以提高人机交互的自然性和高效性。

多媒体界面(multimedia interface)采用了多种媒体在已有WIMP界面信息的表现方式上进行了改进,它可以看做是WIMP界面的另一种风格,并提高了计算机到用户的"通信带宽"。但是,用户到计算机的"通信带宽"却未提高,键盘和鼠标仍然是主要的输入工具,人机交互效

率仍然很低。

新的智能接口设备和技术不断出现,反映了人们试图充分利用人的认知资源和长期追求的“自然”地和计算机交流的理想。多通道人机界面(MultiModal user Interface, MMI)是达到这一目的的重要途径[Wilsson 1991]。多通道用户界面就是在以上背景下发展起来的重要人机接口技术。它基于智能接口技术和视线跟踪、语音识别、手势输入、感觉反馈等新的交互技术,充分利用人的多种感觉通道和运动通道。

多通道人机界面(MMI)可以看做是第三代人机界面。在 MMI 中,用户可以使用自然的交互方式,如语音、手势、眼神、表情等与计算机系统进行协同工作,这可以使用一个以上的感觉通道,每个通道的信息虽然不尽完全,但多个交互通道的整合却能恰当地表达交互意图。多个不充分的交互通道通过整合,能自然地完成单个通道不能完成的交互动作。例如,三维 CAD 系统对三维物体的操作可以用视觉完成对象的选择,用语音完成对象属性的说明,用手势完成三维空间的操作,交互由多个通道自然地完成。交互通道之间有串行/并行、互补/独立等多种关系,因此人-机交互向人-人交互靠拢,交互的自然性和高效性都得到极大的提高。以三维、沉浸感的逼真输出为标志的虚拟现实技术是多媒体、多通道界面的重要应用目标。

1.2.6 人机界面发展中最有影响的事件和成果

(1) 1945 年美国罗斯福总统的科学顾问 Vannever Bush(1894~1974) 在《大西洋月刊》上发表的“ As We May Think”的著名论文,提出了应该采用设备或技术帮助科学家来检索、记录、分析及传输各种信息的明确目标和名为“Memex”的一种工作站构想,这一目标和构想影响着过去和当今的一大批最著名计算机科学家。

(2) 1963 年发明鼠标器的美国斯坦福研究所的 D. Engleberg 预言鼠标器比其他输入设备都好,并在超文本系统、导航工具方面会有杰出的成果。10 年后鼠标器经 Xerox 研究中心改进后,成为影响当代计算机使用的最重要成果。

(3) 1963 年美国麻省理工学院 I. Sutherland 开创了计算机图形学的新领域,随后美国布朗大学 A. Van Dam 等人组织了图形学国际会议 SIGGRAPH。I. Sutherland 还在 1968 年开发了头盔式立体显示器。

(4) 1970 年代在 Xerox 研究中心的 Alan Kay 发明了重叠式多窗口系统,并提出了 Smalltalk 面向对象程序设计等思想。

(5) 1989 年 Tim Berners-Lee 在日内瓦的 CERN 用 HTML 及 HTTP 开发了 WWW 网,随后出现了各种浏览器(网络用户界面),使互联网飞速发展起来。

(6) 1990 年代美国麻省理工学院 N. Negroponte(他早在 30 年前就提出了“交谈式计算机”的概念)领导的多媒体实验室在新一代多通道人机界面方面(包括语音、手势、智能体等)做了大量开创性的工作。

(7) 1990 年代美国 Xerox 公司 PARC 的首席科学家 Mark Weiser (1952~1999) 首先提出“无所不在”计算(ubiquitous computing)思想,并在此领域做了大量开拓性工作。

1.3 人机交互的三元素

一个交互的计算机系统,要能很好地实现计算机与用户之间的人机交互,通常必须考虑三个元素：人的因素、交互设备及实现人机对话的软件。

不同的交互系统，虽使用的目的不同，但仍包含这三个元素，只是这些元素的具体内容不同而已。例如，一个航空订票系统，它的用户是民航公司的订票服务人员，即是不熟悉计算机及程序的初级用户，它采用的交互设备是字符显示终端及键盘，它使用的软件是订票系统的查询、登记、注销、记账等事务处理或数据库软件。而一个交互式程序设计环境或软件开发环境，它的用户是软件开发人员，是熟悉计算机软件的使用者，它采用的交互设备可能是带有鼠标器及高分辨率图形显示器的工程工作站，它的软件是包括编辑程序、编译程序、窗口系统及各种软件工具的软件开发环境。一个交互系统的示意图如图 1.1 所示。其中，

(1) 人的因素指的是用户操作模型；

(2) 交互设备是交互计算机系统的物质基础；

(3) 交互软件则是展示各种交互功能的核心。

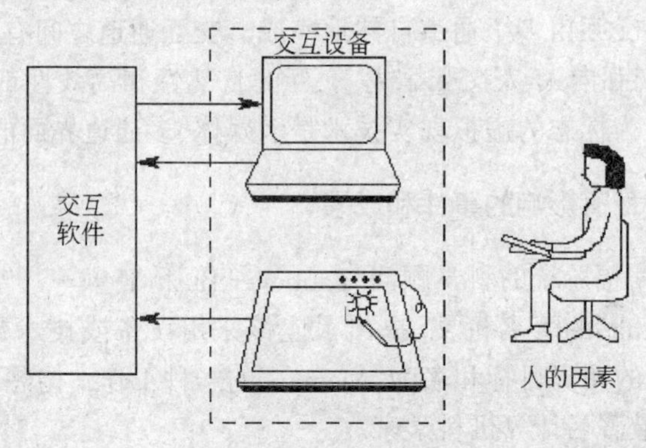

图 1.1　交互系统示意图

1.3.1　人的因素

交互计算机系统的最终目标是让用户可交互地进行操作，因此，设计交互计算机系统时，必须把满足用户的使用要求作为重要依据，这就是交互计算机系统中的一个重要元素——人的因素(human factor)。人的因素指的是用户操作模型，它与用户的各种特征有关。

首先，用户是人，人有许多弱点，例如操作时经常可能出错，或按错键或拼写错，或因各种原因造成遗忘。因此，进行系统设计时要认真处理出错情况，并对各种操作给予提示帮助。

用户有不同的类型，有的是熟悉计算机软硬件的系统分析员或专家，有的是专门程序员，这类人员只占交互系统人员的少数；用户中有不少是数据库或信息系统的用户，他们具有较高的知识层次，但不一定熟悉计算机；使用者中还有长期操作的录入人员，也有偶然操作的普通用户。

用户由于年龄、文化层次、工作经历及职务的不同，因而对操作使用的要求也各不相同。大学生能看懂外文，小学生喜爱图画，老人希望字体大些，领导干部希望得到简明扼要的报告或报表，程序员或录入员要求系统响应时间快，编辑、记者则经常要进行各种文字处理，军事及机要部门要求可靠安全，生产现场要求交互系统坚固、简便。对于有生理缺陷的残疾人员应充分考虑各种方便的对话措施。凡此种种，说明采用人机对话的交互计算机系统一定要考虑所服务对象的使用要求，以便设计好的用户界面。

在更深入分析人的因素时，要涉及用户的学习模型、认知心理学等内容。在计算机几十年的发展中，人们已从多个方面获取了用于考虑人的因素的经验与规律，这些应用经验包括程序设计、数据库的使用、正文编辑、分时终端的使用、图形用户界面的操作等。有人将人的知识分解为语义、语法、词法等元素，构造了用户的认知模型。这些方面的研究兴趣和成果，随着人机对话的重要性的不断增长现已有明显进展。

1.3.2 交互设备

交互计算机系统的应用十分广泛，从商用的各种管理信息系统、航空订票系统，到工程上的各类计算机辅助设计系统和计算机辅助制造系统；从各类专家系统、决策咨询系统，到计算机辅助教学系统；从交互式程序设计环境、文字处理系统、电子印刷系统，到办公自动化系统、电子游戏，乃至计算机艺术创作系统。在这些系统中，人们通过各种交互设备向系统输入各种命令、数据，以至于图形、图像、声音信息。交互设备又向用户输出处理结果及提示、出错信息等。交互设备构成了交互计算机系统进行人机对话的基础，没有这些设备就无法让计算机了解用户的意图。

人和计算机之间最自然的通信方式应该与人们相互之间的通信方式一样。对于输入来说，这意味着人最好通过说话、手写或绘图等方式来向计算机输入。而对于输出来说，人最易理解的是人们之间通信的自然语言形式，包括各种文字材料的阅读，语音及信号的收听，图形及图画的观看等。支持人机按自然的方式通信的智能交互设备多数还处于研究开发阶段。自从微处理器及微计算机技术发展后，上面提到的"智能交互设备"的功能越来越强，使许多原来机械的或机电的设备部件更加简化、更加通用。

交互的输入/输出设备通常可分为多类，主要的有：

(1) 数字和字母输入/输出设备；

(2) 图形和图像输入/输出设备；

(3) 其他，诸如声音、触感及专用输入/输出设备等。

数字和字母输入/输出设备是当前主要采用的交互设备，其中带有键盘的字符显示终端用得十分普遍，还有带打印机、键盘的控制台。各类打印机是数字和字母的主要永久性输出设备，应用广泛。

图形和图像输入/输出设备的研制发展很快，其中的主要配置是各类图形图像显示器与键盘、鼠标器，或与数字化手写板构成的图形图像交互设备，其他的图形输入设备还有操纵杆、跟踪球、光笔、方向旋钮等，图像输入采用摄像机、扫描仪等。图像、图形的输出设备有绘图仪、硬拷贝机、高分辨率打印机等。随着图形、图像技术的迅速发展，各种性能更好的图形交互设备已经研制成功，并正在开发新的三维交互设备。

1.3.3 交互软件

交互软件是交互计算机系统的核心，它向用户提供各种交互功能，以满足系统预定的要求。交互是软件的一种使用方式，交互软件和所有软件一样可分为系统软件和应用软件，它们在用户和计算机通信方式上都是采用人机对话方式。这种用户界面使用起来十分方便。

1. 系统软件

在系统软件方面，许多分时操作系统均采用命令语言的对话方式向用户提供操作界面，这类操作系统有 UNIX, VMS, DOS 等。一些高级语言的解释程序或编译程序(如 BASIC, LISP, PROLOG) 也采用交互式解释执行,也有采用编辑、编译、调试等交互式集成程序设计环境的(如 Turbo Pascal)。这类语言工具十分便于用户编程和调试。在数据库管理系统中通常也用对话式数据库查询语言,有的用命令方式(SQL),也有的用填表方式(QBE)。在数量众多的软件工具中,已经广泛使用的有全屏幕正文编辑程序、调试程序、电子表格软件、多窗口系统等交互式软件工具。

需要着重说明的是,系统软件中有一批可用于辅助生成交互界面的软件工具或环境,应用系统的交互界面可在它的基础上开发,或用它进行辅助开发。多窗口系统、用户界面管理系统就是这样的工具。图形软件包也是这类支持软件之一。

2. 应用软件

在应用软件方面,人机交互界面已成为其主要部分之一,并成为衡量应用软件功能强弱的一个重要指标。目前多数应用系统往往根据自身的特点来开发人机界面,在交互应用系统中,这一部分占了相当大的工作量。一个重要的发展趋势是不断提高的软件可重用性,因而人机界面软件的模块化已受到广泛关注。与此同时,各种自动生成或辅助生成人机界面的软件工具也不断出现。由于应用领域的广泛性,计算机用户界面的风格也迥然不同。

计算机的用户界面,最常用的是命令语言方式,即用户按规定的形式向系统送入一条命令,系统接受并分析命令,执行相应动作及给以响应。在一些应用系统及数据库管理系统中,经常采用表格填充方式,即在某种表格中,根据表格项名称、可选的内容、当前光标的位置,由用户填入适当信息。当填完某信息后,系统给予是否接受的响应。菜单选项方式是目前流行的一种用户界面风格,由于它以明确的可选内容向用户提示,用户不必事先记忆,只需给以"指点",即可完成向计算机的输入动作,因而较受普通用户的欢迎。这里的普通用户是指应用系统的最终用户,他们不一定熟悉计算机的许多繁杂命令或程序设计技巧,因而希望简便地操作应用系统。计算机界面的另一类风格为"直接操作",有人把它解释为"所见即所得"(What You See Is What You Get, WYSIWYG)。全屏幕正文编辑器、电子游戏及许多图形用户界面已采用这类风格。用户的输入动作是通过输入设备直接在屏幕显示的输出内容上进行的。当系统接受输入信息后,屏幕显示的内容立即做出相应的变化。这类风格由于其直观性等优点而得到迅速的发展。

推荐阅读和网上资源

Myers B A. A brief history of human computer interaction technology. ACM Interactions, Mar. 1998, 5(2): 44～54

Bush V. As we may think. The Atlantic Monthly, 1945, 176(July): 101～108. Reprinted and discussed in interactions, Mar. 1996, 3(2): 35～67

Preece J, Rogers J, Benyon D, Holland S, Carey T. Human-computer interaction. Addison-Wesley, 1994

http://liinwww.ira.uka.de/bibliography/Misc/HCI/

参 考 文 献

[1] 董士海. 计算机用户界面及其工具. 北京: 科学出版社, 1994

[2] 董士海. 对虚拟现实的若干看法和建议. 计算机世界报，1994
[3] Brown J R et al. Programming the user Interface：principles and examples. John Wiley and Sons Inc.，1989
[4] Foley J D et al. Computer graphics：principles and practice. Addison-Wesley，1990
[5] Wilson M D et al. An architecture for multimodal dialogue. Venaco 2nd Multi-Modal Workshop'91，1991，32

第2章　人的因素

人的因素所研究的内容涉及到许多领域,包括生理学、心理学、行为科学、动态建模、控制论、决策论、人工智能及计算机科学等。要系统地讨论人的因素,已超出了本书内容的范围。本章将着重讨论人的行为模型、人类工程学、计算机用户工程原理及软件心理学。

2.1　人的行为模型

人机系统作为一门工程学科已有四十多年的历史了。在第二次世界大战期间,一些国家大力发展高效能和威力大的新式武器和装备,因而出现了人工跟踪系统。然而,由于当时忽略了人的性能和限制,设计的控制仪器不适应人的要求,结果造成很大的损失。由此,设计师开始认识到"人的因素"在设计中是不可忽视的因素,于是把人作为系统回路中的一部分——控制器进行分析研究。这种系统如炮火瞄准系统,是人机直接交互的系统,也是传统的、初级的人机交互系统。

随着自动化技术的发展,人在系统中由直接参与控制的作用,逐渐演变为监督和管理的作用,例如飞行管理控制、核电站管理控制等。人在系统中作为一个管理器及监视器而出现。由于计算机在系统中承担了越来越多的管理、识别及控制等工作,人在与计算机之间的交互活动中担负了如计划、决策等更高级的任务。此时人的行为对系统的影响更大,因此,人的失误所引起的后果代价是巨大的,甚至是灾难性的。在上述不同情况下,建立人的行为模型[刘志强 1988]是十分关键但又十分困难的工作。定量模型采用数学工具描述人的性能。对于一些复杂情况,定性模型是十分有用的。图2.1给出人机系统中人行为的基本功能:一是通过人的感觉系统完成信息收集功能;二是通过人的大脑完成对信息的分析、加工、存储及处理的功能;三是通过人的运动系统执行对机器的操作。

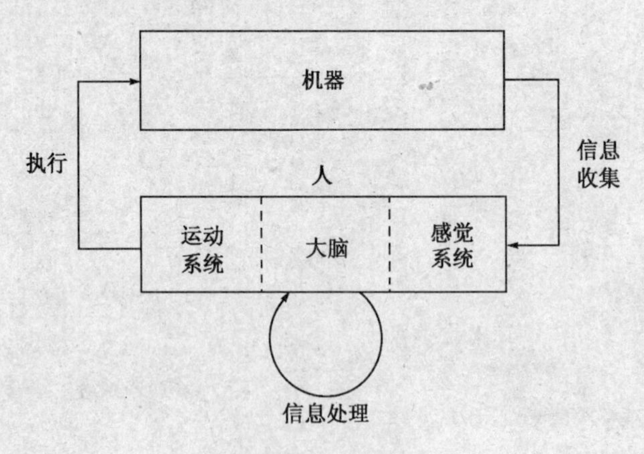

图2.1　人机系统

下面分别讨论不同情况下的人的行为模型。

2.1.1 手动控制

描述人具有控制器的功能并进行建模是研究人机系统的经典内容。建立一个逼真的数学模型是一件极难的事情。目前的各种模型都包含了各种简化近似条件。随着控制理论的发展及对人行为认识的深化，所建立的模型也越来越精确、越来越复杂。人们已认为需将各种模型进行组合才能精确建模。这些模型包括线性、非线性、时变性、滞后性、随机性、离散性及自适应性模型。1960 年代开始扩展至多变量的情况，并提出了整体模型和最优控制模型。1970 年代发展了时间序列模型和模糊控制模型。这些模型为进一步研究人机系统提供了依据。以下简要讨论若干手动控制的人行为模型。

1. 传递函数模型

1940 年代，R. S. Philips 和 A. Tustin 等通过对人的输入/输出分析研究，提出了一系列传递函数模型。其中著名的是 McRuer 和 Krendel 提出的准线性直观模型[McRuer 1957]，其传递函数表达式为

$$G_H(s) = K \cdot \frac{(1 + T_A \cdot s)\,\mathrm{e}^{-\tau s}}{(1 + T_L \cdot s)(1 + T_N \cdot s)}$$

上式中，K 是操纵者的增益常数；τ 是时延常数；T_N 为神经肌肉系统的滞后时间常数；T_A 和 T_L 分别为操纵者的导前和滞后时间常数。$K(1 + T_A \cdot s)/(1 + T_L \cdot s)$ 项可看做操纵者的补偿网络，它一般因被控对象的特性而变。而 $\mathrm{e}^{-\tau s}(1 + T_N \cdot s)$ 项反映了人的固有特性。对于一些单输入/输出的半自动控制系统，用此准线性传递函数模型来描述人的动态特性，可以得到比较满意的结果。

2. 整体模型

整体模型也称为穿越模型(crossover model)，是由 McRuer 等于 1960 年代提出的[McRuer 1969]。他们在准线性传递函数模型的基础上，经过进一步研究发现，对于大多数的人机补偿系统，只要整体系统是稳定的，则人与被控系统组成的开环传递函数在穿越频率 ω_c 的邻域内近似满足

$$Y_H(s)\,Y_c(s) \approx \frac{\omega_c \cdot \mathrm{e}^{-\tau s}}{s}$$

上式中，Y_H 及 Y_c 分别为人与被控对象的传递函数；ω_c 为穿越频率；τ 是时延常数。

穿越模型把人的动态特性和被控系统的动态特性联系起来，说明了操纵者具有按被控对象的动态特性改变自己操作特性的能力，换句话说，它表示整个人机系统具有良好的伺服机构。用穿越模型可在已知被控过程特性和输入信号特性时，预报人和机器的响应。对于时变系统，在给定工作点处，也可用穿越模型进行分析。

3. 最优控制模型

基于现代控制理论和估计理论，Kleinman 等于 1971 年建立了操纵者最优控制模型[Kleinman 1971]。该模型以下述假设为前提：训练有素的操纵者熟悉自己的操作特性、被控过程的动态特性及描述最优控制的指标。因而，这些操纵者将以最佳方式工作，达到产生最优控制响应的最好水平。这个模型除具有预报性能的特点外，对于深入认识人的特性也是有意义的。

最优控制模型如图 2.2 所示。模型中人的特性分成两部分：一部分表示人的固有限制，

它们不受优化的限制，如反应时间滞后及神经肌肉运动特性，其中神经肌肉运动的滞后特性可由滞后 T_N 来表示；另一部分是表示人的适应性特征，它受优化的约束，由三项串联组成：

(1) 卡尔曼滤波(最优滤波)对延时状态进行状态估计；

(2) 最佳预测器对延时状态估计用最小方差进行当前预测；

(3) 最优控制器用来确定最优增益。

在该模型中还考虑了人的随机性对系统带来的噪声干扰，其中观察噪声及运动噪声分别在操纵者输入端和操纵者神经肌肉运动系统的输入端注入。该模型不仅反映了输入/输出间的关系，而且反映了内部信息处理过程，并可推广到时变控制系统和多自由度系统，对于深刻认识人的特性具有很大意义，比前述的准线性模型和整体模型更有吸引力。

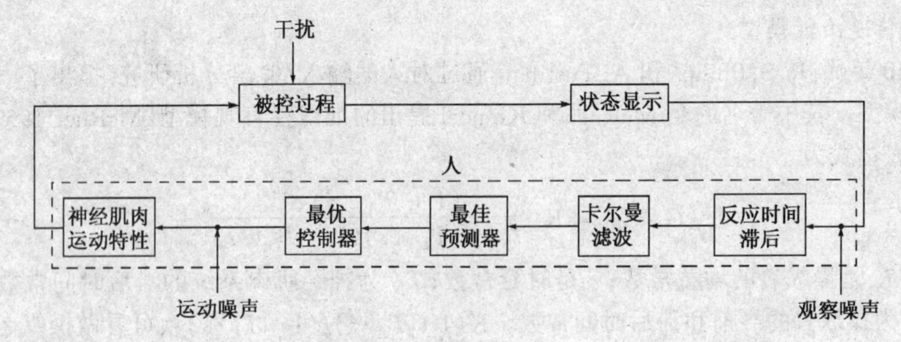

图 2.2 最优控制模型

4. 其他模型

在人机系统研究中，根据实际需要还采用了许多其他形式的数学模型来描述操纵者的行为，主要有以下几种：

(1) 开关模型。有些研究表明，在较复杂的操作条件下，人的控制函数表现为开关操作特性，因而可简化模型。

(2) 离散模型。有人认为，人实际上是一个不连续采样系统。由于人的神经活动存在“不应期”，即每接受一个刺激之后，在一定时间内不能对新的刺激做出反应。不应期随工作性质、人的能力及熟练程度而异。这个模型反映了心理学上的耐性现象。最有代表性的是 Bekey 模型。

(3) 自适应模型。该模型把人作为一种自适应反馈控制系统来模拟，通常用偏差滤波器给出的信号或误差信号进行反馈控制。

(4) 模糊控制模型。这是用模糊数学理论来研究人行为的一种模型。这个模型在一定程度上描述了人的思维活动，即人对系统的控制误差和误差变化率进行感知，并用大脑预先确定的概念进行判断，然后进行推理，以确定采用何种控制策略，最后由神经肌肉系统做出反应。

2.1.2 管理控制

管理控制是指在一些半自动化系统中人所担负的多任务的监视和管理的工作。这种情况下，人不需要连续产生控制机器的动作，而能同时负责多个过程，包括监视控制过程，在各数据源之间分配注意力，提取信息，调节参考点及在失效和紧急情况下进行干涉。管理控制的例子很多，如大工业的过程控制、飞行交通管理、电站管理等。在管理过程中，通常人处于多任务、多目标及多人的环境中,因此,所强调的是人的认识行为而不是心理性能。人在管理过程中主要进行计划、监视、情况估计、决策、控制和通信等工作。在这类现代人机系统的研究中,对于"回路中的人"经常用模拟的方法来帮助系统分析。不少自动控制方面的专家对这方面的模型做了大量的研究,如 Sheridan 和 Ferrell 的管理控制模型[Sheridan 1974],Kok 和 Van Wijk 的决策模型,Baron 等的闭环人机系统模型和 Hess 的定性模型等。这里着重讨论 Baron 的模型。

Baron 在 1984 年提出了一个闭环人机系统的"模拟"模型。他用控制论的观点研究一般的管理控制问题,是在以前的模型及用控制论方法模拟核电站操纵的经验上提出来的。该模型由三部分组成:显示处理器、信息处理器及程序处理器。

1. 显示处理器

它接受来自系统的两类信息:涉及过程变量的定量信息,涉及过程状态的离散信息。这些信息可以是听觉的或视觉的。而显示处理器应完成两种功能,其一是适当地选择显示量,其二是规定与观察相联系的感觉上的限制及处理的约束。这些功能模拟人在处理显示观察时的决策。

2. 信息处理器

它是模型的核心,它要根据输入的各种定量信息或离散信息、原有已记忆的情况等,做出估计预测及情况分析,并发出应执行的任务或命令。信息处理器由三个元素组成:估计预测器,事件检测器及情况估计器。估计预测器根据观察得到的信息进行当前状态变量的估计,并结合内部模型来预测将来系统的状况。事件检测器用来模拟其他状态变量和离散事件,如一些瞬时值、报警条件、动作请求信号。它根据输入信息、估计预测器的输出及事先存储的"时间表"等,经过处理,输出各种事件发生的概率。情况估计器则由事件检测器的输出来计算出可能情况的估计值,并做出应执行任务或命令的决定。模拟人的估计行为通常采用卡尔曼滤波(包括扩展的卡尔曼滤波),这已被证明是比较成功的。

3. 程序处理器

它实际上用来选择任务(程序),并执行动作、监视、控制或通信。

上面讨论的 Baron 模型表示了操纵者的管理行为、认识和心理活动、连续和离散的控制。

2.1.3 监视问题

在全自动化系统中,人往往只起监视的作用,他的任务是进行状态估计及失效检测。状态估计是指根据显示信息的情况来评估系统的性能。失效检测根据是否超过期望的容限及一致性显示来判断系统运行是否正常。上述情况下,操作人员的作用基本上是被动的,是系统状态的监视器。但是一旦出现故障或不平常状态时,就要求操作人员从被动转为主动,及时处理故障或采取补救措施。也就是说,操作人员经常处于被动、无趣、甚至难以容忍的监视状态,却又要随时做好对付不时会发生的严重事故的准备。显然,要表达这种动态变化下的人的决策行为是很复杂的。有时这种模型还应包括多人同时参与的状况和动作。研究人员至今已提出了若干模型,但大部分是概念性的。例如 Cai 和 Curry 的模型假设人是理想的观测者,假设人的决策是基于卡尔曼滤波的参量,该模型已应用到监视飞机自动着落系统过程中。另外也有人提出操作人员功能模型(OFM)来描述复杂动态系统的监控问题。目前在解决实际问题时,多数是借助某一概念模型,结合对操作人员的现场研究或实验室条件下进行测试评价。可以说,在全自动系统中监视人员的建模问题还有大量开拓性工作要做。

对于高度自动化的监控系统来说,操作人员的界面设计有许多新的特点。一个特点是供监视的信息量剧增,例如核电站控制室的显示量已从1950年的500个增加到1975年的3000个。因此必须根据显示量的重要性,分级提供显示。另一特点是计算机已作为系统控制的核心,因而如何充分运用计算机的各种新技术来进行显示和决策,是一个十分现实的问题,例如窗口系统、图形技术、动态实况显示、语言输入/输出。还有一个特点是许多控制系统从连续控制方式转变为离散控制方式。对于连续控制系统的建模研究比较成熟,而对于离散控制系统的建模,则更强调模型的识别功能,更应考虑人机性能的分配、人的信息处理能力等问题。最后,关于联机帮助及学习训练问题,是复杂系统中必须考虑的很重要的问题,它既涉及建模问题,也关系到机器的界面设计问题。综上所述,高度自动化的复杂系统中,人的行为模型、人机界面设计均是需大力研究的问题,它已远落后于飞速发展的高度自动化的生产实践。

2.2 人类工程学

关于人类工程学的名称各国提法不一,如 Ergonomics, Human Factors, Human Engineering 等。它和心理学相关的内容被称为 Engineering Psychology, Psychotechnology, Applied Experimental Psychology 等。这些名称的译名,有称为人类工程学、人体工程学的,也有称为人的因素、人机学、人机工程学及工效学的,等等。在这里我们称之为人类工程学。和人类工程学的名称一样,由于实际应用的侧重点不一,各国学者对人类工程学所下的定义也不一样。国际人类工程学会对该学科的定义如下:"人类工程学是研究人在某种工作环境中的解剖学、生理学和心理学等方面的各种因素;研究人和机器及环境的相互作用;研究在工作中、家庭生活中和休假时怎样统一考虑工作效率、人的健康、安全和舒适等问题。"其他的定义还有:"研究人和环境之间相互关系的学科"。"研究人和机器之间相互关系的边缘性学科"。"利用生物学、生理解剖学、心理学和技术科学的最新成就,制定最佳人机系统"。

我国学者提出了一门综合性边缘性技术科学:人-机-环境系统工程学[梁宝林 1987]。该学科是研究人、机、环境系统最优组合的一门学科。它从系统的总体高度出发,研究人、机(包括计算机)、环境三大要素之间的信息传递、加工、控制的方式及规律,用系统工程的方法找到它们的最优组合方案,使人-机-环境系统总体要求达到安全、高效和经济等性能指标。

从以上各定义可以看出,各国学者对这一学科研究的内容和范围尚无统一的认识,我们认为,人类工程学的一个基本出发点是承认人在心理、生理能力等方面有缺陷,人是会犯错误及粗心大意的,因而探讨在这种情况下的人机交互系统的设计方法,以减少意外事件的发生,并增进人的工作效能。

美国陆军导弹司令部委托美国陆军人类工程研究室编制的《军用设备人的因素工程设计手册》已被正式批准[美国军用标准 1981],并列入美国军用标准化手册系列中,代号为 MIL-HDBK-759A。该手册的内容是关于军用装备中人的因素工程设计方面的基本数据、资料。包括军用装备操纵装置、显示器、控制台、工作空间尺寸等的设计要求及特点;环境因素中的冷热环境、照明、空调、噪声、有毒物质等在设计中的要求及特点;军用装备的维修、保养、弹药武器的储存、运输、通话、电缆安装等要求及注意事项;人体测量学,人的活动范围,人的操纵力、拉力、推力等数据资料。从该手册我们可以看到,人类工程学的目标是:减少意外,增进安全;提高设备效能,减少操作设备的费力程度;增进人机系统中操纵者(用户)的舒适幸福感等。我们还可认识到，人类工程学不仅对军事装备的操纵十分重要，而且对汽车飞机的驾驶、电子设备及家用电器设计、公路标志、宇航医学、企业管理等均有重要作用。在进行计算机的操作和设计时，还必须实施人类工程学原则。

2.2.1 人类工程学中人的特性

人在系统中是主体，任何先进的机器都是由人设计、由人操作的，所以系统工作效率的优劣、安全性，很大程度上决定于人的工作状况。人类工程学中要研究人对外界信息的感知特性，人对信息的加工、处理及思维能力，人的学习、记忆特性，人的自身节律——年龄特性、时间特性及疲劳特性，等等。

人是一个具有创造性的生物，人有一个极其优越、具有思维能力的大脑，这是人的最重要优势。人有思维活动，有语言、文字表达能力，人与人之间可以进行思想交流。人的肢体、手指可以做灵活而精确的活动。人类为了生存和进步，利用脑和手创造工具，发现自然规律，具有利用自然资源的能力。但人类也要充分认识自身在某些能力上有缺陷，会犯错误；在力量、运动速度、嗅觉等方面有一定的局限性；不同年龄、性别、文化修养的人群间能力有差异。通过解剖生理学、心理学、社会学不同学科对人的研究的结果，均有效地促进了人类工程学的发展。

1. 人的感觉功能

人在使用机器过程中，会不断接受机器、环境的各种信息，做出反应，并调节自己的活动。信息是通过人体的各种感觉系统传入大脑的。感觉系统是指具有感觉功能的感觉器官。感觉器官包括一些特指的感受器及有关的附属结构。感受器指接受某种刺激能量而发生兴奋的特殊结构，如视网膜的光感细胞，内耳耳蜗中的毛细胞，游离的神经末梢等。附属结构如眼的折光系统或耳的传音系统等。感受器分为接受外部刺激的外感受器及接受体内刺激的内感受器。外感受器与外界环境直接联系，接受刺激并反映到大脑中，如视觉、听觉、嗅觉或皮肤感觉等。内感受器分布于机体各组织内，如内脏、运动关节或身体体位的感觉器官。

感受器的功能是接受刺激时产生兴奋。感觉的强弱决定于兴奋的神经元所发放的频率大小及大脑皮层的状态。在一定的刺激范围内，发放频率与刺激强度、刺激作用的持续时间有关。从设计角度来看，视觉、听觉、肌动觉及皮肤感觉较为重要，它们所感受的分别是光线、声音、温度及肌肉运动，其中以视觉通道最为重要，它接受 90% 以上的外界信息。

(1) 视觉

人们通过视觉器官认识外界事物，由大脑产生正确的思考。视觉对劳动的产量、质量及安全均有影响，还影响到劳动者的心理活动过程。视功能是视觉器官对事物识别能力的统称，它包括中心视力、周边视力(或称视野)、夜视力、色觉、调节功能、立体视力、辐辏功能(看近物时的视轴调整能力)等。人们在生产劳动、操纵机器时所承担的各种职能是通过不同的视功能来实现的。例如，工作范围大的工种(如纺织工人)要求周边视力好，而从事精密加工、近距离加工的工作，要求近视力及辐辏功能强。各种驾驶工作要求各种视力功能均正常。对于计算机的维修工作要求近视力很好，而对于屏幕前工作的程序员、操作员则要求高度准确性，有较好的中心视力、周边视力、色觉等。老年人视力下降，在视力要求较高的工作中，应安排视力较好的 40 岁以下人员担任。

(2) 听觉

人耳对声音响度的感觉主要和声强有关,声音的频率和持续时间对人耳改变响度的分辨能力也有影响,分辨率在500～10 kHz之间的不同响度,需要的声强值最小。正常情况下,人可以听到频率为16～24000 Hz范围内的声音。连续的声音在最初0.5秒之内,人耳能感到的响度最大,后来逐渐适应,响度有所降低,频率低时降低更明显。大多数人的两耳对声音的敏感程度不相同,一般右耳比左耳敏感度高,而且随频率增高而增长。人对1000～3000 Hz范围内的声波最敏感,它引起听觉的最小声强称为听觉阈,其值为20 Pa,相应的声强为10^{-16} W/cm^2。通常声强用相对于20 Pa的分贝数(dB)来表示(分贝数$=20\lg_{10}(N_2/N_1)$)。听觉阈为0 dB;声强增大到120 dB,人耳会感到刺痛,称之为痛觉阈。长久在高声强下工作的人,有一定适应性,声强超过140 dB时才会感到不舒服、身上发痒。

人接受听觉信息要比接受视觉信息快。据测定,人的听觉反应时间约为120～150 ms,比光信息快30～50 ms。听觉信号通常用于报警。年龄的差异会造成可听频率范围的不同,年轻人可听频率可高达20 kHz,中年人只有12～16 kHz。年龄从25岁开始,有听觉损失。男性比女性损失要快些,高频率比低频率损失更快些。

(3) 触觉

人们通过触觉器官接受物体的空间位置、形状、表面情况和原材料质地等信息。振动就是通过触觉感受器(皮肤、神经末梢)接收的。但触觉感受器容易适应外界刺激,而且记忆中存储触觉的机理又较复杂,因而妨碍了它的应用。在计算机输入用的键盘上,按键的触感对人的舒适使用很重要,对按键的弹性需精心设计。通过肌肉、关节等活动所发出的信息可监视人体的运动情况。如三维输入装置数据手套、数据服装等均期望准确判定身体所处位置及姿势的变化。

2. 人的信息处理及输出特性

(1) 人的反应时间

操作者在操纵、监视设备时,从出现信息刺激到采取相应动作,存在一个反应时间。反应时间的长短与反应量有关,反应量是人类感觉器官对感觉的反应值,它是外界物理量、化学量对人感觉器官刺激的量化表示。反应时间还与人大脑对感觉信息的传输、处理快慢有关,与操作者动作的力学特性有关。如果用t_K来表示操作者的控制时间,也即反应时间,则

$$t_K = t_Q + t_Y$$

上式中,t_Q为反应的潜伏时间,它表示从出现信息刺激到大脑传输、处理感觉信息为止。这一时间与设备信息的状态和信息强度有关,与人的大脑处理速度有关。t_Y为运动时间,它表示操作者实现预想动作的延迟时间,也称运动时间,它和操作者的生物力学特性、操作机构的外形、颜色有关。

为了以尽快的时间做出反应,应缩短反应潜伏时间和运动时间。由于视觉反应不如听觉反应快,因而为安全可靠起见,在一些危险场合,经常是光信号和声信号同时使用,以增大刺激强度,加快反应速度。但当刺激超过一定强度后,反应时间基本不变。年龄在20～45岁之间,反应时间较短。当有预备信号时,反应时间可缩短。同样,经过反复练习,反应速度可加快。人体的运动系统反应速度比较缓慢,神经肌肉接头的反应延迟时间为0.1～0.2 s。人体神经中枢也有反应延迟。上述各种因素,构成了运动控制频率不能提高的制约因素:在周期性的生产控制过程中,人的最适宜响应频率约为1 Hz。

(2) 人的信息传输

信息在神经系统中的传输，是由不同的感觉通道传输不同的信息。如视觉系统的单个神经纤维能传输不同的颜色信息。信息传输的速度是一个重要的物理量。人的大脑是一个信息加工系统，但人的信息传输速率并不是固定不变的，它与刺激物的性质和类型有关。有人测定过信息的传输速率，人阅读书报时的信息传输速率为 43 bit/s，看电视时为 70 bit/s。

人的感觉系统对于外界的刺激有一个采样、提取有用信息的过程。人具有主动搜索的特点，即人会主动搜索信息量最丰富的区域，例如人的视线分布与被观察的图形信息分布相一致。当外界刺激连续提供时，人的感觉系统将以时间域的量化方式进行采样，即以不连续的方式接受外界刺激。采样得到的信息在传递到神经中枢的过程中，将以各种编码方式进行。例如传递色觉信号时，将分解成三种电反应(三基色)，从水平细胞开始，又产生对抗式的四色反应，从视网膜追溯到丘脑。

(3) 人的记忆与学习特性

人的大脑信息处理过程中，记忆具有重要的作用。记忆可分为三种形式：

① 感觉信息储存。感觉信息传入大脑后，在大脑中储存一段时间，以从中提取有用的信息，抽取特征并进行模式识别。这种感觉信息在储存过程中衰减很快，仅存几分之一秒，储存的数量也有限。即使延长显示时间，也并不能提高它的效率。例如，同时显示一群字母，被试者只能“看清”5 个左右。

② 短时记忆，也称操作记忆。它的持续时间比感觉信息的储存时间长，但也在几十秒之内，储存的量也有限。例如，在一连串显示的词中，人只能记住最后的五个左右。

③ 长时记忆。凡是比短时记忆长的记忆，都属于长时记忆。长时记忆实际上没有时间限制，记忆数量也没有限制，但长时记忆的信息会被新的信息所干扰和抵消，因而需不断重复加深记忆。

长时记忆是人脑学习功能的基础，而学习功能又是人智能行为的基础。复杂智能活动是人脑信息处理的高级形式。有人以每秒一字的速度给被试者显示 30 个字。检查表明，被试者只能较好地(97%)记住最后几个字(短时记忆)，前面的字只能记住 20%左右(长时记忆)。减少显示字数，延长显示间隔，只能提高长时记忆的效率，对短时记忆无影响。人的记忆特性表明，人的记忆时间有长短，记忆容量也有限，需不断重复加深记忆。不同类型的记忆效果也是不一样的。

3. 年龄的影响

随着年龄的增长，人的感觉器官的功能将逐渐减退。例如，老年人不能在近距离上聚焦。另外视野也缩小、视觉敏锐度和对比度感受性也都会下降。老年人的绝对听力明显减弱，但辨别不同声音的相对听力受影响较小。充分考虑老年人身体条件的变化，避免担负反应快、操作复杂、需要大体位变化的工作，尽量缩短学习的持续时间、减少记忆内容，避免要求建立与原有习惯相反的新习惯，这些都是应考虑的因素。

4. 时间节律性

自然界、生物界都有自己严谨的规律性。地球绕太阳、月亮绕地球运动，形成年、月、日、季节和昼夜周期，这些对生物的生存、进化起着十分重要的作用。明暗交替的昼夜规律，对人体生理功能影响最为重要。人类必须适应这一规律，才能使生命延续，否则将被淘汰。夜间体温降低，生理活动减弱，呼吸变慢，消化功能降低，尿液分泌减少，精神活动抑制，适宜于休息睡眠。人体在白天、黑夜的生理变化相当准确和有规律,有人称这为生物钟。按照昼夜的节律变化,安排好工作、学习,有利于提高效率。由于种种原因,昼夜节律的改变,将会影响效率。有很多行业需昼夜连续不断地工作,如炼钢,火车驾驶,机场、车站值班等,这种工作需安排两班或三班轮流工作。

5. 疲劳特性

疲劳是人们熟知的现象,但也是一个非常复杂的问题,对其至今尚无确切的定义。人们一般是通过人的主观疲劳感觉,工作效率的降低,行为变化来探讨疲劳特性的,大量事实表明,疲劳与人的心理、生理及工作性质等均有关系。疲劳可以是客观的,它能改变人的行为;疲劳也可以是主观的,即工作行为并未改变。也有人称前者为疲劳,后者为疲倦感。客观性疲劳可分为生理性疲劳和心理性疲劳。

生理性疲劳一般有:局部肌肉、器官的疲劳;脑力疲劳,特点是头昏脑胀、全身乏力等;体力疲劳,指全身肌肉酸痛、无力;技巧作业疲劳,指某类技巧性工作,如驾驶飞机、坦克等既需要体力,又需要脑力的工作造成的疲劳。全身性疲劳与局部性疲劳是有相互联系的。生理性疲劳也包含了一定心理性疲劳因素在内。

心理性疲劳受周围环境影响很大,精神面貌和工作动机对它的影响更为明显。心理性疲劳表现为感觉体力不支,心情不安,产生退缩感,自觉疲倦。劳动内容单调容易引起心理性疲劳。

一般认为疲劳是大脑皮层细胞的疲劳。正常情况下,皮层细胞的物质损耗和恢复是平衡的,耗损的多余部分由夜间睡眠得到补偿。在长时间的工作负荷刺激下,皮层细胞耗损过度,得不到恢复和补偿,导致皮层细胞的疲劳,引起皮层细胞抑制,表现出乏力、嗜睡现象。从生物学意义上讲,疲劳可以看成是皮层细胞的警戒作用,迫使皮层细胞活动降低或停止,减少耗损,增强恢复,以保护大脑皮层,避免衰竭和转入有害的病理状态,即所谓的"积劳成疾"。

2.2.2 人机功能比较

人机系统是人和机器的有机结合。如何充分发挥人和机器两种个体的优势,相互取长补短,使整个系统得到优化,这是人机系统工程所期望的。作为人机系统的主体,人是处于主导地位的,任何先进的机器离不开人去操作,系统工作效率的高低、工作状态的优劣、安全性、可靠性,很大程度上取决于人的工作状况。

1. 人的优点及不足

人是具有创造性的生物。高智能、高预见力、创造力、适应和学习能力、自动维护调整能力和应急能力是人的长处。人有大脑,能随时处理事先未预料的情况,对偶发事故能进行恰当的处理。人体的感觉器官十分敏感,人脑能在干扰的情况下接受多种信息,包括隐蔽的及重叠的;人脑的可靠性高,是一个可进行多重传递、概率运算的系统,虽每天因新陈代谢要死去大量的神经元(2~3 万个神经元),但这并不影响整个大脑功能。人可以忍受强度不大的超负荷;人有代偿能力,人有学习能力,有情感,有思维,有意识,具有创造性和适应新情况的能力。人的大脑有极复杂的神经纤维联系系统,它的耗能极少,容量却极大。人的这些优点是任何其他生物所不及的,也是任何机器所不具备的。但人不是神,人的智能也有一定的局限性,这主要反映在人在疲劳时可靠性会明显降低,出错率增加。如果人担负的工作过重,会因为高度紧张而引起判断操作错误或漏掉主要信息。人的特性受年龄、时间节律、生理、心理及社会等因素影响。人完成机械、单调、重复工作的效率不高,计算速度慢,反应迟钝。

2. 机器的特点

与以上人的优点及不足相对比,机器有明显的特点。目前机器的操作速度快,计算速度快,人大约1～2秒完成一个操作,但机器在事先计划好的程序控制下,能够以比人快得多的速度完成一系列操作,重复计算的速度已可达1亿次/s以上。机器能量大,人举重能力仅在几百公斤范围内,而起重机、火箭的举重或推力远大于人。机器精确度高,不仅运算精度高,而且在视觉分辩、检测信号灵敏度等方面都比人高。机器不会产生疲劳,可以进行始终如一的工作。机器抗恶劣环境的能力比人强,如可在缺氧、高压、高低温、辐射、超重等恶劣条件下工作。机器可同时完成多种互不关联的操作,准确性和效率高。机器的存储能力很大,也可以长时间不丢失信息。

以上机器的长处是一般而言的,是在当代高技术条件下由人创造的,但由于目前的机器缺少高智能的性能,因而在适应力、预见力、学习能力、创造能力等方面是极差的。虽然,目前人工智能的研究期望在这方面有较大进展,但在实用化方面,在全面与“人的智能”相比上,目前乃至将来机器的智能仍无法与人比拟。

3. 人机分工

由人机特点分析来看,为充分发挥人机的各自特点,组成高效、高可靠的人机系统,必须对人机系统中人与机器的任务进行分工。总的说来,笨重的、快速的、精细的、有规律而单调的以及重复的工作适合于机器来承担。指令程序的设计、机器的控制与监督、故障的排除、维修工作等应由人承担。

进行任务分工时,可采用最大最小原则,即人承担的工作量应尽量少或最少,机器承担的工作量应最大,在最大限度利用机器的同时,充分发挥人的积极因素。人机结合并充分注意人的主导地位,将有效地保证系统的可靠性和寿命。例如,绕月球飞行的全自动无人参与飞行的成功率是22%,有人参加并负责维修绕月飞行的成功率为93%以上。阿波罗13号飞行器中出现的故障及太空实验室电池板的故障,都是通过人排除的,从而使几十亿美元的设备重新得到应用。由此可见,在进行任务分工时,要人尽其才,机尽其用。

2.2.3 显示器与控制器的设计

机器中专门用于表达机器性能、运行状态的仪表或部件为显示器,它既可用于机器的输出,又可用于操作者的输入。机器中用于供人调节机器运转的装置或部件为控制器,它是机器的输入,但是从操作者来看,它是输出。

1. 显示器的设计

在一般人机系统中,机器是泛指的设备,如飞机、汽车、航天器等。而这里讨论的显示器,并不仅仅指计算机中的阴极射线管的显示终端,而是泛指机器上的显示仪表,包括视觉显示器、听觉显示器、触觉显示器及动觉显示器等,其中主要的是视觉显示器。显示器的职能是向操作者提供有关信息。视觉显示器可分为查对显示器(如红灯、绿灯等信号灯)、定性显示器和定量显示器。飞机或汽车驾驶盘上的为显示高度、耗油、航速等参数而安装的显示仪表及各种信号灯均是视觉显示器。

设计显示器时要遵循以下原则:

(1) 清晰度应符合要求;

(2) 信息要以简单方式传递,应避免多余的信息;

(3) 数字应在大刻度上标出,指针尖端不要遮挡数字和符号;

(4) 定量读数不宜用过快的数值或颤抖的指针;

(5) 同时显示的信息参数不宜过多,重要的显示内容应安置在醒目处;

(6) 报警信号应选用声音或灯光;

(7) 定量显示一般选用十进制;

(8) 白天或夜间显示应根据需要采用照明的或带颜色的设计;

(9) 听觉显示器常用于报警,应采用人耳最敏感的频率范围,并应注意声音的强度和时限,避免连续的声音,以免引起人的心情紊乱。

2. 控制器的设计

人们采用输出的手段,例如四肢活动和声音来控制机器。声音在人们之间交往十分方便,但用于机器目前尚为有限。人的肢体输出主要是力,因此压力控制器、位移控制器为最常用。为提高效率,操作者常需要不用眼睛观察而迅速准确操纵控制器。

控制器按操纵动力可分为三类:手控、脚控及其他装置。手控装置有按钮、开关、选择器、旋钮、曲柄或杠杆等;脚控装置有蹬板等;其他的如声控、光控等装置是利用敏感元件的功能装置来启动和关闭。其中用得最多的是手控装置。

设计控制器时要遵循的原则是:

(1) 控制运转的方向应与预期的功能方向一致;

(2) 操纵移动范围不应超过操作者可能的活动范围;

(3) 进行连续控制时,应选择合适的控制/显示比,而且应采用粗调和细调装置;

(4) 在控制机构上应具有弹性摩擦、黏性或惯性所引起的阻力,以便产生控制感觉;

(5) 控制器数量较多时,应利用位置、颜色、形状等区分,以减少错误;

(6) 控制器应设计成具有防止偶然动作的功能,以免给系统带来不利后果,例如有凹槽、锁定、顺序自锁等。

人类工程学还要研究各种环境因素对人及机器的影响,例如气候、噪声、振动、照明、色彩、高低温、低压、超重、失重、辐射等。在人类工程学的研究中,要运用模拟技术和设备,提供各种训练器材和测试设备。人类工程学在工程上的应用主要利用工程心理学成果,实际上,人类工程学与心理学、生理学、人体测量学、生物力学均有密切关系,这里不再赘述。

2.3 计算机用户工程原理

本章前两节讨论了一般人机系统中人的因素,着重在人的行为模型和人类工程学的基本内容。本节则从计算机交互系统的使用、设计经验出发,讨论计算机用户工程原理。由于这一领域的理论研究尚属开始阶段,因而所说明的一般原理多数只能说是经验,有些是人类工程学在计算机系统设计方面的应用。随着计算机系统硬件(包括交互设备)及软件的发展,这些用户工程原理还在进一步发展。

在用户工程原理中,有两条是不言而喻的基本原理:“快的系统响应时间”及“低的系统成本”。我们在下面讨论其他原理时,通常假定计算机的输出设备是显示终端,而不是硬拷贝输出设备,其原因也是由于显示终端有快速的响应时间和较低的成本。

下面是计算机用户工程的一些基本原理[董士海 1988][Hansen 1971]。

1. 熟悉、了解用户

计算机系统或软件的设计者必须熟悉、了解自己的用户,包括用户的受教育程度、年龄、兴趣、时间充裕度、特殊要求等。我们很自然会发现,一个专门的程序员与不懂计算机的经理、售货员应有不同级别的用户需求。即使都不是专业计算机人员(例如,中小学生和公司的经理),他们的受教育程度、时间充裕度、兴趣也是不一样的,因而用户工程的第一个原理是必须了解用户、熟悉用户,以便根据用户的需求、特点来设计系统。

从对计算机系统或程序熟悉程度来看,一类用户称为最终用户,他们是计算机系统的最终操作者或使用者,例如排版系统的录入员或航空订票系统的订票服务人员,这些最终用户通常并不懂得计算机和程序,因而面对这类用户,系统的用户界面应易学、易用、可靠。另一类用户是系统的程序员,他们往往要在现有的计算机系统上进行应用程序的开发、维护,他们熟悉程序设计,希望系统的程序设计界面比较清晰,响应速度快,易于二次开发。还有一类用户是系统的开发者本身,即自行开发软件或系统,为自己的某种需要服务,包括许多软件工具和系统软件。

下面的几个原理是上述第一个原理的进一步分解。

2. 尽量减少需要记忆的内容

(1) 采用提示选择,而不是输入命令串

为了减少用户记忆的内容,目前已大量采用命令菜单提示供用户选择的方法,这种方法对于不熟悉系统的最终用户带来了很大方便。另一种如表格填空式的数据输入,用户可根据表格的各数据项内容(域名)及提示的类型输入数据,用户不必记住使用手册中规定的格式,这对于最终用户也是十分方便的。目前许多电子表格软件之所以受用户欢迎,就是因为它方便实用,易学易懂。对于熟练的程序员,他们已记忆了大量的常用命令和语法格式,改用菜单方式虽可减少一些记忆,但一幕幕菜单更换,常常会使熟练的程序员感到太慢。也就是说,并不是所有情况下均宜采用菜单选择方式的。

(2) 采用名字而尽量减少易混淆的编号

在系统与用户交互中,一些信息的输入或输出,应尽量采用意义明确的名字,这样容易为用户所理解,有时字符串太长,可采用缩写或采用第一个字符,如复制为 copy 或 cp,删除为 delete 或 del, d 等。采用编号固然可以简化系统内部的处理,但对于一般用户来说,往往不易记忆。有的系统还提供字典和索引。

(3) 联机手册

为减少记忆、方便用户,目前大量系统均提供联机的操作手册,或求助(help)功能。这些联机手册和文档大大方便了用户的操作,有的系统还提供有各种培训课程、示例和习题;有的系统在每一操作步骤中均提供求助功能;有的系统提供各种系统的运行信息,供用户参考,如系统占用内存、硬盘的统计信息,用户输入命令的历史列表,等等。

(4) 采用图符,尽量减少文字

图形具有直观、形象及易懂的优点,对于初学者或具有不同文字的用户来说,采用图形是减少记忆、方便用户的有力措施。当前大量图形用户界面采用图符作为选择项的标记,提高了界面的直观性,用户极易学习和使用。对于不同文字的国家,采用图形便于交流。在我国,如果用英语作为命令或提示,会给一般操作者带来困难,采用拼音字母也会限制使用范围,因而需增加汉字功能,而这又会带来很大开销。采用图形或图符,比各种文字更具有通用、易懂的优点,是一种比较理想的表示方法。

3. 简化用户操作,向用户提供多种提示

使用户操作简便,并向用户提供清晰的提示是一个主要的原则。下面分别予以讨论。

(1) 公共操作的快速执行

在系统的使用中,总有若干最常用的操作或命令,例如,程序员经常使用编辑和编译命令,公司的经理则经常要查询业务数据库中的市场信息及库存情况。对于一些公共操作,系统应尽量提高运行速度。为了简化操作步骤,还可以用命令语言或命令文件来组合一些最常用的操作,例如可将某一源程序的编辑、编译、宏汇编、连接装配、运行等命令存在一个命令文件中,只需键入一个命令即可执行这个命令文件中的各种操作命令,从而大大简化用户的操作。

(2) 缺省操作及自由格式输入

系统设计时应根据用户的需求提供一种缺省情况下的输入,这种情况是最一般的通用输入。对于多数情况,这种处理会方便用户的操作。对于数据及正文输入,系统不应限制用户按照某种死板、难记的格式进行操作,而应提供各种灵活、自由的输入格式。所采用的自由输入格式应为多数用户所广泛理解。

(3) 信息显示的设计

系统向用户提供的各种信息显示应该十分明确、清晰;询问、提示信息应十分友好。当系统正在运行需用户耐心等待时,系统应予以提示,以免用户不知所措,以为系统已瘫痪。由于显示屏幕的更动往往需要时间,因此在一般情况下不应使屏幕上大量信息更动,这样便于用户观察。利用高分辨率图形终端的多窗口显示,可大大改善用户界面的显示。用户可在一个终端的不同窗口观察系统不同部分的工作情况。

为了便于用户观察,充分利用显示的色彩也是十分重要的。色彩的显示更接近客观世界的实际,也更易为用户所喜爱。选择多种彩色的显示器及控制卡,要权衡成本、分辨率及颜色种类等多种因素。

4. 出错处理

(1) 良好的出错提示信息

人们在使用一个计算机系统或软件时,难免会打错一些命令和参数,系统对这些错误的输入应加以指示,并保护系统本身不被破坏。在将程序送入编译器时,各种语法错误将被发现,这时也将产生各种出错提示信息。一般来说,对于各种错误输入,系统应能保护它自己及用户程序本身。出错的提示信息包括错误的类型、出错的位置等,有的系统还提示用户正确的操作或命令应该是什么。越详细的错误分析越需要大的系统开销。系统对各种误动作的容忍程度是系统坚固性的表现。

(2) 公共错误的排除

如果某一种错误经常发生,那么它可能不是用户操作上的错误,而是系统或软件本身具有某种隐藏的错误,或者是键盘性能不良所造成的。因此对于经常发生的错误,应记录下错误的情况及发生错误时的环境。这种记录可放在系统内,以便返回给系统的设计者或维修者进行分析利用。

(3) 系统应提供撤消上一动作的功能

在出错情况下,系统或用户程序将会受到一定的破坏,尤其是在执行一些错误的删除命令时，将会带来不能弥补的损失，例如把某正文文件全部删除，或把某一目录下的文件全部删除。目前很多系统在执行这种命令时，往往再次要求用户确认该命令是否要执行，以防误动作。一些系统在设计时就考虑到了这类误动作，因此采用了撤消上一操作(undo)的特殊命令。在这类系统里一方面提供一个文件以记录所有键入的命令，同时提供一个缓冲区以保留上一命令的结果，这样，在需要撤消当前命令时，仍能恢复上一命令的结果。

(4) 冗余

当系统在运行时出现了错误，一般采取的措施是终止运行，改正错误，再重新执行。但如果系统具有冗余，系统并不是简单地终止，而是在错误动作后，通过另外途径继续工作，一些容错的系统或软件均有这类机制。通常的软件运行出错时，往往将出错时的现场、缓冲区及各种状态值内容输出到一个文件，用户可通过调试程序进行检查，分析现场的内容，以便改正错误或继续工作。

以上简单叙述了计算机用户工程的主要原理。在交互系统里，既要把用户的需求放在首位，尽量给用户以友好、方便的接口，也要考虑系统设计的成本和实现时的代价，这样才能使系统得到广泛使用。

2.4 软件心理学

2.4.1 软件心理学的提出及定义

计算机系统的发展包括了硬件和软件的发展。在1950年代中期，硬件的成本占一个应用系统的90%；而到今天，90%的成本出自计算机软件。这不仅仅是由于硬件成本的不断下降，程序员的工资不断上升，而且是由于计算机的发展已使人们认识到，为满足更广泛用户的需要，必须在系统(主要是软件)设计时更加注意用户界面的方便性、系统的可靠性，因而增加了软件开发的成本。在计算机软件开发过程中，人们越来越认识到软件人员(系统分析员、程序员、项目经理等)的素质的重要性，这是因为软件产品与其他产品有一个明显不同的特点，即它完全是一个逻辑元素，极大地依赖于人的智慧。而计算机硬件则像是音乐家的提琴、作家的笔、画家的画笔，它只是提供软件人员创作用的工具。正因为软件的设计、开发、管理的核心是人，因而在软件开发过程中，对人的决策、认知心理的分析、改进是十分重要的。采用实验心理学的方法，可以提供改进各类计算机系统使用的知识，也可以为开发高质量友好的用户界面提供辅助。一个用实验心理学的技术和认知心理学的概念来进行软件生产的方法，即将心理学和计算机系统相结合而产生了一个新的学科，这就是软件心理学。

1970年代后期，由美国通用电气公司的心理学家 Tom Love 首先提出了“软件心理学”一词，他是华盛顿大学1977年博士毕业生，其博士论文题目是“在计算机程序设计特性到人的信息处理能力中，不同个人的差别”[Love 1977]。1980年美国马里兰大学计算机科学系的 Ben Shneiderman 教授写下了《软件心理学——计算机和信息系统中人的因素》一书[Shneiderman 1980]，较全面地阐述了这一领域的概念、方法、实验结果及趋向。

软件心理学是一门研究在使用计算机和信息系统中人的性能的学科。它是计算机系统和心理学的结合，它应用心理学的方法、技术来改进设计计算机系统时人的能力，增进对人的技能的理解。这些方法、技术涉及社会、个人、工程心理学的方法，心理语言学的概念，认知和感觉过程的分析,实验心理学的技术,等等。详细学习这方面内容可参阅有关参考书,本节简要说明这一领域的若干问题。

2.4.2 研究方法

采用软件心理学的方法,研究计算机及信息系统开发、使用过程中人的因素,是一件新的工作。在目前的研究工作中,大多是采用各种实验统计方法来取得数据,进行分析比较。下面进行简要讨论。

1. 回顾与总结

软件心理学方法是一种最简单的方法,它根据软件开发过程中人的经验进行回顾和总结,其中包括不同类型用户的使用经验。由于实践的大量体会是十分宝贵的,因而通过对软件项目、计算机系统或其他产品的总结对以后的开发将产生重要的影响。当然,这种回顾与总结是与每个总结者的主观情况有关的,因而在了解有关的总结时,应考虑到总结者个人的各种情况、条件和背景。为使这种总结更加符合实际情况,总结时要集思广益,注意对该问题进行全面分析。例如,可以让一个项目组的成员评价他们在使用缩进格式、注释技术、助记符、流程图、模块化或调试工具方面的经验,进而取得编程技巧方面的经验。

2. 各种记录草稿的分析

在软件开发或使用过程中经常有许多手写的或计算机输出的记录,在每一阶段认真分析这些记录是十分有用的。例如,分析某一程序中若干单词的出现频率,第一次或最近一次出现的时间等。这些分析对了解各种不同程序人员的工作特点、程序中存在的问题均有好处。有人用最基本的若干问题,如“八皇后”(即在国际象棋 8×8 棋盘上,能放置八个相互不能被吃掉的“皇后”的可能方案)问题,分析了不同人员的编程风格,并得到一些结果。和上面讨论的第一种方法类似,这种记录草稿与记录者本人的情况有关,因而要了解其产生的各种条件。当然,分析数量极多的各种记录,代价是巨大的。

3. 实例研究

采用典型实例进行研究,在心理学中是常用的方法,在软件心理学中也经常采用。著名计算机科学家 Knuth 于 1973 年对 FORTRAN 程序设计进行了卓有成效的研究,并得出了重要的结论,即 FORTRAN 程序中语句的简单形式在使用中占了极高比例:86%的赋值语句中不多于一个算术操作符;95%的 DO 循环采用缺省为 1 的循环增量;87%的变量只有不多于一个的下标。这些程序是从程序库中作为样例提取并统计的。类似的实例研究还有针对交互系统的终端使用的、数据库的查询语言等。这些实例的研究不仅对于大量应用结果的分析有用,而且对于开发一个新的系统、了解新的工作人员情况均是有用的。

在实例研究中,有一类是结合某些项目进行的专题研究。例如,原 IBM 公司的著名软件专家 Baker 曾针对该公司的纽约时报信息库项目,研究了解决软件危机的不少新技术,包括主程序员的体制、结构化的程序代码、开放式的程序库等。这一研究表明当新技术采用时,将会给生产率带来戏剧性的变化,明显地减低了错误率。这一研究也由于其缺少实验的控制和夸大的报告而受到批评。

4. 受控试验

受控试验是科学研究的基本模式。它在一定的外部条件下,对独立的变量给予一组试验值,然后测量所影响变量的结果并完成统计测试,最后在所描述的确定度下验证原始的假设。

受控试验首先需要给定一个假设，通常描述为反问题，例如，"有注解的程序对于在理解性测验中的程序将不会比无注解的程序更好"。"当显示器的速率从每秒 10 个字符增加到 30 个字符时，终端用户的满意程度将不会改进"，在上述两例中，独立变量分别为注解及显示器的速率，影响的变量是理解性测验的得分及用户满意程度。对于独立变量，上述例子中均是两种取值：有注解或无注解；每秒 10 个字符或 30 个字符。这两个试验是单变量试验，因只有一个变动的参数。试验也可以是二变量、三变量，甚至多变量的。

受控试验的进行，需要一组被试验者。选择被试验者常常成为试验的一个关键问题，这是因为被试验者的专业知识(如程序设计经验)及能力是不同的。有时很难找到具有空闲时间和有专业知识的被试验者，这是受控试验的关键问题之一。

在试验时，可随机地对一半被试验者设定一种情况(如无注解程序)，对另一半设定另外一种情况(有注解程序)，在规定的测验时间内，由被试验者填写完成有关表格。在受控试验中，为了减少被试验者在不同组的差别，应采取措施抵消次序的影响，为此可让被试验者参加两组或多组的试验。

5. 用计算机进行统计分析

现代科学的发展为心理学的研究提供了各种手段，采用计算机进行统计分析就是其中的一种。著名的统计分析软件(SAS)就是广泛使用的一种软件包，它可以进行各种计算、分析，也可以运行在各种不同的硬件环境上。

6. 测量技术

软件的度量是一个重要研究题目，也是衡量人们编程、设计能力的一个不可缺少的技术。为了比较人们使用程序设计语言、查询语言或交互终端的性能，需要有一些测量方法。在软件心理学中，通过考察一个人对程序的理解、组合、调试及修改等方面来评判他的编程能力，其中还包括所花费的时间及存储器的使用。为了考察软件人员的经验，可通过表格询问以下问题：

(1) 编程的时间总和(月数)。

(2) 能使用编程语言的清单。

(3) 每种语言编程的时间(月数)。

(4) 用每种语言所写的最长程序的长度。

(5) 使用语言的控制程度。

(6) 所完成作业的经验。

(7) 受教育的背景。

(8) 在计算机科学、会计、工程及数学方面所学的课程。

(9) 学院能力考试(scholastic aptitude test)成绩。

(10) 高中或大学的成绩总平均分数。

(11) 在班上的名次。

2.4.3 若干结果

自 1970 年代提出软件心理学以来，已经使用上述各种方法对程序员、程序设计风格、数据库查询、数据模型、软件质量、终端显示、交互系统设计、自然语言理解等方面人的因素进行了广泛研究。Ben Shneiderman 对此进行了讨论[Shneiderman 1980]，并给出了各种结果，包括试验表格及结论。下面列举若干例子。

例 1 结构化程序设计。

1970 年代初对结构化程序设计进行了理论研究，并做了大量试验。Weissman 用 PL/1 编程语言，对结构化控制风格、非结构化简单控制风格及非结构化复杂控制风格（有各种向内向外 GOTO 语句）进行了试验。试验者为 24 个大学生和研究生，使用了分别为 50 及 100 行左右的两个程序。试验包括两次测验、执行两次修改和三次自我评估，参见表 2.1。两次测验及一次修改的结果表明结构化控制风格有最好分数，但试验并未区分开简单与复杂的结构化控制风格的差别。

表 2.1 结构化程序设计试验

	结构化	简单非结构化	复杂非结构化
第一次自评（5 分钟研究）	3.1	2.0	1.5
第一次测验（15 分钟研究）	3.9	2.9	3.4
第二次自评	4.1	2.0	1.6
第一次修改	1.4	2.0	1.3
第二次修改	3.1	2.8	2.9
第三次自评	4.5	2.6	2.0
第二次测验	4.6	3.6	3.9

例 2 数据库查询语言。

对于各种类型的数据库查询语言和数据模型，人们有各种评论，孰优孰劣，褒贬不一，为此人们做了各种试验。有人对 Query by Example，Sequel（SQL 前一版本）及 Square 做了比较，也有人对层次、网状及关系数据库操纵任务进行了比较。Lochovsky 的试验是在多伦多大学的 EDBS（教育数据库管理系统）上针对航空调度、医学记录及政府管理三种应用进行的（见表 2.2）。Lochovsky 比较了三种数据模型，试验是通过一个相同的接口设施嵌入到 APL 语言进行的，性能测量包括编码精度、编码时间、调试时间、查询理解情况及查询的纠正等（见表 2.3、表 2.4）。结果表明，关系型演算在多数度量中是最好的。

表 2.2 EDBS 应用试验

应用项目	层次	网状	关系
航空调度	20.0	60.0	48.1
医学记录	43.3	44.4	57.8
政府管理	45.0	53.3	77.2

表 2.3 数据模型应用试验 I

计算机科学的学生	层次	网状	关系
第一次编码	32.9	26.7	67.5
第二次编码	58.6	62.2	76.7
理解	97.3	96.4	94.0
纠正	87.0	82.9	97.8

表 2.4 数据模型应用试验Ⅱ

学管理的学生	层次	网状	关系
第一次编码	24.4	41.3	72.0
第二次编码	42.2	57.3	93.3
理解	99.2	99.0	88.1
纠正	56.1	61.1	89.3

例 3 响应时间。

在计算机用户界面的设计中,响应时间是一项重要的性能指标。在美国军用标准《军用设备人的因素工程设计手册》中规定"控制响应的滞后或封锁不应超过 20 ms","仅在较常规的办法不适用或反馈响应时间超过 1 s 情况下,才使用一个确认的信息"。实际上,用户希望系统有尽可能快的响应时间,而由于硬件、软件条件的限制,系统不可能对所有输入给出足够快的响应,因而系统设计者对响应时间的指标作了种种限定,例如,有的设计者规定对命令的响应时间为 2 s 以内,也有的规定 90% 命令在 2 s 以内,其余 10% 命令在 10 s 以内,等等。更进一步地研究可发现,响应时间应该是命令类型的函数,用户对于大型程序的装入可等待较长时间,而对于一个编辑命令或紧急请求则期望立即响应。R. B. Miller 提出了一个有 17 种命令类型及其合理响应时间的清单(见表 2.5),这些指标在当前硬件条件下均是可能达到的。

表 2.5 响应时间

用户活动	最大响应时间/s
控制活动(例如,键盘送入)	0.1
系统活动(系统初始化)	3.0
对给定服务的申请:简单的	2
复杂的	5
装载或重启	15～60
出错反馈(紧随输入的完成)	2～4
对注册标识符的响应	2
对下一过程的信息显示	＜5
对表格的简单查询的响应	2
对简单状态查询的响应	2
对表格的复杂查询的响应	2～4
对下一页的申请	0.5～1
对某一可执行问题的响应	＜15
光笔送入	1.0
用光笔绘图	0.1
在图形表格上对复杂查询的响应	2～10
对动态建模的响应	～
对图形操纵的响应	2
在自动过程中对用户干预的响应	4

参 考 文 献

[1] Hansen W J. User engineering principles for interactive systems. Proceeding of the Fall Joint Computer Conference, AFIPS Press, Montvale N J, 1971, 39: 523～532.

[2] Kleinman D L et al. A control theoretic approach to manned-vehicle systems analysis. IEEE Trans. On Autom. Control, 1971, 16: 824

[3] Love L T. Relating individual differences in computer programming performance to human information processing abilities. Ph.D. Dissertation, U. of Washington, 1977

[4] McRuer D T et al. Dynamic response of human operators. USAF, WADC TR, 1957, 56～524

[5] McRuer D T et al. Theory of manual vehicular control. IEEE Trans. On Man-Machine Systems, 1969, 10 (4): 257

[6] Sheridan T B et al. Man-machine systems: information, control, and decision. Models of Human Performance, MIT Press, 1974

[7] Shneiderman B. Software psychology. Winthrop Pub. Inc., 1980

[8] 董士海. 计算机软件工程环境和软件工具. 北京：科学出版社，1988

[9] 梁宝林等. 人-机-环境系统工程学. 北京：科学普及出版社，1987

[10] 刘志强，胡保生. 人机系统中研究人行为的基础理论. 第一届人机系统分析、设计与评价学术会议论文集，1988

[11] 美国军用标准 MIL-HDBK-759A. 军用设备人的因素工程设计手册，1981

第3章 人机交互设备和技术

交互设备是交互计算机系统进行人机对话的基础,人们通过这些设备向系统送入各种信息,系统则接受输入的各种信息,进行分析及处理,再通过交互设备向使用者输出处理结果和各种提示回答信息。若将人看做一个信息加工系统,按人的特性进行分类可以更好地分析交互设备与人相关的特点。人的信息加工的过程分为三个步骤:首先是信息接受,即感受器的感觉输入,一种感受器只对某种能量形式的刺激特别敏感;其次是信息的中枢加工,包括信息存储与提取、决策等主要过程;最后是信息输出,即效应器的反应。心理学将人接受刺激和做出反应的信息通路称为通道(modality)。对应于接受信息和输出信息分别为感觉通道和效应通道。感觉通道主要有视觉、听觉、触觉、力觉、动觉、嗅觉、味觉等。效应通道主要有手、足、头及身体、语言(音)、眼神、表情等。传统工程心理学和人类工效学主要研究手足反应的速度、准确率及注意力分配等问题,这些研究成果对交互设备的研究和使用方法起着指导作用。

交互设备可根据人的感觉通道和效应通道的种类分为输入设备和输出设备。输入设备又可分为手动设备、语音输入设备、身体(空间位置)输入设备等。输出设备又可分为视觉显示器、听觉显示器、触觉显示器等。这种分类比较全面和有完备性,能针对虚拟现实、多通道与多媒体人机交互技术发展具有预测性。计算机系统的最显著进展是处理器速度和存储容量,而在输入/输出设备方面的改进则是有限的。虽然输出已经有高速显示器,但具有百年历史的键盘仍是主要输入设备。鼠标器、光笔 、操纵杆、跟踪球、图形输入板、触摸式屏幕、单色及彩色显示器、扫描输入仪及摄像机等逐渐得到推广应用。

图形核心系统 GKS (Graphical Kernel System) 国际标准采用图形输入/输出设备来输入或输出图形。GKS 使用的几种图形输出设备可分为显示类设备和硬拷贝设备,包括光栅图形显示设备、绘图机、图形打印机等。尽管图形输出设备对于图形系统来说至关重要,然而和交互技术实现密切相关的却是图形输入设备。GKS 根据交互技术的需要将图形输入设备分为交互图形输入设备和非交互图形输入设备。前者包括鼠标器、图形输入板、键盘、操纵杆、跟踪球、光笔等,后者包括大型数字化仪、扫描数字化仪。为保证设备无关性,GKS 进而引入逻辑输入设备的概念,并抽象出六类图形输入设备:① 定位设备;② 笔画设备;③ 定值设备;④ 选择设备;⑤ 拾取设备;⑥ 字符串设备。三维图形系统 PHIGS 与 GKS 类似,也使用了物理设备和逻辑设备的概念,同样分为上述六类图形逻辑输入设备。但 PHIGS 还支持三维输入设备以便使三维空间定位、拾取等操作更为方便。GKS 与 PHIGS 的分类主要适用于传统的图形系统以及图形用户界面。

交互设备可被分为传统交互设备和新型交互设备,前者已趋于成熟并得到广泛普及。

3.1 传统交互设备

传统交互设备的分类主要按照信息交换的方向。在人与计算机系统界面处的信息交换可以有两个方向:人向计算机输入数据和发出控制信息,这对于计算机而言为输入,对人而言则为控制或反应；计算机向用户呈现数据和反馈信息，这对于计算机而言为输出，对人而言则为接受或刺激。通常所谓的输入设备和输出设备是相对于计算机而言的。常见的输入设备有键盘、鼠标器、光笔、触摸屏等；常见的输出设备有显示器、打印机、扬声器等。

B. Shneiderman 将已投入使用的输入设备分为：

(1) 按键设备，主要指键盘；

(2) 指点设备，分为直接指点设备和间接指点设备，前者包括光笔、触摸屏等，后者包括鼠标器、跟踪球、控制杆、图形板等。

以上技术的主要特征之一是它们具有精确交互方式。精确交互技术是指能用一种交互技术来完全说明人机交互目的的交互方式，系统能精确确定用户的输入。

3.1.1 正文输入/输出设备

正文输入/输出设备也可叫作数字和字母输入/输出设备，是当前应用广泛的交互设备。在这种设备中，键盘及字符显示终端组成了通用的正文输入/输出设备。其他的正文输入/输出设备还有带有键盘的控制台打字机、各类打印设备等。

1. 键盘

输入数据的主要方式仍是采用键盘。现已有成千上万，甚至上亿的人使用键盘进行工作。键盘设备可分为四类：数字键盘、电话键盘、字母数字键盘及专用键盘。第一类为数字键盘，早期主要用于脱机数据输入，它一共有 10 个数字键，其中 1～9 组成三行三列矩阵状键盘，0 键放在上方或下方。第二类为电话键盘，它用于数字电话的拨号，也用于通过电话线向计算机输入数据。其中有一种触音式电话(touchtone phone)在按键后产生与该键相对应的音调。第三类是目前在计算机上广泛使用的字母数字键盘。不同厂家生产的计算机，其键盘布局也不完全相同，因而标准化问题十分重要。基于欧洲计算机厂商联合会(ECMA)的键盘标准 ECMA 23，国际标准化组织发布了键盘布局的国际标准 ISO 2530，它与 ISO 646 七位编码字符集的国际标准相一致。在第四类专用键盘中，一种是普通键盘，但赋予专门含意；另一种是在普通键盘上增加一些专门键，以用于专门用途。

使用者对键盘的要求，除布局、大小、形状等外，最重要的是触觉和听觉的反馈。让人们经常使用手感不好的键盘或用塑料薄膜罩住键盘，其使用效果是不可想像的。手感好的键盘在于设计时充分考虑了按键的力学特性，即按键作用力与位移的关系。通常按键要求 40～125 g 作用力，位移为 3～5 mm。人们使用键盘已经一百多年，由于广泛应用于人的各种信息处理工作，因而从人的因素出发，键盘也有了不少改进，诸如键的布局，键盘的大小，抬起的角度以至键的机械特性等。

汉字键盘是汉字输入的主要设备，目前除采用文字识别及语音识别技术外，汉字主要靠键盘输入。按照操作方式，汉字可分为直接汉字输入方式、间接输入方式及人机对话输入方式三种。直接输入方式是在键盘上直接选择汉字键，如汉字整字键盘(大键盘)和各种笔触式字盘。间接输入方式是利用汉字编码输入汉字，标准字母数字键盘及字根式汉字键盘属于这种方式。对话方式则利用终端设备的提示、反馈及处理功能输入汉字。直接输入的大键盘具有直观、操作简便的优点，适用于输入量大的报刊排版部门，其缺点是设备庞大且价格较贵。国内提出的汉字输入编码方案绝大多数都使用标准字母数字键盘。采用这种键盘的最大优点在于它的通用性，即不必采用专用汉字输入键盘，只要利用计算机本身配置的标准键盘就可输入汉字,因而便于普及推广。采用这种键盘的编码方案很多,其中拼音编码是重要的一类。人机对话汉字输入有很多种方法,包括常用字、基本字分类选取方案,联想词组输入方法等。这种人机对话方法的主要特点是输入某一编码后,系统并不是一次选中汉字,而是要借助显示器提供一组可选汉字或词组,再由人进行输入和校对。这种方法的优点是减少人的记忆要求,适合普通用户使用。

2. 字符显示终端

一个字符显示终端通常包括一个阴极射线管(CRT)显示器,一个键盘,一种生成字符的机制,一种显示刷新的机制及与主机通信的设备。

显示器中目前应用最多的是阴极射线管显示器。CRT 显示器的优点包括快速的字符显示速度,合适的显示灰度、分辨率及字符大小,高可靠性,低成本等。早期的 CRT 显示器主要是随机扫描的画线显示器及不用刷新、廉价的存储管显示器。由于电视技术的发展,光栅扫描的 CRT 显示器已成为最普遍的显示设备。光栅扫描显示器的屏幕尺寸,大小不一。除 CRT 显示器以外,现在便携式计算机则广泛使用等离子显示(plasma)、液晶显示(LCD)等显示器,它们具有体积小、电压低等长处,其价格、分辨率及视感也在不断得到改善。

字符显示终端由于其全部采用电子元件,没有机械部件,无磨损,从而提高了可靠性,维护也较容易。它成本低廉,响应速度快,无噪声,因而成为一种主要的交互设备。在字符显示的基础上,随着大规模集成电路技术和电视技术的进展,CRT 显示器又扩充了彩色显示、图形图像输出及各种“智能”的功能。

3. 打印设备

打印设备有很多类型。它可以按打印工作原理、印刷方式、印刷字符 、印刷质量、行宽、色调、用途等因素进行分类。这里要着重讨论的是两类非字型式的印刷机: 针式点阵打印机和激光打印机。这两类打印机的输出形式灵活,既可输出文字,也可输出图形图像;既可输出西文字形,也可输出汉字, 因而被广泛应用于工作站和微型计算机系统中。

针式点阵打印机是一种击打式印刷机,它由打印头和驱动机构两部分组成,打印头是其关键 部件。可用普通纸张印出。目前针式打印机品种规格繁多,各具特色,在选择应用时应比较 它们的印刷质量、印字速度、噪声、行宽、机械可靠性及扩充功能强弱等。其中 24 针针式打印机是印字质量好、功能较强的一种。在针式打印机内部已广泛采用微处理器作为控制器,因而功能比较灵活。针式打印机的打印速度由于其串行工作的特点而比较慢,但它的成本较低、噪声小、适合于中西文和图形输出。

激光打印机是一种非击打式的印刷设备,它充分利用了微电子技术、激光技术和电子照相技术的成果,能以极高的速度印出高质量的文字、图形和图像。它也属于非字型式印刷机,其字形以点阵形式出现,因而容易输出各种字体的中西文字。由于激光束聚焦很细,故印刷质量清晰,分辨率高;由于激光功率强,从而可缩短曝光时间,印刷速度可达每分钟 2 万行以上;激光印刷可以用普通纸输出,也可以直接制作胶版。激光打印机是一种复杂的设备,根据其用途及精度可分为许多类型,其中高精度激光印刷机适合行式连续输出,可组成很强的独立印刷系统,价格较贵;在静电复印基础上发展起来的简易页式激光打印机价格比较便宜,性能优良,深受用户欢迎,适合微型、小型计算机系统配置。各类激光打印机已广泛用于电子排版、轻印刷、办公自动化等领域。

除了已成为打印设备主流产品的行式、针式及激光打印机以外,还有许多各具特色的打印设备，如喷墨式印刷机作为一种非击打型印刷设备，可容易实现彩色印刷。热感式印刷机适用于价格低的小型系统，主要不足之处是速度较慢，需特殊纸张。静电式印刷机可实现高速印刷，但也需要特殊的静电记录纸。

打印设备是计算机常用的输出设备，其品种繁多，价格相差悬殊。在选用这类设备时，要考虑以下主要指标：印刷速度，印刷质量，设备的价格、体积、噪声，对纸张的要求，字符集，字体的大小及品种，附加功能（如下画线、分页等），可靠性等。

3.1.2 图形、图像输入/输出设备

采用正文输入/输出设备的人机界面风格，主要是命令行对话。这种风格需要人们记忆命令，且命令和反馈信息与主机之间的传送受到串行接口的限制，因而使这种风格的应用受到限制。图形用户界面的出现，使各种用户能更方便地使用计算机，它的代价是需要功能更强的计算机资源支持，其中包括各种新的图形图像交互设备。它的另一个代价是在计算机用户界面软件方面变得更加复杂。

从逻辑功能来区分，图形的输入设备可分为若干类：定位设备、定值设备、笔画设备、选择设备、拾取设备及字符串设备。一个实际的图形输入设备可具有多种逻辑功能，有些是直接的功能，有的则是间接的或模拟的。图像输入设备是指可以将图片的各像素的不同灰度和颜色，送入计算机进行处理的设备。这种图片可以是各种胶片、相片或图纸等。有许多图片的获取是来源于一些专门的设备。

1. 鼠标器

1963年，美国斯坦福研究所的D. Englebart在探索计算机的各种输入设备时，发明了鼠标器。10年后，美国Xerox公司的Palo Alto研究中心进一步发展了鼠标器的概念，它不再使用原来的可变电阻和模数转换电路，而采用数字编码器，其不少设计思想沿袭到了现代的鼠标器之中。Xerox公司最早将鼠标器应用至Alto系列小型机的Bravo编辑器上，随后在该公司的Smalltalk程序设计环境上与多窗口系统合用。1982年，Mouse System公司宣布第一个用于IBM PC机的鼠标器（三钮）。1983年微软公司宣布了它的两钮鼠标器。1984年苹果公司的Macintosh个人计算机，以其单钮鼠标器和友好的图形用户界面而轰动个人计算机市场。

鼠标器可分为机械和光学两类。机械鼠标器又可分为机电式和光电机械式。机械鼠标器的背面有一滚动小球，当它在桌面上移动时，通过小球滚动引起 x 和 y 方向转动轴的转动，由此引起机械编码器（机电式）或光电检测器发出电脉冲，从而影响两个方向计数器的数值。光学鼠标器的背面小孔里装有红光的发光二极管（LED）。当鼠标器在桌面上移动时，需一块带有网格线（蓝线或黑线）的反射平板作衬底。反射光由于切割网格线而引起闪动，经过镜子、透镜聚焦，而使光检测器转换成电信号，从而影响两方向计数器的数值。这两类鼠标器均在软件配合下，通过鼠标器驱动程序提供的多种功能调用，为应用程序获取光标位置移动等各种有用信息。鼠标器上的按钮与键盘按键的作用一样，可获取其按下、释放的开、关信号。在鼠标器工作时，这种按钮信号可以有多种方式：按下按钮并保持，同时移动鼠标器，此时可表示输入一串笔迹；按一次按钮开关（按下并释放），此时可表示确定位置；连续按两次按钮开关（双击double click），此时可表示选中某一对象。鼠标器的上述操作都通过硬件的信号和软件发送的“事件”规定其动作语义。其中“连续”开关两次与“分别”按两次需用一时间间隔大小来定义“连续”的标准。

指点设备几乎成为惟一的主流交互输入设备。当前占统治地位的 WIMP、GUI 如 Windows 主要使用键盘和鼠标器。指点设备与视觉关系密切，直观性好，使用户将注意力集中于屏幕，可操作更快，减少差错，易学，满意感好。指点设备是一种符合 Fitts 定律的设备，其指点速度可以由下式给出：

$$T = C_1 + C_2\log_2(2D/W) + C_3\log_2(C_4/W)$$

式中，第三项反映移入目标内部或移向单个像素时微调移动所需时间，它说明指向一个目标的时间由动作的初始时间 C_1、粗略运动时间 $C_2\log_2(2D/W)$和微调时间 $C_3\log_2(C_4/W)$组成。显然，对于一种设备，常数 C_1, C_2, C_3, C_4 越小则指点速度越快，其中 D 为两点之间距离，W 为宽度。

2. 操纵杆、跟踪球

操纵杆是一种曾在汽车、飞机上作为控制机制的设备。它的下面连着一个球轴承，当操纵杆在半球范围的任意方向运动时，可由轴编码器获取两个相互垂直方向的位移信号，进而通过 软件控制屏幕上的光标移动。在操纵杆的上方一般也有按钮。操纵杆在电子游戏机上使用较广泛，它操纵方便，结构坚固。通常内部有弹簧使杆能返回中心位置。操纵杆常用于跟踪某对象时移动光标。它的不足是精度较差。

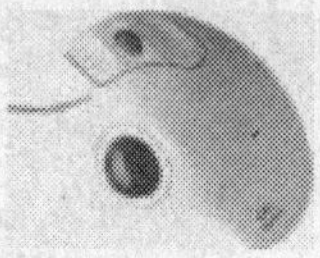

跟踪球(见图 3.1)可看做是一个翻过来的鼠标器，它的正面有一个供人操纵的球，球的直径为 2～6 英寸[①]。跟踪球也用于电子游戏等处，它安装在桌面上，允许操作者旋转及按动。跟踪球使用方便，但快速有困难。

图 3.1　跟踪球

3. 图形输入板

图形输入板(tablet)又称输入台板。它由图形板和输入笔两部分组成，输入笔又叫感应笔。常用的图形输入板有电子式、超声波式、磁致伸缩式及电磁感应式等。

目前常用的图形输入板是基于磁致伸缩原理的一种输入设备。它的基板用非磁性材料，上面布有密集的、相互垂直的网状磁致伸缩线，板的左侧和下侧有脉冲磁场发生器，上面用一注塑盖盘扣住，成为书写板。感应笔或游标传感器中装有感应线圈。工作时，x 和 y 方向轮流产生脉冲磁场，使磁致伸缩线轮流伸缩，并先后产生表面振动波在线上传播。当感应笔位于 x 及 y 的某一位置时，其感应线圈产生感应电动势，经放大整形形成电脉冲输出。通过计算脉冲磁场所发送脉冲至感应电脉冲的延迟时间，可决定感应笔的 x, y 坐标值。这类图形输入板的分辨度可达 ±0.05 mm，比早期的精度有所提高。图形输入板的边上设置了一些“菜单”项，以便输入子图形或提供各种编辑功能。

与图形输入板类似的一种图形数据采集装置，称为数字化仪(digitizer)，它的基本原理与图形输入板相同，但幅面可很大(可达 1070 mm × 1520 mm)，精度也很高，常用于将大型工程图纸或地图送入计算机系统。而图形输入板的幅面较小，适用手画图形、符号或幅面小的图纸手工输入。结合所配置的软件，可对输入的图形、曲线进行规范化处理。图形输入板及数字化仪是比鼠标器等更精密的图形输入设备。

4. 触摸屏

触摸屏(touch-sensitive-screen)是一种直接在显示屏幕上输入的装置，操作者可用手指或其他障碍物指示屏幕上的对象，以输入坐标位置。这类设备操作简便，在屏幕上输入并显示，

---

① 1 英寸 = 2.54 cm。

构成了一个整体化的交互显示系统。这类系统在显像管表面上覆盖了一层玻璃或塑料平板，在平板的边框上安装了垂直和水平两个方向的超声波压电转换器。当发出的超声波遇到手指经反射而被接收后，可由发射波和接收波的时间差来计算手指所在位置的坐标值。这与雷达、声纳测距原理是一样的。这类触摸屏操作简便，适用于不懂计算机的各类最终用户，在微型计算机市场上颇有吸引力。除了利用超声反射原理的电声器件外，也有用红外线、静电感应等原理来确定目标位置的。这类输入设备的缺点是精度不高。

5. 光笔

光笔(lightpen)是又一种直接在屏幕上输入的设备。它由透镜、光导纤维、触钮开关及附加的一套光电转换、放大整形电路组成。光笔的外形及大小像一支钢笔，它的笔尖有一小孔，笔体由绝缘材料做成。当光笔指在屏幕上某一亮点时，光线通过透镜组聚焦，再经光导纤维传至光电转换器件，转换成电信号。在光笔上触钮开关控制下，该电信号通过光笔控制电路及接口向主机发中断请求，同时输入给显示控制电路，冻结显示器的地址寄存器和状态数据。当主机接受中断后，首先读取冻结的光点所在地址，再调用有关子程序进行处理。

6. 扫描输入仪

作为图像输入的重要设备扫描输入仪近十余年来有了很大的发展，它已由原来的机械式向固态器件技术发展。目前应用最广泛的是利用电荷耦合器件(Charge Coupled Device CCD)的扫描仪。图像信号是逐行获取，每行内图像是"线照明"及"线成像"(不同于点成像)，每行的扫描是光电电子移位扫描。扫描仪用步进电机控制原稿与成像部分的相对移动，完成逐行成像。由于机械逐行移动和每行内光电扫描是相互独立的，因而CCD扫描仪的扫描过程具有灵活性，例如可以不按序进行或随意重复。

扫描仪种类很多，主要为台式，它包括两种类型：送纸式(原稿在滚筒上馈送)及平台式(成像系统移动)。后者易对准，但成本高。除台式外，近来手动式扫描仪由于其成本低、灵活、适应能力强而迅速发展，它的扫描宽度约2～4英寸，逐行移动由手动控制，因此扫描文件的大小及扫描质量受到限制。

7. 传真机

传真机(facsimile)是一种重要的邮电通信设备，它将文件或图像如实地从一地传送到另一地，因此可以将它看做是一套远程的复印机。传真机的主要部件是可把图像转换成一种二进制编码信号的扫描器。信号经过压缩，再经调制器调制成能由电话设备传送的信号，数字传真信号转换成了适合公众电话交换网传送的模拟电话信号。然后，由电话网传送至接收端传真机，由解调器进行解调，再经扩展器复原图像二进制表示，最后由打印机输出副本。

新一代传真机采用了数字调制，它根据国际电报电话咨询委员会(CCITT)制订的组3(G3)和组4(G4)标准，将图像的每个黑点作为二进制"1"，白点为"0"。组3传真机的分辨率为200 dpi，因而一张8.5英寸×11英寸的页面有370万个点，这个位数太长，传送太慢。于是采用压缩的游程长度编码(run length code，也称行程编码)来确定黑点的边界，以便用较少位来描述图像，其压缩比与图像复杂性有关，一般可达8:1。还可采用每一扫描行与基准行比较的方法，进行进一步的二维压缩。目前CCITT已规定组4标准，分辨率可采用400 dpi，其传真质量近于排字机，且可采用高速每秒56千位的传输设备。

传真机和电传打字机相比在文字传输速度上要慢，因为电传打字机是以字符的ASCII编码(一字节)来传送。目前已有带光学字符阅读器(OCR)的传真机产品问世，其文字传送速度与电传打字机相近。另一种新系列的传真机可使个人计算机直接与组 3 传真机通信，只需加一块与同步数据链路控制(SDLC)协议通信的电路板，并运行模拟传真机的软件即可。

由于传真机能以精确的方式，通过自动拨号系统联系各个地方，因而自 80 年代以来，传真机和个人计算机结合，已使传真机摆脱只作为图像通信设备的约束而向综合处理终端设备过渡。个人计算机、传真机及激光打印机相结合的图文传真、数据传真及信息传真，将为人们提供更方便、更高效的服务。

8. 图形显示设备

在字符显示终端的基础上发展起来的图形显示设备，主要有阴极射线管(CRT)和平板显示器件，当前最流行的是光栅扫描 CRT 显示器和以液晶(LCD)器件为代表的平板显示器两种。前者已替代了随机扫描的画线显示器和直视存储管(DVST)显示器，成为图形显示设备的主导产品，它在高分辨率彩色显示、品种规格范围及性能价格比等方面占有相当优势。而后者在超扁平结构、低功耗、体积小及重量轻等方面具有明显优势，是当前便携型(如笔记本型)计算机显示设备的理想选择对象，它在超大屏幕平板显示应用中具有很强的市场竞争能力。光栅扫描彩色 CRT 显示器的主要部分是一帧缓冲器，也称为刷新缓冲器。它存储与屏幕显示内容相对应的像素值。存储容量要满足显示分辨率和彩色种类的要求。例如 1024×1024 个像素组成的显示屏幕上要能同时显示 256 种不同彩色，则需 1024×1024×8 bit 即 1M 字节显示帧缓冲器容量。存储器的读出速度要能满足每秒 25 帧以上刷新速度的要求。

色彩表又称色彩查找表(Look Up Table, LUT)。它将帧缓冲器读出的像素值(如 8 个二进制位)作为其输入索引值(如 0 至 255 之间的某值)，在色彩表中查出该值对应彩色的三种基色(红、绿、蓝)的分量大小。若 R, G, B 基色分别由四个二进制位组成，则该色彩表是一个 256×(4+4+4)的存储矩阵。三种基色分量经过数模转换电路，变换成可控制 CRT 监视器红、绿、蓝三种电子束强度的电压，其显示的可能彩色种类为 2 的 12 幂次，即 4096 种。色彩表的存储矩阵可以由寄存器、随机存储器或电可改写的只读存储器构成。

CRT 监视器是一个和电视机相似的阴极射线管显示装置。它接受来自色彩表的图像信号(数字的或模拟的)，用其控制三基色亮度。它接受来自显示控制器(CRTC)的行同步及帧同步信号，用其产生水平行扫描及垂直帧扫描偏转信号。普通电视机从天线接受一个被视频载波所调制的图像和声音混合信号，其中还包括了行同步和帧同步的信号，因而需分解电路将混合信号分离。目前一些高分辨率的彩色监视器，由于要求(分辨率及彩色种类)较高，因而采用宽带放大器和高分辨率显像管，且输入图像信号要求是强度可连续变化的红、绿、蓝模拟信号。

显示控制器(CRTC)是一个根据分辨率要求产生行同步、帧同步信号的电路。当图形显示器有多种显示方式时(如不同分辨率、单色与彩色、字符与图形方式)，显示控制器内的各种状态寄存器可设置不同参数。

在 IBM PC 机上，除监视器外的其他几部分显示部件(显示帧存、色彩表及 CRTC 等)由一块图形显示板(俗称图形卡)构成。不同档次的个人计算机已有不同要求的图形显示标准，其中主要的是不同分辨率及不同彩色数目。

图形显示设备还应包括“图像生成”的部件，它的功能是把各种基本绘图原语(或命令)扫描转换成点阵图像，存入帧缓冲器。该部件中除了字符发生器一般用硬件芯片实现外，其余部分在不同系统中的实现方案不一。在 IBM PC 微机上，它由软件在 CPU 上实现，其输出结果送至帧缓存器。目前一些比 CGA, EGA, VGA 更高档的图形控制卡，利用专用图形芯片(如 NEC7220, HD63484, TMS34010 等)实现绘图命令的许多功能，它们的处理能力也不尽相同(分别为 8, 16, 32 位宽度)，其中 TMS34010 具有自己的指令系统和工作存储区，因而有很强编程能力。在一些中小型机的图形终端上(如 VT240)，这一图像生成功能，是由通用微处理器芯片(如 8088)实现，图像及正文分别存于不同显示存储器中。图形显示终端通常与主机采用串行口相连，传送各种图形显示命令和数据，它与采用总线结构的微机和工作站相比，图像传送的速度要慢。

当前各类便携式、笔记本式计算机受到人们欢迎，其显示屏幕主要采用气体等离子体器件及 LCD 液晶器件。由于这类便携式计算机的显示器要求功耗小、体积小、在光照条件下具有高的分辨率，因而许多厂商都在竞相研究各类新产品。当前 LCD 液晶显示器件中，一种称为 TFT (Thin Film Transistor)的 LCD 显示器已经生产，它可提供彩色显示，具有 640×480 以上分辨率和较高的性能。其他超扭曲薄膜 LCD、无源矩阵 LCD 及场致发射显示(field emission display)器件也有很大进展。目前主要问题还在于功耗尚大、响应速度不够快、成本较贵等。由于便携式、膝上型、掌上型计算机市场的发展，这些 LCD 显示技术等得到进一步改进和发展。

9. 绘图机

绘图机是可在纸上绘制图形以便于长期保存的一种图形输出设备。它品种繁多，主要有滚筒式、平板式、喷墨式及静电式等几类。滚筒式绘图机用两个步进电机分别带动绘图纸与绘图笔运动，结构简单，价格适中，是一种使用较广泛的绘图设备。平板式绘图机分为两种，一种为机械传动的小型绘图机，其速度及精度均较差，但价格便宜，适用于要求不高的微型机图形绘制场合；另一种为由平面电机驱动的大型平板绘图机，其绘图速度极快，每分钟可达120 m，且绘图幅面也很大，但价格昂贵。喷墨式及静电式均属于光栅类型的图形输出设备，前者绘制速度快，彩色鲜艳，分辨率可达每毫米 5 点；后者绘图分辨率也很高(4～8 点/mm)，可靠，无噪声，但需特殊纸张。

3.2 三维输入设备

新型人机交互技术如虚拟现实技术正在使用更复杂的设备，其中输入设备包括各类三维控制器、三维空间跟踪器、姿势识别、Polhemus 定位器、数据手套、数据服装、视线跟踪装置等，输出设备有头盔显示器(HMD)、三维声音产生设备、语言合成设备等。

目前围绕多媒体系统人机交互技术开展的工作主要沿以下两个方向进行：一是开发能代替鼠标的定位技术，如触摸屏、跟踪球、定位器等；二是开发能代替键盘的输入技术如语音识别和理解系统。能同时起上述两种作用的系统如笔输入系统等，可能会成为多媒体系统人机交互的重要工具，它在一定程度上同时调用了人的运动过程，但却把主要信息通道都集中在手的运动上。从界面设计概念上讲，上述不同交互方式，本质上都是试图利用一种精确交互技术去取代另一种精确交互技术。

现代科学的发展已对交互设备提出更高的要求。在机器人、生物医学、人机工程及计算机辅助设计领域，人们希望有更方便的三维输入设备，以便确定空间的位置、运动方向或姿势。在一些特殊的场合，如像飞机驾驶控制时，人们希望不脱开正在控制操纵杆的手而能送入数据。在早期,三维输入设备曾利用机械连杆机构,光电传感机构及声学设备作为三维图形输入板;也有采用二维输入装置的多次输入来模拟三维数据,其中有的仍在被采用,有的正被一些新的三维输入设备所替代。由于三维输入设备价格昂贵,或者尚不够成熟,因而它仍处于不断发展的阶段。目前,三维图形学得到了快速的发展,在计算机视觉、机器人技术等的推动下,三维交互设备的研制已受到国际上许多厂商的关注。常见有跟踪球(spaceball)、三维探针(3D probes)、三维鼠标器 (3D mouse)、三维操纵杆(3D joystick)、数据手套等。其性能可用分辨率(即精度)、刷新速率、滞后时间及可跟踪范围来度量。三维交互设备还包括:

(1) 三维图形工作站。它能显示具有彩色和明暗效果的三维物体,并具有连续动画的能力;

(2) 三维复印机。类似于立体平版印刷设备,它能较快地将三维目标复制出原型来。美国 3D System 公司已生产了立体平版印刷设备。

(3) 三维姿势传感器及相应的识别软件。

(4) 三维激光扫描器。用以扫描三维目标的形状。

在三维图形输入设备方面,应在现有各种设备的基础上改进、提高,以满足以下要求:

(1) 便于使用。

(2) 能确定手与屏幕之间的相对位置。

(3) 能使手自由地操纵其他设备,如键盘或电话。

(4) 提供定位及定向时,应有足够多的自由度参数。

所有三维空间控制器的共同特点是都具有六个自由度。对应于描述三维对象的宽度、深度、高度(x, y, z)、俯仰角(pitch)、转动角(yaw)和偏转角(roll),后三个自由度对于像航天航空器模拟这样的交互技术是必不可少的。三维空间控制器作为虚拟工具可模拟三维的多种输入。对于虚拟现实技术的基本交互任务(导航、选择、操纵、旋转等)也是必不可少的。

3.2.1 三维定位机构 Polhemus

Polhemus[Eglowstein 1990]是一种有六个自由度的空间位置传感器。它可相对于某一固定位置的源,得到目标所处位置的方向及位置信号。该机构在源处及目标处均装有一块方糖大小的小盒子,内部安装了三个相互垂直的线圈,其中源处为发送线圈,而目标处为接收线圈。当源处的三个发送线圈轮流发出电流脉冲时,根据电磁感应定律,将在目标处的三个接收线圈中得到不同的感应电流。由于发送线圈和接收线圈相互垂直时,感应电流最小;两者距离远时,电磁感应也弱,因此可以根据三次发送线圈的电流脉冲,测得九个不同的接收线圈电流值,经过计算可得到两者间的相对位置和方向的六个参数。根据目前市场上这种三维定位机构的性能,在 3 英尺的距离内,其位置的分辨率可达到 0.13 英寸,角度分辨率可达 0.7 度。这种三维定位机构 Polhemus 需通过控制单元与计算机相连,接口可以是串行口或并行口。这种机构已应用在许多三维输入设备中。

图 3.2 是加拿大 New Brunswick 大学设计的六维鼠标器的示意图,它在用户椅子的右侧安装了一个 Polhemus 的源盒,而在鼠标器内安装了 Polhemus 的接收线圈,两者经控制单元与计算机相连。当鼠标器在空间中作三维移动或转动时,在 Polhemus 及其相应软件的控制下,计算机屏幕上将显示三维的运动轨迹。

美国加州 VPL 研究所 T. G. Zimmerman 和 Y. L. Harvill 发明了三维定位机构 Polhemus

的数据手套(data glove)(见图 3.3),其中接收线圈小盒安装在戴手套的用户手腕背上,而发送源盒放在靠近用户的一个固定位置。数据手套采用 Polhemus 进行三维定位检测是成功的,

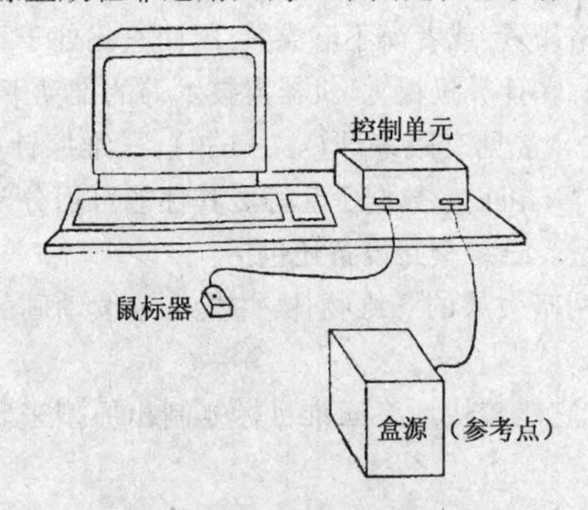

图 3.2 六维鼠标器示意图

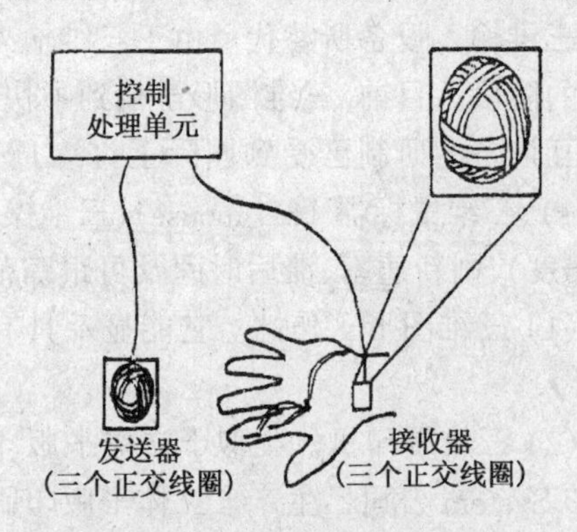

图 3.3 三维定位设备 Polhemus 示意图

它的原理将在后面讨论。美国麻省理工学院 CAD 实验室的 A. Roberts, D. Stoops和E. Sachs设计了一个 3-Draw 系统,该系统可用于设计汽车的三维外形。它的用户操作界面是两个具有六个自由度的输入设备:一个做成像调色板形状的目标平板,用一只手拿着;另一只手握住绘图笔状的输入触笔。这一套输入设备也采用 Polhemus 3Space Tracker 作为其检测装置。由于这两个输入装置像画家一样可用两手在空中操作,因此可以创作各种自由曲线和形状。3-Draw 系统把输入装置与 SGI 的 IRIS 4D/70 图形工作站相连,在软件配合下,将用于机械 CAD、建筑 CAD 和动画制作。

3.2.2 数据手套及其他指示姿势的装置

数据手套是美国加州 VPL 研究所 T. G. Zimmerman 和 Y. L. Harvill 发明的指示手势的输入装置。数据手套是一种虚拟工具,它将人手的各种手势、动作,通过所带手套上的光导纤维的传感,送入计算机计算分析。这种手势可以是一些符号表示或命令,也可以是一些动作,诸如:"请安静","V","握住","扔出","挤压","提拉"等。用计算机来识别、表示各种手势是与语音识别、手写体识别一样的具有挑战性的工作。手势所表示的含意可以由用户加以定义。VPL 的研究者已经开发了一种技术,采用动作模板来匹配各种手势,以识别用户的命令或动作。

图 3.4 是数据手套的光纤原理示意图。图中每一手指上安装两个光纤传感器,第一个传感器安装在手指上部的关节弯曲处,第二个装在手指下部的指关节弯曲处。每一传感器上有一对光导纤维通过,当光导纤维弯曲(由于手指屈曲)时,通过它的光线将按屈曲的程度而减弱。每对光导纤维的起始端连接着恒定的光源,另一终端连接着敏感的光学检测器。一只手套上共装有 10 个光导纤维传感器,其中 5 个在 5 个手指的上部指关节处,5 个在下部指关节处。这 10 个光导纤维传感器用胶粘在手套上,并将光导纤维精心成束地安装在手套的背部。光导纤维束连到一个独立的、带有光源的控制盒,采用微处理器对 10 个光学检测器进行反复扫描,根据光强度的减弱情况,判断 5 个手指的 10 个部位弯曲情况。微处理器的计算分析,需要知道手各部位弯曲的物理性质及它对光导纤维传感器的影响。数据手套的位置及方向采用

前面讨论过的三维定位机构 Polhemus 来检测。

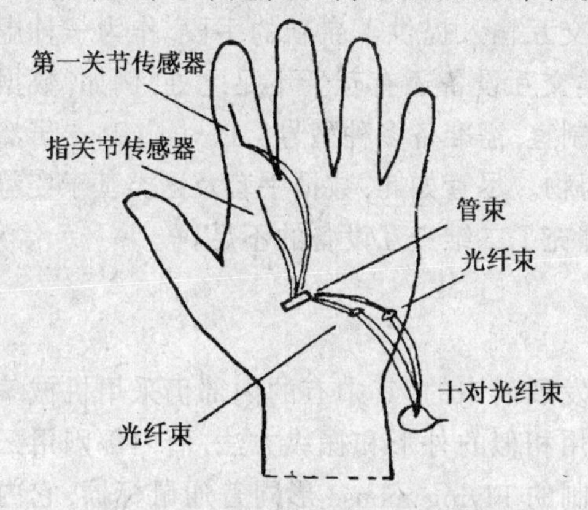

图 3.4　数据手套光纤原理示意图

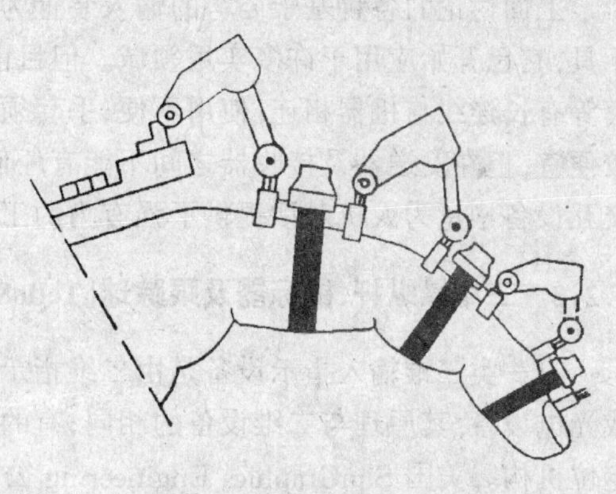
图 3.5　DHM 手势传感装置

和数据手套类似的还有一种称为 Dexterous Hand Master(简称 DHM)的手势传感装置。它是由美国 Exos 公司研制的。DHM 用铝做一个复杂的骨架安装在手背上,用帆布带和手指垫将这骨架缚在每个手指段的中间,有铰链的关节把手指垫连结起来,如图 3.5 所示。这种骨架是轻质铝做成的,实际使用时要比图上所示的看起来舒适些。DHM 的每个铰链关节上都安装了一个小磁铁及用于测量弯曲角度的霍尔效应敏感器件。当关节伸屈时,铰链上安装的敏感器件靠近或远离小磁铁,因而可感应出不同的电压,以测出屈曲的角度。电压经导线送入计算机的数据探测板,用软件处理后可分析出各手指关节的弯曲情况。DHM 在每个手指上都安装了三个敏感器件,因而比数据手套能更准确反映出手势情况。DHM 采用与数据手套一样的三维定位机构 Polhemus 检测手所在的方向和位置。

参照数据手套的设计思想,美国 Mattel 公司研制的 Power Glove 价格更便宜。它用一种平面塑料张力计(flat plastic strain gauge)来代替光导纤维。当手指弯曲时,套在手指上的聚酯带电阻发生改变,通过导线将改变的阻值传给计算机处理,从而检测出手指弯曲的情况。Power Glove只在手套的每个手指上安装了一个传感器,虽然这样反映不出每个手指的各关节段动作,但它对于一些只需了解五个手指情况的电子游戏已够用了。图 3.6 是它的示意图。图中表明 Power Glove 在手套的背面安装了一个超声波发生器,再在某手指位置安装第二个超声波发生器,而在屏幕的左上、右上及右下安装了三个超声波接收器,根据超声测距的原理及发送器与接收器的距离,可由三角形测量方法计算出手套所处的位置、转动及倾斜大小。由于 Power Glove 用超声定位替代 Polhemus,以及用塑料张力计代替光导纤维,因而价格便宜,目前已用在要求不高的电子游戏操作上。

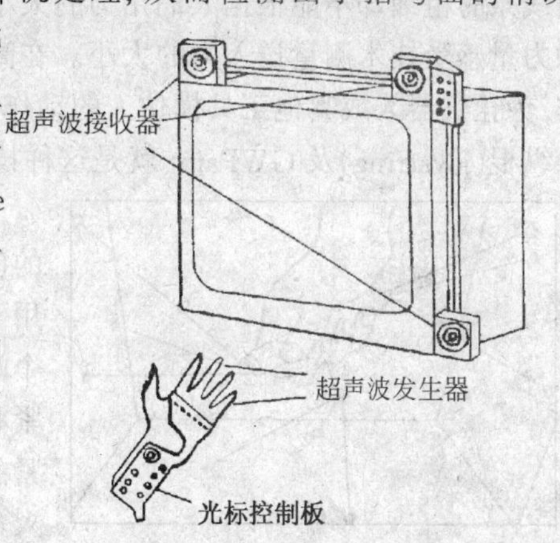

图 3.6　Power Glove 示意图

开发数据手套的 VPL 研究所又研制了数据服装(data suit),它可模仿人的身体动作,作为输入设备。可应用于动作训练、人外表的监视或反馈、危险环境时的模拟训练等。数据服装可跟踪人体的68个关节部位，可监测的移动范围为10～14ft区域内。

上面讨论的各种基于姿势的输入装置为三维交互输入提供了崭新的手段，作为一种虚拟工具，它已开始应用于许多实用领域。但目前这类交互设备还有若干不足之处，例如，数据手套等有长连线与机器相连，使用不便；手套须因人制宜，需准备多种型号。Power Glove虽然比较便宜，但在发送器及接收器之间不能有任何障碍物。尽管如此，数据手套及这类基于姿势的交互设备毕竟为人机对话提供了强有力的工具，补充了二维交互设备的不足。

3.2.3 三维操纵杆、鼠标器及跟踪球[Tello88]

有一类三维输入指示设备是由二维指示设备发展而来的，其中有的内部仍采用机械编码或光电设备，其原理与二维设备的相同；有的则采用相似的外形和操纵方法，而内部则用三维定位机构。美国SimGraphics Engineering公司研制的Flying mouse形同普通鼠标器，它内部装有三维定位机构Polhemus，可在空间中定位和确定方向。它有三个按钮，当定位后按下按钮即可发出信号。它的特点是使用方便，可以在桌上当作二维鼠标器使用。美国Spatial System公司研制的Spaceball是一种三维操纵杆。它比网球稍大一些，安装在某种舒适的操纵盒上，可以作为三维物体显示时定位用，或可用于修改固定物体的视图。美国宇航局Langley研究中心的科学家研制了一种称为Thumball的交互设备，它在操纵杆上方安装了一个鼠标器，可供飞行驾驶员在操纵控制杆时使用。使用时，驾驶员的手不必脱离原来的控制，用大拇指便可精确地操纵Thumball，向飞机的电子数据系统送入数据、定位光标，或在屏幕上观察有关输出。飞行员可用它精确调整飞机航向、平衡或倾斜。这个Thumball是宇航局的大型项目“玻璃座舱”的一部分，该项目期望飞行员在一个CRT屏幕上观察飞机的全部控制仪表，以代替现有复杂的大型控制仪表板。

3.2.4 力量反馈技术

如果我们用图形输入板或画笔在屏幕上作画，可以在某些位置画出各种形状和图案，但所画线条的粗细却不能根据人们用力的大小予以调整。在画家作画或书法家习字时均希望有一种力量感受技术测量送入力的大小。在高温、放射性或其他危险环境下，人们不能进行实地操作，为让机器人或其他工具模仿人的动作，也必须有力量反馈技术测量人手或臂的用力情况。操纵棍(joystring)及GWPaint就是这种技术的一些实例。

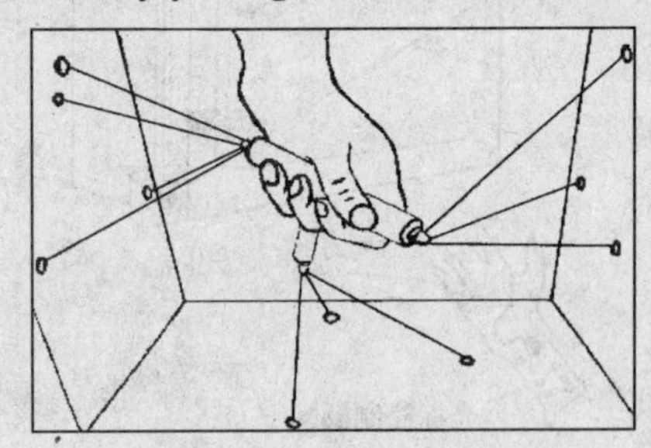

图3.7 三维操纵棍示意图

操纵棍是由美国佛罗里达大学J. Staudhamer发明的(见图3.7)。它包括一个T型手柄，其三个端点分别用三条绷紧的细拉线与一固定盒子连接，T型手柄的三个端点可连盒子的上部、侧部及下部，以便处于某种拉紧状态。当人力操纵T型手柄时，其用力情况将通过拉紧的细线传至盒子外的敏感器件，这些信息经过转换送入计算机，并由计算机根据人的用力情况远程控制各种工具或作其他应用。操纵棍作为一种力量的反馈工具，将对由人操纵所产生的力的大小及转矩进行识别，并将信息送入计算机。

GWPaint是乔治·华盛顿大学T. W. Bleser等研制的画家绘图系统，它使用图形输入板及触笔进行绘图。图形输入板不仅知道触笔的位置和方向,而且能感受触笔在图形输入板上所施力的大小。根据所施加力的大小,通过软件来控制所画线条的宽度。GWPaint 还可通过计算机的分析来改变线条的疏密和起始的角度。目前,力量反馈技术已受到人们的重视,它的研究成果将明显地改善人机交互技术。

3.3 语音交互技术

随着界面设计理论的发展,人机交互技术也有了很大的变化。图形对话(graphic dialogue)、形式对话(formal dialogue)和自然语言对话(natural language dialogue)也都各自从自身的简单形式发展到了复杂形式。图形对话目前已经发展成能使用多窗口、图标以及模拟真实环境的技术,大部分系统的形式对话也设计得相当完美,而自然语言对话则从书面的自然语言对话发展到了口头的自然语言对话,且随着语音识别和合成技术不断加速的发展步伐,已出现一些用于人机对话的系统。

语音交互系统以其自然的对话方式,成为近几年来国内外研究的热点。从人机界面设计的角度讲,使用语音交互系统有两个直接的优点:一是语言比键盘输入快且有效;二是在多任务的情景中,提供了另一附加的反应通道,使手可以腾出来做其他事。

用语音技术建立用户界面可采用两种途径:一是利用基于语音识别和理解技术的新操作系统代替以 WIMP 界面技术为基础的操作系统;另一种就是利用语音技术操作 WIMP 界面。但无论采用何种方法都不可避免地增加了语音通道的负担,而其他各通道的作用却不能很好地调动。从界面设计概念上讲,目前的大多数语音界面本质上都是试图把语音识别作为一种精确交互技术。

3.3.1 语音输入

语音输入的研究是十分有用的工作,但也是有较大难度的工作,它是模式识别的一种应用。目前对简单的语音已可以达到实用化输入,但复杂的语音尚有不少需解决的问题。这里所说的简单与复杂包括很多因素,如词汇量的多少;是否需要专人发音;语音是连续的,还是断续的;说话速度的快慢;环境噪声的大小;说话者的含混性及腔调等。详细讨论这些因素已超出本书范围。一般说来,要求说话人予以合作,注意正确发音,两字之间有足够的停顿时间。经过适当选择的数百字词汇量的语音输入系统已可在现实生活中进行使用,其系统识别率最高可达 99%。这种系统通常由专人使用。若要更换人发音,系统需经一次或多次对词汇的发音"训练"。

1980 年代初,美国 Centigram 公司的商用声音识别系统 MIKE 经过训练,可存储各种语音,如 left, right, start, stop, open, close, raise, lower, test, cancel, erase, proceed, yes, no 及数字 0 至 9 等。利用声音识别可控制各种设备,"声控汽车"就是在汽车内装入微型计算机,并规定几十条到上百条操作命令来操纵汽车的各种动作,如汽车启停、车灯开关、加速与减速、喇叭的按动及车窗开闭等。这种汽车可供残疾人及初学者使用。利用声控可转动轮椅、升降病床或开关电视等。对于屏幕操作也可采用简单声控输入设备,这样可以腾出手来做其他工作。

在同样限定条件下,词汇量在 1000 至 10000 字之间的语音输入系统现已研制成功。美国麻省 Kurzweil 应用智能公司已开发了基于 PC 的 5000～10000 字语音识别系统。而要求更多词汇量的实时语音识别系统尚有困难,需要高级的硬件支持,例如并行处理或神经网络机器。

BBN 实验室及卡内基梅隆大学等许多单位正在大力研究这些问题。我国在语音识别方面的研究工作也有相当进展,中国科学院声学研究所及许多高等学校在汉字语音识别方面均有不少成果。

3.3.2 语音识别

当人们想对计算机说话时,通常首先需要进行语音识别,即将声音信号转换成单词流。这是一个非常具有挑战性的问题,有着明确的应用范围。经过多年研究,语音识别技术正在迈入实用的门槛。最近十年里,语音识别技术的显著进展,带来了高性能的算法和系统。一些系统开始从实验室演示变成商业应用。用于语音拨号,语音命令控制,简单的数据输入(例如输入信用卡号码)等领域,目前结构化文档的语音识别工具已经开始出现。

语音识别涉及多种技术。首先,数字化信号的转换、量化,就涉及到信号表示的问题。需要研究如何使系统在传感器与环境的变化中保持性能的稳定,以适应这些变化。其次,各种语音必须被恰当地建模。目前采用得最广泛的建模技术是隐马尔科夫模型(HMM)。最后则是语言的约束问题。

语音识别系统可以由很多参数来刻画。孤立词语音识别系统要求说话者在词与词之间短暂地停顿,而连续语音识别系统则没有这样的要求。自发的,或是脱口而出的语音包含着嗑巴的地方,它比照着文本朗读识别起来要难得多。有的系统需要说话者的身份信息,用户必须在使用之前给出自己的语音样本;而其他系统则是与说话者无关的,即无需预知用户的身份。一些其他的参数取决于特定的任务。当词汇量大或者有很多发音相似的单词时,语音识别通常要困难得多。当语音被作为一个词语序列来处理时,可以采用语言模型或者人工语法来限制词语的组合。

最简单的语言模型可以用有限状态转移网络来表示,即把接在各个单词后面的单词在网络中显式地给出。识别任务的一个常用的难度指标是混乱度(perplexity),它的含意为在应用语言模型之后,一个单词后面可以跟着的单词数的几何平均值。接近自然语言的更一般的语言模型可以用上下文相关文法来表示。

影响识别系统性能的主要因素归纳如下:

参数	范围
说话方式	孤立词到连续语音
说话风格	朗读到自发语音
身份信息	说话者特定到与说话者无关
词汇量	小(<20 词)到大(>20000 词)
语言模型	有限状态到上下文相关
混乱度	小(<10)到大(>100)
信噪比	高(>30 分贝)到低(<10 分贝)
传感器	voice-cancelling 的话筒到电话

语音识别系统的性能通常用单词错误率 E 来度量:

$$E = \frac{S + I + D}{N} \times 100\%$$

其中,N 是测试集的单词总数,S,I 和 D 分别是替代、插入和删除的总数。

在低混乱度(PP=11)的任务中,最常见也最有用的是数字识别。对于美国英语,当数字串长度已知时,说话者在电话带宽下连续说出无关的数字串时,误识率只有 0.3%。中等混乱度的任务中最有名的是所谓资源管理(RM),在这一任务中,可以对太平洋中的海军舰艇进行查询。在 RM 任务下,最好说话者的无关误识率低于 4%。这里,使用的是限制紧跟可能单词的语言模型(PP=60)。最近,研究者们开始解决如何识别自发产生的语音问题,例如停顿、错误的开始、犹豫、不合语法的结构以及其他在朗读中没有的常见行为。在航空旅行信息服务(ATIS)领域中,有词汇量接近 2000、混乱度约束为 15 时,单词错误率低于 3% 的报道。词汇量达几千的高混乱度任务主要是针对听写应用的。在多年研究孤立词、说话者相关系统以后,从 1992 年开始转向极大词汇量(20000 以上)、高混乱度(PP=200)、说话者无关的连续语音识别。1994 年最好的系统在处理来自北美商务新闻中的句子时达到了 7.2% 的错误率。目前,已经有了几个极大词汇量的听写系统可以用于文档的生成。这些系统通常要求说话者在单词之间暂停。如果能够利用特定领域的约束(例如医疗报告),性能还可以进一步提高。

语音识别之所以困难,主要是由于有很多变化因素影响着语音信号。首先是音素的发声。它作为组成单词的最小声音单位,与它们所出现的上下文密切相关。在美国英语中,字母 t 在 two,true 和 butter 中的发声不同,这些都体现了这种音素可变性。其次,声音上的多变可能来自环境以及传感器的位置与特性。第三,说话者本身也有一些可变因素,比如生理或者情绪状态,说话的速度,话音质量,等等。最后,社会语言背景,方言,以及声带大小与形状也会带来说话者之间的可变因素。

在一个典型的语音识别系统中,数字化的语音信号首先被以固定的速率(通常是每 10 到 20 毫秒一次)转换成一系列有用的度量或者特征。然后,根据这些量,利用声音、词法和语言模型的约束,来搜索可能的候选单词。在这一过程中,利用了训练数据来确定模型参数的值。语音识别系统试图以若干个方式来对上面所述的可变因素建模。在信号表示的层次上,研究者已经开发了强调与说话者无关的信号特征,而弱化说话者相关的特征。在音素的层次上,说话者的可变因素通常以应用大量数据的统计技术来建模。此外,还开发了说话者适应算法,在系统使用期间,将说话者无关的声音模型应用于当前的说话者。音素层次上的语言环境效应通常通过在不同的环境中训练各自的模型来处理,这叫做环境相关的声音建模。单词层次的可变因素通过容许单词的多种发音来处理,这些发音表示为发音网络。对于单词的多种发音,以及方言和口音的影响,可通过让搜索算法在这些网络中找出路径的方法来处理。统计的语言模型是基于对单词序列的出现频率来估计的,它们经常被用来引导对最可能的单词序列的搜索。

不同的技术有时适合于不同的任务,建模的粒度也为了适应具体的应用需求而有所不同。例如,当词汇量小的时候,那么整个单词就可以作为一个单独的单位来建模。这一方法对于大词汇量来讲是不实际的,在这种情况下模型必须以亚单词的单位来构造。

在过去 15 年里占主导地位的识别范式是所谓隐马尔科夫模型(Hidden Markov Model, HMM)。隐马尔科夫模型是一个双重的随机模型,其中,潜在的音素串和按帧的发声生成过程都被表示为马尔科夫过程。神经网络也被用于估计基于帧的分数,这些分数被整合到基于 HMM 的系统结构中,这种系统即所谓混合系统(hybrid system)。基于帧的 HMM 系统有一个有趣的特性,即语音片段是在搜索过程中标识的,而不是显式确定的。另一种方法是首先标识语音片段,然后对片段进行分类并使用片段的分数来识别单词。这一方法在若干任务上达到了具有竞争性的识别性能。

随着语音识别性能的稳定改善,在很多国家,这样的系统目前已经开始安装到电话或者蜂窝电话网上。中文语音识别方面的研究也有了较大的进展。IBM 公司于 1997 年推出 ViaVoice4.0中文连续语音识别系统,其平均输入速度可达每分钟 150 字,识别率达到 95%。系统定义词汇达 32000 个,用户还可根据需要添加 28000 个专业术语。

3.4 基于手势的交互技术

人体语言包括对肢体的状态和动作的运用,其中必须区分手势(gesture)和姿势(posture)的不同。手势只能由手产生,而姿势则既可由手产生,也可由整个身体产生。两者的区别似乎只在于手势更为强调手的运动,而姿势则更为强调手或身体的形状和状态。不过,只有当我们说明问题需要时才作这种区分,在多数情况下我们笼统地定义为:手势是人的上肢(包括手臂、手和手指)的运动或状态。

基于手势的交互技术不同于那些使用手操作设备的交互技术。像鼠标器、键盘这样的交互设备也都是用手操作的,但这类设备比较简单,向计算机输入的信息基本上与手势无关。显然,用户敲击键盘时是否遵循标准的指法,甚至是单指击键,都与输入结果无关。目前,能识别手势的典型交互设备是数据手套(data glove)(见图 3.8),它能对较为复杂的手的动作进行检测,包括手的位置和方向、手指弯曲度,并根据这些信息对手势进行分类。另外还有数据服装(data suit)(见图 3.9)等装置可对手和身体的运动进行追踪而完成人机交互。手势输入不能像鼠标器这样的指点设备精确控制到屏幕像素一级,而只能反映具有一定范围的所谓“兴趣区域(AOI-Area of Interest)”,而且这个范围的界限是模糊的;“兴趣”指具有一定的概率分布(比如为正态分布),反映了可能存在一个兴趣中心。

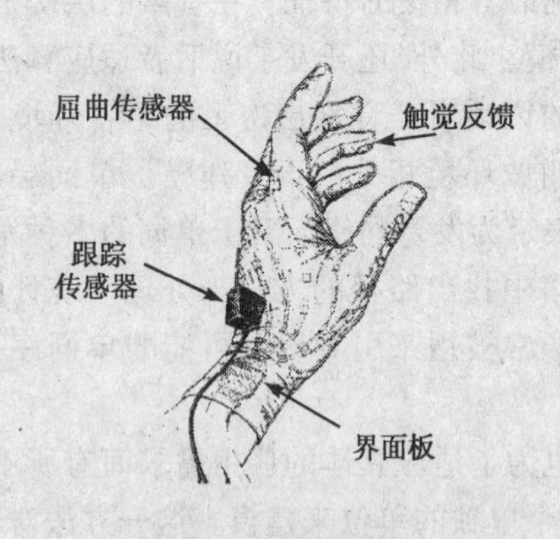

图 3.8 数据手套

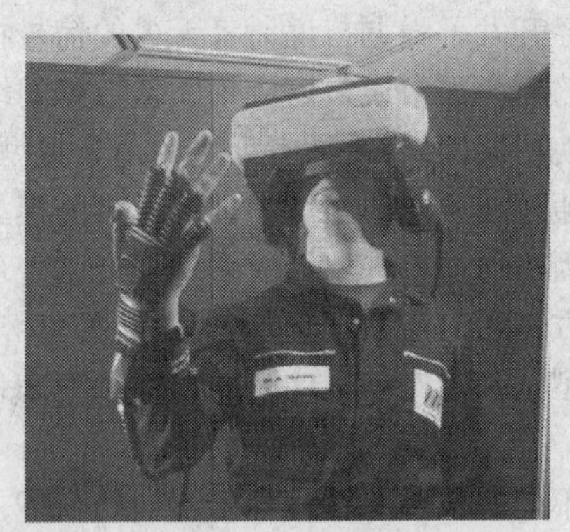

图 3.9 数据服装

手势的识别可以有多种途径,人们已经研究过几种交互技术,包括手势按钮、手势定位器和手势拾取设备,等等,这些交互技术尤其适合于三维空间交互,起到二维空间交互中类似交互技术的作用。

1. 手势的分类

(1) 交互性手势与操作性手势,前者手的运动表示特定的信息(如乐队指挥),靠视觉来感知；后者不表达任何信息(如弹琴)；

(2) 自主性手势和非自主性手势，后者与语音配合用来加强或补充某些信息(如演讲者用手势描述动作、空间结构等信息)；

(3) 离心手势和向心手势，前者直接针对说话人,有明确的交流意图,后者只是反映说话人的情绪和内心的愿望。

可见手势的各种组合相当复杂,因此,在实际的手势识别系统中通常需要对手势做适当的分割、假设和约束。例如,可以给出如下的约束：① 如果整个手处于运动状态,那么手指的运动和状态就不重要;② 如果手势主要由各手指之间的相对运动构成,那么手就应该处于静止状态。

2. 识别手势的手段

利用计算机识别和解释手势输入是将手势应用于人机交互的关键前提。

(1) 基于鼠标器和笔：优点是仅利用软件算法来实现,从而适合于一般桌面系统。缺点是只能识别手的整体运动而不能识别手指的动作,仅当用鼠标或笔尖的运动或方向变化来传达信息时，才可将鼠标器或笔看做手势表达工具。这类技术可用于文字校对等。

(2) 基于数据手套(data glove)：主要优点是可以测定手指的姿势和手势，但是相对而言较为昂贵,并且有时会给用户带来不便(如出汗)。

(3) 计算机视觉：即利用摄像机输入手势，其优点是不干扰用户，这是一种很有前途的技术,目前有许多研究者致力于此项工作。但在技术上存在很多困难,目前的计算机视觉技术还难以胜任手势识别和理解的任务。

3. 手势识别技术

目前较为实用的手势识别是基于数据手套的,因为数据手套不仅可以输入包括三维空间运动在内的较为全面的手势信息,而且比基于计算机视觉的手势在技术上要容易得多。

(1) 模板匹配技术：这是一种最简单的识别技术,它将传感器输入的原始数据与预先存储的模板进行匹配,通过测量两者之间的相似度来完成识别任务。

(2) 神经网络技术：这是一种较新的模式识别技术,具有自组织和自学习能力,具有分布性特点,能有效抗噪声和处理不完整的模式以及具有模式推广能力。

(3) 统计分析技术：通过统计样本特征向量来确定分类器的一种基于概率的分类方法。在模式识别中一般采用贝叶斯极大似然理论确定分类函数。该技术的缺点是要求人们从原始数据中提取特定的特征向量，而不能直接对原始数据进行识别。

3.5 视线追踪的交互技术

关于视线跟踪已有许多研究计算机视觉的单位进行研究和使用,视线跟踪使用专用照相机来自动跟踪眼睛的角膜,并连续记录光线的反射方向。当眼睛注视某一信息(如计算机显示屏幕上一个词)达到一段时间后,在眼睛下方装在面部上的一个装置可测出角膜所反射红外光的强弱,于是可确定眼睛注视的内容。采用视线跟踪设备与计算机连结,可以用眼睛“选择”输入字符,并用语音合成装置给出反馈声音。美国 Sentient Systems Technology 公司已开发了 EyeTyper 300 眼睛控制输入系统,这是一种为残疾人提供的输入设备。

目前用户界面所使用的任何人机交互技术几乎都有视觉参与。视线作为交互装置最直接的用处就是代替鼠标器作为一种指点装置。凝视(eye-gaze)是以眼睛作为一种指点装置的交互方法。当用户使用鼠标器控制屏幕上的光标来选择所感兴趣的目标时,是视线随注意点聚焦到该目标上,然后检查光标与该目标的空间差距,再反馈到大脑并经大脑指挥手去移动鼠标器,直至视觉判断光标已位于目标之上为止。如果用户盯着感兴趣的目标,计算机便"自动"将光标置于其上,则可以省去上述交互过程中的大部分步骤。视线跟踪技术目标正在于此。早期的视线跟踪技术首先应用于心理学研究(如阅读研究)、助残等领域,后来才被应用于图像压缩及人机交互技术。

有关视觉输入的人机界面研究主要涉及两个方面: 一是视线跟踪原理和技术的研究; 二是在使用这种交互方式后,人机界面的设计技术和原理的研究。美国 Texas A&M 大学使用装有红外发光二极管和光电管的眼镜,通过光电传感器,根据进入光电管的光的强弱来决定眼睛的位置。ASL(Applied Science Lab)也已有较成熟的视线追踪系统。视线追踪主要用于军事领域(如飞行员观察记录)。

表 3.1 归纳了几种主要的视线追踪技术及特点和应用场合。

表 3.1 六种主要的视线追踪技术

视觉追踪方法	应用场合	技术特点	测量参照系
眼电图(EOG)	眼动力学	高带宽,低精度,对人干扰大	头
虹膜-巩膜边缘	眼动力学,注视点	高带宽,低垂直精度,对人干扰大,头具误差大	头具
角模反射	眼动力学,注视点	高带宽,头具误差大	头具
瞳孔-角膜反射向量	注视点	准确,头具误差小,对人物干扰,低带宽	头具或室内
双浦肯野像	眼动力学,网膜图像稳定,注视点	高精度,高带宽,对人干扰很大	室内
接触镜	眼动力学,微小的眼动	精度最高,高带宽,对人干扰大,不舒适	头

视线跟踪技术及装置有强迫式(intrusiveness)与非强迫式(non-intrusiveness)、穿戴式与非穿戴式、接触式(如 eyeglass-mounted)与非接触式(remote)之分;视线跟踪的精度可以 0.1°至 1°或 2°不等,制造成本也有巨大差异。在价格、精度与方便性等因素之间做出权衡是一件困难的事情,例如视线跟踪精度与对用户的限制和干扰就是一对尖锐的矛盾。视线追踪的基本工作原理是使用能锁定眼睛的特殊摄像机,通过摄入从人的眼角膜和瞳孔反射的红外线连续地记录视线变化,然后利用图像处理技术,分析视线追踪过程的目的。

从视线跟踪装置得到的原始数据必须经过进一步的处理才能用于人机交互。在人机交互中对视线追踪的基本要求是: ① 要保证一定的精度,满足使用要求; ② 对用户基本无干扰; ③ 定位校正简单; ④ 可作为计算机的标准外设。数据处理的目的是从中滤除噪声(filter noise)、识别定位(recognize fixations)及局部校准与补偿(compensate for calibration errors)等,最重要的是提取出用于人机交互所必需的眼睛定位坐标。但是由于眼动存在固有的抖动(jitter motion)以及眼睛眨动所造成的数据中断,即使在定位这段数据段内,仍然存在许多干扰信号,这导致提取有意(intentional)眼动数据的困难,解决此问题的办法之一是利用眼动的某种先验模型加以弥补。

眼动有三种主要形式: 跳动(saccades)、注视(fixations)和平滑尾随跟踪(smooth pursuit)。

在人机交互中，主要表现为跳动和注视两种形式。在正常的视觉观察过程中，眼动表现为在被观察目标上的一系列停留及在这停留点之间的飞速跳动，这些停留一般至少持续100 ms以上，称为注视。绝大多数信息只有在注视时才能获得并进行加工。注视点间的飞速跳跃称为眼跳动。眼跳动是一种联合眼动(即双眼同时移动)，其大小为 1 到 40 度视角，持续时间为 30 到 120 ms，最高运动速度为 400～600 度/秒。在眼跳动期间，几乎不获得任何信息。其主要原因有两个：一是由于图像在网膜上移动速度过快；二是由于在眼跳动时视觉阈限升高。在注视中，眼并不绝对静止，有微小运动，但大小不会超过 1 度视角。眼睛能平滑地追踪运动速度为 1 到 30 度/秒的目标，这种缓慢、联合追踪眼动通常称为平滑尾随跟踪。平滑尾随跟踪必须有一个缓慢移动的目标，在没有目标的情况下，一般不能执行这种眼动。

将视线应用于人机交互必须克服的另一个固有的困难是避免所谓的“米达斯接触(Midas touch)”问题。如果鼠标器光标总是随着用户的视线移动，可能会引起他的厌烦，因为用户可能希望能随便看着什么而不必非“意味着”什么，更不希望每次转移视线都可能启动一条计算机命令。因此，基于视线跟踪技术建立有效的用户界面的挑战之一就是避免“米达斯接触”问题。在理想情况下，应当在用户希望发出控制时，界面及时地处理其视线输入，而在相反的情况下则忽略其视线的移动。然而，这两种情况一般不可能区分。可行的解决方法是结合实际的应用场合采取特殊的措施研制出相应的交互技术，例如，采用其他方式(如键盘或语音)进行配合就是相当有效的方法。

3.6 表情识别

人对面部表情的识别是人与人的交流中传递信息的重要手段，而让计算机能看懂人的表情也一直是人们的一个梦想。然而，要让计算机能看懂人的表情可绝不是一件容易的事。迄今为止，计算机的表情识别能力还与人们的期望相差甚远，但无论如何，科学家们仍在这方面做着不懈的努力，并已取得了一定的进展。计算机对面部表情的识别通常要分为三个步骤进行，即表情的跟踪、表情的编码和表情的识别。

1. *面部表情的跟踪*

为了识别表情，首先要将表情信息从外界摄取回来。跟踪面部表情的方法有几种。Mase 和 Pentland 利用光流(optical flow)来跟踪动作单元。虽然他们的方法比较简单，没有生理模型，并且是静态的而没有动态的最优估值框架，但是，他们取得的结果还是很好的，这表明了用光流来跟踪面部运动是切实可行的。Terzopoulos 和 Waters 开发了一种方法：从跟踪的线性面部特征估算出一个三维线框面部模型的相应参数。这一系统的一个重要局限是需要通过人工的手段来加亮面部特征，才能成功地进行跟踪。尽管采用了主动轮廓模型，面部结构是被动地由跟踪到的轮廓特征形成的，而没有任何基于观察的主动控制。Haibo Li, Pertti Roivainen 和 Robert Forchheimer 描述了另一种方法。这种方法在面部图像编码系统中利用了一个计算机图形与计算机视觉处理之间的控制反馈循环。他们的工作的主要局限是在运动估值中缺乏细节，只有大的、预定义的区域能被观察到，并且在每个区域中只计算了仿射运动。这些局限对于图像编码应用来讲，其质量损失或许是可以接受的，但是，对于利用 FACS 模型的面部表情识别方法来讲，这种局限是严重的，因为，这样就意味着不能观察“真正”的肌肉动作模式。

2. 面部表情的编码

要使计算机能识别表情，就要将表情信息以计算机所能理解的形式表示出来，即对面部表情进行编码。基于根据面部运动确定表情的思想，Ekman 和 Friesen 于 1978 年提出了一个描述所有视觉上可区分的面部运动的系统，叫做面部动作编码系统（FACS），它是基于对所有引起面部动作的脸的"动作单元"的枚举编制而成的。由于某些肌肉可参与形成多个动作单元，所以，动作单元和肌肉单元的对应是近似的。在 FACS 中，一共有 46 个描述面部表情变化的动作单元（AU），和 12 个描述头的朝向和视线的变化的 AU。FACS 系统由专人根据面部解剖活动（即肌肉如何单独或者配合着改变面部的样子）对面部活动进行分类并完成编码。FACS 编码员"解剖"表情，把它分解成特定的一些产生该运动的 AU。例如，快乐的表情被视为"牵拉嘴角（AU12 + 13）和张嘴（AU25 + 27）并升高上唇（AU10）以及皱纹的略微加深（AU11）"的结合。FACS 的计分单位是描述性的，不涉及情绪因素。利用一套规则，FACS 分数能够被转换成情绪分数，从而生成一个 FACS 的情绪字典。

3. 面部表情的识别

面部表情的识别可以通过对 FACS 中的那种预定义的面部运动的分类来进行，而不是独立地确定每一个点。这就是 Mase 以及 Yacoob 与 Davis 的识别系统所采取的方法。例如，Yacoob 与 Davis 根据 Mase 的工作，检测脸上六个预定义的和手工预置的矩形区域中的运动（量化为 8 个方向），然后利用六种表情的简化 FACS 规则进行识别。利用具有 105 个表情的数据库，他们的总识别正确率为 80%。Mase 在一个更小的数据集上也得到了 80% 的正确率。考虑到 FACS 模型的复杂性，以及在面部很小区域中度量面部运动的困难，这些已经是很好的结果了。

研究者们遇到的主要困难可能是运用 FACS 来描述人类面部运动时的复杂性。采用 FACS 表示时，有很多 AU，它们以极其复杂的方式结合起来，从而形成表情。而且，现在逐渐有越来越多的心理学研究支持另一种观点，即对于表情的识别而言，重要的是表情的动力学的作用，而不是细致的空间形变。事实上，有几位著名的研究者认为，表情的时间因素，是表情识别的关键参数。这强烈地暗示了需要告别对表情的那种静态的"解剖每一变化"式的分析，而转向在运动序列中分析整个脸的面部活动。

尽管面部表情识别技术目前还很不完善，但它已开始应用于一些实际的系统中。SimGraphics 于 1994 年开发的虚拟演员系统（VActor）就是一个例子。此系统要求用户戴上安有传感器的头盔，传感器触及脸的不同部位，使它们能够控制计算机生成的形象。目前，VActor 系统还能够与一个由 Adaptive Optics Associates 公司生产的红外运动分析系统结合使用，在这种情况下需要将红外反射头粘贴到用户的脸上，以跟踪记录用户的面部表情变化。此外，有的系统还通过摄像机拍摄用户的面部表情，然后利用图像分析和识别技术进行表情识别，这样可以减少各种复杂仪器对用户的影响，使人机交互更加真实自然。

3.7 自然语言理解

自然语言理解是自然语言人机交互的基础。自然语言人机交互是一类基于自然语言知识，并映射为应用的操作命令，提交应用执行的人机交互。界面设计者为了让不懂或初学计算机的用户方便使用计算机，提出了采用自然语言人机交互的思想。这样的界面应能正确理解用户用自然语言表达的请求,通过映射和执行,由应用产生用户可理解的方式反馈给用户。自然语言人机交互与传统的人机交互相比,具有灵活、易用及有效的优点,但因自然语言的复杂性和不规范性,使自然语言理解的实现十分困难。

计算机理论特别是人工智能理论的发展,使得自然语言理解技术有了较大的突破。语音输入/输出,手写体汉字输入技术等的研究,为自然语言人机交互的实用化奠定了物质基础。从自然语言人机交互的服务对象来看,有操作系统接口、数据库接口及其他应用的自然语言接口等。例如正文搜索、对话系统和知识系统的通信;以自然语言建立、管理和访问的数据库;以自然语言编程;自动翻译及语言学的字处理(自动拼写检查,文本的一致性测试,自动的串检查,文本生成语言和图形系统的结合)。自然语言理解指计算机系统从用户输入的自然语言请求中抽取其语义。目前主要有以下几类理解技术:

(1) 关键字匹配:这是一种常用的理解方法。它将理解过程中的语法分析和含意理解分离开来,以语法分析为主,在语法分析的基础上理解句子的语义。这种方法具有较强的可扩充性(可通过增加语法规则来实现理解范围的扩大),易于理解结构紧凑的简单句。缺点在于对一句子有时会分析出一种以上的可能语法结构。另外,对不符合语法的句子不易处理。

(2) 转换网络和扩充转换网络:其引入是为克服语法分析的不足。它从左至右分析句子,并将语法以一种网络的形式加以表示。当系统从左至右分析句子时,能从网络的开始点走到终节点就表示分析成功。引入递归机制的转换网络,增强了表达能力,这种网络称为扩充的转换网络。

(3) 图分析法:它是自底向上的分析方法,克服了以上几种自顶向下方法在出现非正确句型时耗时较多的缺点。同时,也能从不合法语法的输入中抽取一些信息,它通常与其他几种方法混合使用。

(4) 格文法:它起源于这样一种思想即人和一个句子都隐含着对一事件的描述。因此,针对任一动词,可以用带有若干个格的框架来加以刻画。每个格指出一个事件的参与者。例如,对动词“行走”而言,它有一个“作用者”格来刻画是谁走,另外,还有一些格来刻画“作用者”往何处走以及如何走。运用格文法进行句子分析时,主要使用的是语义作指导,这是与上述几种方法的主要不同所在。

(5) 广义短语结构文法:它起源于转换文法,是一种新型的文法。虽然它还未被自然语言理解所完全采用,但已经有人对此进行了有益的探讨。

(6) 基于神经元网络的理解:如何使用神经元网络的理解技术来模拟人对自然语言的理解,是当前自然语言理解研究的方向之一。

自然语言中的许多方面既无法从理论上来理解,也无法用算法来描述。正确理解自然语言存在以下困难:自然语言是一个无限系统,没有一种自然语言可以用有限集的表达式来完全表达,只有在其领域有限的情况下才可行;理解语法易,理解语义难;缺乏足够的领域知识,现有的系统主要包含有限领域的一些专家知识;从句子中决定用户的意图难,理解一句子的语义内容只是理解一些事实知识,而理解用户的意图则涉及了解用户的目标、计划、信念及期望。

现有的自然语言人机交互系统,都是针对某一特定应用领域的,可移植性差,仅能处理简单的请求。解决上述问题的关键在于:首先,应将自然语言接口尽可能与其应用程序分开,并且将有关自然语言的知识及应用接口的知识明确分别加以表示和管理;其次,增加接口的推理能力,使自然语言接口成为可根据用户要求推导出相应动作或动作序列的智能前端处理部分；最后，需要一种更加灵活、方便、表达能力强的表示方法，来表示自然语言知识和应用系统领域等方面的知识。

在人与人的交互中，语言和手势的结合是常有的现象，手势起了关键性的作用。例如，当访问某对象时，而动作中不知道执行动作对象的名字，用指点的手势和自然语言的表达相结合，就可以解决命名的冲突问题。指点的动作如同口头会话，对于建立我们对周围世界中各种对象认识上的参照来说是必不可少的。

一般说来，指点手势或其他手势都可能是意义不明确的。人们必须学会在应用范围内预期的手势含意和特殊的规则。用面向对象方法实现的直接操纵手势交互有许多优点：命令和信息间的有效链接；与语言无关；手势填补了纯图形处理与自然语言交互之间的空白，起到了媒介的作用，使两者能相互结合；手势易于学习和使用；使用者同时使用两只手作手势输入，可提高交互效率。手势解释和手势描述语言可用于如下情形：在图形应用中增加命令的种类；识别文本系统中简单的、标准的编辑符号；对二维和三维空间中运动轨迹的符号描述；手势字符的识别。

3.8 手写识别

文化与文明的很大一部分是依赖于书写的。语言的书面形式有两种，即印刷文献（如报纸、杂志和书籍）和手写材料（如笔记本和私人信件）。考虑到书面语言在人类交往中的重要性，它的自动识别就有着很大的实际意义。这一节我们将讨论书面语言，特别是手写体的识别技术及其在计算机领域的应用。

要进行书面语言的识别，首先应该了解书面语言的一些基本特点。书面语言的基本特点有以下几点：① 它由平面上的人工图形符号构成；② 它的目的是要传达某些事情；③ 这一目的是通过这些符号与语言约定的关系来实现的。每种书写系统都有它自己的一套图标，它们具有特定的基本形状，叫做字符或者字母。每种书写系统也都按它自己的规则将字母结合起来表示更高层次的语言单位。例如，关于如何将单个拉丁字母的形状结合起来从而构成草书的规则。

书面语言的识别是将以图形记号表示的语言转换成它的字符表示。就英语而言，这种符号表示通常就是文本的 ASCII 表示。目前世界上的绝大多数书面语言的字符都可以用 Unicode 的形式来表示。字符识别的基本问题是将数字化的字符归入它的符号类别。典型的类别包括大写和小写字符、10 个数字以及点号、感叹号、括号、美元符等。模式识别算法用来提取形状特征并将所观察的字符归入适当的类别。人工神经网络（ANN）已经成为实现 OCR 分类器的快速方法。而基于最近邻居方法的算法虽然更慢，但却有着更高的精确度。

对于书面语言的识别可分为多种情况。以书面语言的记录方式来划分可分为静态识别和动态识别。所谓静态识别（离线识别）就是对于静态的语言文本图像的识别；而动态识别，又称为联机识别或在线识别，即通过数字化设备所记录的随时间变化的笔坐标序列来进行识别。而以文本书写的受限程度来划分又可分为印刷体识别、手写印刷体识别、离散手写体识别和草体识别。不同情况下，所采用的识别策略和获得的识别率都有很大的差异。对以单一字体印刷的高质量文档，字符识别可以非常的精确。当有许多种字体需要处理或者印刷质量较差时，则比较困难。有报道说，在离线的、不受限手写词语识别中，采用 10，100 和 1000 词大小的字典时分别达到了 95%,85%和 78%的识别率;在线系统的例子中,采用 21000 词的字典时,达到了 80% 的识别率。

3.8.1 静态手写体识别

邮件分拣、银行支票阅读、管理和保险中的表格处理是手写识别最主要的应用领域。这些应用有着巨大的经济利益,每一个领域都涉及成百万的文档。邮件分拣这一领域很好地体现了手写识别的演变。在这一领域中,书写者的数目是无限的。在早期,只有邮政编码能够被识别。然后,城市名(以及美国的州)得到了处理,这就需要对若干种类的手写体诸如手写印刷体、草体和两者的混合的识别。邮政编码和城市名之间的冗余信息,正如银行支票上数字和文字之间的冗余信息,体现了多种信息来源相结合对识别率的改善。今天,目标变成了识别整个地址,直到每个投递员所要利用的信息层次。这就需要精确地提取书写行,处理庞大的词汇集并利用地址文法等上下文知识(正如读取支票上的文字信息时利用文法规则来改善识别那样)。

手写识别的方法和识别率取决于对手写的约束的层次。这些约束主要是手写的类型、写字者的数量,词汇量的大小以及空间布局。显然,当约束放宽时识别将更困难。以罗马字母的手写体类型(大致可分为手写印刷体、离散手写体和草体)为例,识别一系列分开的字符比识别草体要更为容易。识别草体与连续语音识别有很多共同点。汉字包括了很多复杂的形状和大量的符号,草体识别更加困难。

字符识别技术先对数据进行预处理。预处理技术分为三类:分别利用全局变换(相关、傅里叶描述子等)、局部比较(局部强度、直线的交叉、特征位置等)和几何或拓扑特征(笔画、圆圈、开口、骨架等)。根据预处理阶段的类型,可以采用各种决策方法,例如,各种统计的方法、神经网络、结构匹配(树、链等)以及随机处理(马尔科夫链等)。最近的很多方法都混合若干种技术,以通过提高可靠性来补偿手写的巨大的多变性。

手写单词识别的策略有两种类型:整体的方法和分析的方法。

整体方法的识别是全局地对单词的整个表示进行的,并不试图去单个地标识字符,回避了单词分割。它的主要缺陷是与一个固定的词语描述相关联:由于这些方法不依赖于字母,单词是以特征来直接描述的,这样,增加新单词就需要人工训练或者自动地从单词的 ASCII 表示中生成单词的描述。这些方法通常是基于动态程序设计(DP)(编辑距离、DP 匹配等等)或者隐马尔科夫模型。

分析的策略则处理若干层次的表示,这些表示层次的抽象水平逐渐递增(通常是特征层图素或伪字母层和单词层)。单词不是作为一个整体来考虑的,而是作为更小尺寸的单位的一个序列来考虑的,这些单位必须能够容易地与字符关联起来,以使识别独立于特定的词汇集。

使用分析策略的方法自身又分为两种类型:显式(或者外部)分割的分析模型和隐式(或者内部)分割的分析模型。前一种方法,在识别之前首先分割出图素或者伪字母片段;后一种方法,则在识别的同时进行分割(分割是识别的副产品)。两种情况都要使用很多词法知识来帮助识别。这些词法知识是以 ASCII 单词的词典(经常以词法树的方式表示)或者字母同时出现的统计信息(n 图,转移概率等)来表示的。基于字母的识别方法的优势在于词汇集可以动态地定义和修改,而无需单词训练。近年来,在采用各种隐马尔科夫模型隐式分割的分析识别方面研究取得了丰硕的成果。

3.8.2 联机手写体识别

笔式计算机是一种使用“触笔”作为主要输入设备的计算机。人们不是通过键盘或鼠标向计算机输入命令和文本,而是用“笔”直接在屏幕上触点“命令项”,或直接在平板上“书写”。笔式计算机有其特殊的优点：它比键盘或鼠标器更小、更易携带,因而特别适合掌上计算机和手持计算机;它比语音输入更易保密、较少干扰。笔式计算机可以看做纸张,但比纸张更好、更方便、更易处理。笔式计算机主要有两类。

第一类是与电脑结合使用的普通电脑手写板,例如申请号为00341429(审定公告号为3192812)的专利,是北京汉王科技有限公司发明的手写板,是这类手写板的代表产品。这类产品通过串行接口等方式与普通电脑相连接,用户通过特殊的数字笔在手写板上输入文字,电脑内配套的识别软件对其输入进行识别,将结果输出到各类应用程序之中。这类手写板的优点在于：识别率高,与传统的WIMP交互方式相比更加自然、方便,非常适合IT行业之外的非专业人士使用。但是其缺点也是比较明显的：首先,这类手写板要通过与电脑的直接连接才可使用,降低了移动性和灵活性;其次,这类手写板使用的一般是特制的笔(如：电磁笔、数字笔),虽然与鼠标键盘相比更为自然,但是仍然无法与普通纸笔的形式相比,长期书写容易造成用户的疲劳;第三,这类手写板只能输入和识别纯文本内容,表格图画等形式不能与文字识别同时操作,相当不便;最后,通过其书写的内容只能保存为电脑中的电子文档。

第二类是以微软公司推出的Tablet PC为代表的书写式电脑,它是一个基于数字笔、液晶面板和电子墨水技术的便携式电脑。与传统的手写板相比,它不仅可以支持纯文本的输入,而且可以输入各种图形和声音。另外,由于其本身就是一台电脑,因此便携性大大增强。但Tablet PC仍然要求用户使用特殊的数字笔,因此仍然存在着操作屏幕小、书写不自然、易疲劳和存储媒介单一的问题。此外,由于运行操作系统和液晶屏幕显示耗电量较大,使得Tablet PC的使用时间受到了限制。

图3.10 汉王手写板

图3.11 微软Tablet PC

联机手写识别是指识别数字化设备所记录的随时间变化的笔坐标序列。其识别的难度受几个因素的影响：书写者的数目;对书写者的约束(在框里输入字符,字符间抬笔,遵守笔画顺序,按照特定形状输入笔画);对语言的约束(限制所识别的符号的数目,限制词汇集的大小,限制文法和/或语义)等。

由于光学字符识别(OCR)和语音识别与联机手写识别都有相似之处,所以联机手写识别可以借鉴他们的很多技术。将笔迹转换成像素图,然后以OCR识别器来处理的想法是很自然的。但是,联机手写识别有若干特点必须加以考虑,以达到最好的效果。预处理,平滑、倾斜校正、扭曲校正、去钩等操作和线条方向、拐角、圈等特征的提取操作更容易在笔迹数据而不是像素图上完成。对光学上容易混淆的字符(如 j 和;)的区分可以从笔迹信息得到帮助。利用抬笔信息可以帮助字符的分割,手写印刷体尤其如此。及时的反馈可以帮助用户给出及时的修正,从而对识别程序做进一步训练。

另一种想法是把笔迹作为时变信号,用语音识别器来处理。这里有另外一些问题:一是笔画重排序,这通常是必要的,有助于消除笔画顺序的多变性和延迟的笔画问题;二是数据展开,单纯的一维表示可能导致数据的二维结构的损失。

传统的联机手写识别器由一个预处理程序、一个对各类字符(或者其他亚单词单位) 的概率进行估计的分类器和一个最后运用语言模型进行动态编程的后处理器(通常是一个隐马尔科夫模型)构成。系统通常有一些可调整的参数,它们的值是在训练过程中确定的。期望最大化(EM)算法(或者它的 K 均值逼近)被用来全局地优化所有参数。

所有的后处理器都非常相似,而分类器则多种多样,包括统计分类器、贝叶斯分类器、决策树、神经网络和模糊系统等。它们代表了不同的速度/精度/存储折衷,而其中任何一种都不能在各个方面都显著地超出所有其他的。在数据表示上,联机手写识别器也各不相同,从像素或特征的二维图到特征的时间序列,从局部的低层次特征到完整笔画的编码,不一而足。

1. 离线识别与联机识别的比较

离线识别是在既定文本完全输入之后,再对其进行分析的方法,所以识别程序没有与用户的交互。而联机识别则在用户书写时进行。识别程序一次只利用少量的信息(字符或者单词),并且立即给出识别结果。联机系统的特点是它们必须实时地响应用户的动作,而离线系统则能够利用充足的时间来处理输入。对离线系统而言,速度不是性能和质量的指标。

2. 加框限制的和自由格式的输入

让用户在使用框中书写单个字符,将简化字符分割的任务。而对于用户来说,在框中书写是不舒服的,不能选择他想写的地方。对于表格而言,在框中书写是合适的,因为人们习惯于如此,并且只输入有限的几个字符。自由格式的输入的好处在于,输入的大小和位置不受限制,但识别当然要困难许多,因为没有关于字符分隔、方向或者大小的隐含信息了。

3. 印刷体和草体

随着笔式系统的广泛使用,草体也重要起来。有些系统已支持草体的识别。印刷体字符要容易识别得多,因为它们是相互分开的,而且变化也有限。

4. 字母的识别与单词的识别

没有向量化输入要想识别草体几乎是不可能的,并且识别完整的单词比识别字符更容易,因为分开字符的难度要小一些。单词的识别需要字典,因为,只有知道的单词才能够识别。而这却正好限制了字典的可用性:它们是必不可少的,然而没有任何字典包含一个人想写的所有东西,更不要说专用名称和存储容量等问题了。可定制的字典是一种解决方案,但这就需要以另一种方式来一个字母一个字母地输入单词。

5. 上下文信息

正如字典通过只允许单词的子集而限制了输入空间,同样也存在在特定语义上下文中限制输入的方法。在字符的层次上,上下文可以设定为包含字母的那个单词。例如“0(数字0)”/“O(字母 O)”或者“1(数字 1)”/“l(小写字母 l)”/“I(大写字母 I)”即使在向量形式下看起来都是差不多的,但是在单词中间出现数目字的可能性就比在其他数目字中间出现的可能性小(除了对于程序员)。大小写也是类似的道理。当然,这一方法也需要字典的支持。此外,还有输入域的层次上对语义上下文的限制。比如,如果在某个域上只允许输入数字,就无需接受单词。字典的子集也很有用,例如,对于一个仅限于输入国家名称的域。利用对输入空间的这些限制,精确度可以显著提高,但是它们是特定于应用的,而不适合通用目的,比如记笔记。

6. 可训练的识别

每个书写者都有他自己个人的书写风格,没有普遍适用的手写文本。不过,有一些基本的形式,是每个人都习惯的(可能是从学校学来的)并且是使他人可以阅读所必需的。从这些基本的形式开始,应该允许特定于用户自己的风格。一种方式是把自己的书写样本提供给识别程序,另一种方式则是让用户从给定的列表中选择。这两种方式都可以,但只是作为一种设置。用户不会在很长的时间里都以完全相同的风格书写,而在用户不太注意他的书写风格时所提供的样本经常与实际的书写不同。因此,识别程序应该能够适应用户书写风格并在他书写时不断学习。比如,识别程序能够学习到用户改正了一个误识的单词。这一学习可能导致重设初始的设置,以便更好地符合用户的输入,各种权值可能需要重设,新的风格模板可能需要增加。不断的学习保证了识别不会在用户改变书写风格时性能下降。而用户的书写风格确实会变。

7. 与图形和手势的混合

除了文本,还有很多类型的数据需要通过联机识别来输入。由于在理想情况下,笔是惟一的输入设备,用户必须也能够用它来输入非文本数据,例如图形。并且它必须提供发出手势、选择菜单项和图标的手段。对这些数据类型的每一种,都可以有不同的识别程序,但是它们都有一个分割输入的共同问题。例如,如果用户在识别板上画了一个圆,它可能想让它就那样(画图),或者要将它识别成一个圆(图形对象),或者是数字“0”,或者是字母“O”,或者是一个编辑手势等,应该用上下文的信息来处理这种情况。

3.9 全息图像

全息图像(hologram)是匈牙利物理学家 Denis Gabor 提出的。它源于希腊文,其中 holo 是完全或全部的意思,而 gram 是消息的意思。全息图像简单地说就是一种在适当的光照下能显示出多维图像的平面图画。不同于普通照片的是用户可以像在真实世界中一样,从不同角度观察全息图像中的场景并可获得有关深度的信息。1947 年 Denis Gabor 在实验室中制出了第一幅全息图像。虽然由于当时的技术所限,这幅图像的质量还远不能和现在的全息图像相比,但是这一崭新的理论仍为 Gabor 赢得了 1971 年的诺贝尔物理学奖。1959～1969 年,密歇根(Michegan)大学的 Leith 和 Upatnieks 用激光作为光源重做了 Gabor 1947 年的实验,制成了首幅现代全息图像。激光以其特有的高度相干性(频率相同、相差恒定)成为制作全息图像的最理想的光源,关于全息图像的生成的光学原理超出本书的讨论范围。

常见的全息图像通常可分为两大类:吸收型全息图像(absorption hologram)和相位型全息图像(phase hologram)。所谓吸收型全息图像是指通过记录曝光过程中底片吸收光的差异(即卤化银转化为银原子的数量)来记录全息信息的全息图像。而吸收型全息图像经过漂白处理,得到的图像则称为相位型全息图像。在吸收型全息图像中,底片在光的作用下,表面形成一层厚薄不均的透明物质,在观察过程中,底片对参考光束进行折射,重构原反射光,从而呈现出三维图像。而相位型全息图像，则是通过对参考光束进行相位调制来重构图像的。一般说来，相位型全息图像的亮度要高于吸收型全息图像，这是由于在图像的重构过程中它吸收的光较少的缘故，但是相位型全息图像的分辨率往往会低于吸收型全息图像，而且，如果漂白技术使用不当，还会引入图像噪声并进一步降低图像分辨率。选择吸收型还是相位型并没有一个绝对的标准，完全取决于制作者的偏好。

下面介绍几种具体的全息图像类型，它们之间的区别在于其实际制作过程中的光束的安排不同，但它们最终都归属于上面所说的这两大类。

1. 共线全息图像

所谓共线就是指参考光束与对象光束来自同一个方向或同一束光。几乎所有共线图像都采用单光束设置，用一束光同时充当参考光束和对象光束。为了达到这一点，需要选用透明体作为被摄对象。当光束穿过透明体时发生折射，而那部分未被透明体影响的光则充当参考光源。这两部分光之间发生干涉，从而生成了全息图像。Denis Gabor 在 1947 年制成的第一幅全息图像就是一幅共线平面传送型全息图像。由于当时激光还没有发明，Gabor 为了使光源达到制作全息图像所需的足够的相干性而选用了这种光源设置。

2. 平面型和立体型全息图像

当参考光束与对象光束之间的夹角小于 90°时，所生成的全息图像称为平面型全息图像。而当夹角大于 90°时，所生成的图像则称为立体型全息图像。我们制作全息图像所用的感光乳剂通常具有一定的厚度(约为 7 微米左右)。当参考光束与对象光束之间的夹角小于 90°时，干涉条纹之间的距离较大。这样，感光乳剂的厚度就没有用来记录任何有用的信息，全息信息全部被记录在感光乳剂的二维平面上，因而被称为是平面型全息图像。而当参考光束与对象光束之间的夹角大于 90°时，干涉条纹之间的距离足够小，这时全息信息的记录过程就涉及到了整个感光乳剂的体积范围，因此这种情况下图像被称为立体型全息图像。

3. 传送型全息图像

所谓传送型全息图像就是指在观察图像时要将参考光束从背面以同样的角度射入，传送的意思就是指参考光束必须穿过全息图像来重构画面。传送型全息图像的观看效果不是很好，这是由于参考光束透过全息图像直接射入观察者的眼睛，从而大大影响了观看的效果。

4. 反射型全息图像

对于反射型全息图像来说，回放光源(即用于重构图像的光源)与观察者位于全息图像的同侧，而不像传送型全息图像那样位于图像的两侧。观看平面型全息图像(有时也被称为薄全息图像)通常要求有具有相干性的经过良好滤波的回放光源。而对于反射型全息图像则没有这样的要求，它可用白光或其他含有多种波长成分的光波来观看，只要它来自一个点光源并沿直线射入即可，满足这一条件的光源很多，如投影仪的光束、手电筒的光或阳光等均可。反射型全息图像之所以能具有这一性质，是由于它本身就充当了自己的滤镜，入射光线一部分被反射，而另一部分则被图像吸收。在反射型全息图像中，干涉条纹之间的距离很小，全息信息被记录在感光乳剂的不同层面中。干涉条纹间的距离是一个常量，这里假定它为 2 微米(这一距离由发射干涉的光波的波长以及它们之间的夹角所决定)，只有波长等于 2 微米的光波才会被反射，而波长较长或较短的光波最终都会被吸收。

5. 复用型全息图像

除了以上所说的几种全息图像以外，还有一种全息图像值得引起大家的重视，这就是复用型全息图像。复用型全息图像实际上是摄影信息的全息化存储。在制作这一类型的全息图像时，首先要拍摄一系列的照片或电影胶片，拍摄的数量取决于你最终希望在所得的全息图像中观察对象的角度。假设你想以360°的视角范围观察，你大致需要在每一度的范围内拍摄3帧图像，那么你一共需要拍摄1080帧图像。在图像拍摄完毕之后就将它们拿到实验室中，以其为主体来制作全息胶片。你要为每一幅图像拍摄一窄条全息图像，窄条的宽度通常为1毫米左右。这些窄条紧密地挨在一起，中间没有任何空隙。通常复用型全息图像所提供的不同视角都是在水平范围内变化的。这是由于照相机通常都是以水平方向围绕物体旋转的，而且从心理角度来看，水平的视角变换对观察者而言显得更为重要。这类全息图像虽然只是摄影信息的全息化存储而不是真正的全息图像，但是它使你可以很方便地为你所能拍摄到的任何对象制作全息图像。目前，这一类全息图像正在得到越来越广泛的应用。

全息图像由于其独特的性质如不易复制、图像逼真吸引人等，使得它已广泛应用于商业领域，包括制作商标、信用卡，设计广告和产品包装等。在这里我们将不再对这些应用做详细讨论，而是想着重介绍一下全息图像在计算机的三维图像显示和人机交互中的应用。为了将全息图像应用于计算机的三维图像输出，MIT媒体实验室的空间图像组(spatial image group)在这方面作了很好工作。他们设计了两个实验性的全息图像的显示系统 MarkI 和 MarkⅡ。其中，MarkI 能以每秒20帧的速度显示25 mm×25 mm×25 mm，且具有15°水平视角范围的彩色全息图像；而 MarkⅡ则能显示150 mm×75 mm×150 mm，且具有36°水平视角范围的彩色全息图像，显示速度约为每秒1帧。在 MarkI 中，使用了一个三通道的声光调制器(AOM)，各通道传输的干涉条纹分别用来调制红、绿、蓝三种颜色的光，然后，三束经过调制的光波由一个全息光元(HOE)结合在一起生成全息图像。每幅全息图像的数据量为6 MB，系统有两种工作模式，即图像预生成模式和交互模式。在图像预生成模式中，图像信息是预先计算好的，这时显示速度可达每秒20帧。而在交互模式中，图像是实时计算生成的，这时显示速度可达每秒2帧以上。交互模式中，用户可以用多种手段操纵图像，包括选取新的3D对象、对对象进行缩放和旋转以及改变光照方向等。MarkⅡ对 MarkⅠ的功能作了进一步的扩展，采用了两个18通道的声光调制器，利用并行使显示的图像尺寸大大提高，每幅图像的数据量达36 MB。目前，研究仍在继续进行。下一步研究的目标力图进一步扩大显示尺寸，缩短图像计算时间并使所需传输的全息图像的数据量达到最小，使得全息图像能实际应用于计算机三维图像的显示和交互。

3.10 听觉界面

我们所听到的与我们所看到的非常不同。在实际世界中，我们并不总是听到进入我们眼帘的物体。而我们听到的很多物体却是看不见的。声音是与噪声、警告和错误相联系的。很多人都意识到他们在日常生活中被动地使用着声音。在使用计算机时，风扇的声音是完全的噪声，因为它不提供任何有用的信息。但是，访问磁盘驱动器的声音则是对于系统正常(正在保存文件)或异常(系统崩溃了或者正在 dump 核心)工作的有用指示。通常，用户在不同情况下会期望出现不同声音。听觉对视觉补充是非常清楚的。研究人员从人们解释声音，特别是非常微妙的声音的能力，意识到了听觉的力量，开始开发针对实时应用(从医院手术室监控到空中交通管制这种充满压力的任务)的工具。现在，可听化技术(通过声音显示数据)为识别模式和分析数据提供了有效的新工具,并广泛应用于并行程序设计、地质、金融市场分析、计算流体力学等各种领域。

1. 与听觉界面相关的一些概念

(1) 声景(sound scapes)

声音能够被非常有效地用来指示不可见的物体的出现,声音也能够用来引发情绪状态或者警告我们可能出现的情况。电影就是这样利用音乐或者其他声音效果的。现实世界的声音是我们周围世界自然的声音,比如树叶的沙沙声,鸟儿的歌唱,或者机器轰鸣甚至乐队的演奏。现实世界的声音对于我们处于周围的场景中的现场感是非常关键的。这种现场感告诉我们那些发出声音物体的信息和许多环境特征。尽管我们不能创造出忠实再现现实世界声音的交互式声景,但是,通过仔细地选择应用方式并利用声音来增强显示而不是单纯的模仿现实世界场景,我们就有有效使用声音的可能。

(2) 听觉显示(auditory displays)

听觉显示是指将声音用于数据的解释,比如将声调与图表、图形、算法相联系,以及科学计算可视化中的声音。这些听觉显示技术用来让听者在他的头脑中勾画出实际世界物体或者数据的形象。Mansur, Blattner 与 Joy 的工作是一个很好的例子。他们把 x-y 图上的点翻译成等价的声音,用音高表示 x 轴,时间表示 y 轴(使用了一个非线性矫正因子)。而 Blattner, Greenberg 和 Kamegai 则用声音来增强流体的湍流,他们将声音与流和漩涡的各个方面联系起来。

(3) 听标(auditory icon)

听标是计算机事件和属性与通常有声事件和属性之间的映射。通常,是将界面声音按照自然条件下声音与声源的关系和它们所指示的事件联系起来,所以人们能够利用他们现有的听觉技能来聆听计算机。换句话说,就是把我们与世界的日常交互中发生的声音映射到提供声音反馈的界面事件和对象上。

(4) 耳标(earcon)

耳标是在用户界面中使用的非言语的音频,向用户提供关于某个计算机对象、操作或者交互的信息,是图标的听觉对应物。这类信息通常比来自听觉显示的更为抽象。耳标是短的独特的音频模式,可以赋予它以任何定义。可以用多种方式来改变它们,以得到不同但相关的意义。耳标由短的音调序列(motive)构成。通过改变音乐参数,我们能够利用 Motive 来构造更大的单元。这种构造的好处在于,调整节奏、音高、音色、响度以及音域很方便。Motive 可以用组合、变换、或者继承来构成更为复杂的结构。Motive 及其"合成物"都叫做耳标,不过,耳标还可以是任何声音消息,比如实际世界的声音,单个音符,或者乐器的声音样本等。

(5) 可听化(sonification)

可听化是将所研究领域中以数字表示的关系映射成声音领域的关系,以解释、理解或者传达所研究领域中的关系。比如,通过改变相继的样本之间的关系以简化和增强数据的特征(如将数据乘以一个余弦波),然后用声音传达出来。

创建非语音听觉界面的技术主要有三种,即听标、耳标和可听化。听标是利用与日常产生声音的事件类比,将日常的声音映射到计算机事件上;耳标是将短的音调序列与动作和物体相联系;可听化则是利用声音生成器将数据变换成声音的传统参数,如频率、幅度、时延等,从而进行监控或者帮助理解。这些技术中的每一种通常适用于较小的一部分应用领域。

听标和耳标通常用来表示物体与活动之间的因果效应,例如,在 SonicFinder, Mercator 和 Auditory Maps 等系统中用户发出的对物体的动作。可听化经常用于解释复杂的数据,比如钟摆、雾气、血流等。由于这些技术各有其对特定的情景、领域和工作环境相适合的特点,使得它们在各自适合的领域中都有广泛的应用。例如,听标被用于 ShareMon 和 EAR 这样的系统中,以便通知人们其他人的活动情况,McQueen 则利用可听化来辅助书法教学。

在设计可听化系统时,首先我们要面对一个困难的问题,即这样一个系统如何以最大的清晰度表示数据。如果没有关于听觉因素如何相互作用(从而影响我们对数据的知觉)的知识,在使用这种显示时,我们就不能信赖自己的耳朵。比如,如果用响度的变化来代表数据集中的变化,当数据集向可听化系统注入较低的数值时,显示分辨率就会降低。听觉因素对可听化系统的用户有不同程度的影响。例如,不光我们的耳朵对音高的变化敏感,音高的变化还会吸引我们的注意。而像声音开始的时间这类的因素,尽管可以觉察,但不太吸引我们的注意。如果这两个参数同时用在可听化处理中,我们就会对与音高相联系的数据给予更多的注意。我们如何度量这些相互关系呢?又如何避免或者利用它们的效应呢?对这些问题的理解是设计好显示的关键。其次,用于数据可听化和听觉界面设计的声音合成系统的灵活性和兼容性也是十分关键的问题。MIDI 系统价格便宜,但缺乏很多数据集所必需的分辨率,并且用于多个参数的实时控制时是很不灵活的。主要为用于作曲设计的高端软硬件系统提供了更多的灵活性,但是却非常难于集成到其他显示构架中,难于利用来源不同的新软件进行升级,难以将工具用于更一般的目的。

我们如何避免听觉幻觉?哪些声音属性最能减小听觉走样?我们能够同时映射多少个数据信道而不使听觉过载?哪些声音属性最适合多数据信道映射呢?当同一数据信道映射到多个声音属性时,什么样的组合的效果最能强化和澄清数据的表现?在基于声音的界面中,我们能够利用或建立什么规范?上述问题,以及其他很多问题,都是听觉显示研究者所需要解决的。它们的解决将有助于设计出优秀的听觉界面,帮助人们更方便地从事创造性活动。

2. 听觉界面的实例

(1) 协作环境中的声音

随着 CSCW(Computer Supported Cooperative Work)的出现,一组分布在不同地方的人将能够从事同一任务。通常,这是通过共享文件、窗口和文档等而实现的。在这样的环境中,声音有两种主要的应用:一是支持对计算机资源的共享访问;二是支持关于共同任务(包括对任务的协调)的元通信。

当一个共享的文档同时被若干个人编辑时,让每个用户都了解其他用户所做的工作是很重要的。视觉提示很有效,但是,它们会充塞屏幕并使图形成分的意义过载。例如,将颜色和用户相关联就会限制应用程序对颜色的使用。更重要的是,对其他用户的视觉显示不适用于共享资源的不可见部分。如果我在与另外若干个作者合写文章,我们很有可能是在写作不同部分,并且我还想知道他们的写作情况。声音可以在很大程度上解决这个问题。Gaver 等人的 Arkola 就展示了声音在协作任务中的用途。Beaudouin-Lafon 和 Karsenty 的 GroupDesign 也利用声音来提供非常被动的觉察。Meere 等人的 ShareMon 也是一个例子。

除了支持与某一计算机资源的共享交互,声音还可以用来协调或者进行关于任务的元通信。比如,当合写一篇文章时,作者们需要协调他们的行动,并通知其他人他们正在做什么,以及他们这样做的原因。这些可以利用音频和视频网络或者电话会议来实现。但是,这通常依赖于模拟方式的媒体空间,并且普通工作站一般都没有这样的连接。其实,采用数字音频就可以进行这些元通信。例如,可以将音频录音(如“我们上次讨论的时候文档是什么样子”)与共享的文档存储在一起,并以适当的浏览工具来检索;或者利用语音脚本语言来建立起同步或者异步工作的桥梁。

(2) VoiceNotes

随着设备的体积变得越来越小,传统的I/O通道(如键盘和视觉显示器)的可用性也越来越小,听觉界面随之就变得越来越重要。而语音或者声音自身都不能解决创建未来计算机的可用界面的问题。所以,我们不应该在脱离声音界面的情况下来研究语音界面,而必须探索有效地将两者结合起来的听觉界面。

同时利用语音和非语音反馈的界面的一个例子是MIT媒体实验室开发的VoiceNotes。它采取一种没有键盘和视觉显示反馈的手持计算机的概念,反馈通过语音和非语音的音频来给出。语音界面包括:一个可以用语音漫游的音频短时记忆应用;一个提供对语音邮件、电子邮件和日历访问的电话界面;以及用于浏览和发送语音消息的桌面音频工具。

所给出的反馈类型由正在执行的动作、采用的输入类型(语音或按钮)和用户的经验水平与偏好所决定。例如,当删除一条语音便条时,语音输出用于回放其内容;而翻页的声音则用于指示在便条间的移动。这是单独使用语音和声音的例子,而在其他情况下,需要将两者智能地结合起来。例如,当打开一组便条时,就播放“打开组”的听标,并紧跟着播放读出该组名称的语音片段。这些声音是要提供一个单独的反馈(比如,“to do”组正在打开)。

(3) 用于虚拟现实的声音

为了给虚拟现实提供丰富的声音环境,应该使用很多种类型的声音。今天,在虚拟现实中使用的声音多数是采样的声音,也就是录制下来的现实世界的声音。声音是关于物体的构成与位置信息的重要来源。尽管现实世界的声音对于虚拟现实很重要,声音的很多潜力还未得到充分发挥。音乐给场景增加兴奋度和情绪影响,而语音则能提供精确性或者引入抽象概念。听觉显示赋予数据以生命,并给我们吸收信息增加了一个重要能力;耳标带给观察者以信息却不破坏场景,从而使观察者能够专注于视觉方面。在加州大学戴维斯分校的Lawrence Livermore National Laboratory开发的战斗模拟系统中的三维场景,包含建筑物、树木、车辆和部队。他们利用了耳标、听觉显示和语音来传达视觉场景中所缺少的信息。

3.11 总　结

键盘、鼠标器、图形显示器、图像扫描仪及许多专用设备现已广泛应用于人机交互系统。随着计算机辅助设计、计算机视觉、模式识别等技术的发展,许多新型人机交互设备已经研制,其中基于姿势的数据手套及数据服装、力量反馈输入设备、语音输入设备均有很大进展。在计算机辅助设计应用中,高性能的三维图形工作站、基于姿势及Polhemus的三维输入设备正在实用化。在人工智能技术的推动下,自然语言理解、语音及文字识别和图像识别均有很大进展。在计算机视觉及机器人技术推动下,图形图像研究成果已得到实际应用。尤其是在军事、航空、宇航、医疗及一些特殊环境下的应用,推动了各种人机交互设备的很大发展,它们的发展特点是涉及面广,并具有集成化的要求。

美国宇航局的虚拟交互环境工作站(Virtual Interactive Environment Work Station,简称

VIEWS)项目中,使用了声音输入与输出、姿势跟踪、视线跟踪(eye tracking)及装在头部的立体显示器等设备,它是一个集成环境,可作为一种飞行器或空间站的模拟环境,其中的声音识别模块可以接收飞行员发出的命令和声音;双耳带上的耳机可以听到三维的声音信息,这些声音可以用声音合成方法所产生;装在头部的立体显示器使用了两个中分辨率单色液晶显示屏,使用者的双目可分别观察左右显示屏,以得到一个三维广角的全景,该显示器可根据使用者头部的移动和姿势,得到一个模拟的或远程控制的360°视阈。这些技术和设备的研究是为了实现"身临其境"(telepresence)的目标。

语音识别系统、视觉追踪系统等用户利用不能精确输入的交互装置进行的交互称为非精确交互技术。非精确的交互技术与传统的界面设计有着重要的区别。这类技术的应用远远超出了传统界面设计理论所能处理的范围,以满足多媒体和虚拟现实系统对用户界面提出的要求。在精确交互中,WIMP界面与某一交互通道结合后,即可更加完全地表达用户的交互目的;而在非精确交互中,用户必须使用两种分属不同通道的交互技术才能完全表达交互目的,这就自然有了多通道的用户界面。在多通道交互中,必须使用一个以上的感觉通道,而每个通道虽不能完全、却能恰当地表达交互目的。例如,三维CAD系统对三维物体的操作是非常困难的,现有WIMP方法都不符合我们日常对三维物体的操作。如果采用多通道交互,那么我们可以用视觉来完成对象的选择,用语音来完成对象属性的说明,用手势来完成三维空间的操作,从而保证单个通道不能完成的交互能用多个通道自然地完成。

多媒体和虚拟现实系统的人机界面的发展,正使人机交互技术经历着从精确交互向非精确交互以及从二维交互界面向三维交互界面的转变,它向传统的WIMP用户界面设计理论提出了巨大的挑战,同时也为我国的计算机产业提供了发展的契机。

推荐阅读和网上资源

Dix A, Finlay J, Abowd G, Beale R. Human-computer interaction (Second Edition). Prentice Hall, 1997

参考文献

[1] 董士海. 计算机用户界面及其工具, 北京: 科学出版社, 1994

[2] 董士海,戴国忠,王坚. 人机交互和多通道用户界面. 北京: 科学出版社,1999

[3] Akamatsu M, Sato S. A multimodal mouse with tactile and force feedback. Int.J. of Human-Computer Studies, 1994, 40: 443~453

[4] Bos E et al. EDWARD: full integration of language and action in a multimodal user interface. Int.J. Human-Computer Studies, 1994, 40: 473~495

[5] Dillon et al. Measuring the true cost of command selection: techniques and results. Proc. Of CHI'90, New York: ACM Press, 1990, 313~320

[6] Eglowstein H. Reach out and touch your data. BYTE, 1990, 283~287

[7] Gourdol A et al. Two case studies of software architecture for multimodal interactive system: VoicePaint and a voice-enabled graphical notebook. In Larson and Unger J. (ed.), Engineering for Human-Computer Interaction, Elsevier Science Publishers, North Holland, 1990

[8] Hauptmann A G, McAvinney P. Gestures with speech for graphic manipulation. Int.J. Man-Machine Studies,

1993, 38(2): 231～249
[9] Hutchinson T E et al. Human-computer interaction using eye-gaze input. IEEE Transactions on System, Man and Cybernetics, 1989, 19(6): 1527～1534
[10] Jacob R J K. Eye-gaze computer interfaces: what you look at is what you get. IEEE Computer, 1993, 7: 65～67
[11] Jacob R J K. Eye movement-based human-computer interaction techniques: toward non-command interfaces. Advances in Human-Computer Interaction, 1993, 4: 151～190
[12] Piguerredo M et al. Advanced interaction techniques in virtual environment. Computer and Graphics, 1993, 17(6): 655～661
[13] Tello E R. Between Man and Machine. BYTE, 1988, 288～293

第 4 章　用户界面设计

一个计算机系统的用户界面设计首先涉及到整个系统对用户界面的要求,即整个系统运行时,人机交互界面的功能和性能。为达到任务所要求的功能和性能,要进行用户界面的设计。像各种工程、部件的设计一样,用户界面的设计也有其设计原则、设计方法,乃至设计方面的理论,这些设计原则等与其他工程设计的原则有共同之处,也有不同之处。

由于用户界面有多种不同的风格:命令语言、菜单驱动、直接操作等,因而界面所包含的内容也不尽相同。通常在用户界面设计前,先要确定界面的风格、屏幕的布局、输入的方式等。

4.1　用户界面的风格

计算机系统常用的用户界面风格是指在计算机系统的用户界面上控制输入的方法,目前主要有以下几类:命令语言、菜单选项、表格填充、直接操作、自然语言。表 4.1 简要列出它们的优缺点,以进行适当比较。

表 4.1　各种界面的比较

界面类型	优点	缺点
命令语言	灵活;支持用户创造性;便于建立用户定义的宏;对于熟练用户效率高。	错误处理能力较差;要求好的训练和记忆
菜单选项	缩短训练;减少击键;适合有结构的决策;可用对话管理工具;容易处理错误	可能出现菜单层次过多及选项复杂情况;对熟练用户太慢;占用屏幕空间;要求高显示速率
表格填充	简化数据输入;要求简单训练;便于辅导;可用表格管理工具	占用屏幕空间
直接操作	直观方式提供任务操作;易学习;易记忆;可避免错误;适合探索;适合设计者灵活创新	程序设计有一定难度;要求图形显示器及指点设备
自然语言	避免学习语法的负担	要求清晰地对话;击键增多;受限的应用范围;短的、限定的上下文

4.1.1　命令语言

命令语言是交互计算机系统最早使用的一种用户界面,也是至今仍广泛使用、十分重要的用户界面。作为人机通信的命令语言,它和其他计算机语言(如编程语言、规格说明语言等)一样有严格的语法和语义,用来表达人的要求。

1. 命令语言举例

命令语言在计算机系统中使用十分广泛。一个由命令语言驱动的系统,首先读入一条命令及其参数,再执行相应的动作,然后等待下一条命令。一条命令是一个由命令结束字符尾随的字符串，这种命令结束字符可能是分号，也可能是换行符。在允许一条命令占多行的情况下，需在未结束的命令行尾加上"命令行的续行符"（如"&"符）；如果系统允许输入字符数大于一个屏幕行，如 255 个字符，则可不必加续行符。

目前已普遍使用多用户分时操作系统，其典型的系统是 UNIX。UNIX 的命令语言为 Shell，它既是一个 UNIX 的统一用户界面，也能用它进行 Shell 语言的程序设计。和 UNIX 操作系统一样，Shell 命令语言也有多种版本，常用的是 Bourne Shell 和 C Shell。这些 Shell 命令语言有严格的语法和语义，与其他命令语言相比，Shell 有一系列较强的功能，如后台作业、输入/输出重新定向、Shell 变量、命令替换、参数替换、管道线、元字符匹配及多种控制结构（条件、循环语句）等。Shell 不属于 UNIX 核心而以用户态运行，用它进行命令执行和编程十分方便灵活，但它的执行速度较慢。要详细了解 UNIX Shell 可参阅有关资料。

下面是标准 UNIX 操作系统中两个命令行的实例，前一个为一行中有多个命令，后一个为一个命令占多行。

```
ls-l;who | wc-l;ps
cc-c game.c lib1.0 lib2.0 lib3.0 lib4.0 &
lib5.0 -lm -lcurses
```

下面给出一个用 Shell 命令组合而成的 spell 命令的简单内容：

```
$ cat spell
cat $ * |
tr  -sc A  -Za  -z '\012'|
sort|
uniq|
comm  -23/usr/dict/words
```

该命令用来检查正文中英文单词的拼写错误，其中第一行命令取出需检查文件内容；第二行命令将非字母替换成换行符，即将正文中每一英文单词列为一正文行；第三行命令按字典顺序对单词排队；第四行命令去掉重复的单词；第五行命令显示那些字典中没有的单词，即拼错的或特殊的单词。对于 Shell 命令及其参数，在 UNIX 系统上的 C 语言程序可方便地进行解释处理。这类技术已被 UNIX 用户广泛使用。

除操作系统外，数据库查询、编辑程序也大量使用命令语言，它们同样有严格的语法和语义，也可以将这些命令组合成命令文件（或称命令程序）完成用户期望进行的工作，目前许多数据库软件和编辑程序除提供命令语言外，也提供了菜单选项的用户界面，下面是运行在 IBM/PC 的 DOS 操作系统上 dBASE IV 数据库系统的命令（"·"为命令提示符）：

· USE filename

· SORT ON fieldname TO filename

· INDEX ON fieldname TO indexfilename

· DISPLAY FIELDS fieldlist FOR condition TO PRINT

从以上这些实例可以看出命令语言广泛用于计算机系统的人机对话，它具有严格的语法和语义，具有灵活、功能强、便于用户组合及高效等优点，但由于它相当复杂，因此对操作者的要求较高，需要进行认真培训及相当大的记忆量；而且有的命令语言出错处理功能较弱。

2. 功能考虑

人们使用计算机系统是为了完成某种任务,命令语言提供了满足这种任务的人机通信功能。一个系统的好坏首先在于该系统是否达到用户期望的功能,如果系统达到了预定的功能,即使用户界面尚不够满意,人们还是可以使用该系统。因此设计者的第一个任务在于决定满足用户任务需求的功能。在命令语言的用户界面中,这些功能也反映在系统向用户提供的命令语言的功能上。在设计上,一个容易产生的问题是在功能上贪多求全,反映在命令语言上就是极多的命令、繁杂的任选项及参数、过多的功能使一个系统包括其命令解释器十分庞大,难于维护,容易隐藏更多错误,可能执行较慢,需要更多的帮助和手册等。过多的功能对于用户来说造成培训困难,大大增加了错误发生的可能性。

为了使系统的设计能达到预期的功能,既不因功能过多而使系统庞杂,也不因缺少必须的功能而无法满足要求,认真的需求分析是十分重要的。在认真进行功能的需求分析时,将系统所有的功能详细列表,并根据以后实际情况,或已有经验进行使用频度统计是十分有意义的。例如,正文编辑中插入、删除、按行号检索、按字符串检索、光标移动等功能使用频繁,而有些功能则因用户不同而使用有限。

有些功能应考虑完整性,例如有增也应有删,有存储也应有读出,有显示也需有打印输出,有打开也应有关闭,有向上移动也需向下移动,等等。而有的功能则是可派生的,例如"修改"可由"删除"后"插入"来达到,删一"词"可由删多个"字符"来达到,等等。这些派生的功能在实现上比较简单,是否增加这些功能,可由用户的要求及界面的复杂情况而定。对功能的认真分析可使系统设计模块化,从而使用户界面设计更加简洁、合理。由于命令语言十分依赖于它的应用,因而要根据实际应用的需要来设计计算机系统的命令语言。

3. 命令语言的组织

命令语言与其他计算机语言一样有严格的语法和语义,但它又比其他计算机语言更简练,便于记忆。像前面提到的一个命令通常占一正文行,它由一字符串尾随一命令结束符组成,这一字符串可以由一个或多个被分隔符隔开的"词"组成。当然一正文行也可有多个命令,或一个命令占多个正文行,只需有命令结束符或命令续行符作为标记。

(1) 简单命令

每一个命令用来完成一个独立的工作任务,命令的数目代表了不同工作任务的数目,当任务数目少的时候,用一个命令对应一个任务的方法所生成的系统,简单易学。但当任务数目多时,这种简单命令的方法就易混淆。通常简单命令用一个词、甚至用一个字符来表达。例如在UNIX操作系统上最常用的屏幕编辑程序是vi,它提供了一整套功能极强的命令集。在vi屏幕编辑程序中的命令主要有:

i	在光标前插入正文
a	在光标后加入正文
r	在当前字符上替换一个字符
k	光标上移一行
j	光标下移一行
x	删除当前字符
dd	删除当前行
:w	写入文件

:q 退出 vi

在进行简单命令的设计时，有时为了增加命令数目或避免与一般字符相混淆，常采用控制键加上一个或多个字符，这种控制键如 Control（简写 Ctrl）、Alternate（简写 Alt）、Shift 或 Escape（简写 Esc）等。例如在 vi 屏幕编辑程序中：

Ctrl f 向下滚动一屏

Ctrl b 向上滚动一屏

(2) 命令带参数

多数计算机系统中，命令代表一种操作，而操作的对象，可以是固定的或任意给定的。对于固定的对象，用简单命令表示即可，如编辑程序 vi 中"x"表示删除当前字符。对于任意给定的操作对象，通过用命令的参数形式给出，这已在各种命令语言中广泛使用，例如在 DOS 操作系统中，命令

COPY f1 f2 表示将 f1 内容复制到 f2 中

PRINT f1 f2 f3 表示排队并打印数据文件 f1，f2，f3

CHDIR Path 表示将当前目录改变至 Path

在以上各种命令中，各参数间用分隔符（如空格或逗号）分开，命令名可以规定为小写（如 UNIX 操作系统命令）、大写或大小写均可。另外，各参数的次序是有依赖关系的，例如 COPY 命令的前一参数表示被复制的文件名，后一参数为需复制的目标文件名。

对于命令参数来说，它作为向系统提供的命令的附加信息，其中有些是必须的，有些是可选的。参数的数目也依赖于命令的性质。当有些参数未给定时，系统也可根据缺省值设置。参数的完整词法格式依赖于该参数的性质，有的可能比较复杂。例如操作系统中一个完整的文件名应包括三部分：驱动器名、盘上文件名及扩展部分名。而文件名可用一目录的路径名来表示。

(3) 可选项

许多系统为了增加功能、但又不增多命令数，采取在命令中增加可选项的方法。这种方法可以在同一类型的命令中提供给用户各种不同功能、不同形式的选择，从而方便使用。例如 UNIX 操作系统的各种命令中提供了许多可选项，它用"连字符"作为开头（个别例外），所列出目录的内容 ls 命令有下列格式：

ls[-ltasdriu]目录名：

其中各种可选项有不同的功能：

-l 产生一个长格式文件清单

-t 按文件修改日期而不是按字母次序来排序文件清单

-a 列出命令目录下、包括以句号开头的全部文件

-s 以块为单位印出文件的大小

-d 对于给定目录，列出该目录下目录文件的清单

-r 把文件列表的次序倒过来

-i 列出每个文件的索引节点数目

-u 使用存取时间而不是修改时间来排序

当有可选项时，一个命令可由命令名、可选项及参数组成，命令功能大大增强。采用可选项和参数使命令语言能表述很强的系统功能，但随着可选项及参数的增多，即使经过训练，使

用者的错误率也是很高的，有人统计，使用 UNIX 操作系统的各种命令的错误率从 3% 到 53%，一些常用的命令也有很高的错误率，如 mv 为 18%，cp 为 30%，awk 为 34%。

(4) 分层命令结构

有些系统在使用时具有一定规律，因而在设计命令语言时适宜采用分层的命令结构，以减少命令语言的复杂性。例如，有的命令语言可分为三个层次，第一层是命令的动作(动词)，第二层是命令的对象(名词)，第三层是命令产生的结果(名词)。例如，

动作	对象	结果
COPY	File	File
MOVE	Process	Screen
CREATE	Directory	Local printer
DISPLAY		Laser printer
REMOVE		

采用这种分层命令结构，将使命令语言十分规则，可用少量的动作命令构造出多种功能的命令集。这种分层命令结构的另一个优点是这种结构很容易用一种菜单方式来实现，这对于初学者或偶然使用的人十分方便。分层命令结构适合于比较规律的系统，包括一些应用系统及字处理、电子表格等软件。有些复杂系统(或操作系统)也可选取一个较规则的子集，构造成分层结构，便于初学者掌握或组成命令菜单。

4. 命令语言的设计要点

计算机系统的命令语言设计首先要根据系统的总体要求确定人机命令语言的需求。由于每个系统有它自己的功能和特点，因而要调查分析整个系统对命令语言的需求，包括用户的特点。在命令语言设计中，除了每个系统的特殊性以外，也有若干共同的设计原则：

(1) 命令的设计要适合系统用户的专业水平

在用户工程原理中讨论的一个重要问题就是要熟悉用户、了解用户。例如，从专业知识的角度看，是初学者或简单操作者还是专家用户；从对计算机系统的熟悉程度来看，是系统的设计者或程序员还是对计算机不了解的普通用户；从使用的频度来看，是一批专门的操作员长期使用还是某些用户偶然使用；针对用户的不同情况，在命令的命名长度和可读性方面，在命令的数目及分层结构的选择上，在命令的组织、宏定义及用户定义命令等方面均应符合多数用户的要求。例如 UNIX 操作系统主要是针对熟悉计算机程序设计的程序员，因而其命令长度较短、数目很多、具有 Shell 编程能力，但它的可读性差，不适合初学者。

(2) 命令集的设计要考虑面向使用的动作——对象的模型，提供一致性的命令结构

在有关分层命令结构中曾提及命令可由命令的动作及命令操作的对象组成，即由一个动词及若干名词组成。因此在设计命令集时，首先根据系统的功能要求及使用需要，建立一个对象-动作的模型，根据这个模型可确定命令的结构，这种结构可以是一个动作命令再跟随 n 个参数(如对象)，也可以是带有可选项的命令格式。在一个系统中，这种命令的结构应该是一致的，以便于用户记忆和使用。这种一致性包括命令的命名、命令参数的次序及分隔符等。

命令的命名在后面还要讨论，它首先要确定是动作-对象还是对象-动作，也就是动词-名词，还是名词-动词。例如，DISPLAY FILE 是动作-对象的类型之一，在许多命令语言中常被

采用;而 FILE DISPLAY 则是对象-动作的类型之一,在有的命令菜单系统中分层次使用。

命令参数的一致性,有不同的出发点。有的是为提高可读性,尽量保持自然语言的次序,如 SAVE MESSAGE—ID FILE—NAME,这种次序只考虑可读性,因而对于某一参数(如文件名)来说,有时在前面,有时则在后面。另一个出发点是以某一类对象(如文件名)为先(或为后),在一个系统中保持各类参数的次序一致性。在大多数命令语言中,均规定了命令的语法规则,这是形式地表达了命令的一致性结构,它从动作-对象模型、命令的参数次序及分层结构各方面作了规定,其中在命令参数中规定了各类参数的相应次序。就像前面说明过的UNIX系统的一些命令,具有以下形式:

$ 命令名　可选项　文件名　其他参数

这种一致性的命令结构,使用户易学、易记忆,因而也为命令语言的设计者所广泛采用。

(3) 命令的命名与缩写

命令的名字是用户能看到系统的主要可见部分之一,它是用户使用系统时必然遇到的一个界面。对于只有少量命令的系统,命名问题比较简单;对于具有上百个甚至更多命令的系统,选择意义明确、易学、易区分的命令名字就是一个十分重要的设计问题。已有的各种系统都有各自的命令集,同样的操作任务在不同的系统中有不同的命令名。对于同样一种操作,可以有多种命令,例如编辑时的插入,可用 insert, add, append;删除可用 delete, remove 等。由于命名并不是惟一的,因而在选择名字时应考虑含意明确,即不采用那些应用太宽并易混淆的词,如 add 易误解为算术操作"加法";同时应考虑易于学习和训练。当命令很多时,为便于区分和记忆,各命令名应各具特殊性,尽量避免类同;为便于用户使用,目前常用系统的一些命令名对于新系统的设计应有参考价值,这样可避免用户花过多时间去熟悉同一种命令的不同命名。

命令名的缩写在命令设计时也应充分重视,这是因为当前送入命令的主要机构仍是键盘,为减少通过键盘等输入装置的出错率,命令应十分简洁,容易编码。当使用键盘上的 Shift 键、Ctrl 键及特殊字符时,容易产生较高的出错率,因此命令应尽量采用命令名字的缩写,这对于大量使用命令的熟练用户是十分有效的。一般情况下,命令的缩写减少了击键的次数,但对于初学者来说,会增加学习的难度。有时初学者宁愿多击一些键,采用全称的命令名,以减少缩写后的出错率。恰当的缩写策略是十分重要的,这种策略对于某一系统而言应是一致的,以便使用者理解。缩写后的命令长度与命令总数有关,应保证能区分不同的命令。下面是常用的一些缩写策略:

① 去掉元音,如 Select 缩写为 SLCT;Browse 缩写为 BRWS。

② 截取字的头几个字符,例如 insert; delete; append; quit; write 分别缩写为 i, d, a, q, w,也可缩为三个字符 ins, del, app, qui, wri。

③ 短语中每个字的第一个字母组合,如 X toolkit; X Motif 缩写为 Xt 及 Xm。有时也可采用每个字的前几个字符组合,如 make directory 缩写为 mkdir 等。

④ 采用其他地方常用的缩略方法,如 BACKUP 缩写为 BAK 等。

⑤ 缩写时以某一简单的缩写规则为主,缩写后的长度应保持固定长度。

(4) 提供批处理命令及用户创建宏的能力

命令语言的设计中,除了提供各种功能单一的基本命令之外,应提供一种将命令组合成新的命令的方法,其中最简单的是将一组顺序执行的命令记录成一个文件后,这个文件构成一条批处理命令。在有的功能强的命令语言中,可将这些基本命令经过各种控制结构(如循环、条件或顺序)的组合及若干布尔操作,构成一条功能复杂的用户定义命令。这类命令语言中,UNIX系统的Shell命令语言是功能较强的一个代表,C Shell则是Shell的一个功能更强的变种。

宏指令是一条计算机指令,它用来替代事先定义的一串指令。为实现宏指令,在汇编语言中有一宏汇编处理程序来完成有关替换工作(包括实参替换)。在命令语言中,往往也提供宏命令的机制,用户可以用一条宏命令来替代事先定义好的一串命令,这样对于用户经常要进行的一组操作,只需送入一条宏命令即可完成。它的实现机制可以采用上面提到的批处理方法,即把用户定义的命令串事先存在一个批处理文件内,然后执行该批处理文件的命令。现在还有一类系统自动记录用户所键入命令的机制,用户可以将记录下来的命令串定义为一个宏,即可进行这一组命令串的反复使用,例如电子表格软件Excel就有宏记录器的机制,以便由系统根据用户的启停自动生成宏定义。

(5) undo与redo命令

undo命令是一个十分有用的命令,它的功能是将当前命令(已执行的)作废,将现场恢复到上一命令完成时的情形。undo命令对于用户的偶然误操作是一个恢复机制,它既保存了上一命令时的现场信息,也为操作员提供了极大的方便性。undo命令一般提供一级undo能力,即只可恢复上一命令完成后的情形。多级undo机制也可采用堆栈机制来实现,即每执行一条命令将现场数据压入堆栈;每执行一次undo命令将从堆栈"弹"出顶上的一组数据。这种多级undo机制可恢复到前面任一命令现场,但由于需占用较大空间,一般系统将不设置多级undo机制。redo命令是对当前命令的重复操作命令。redo命令可减少用户重新键入上一命令的全部参数。它的实现机制也较简单,只需用一记录记下用户送入命令的历史情况,即可根据用户的要求,从某一条已执行过的命令开始重复执行以后的一串命令,这种机制已为目前不少命令语言所采用,如C Shell等。

4.1.2 菜单选项

菜单选项方法对于非计算机专业人员用户很方便,因为它不像命令语言那样,需要用户记忆和进行较多的训练。如果菜单对话有较快的响应时间,则对熟练用户来说也是一种很好的对话形式。采用菜单选项方法后,仍需要进行精心的设计,才能取得好的效果。如果设计不好,为了执行某一动作,往往要更换菜单多次;有时进入某一操作项后,无法转回另一操作或无法退出系统;有的缺少求助系统等。也就是说,菜单选项方法在具体应用时,应考虑仔细,其中对菜单项功能及语义的设计、菜单系统的结构设计、屏幕布局及导引求助功能、菜单切换及对话响应时间等均应予以分析。由于表格填空方式与菜单选项类似,本节也讨论这种填表方式。

1. 菜单选项的语义组织

菜单技术有几种不同形式,如正文菜单和图形菜单,固定菜单和活动菜单,以及选择和应答等。设计菜单选项的一个重要问题是:如何针对某一应用,建立一种合理的、易理解的、易记忆的语义组织,计算机菜单选择系统往往项数多,由于受屏幕大小的限制,不能将可选项写得太长,且不可能针对用户的问题进行回答,因此,菜单选项的语义组织就是一个重要问题。

通常语义组织的结构可分为单一菜单、线性顺序菜单、树型菜单、非循环网状及循环网状菜单等几类,他们的结构示意图可参见图4.1。其中树型菜单适合层次结构,是常见的一种菜单语义组织结构。

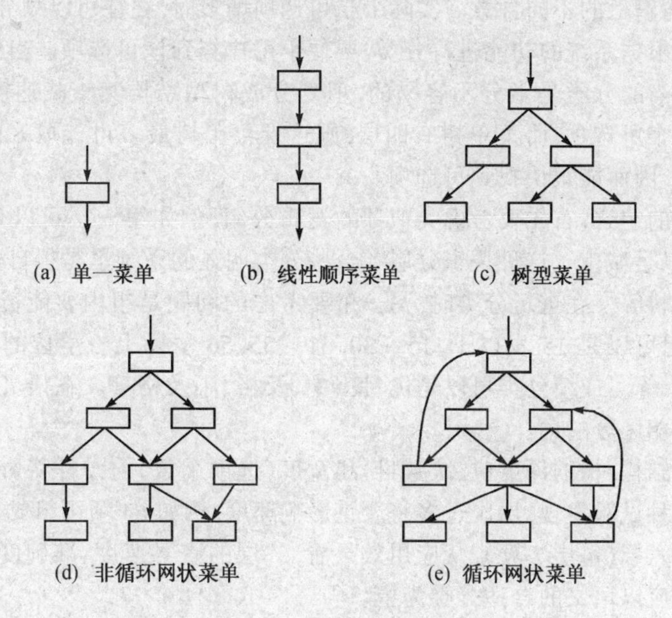

图 4.1 菜单的语义组织

(1) 单一菜单

有些任务采用简单的单一菜单结构就可以实现各种功能。单一菜单中可以有两个或更多菜单项,用户每次可选中其中之一或确定多个选择。这种单一菜单可以固定在屏幕的某一区域,也可在当前工作区上弹出活动菜单。最简单的是二中取一,例如,

* 是否将显示内容在打印机上输出?(请送入 Y 或 N)

在进行菜单选择时,可采用输入字母或数字的方法,也可采用对某一项加亮并移动加亮项的方法。在选择字母时应采用大小写兼容的方法。在输入字母或数字后,有的系统需按"回车",有的不按"回车"直接进入某一工作任务,前者便于修改,后者可少按一键。

当菜单上的可选项超出屏幕显示范围时,可采用扩充菜单的技术,即再显示一个菜单页;也可采用滚动菜单内容的方法。对于图形菜单,经常使用鼠标作为"指点"设备,此时一般不再用键盘输入数字与字母,而移动光标(由鼠标移动后显示)及按动鼠标上开关确定。

(2) 线性顺序菜单

有些系统需引导用户顺序选择一组菜单的菜单项,例如一个文档印刷软件需提供一组菜单,让用户选择印刷的参数,诸如:打印机类型、印刷幅面、行间隔、页号、字体、拷贝数等。这种线性顺序菜单对引导用户进行一组决策过程是十分合适的。

这种线性顺序菜单应提供最常用的缺省值选择,应可返回显示用户已选择的内容并可进行修改。对于图形菜单情形,当选中某一值时可通过图形显示来反馈其语义,例如选择"Italics"字体,即可显示斜体字;选择"10 pt"显示中等大小的字体尺寸。在图形菜单上可采用一固定菜单显示菜单名,例如在屏幕上方,当选中该菜单名后,再用下拉式菜单显示该菜单的全部选项,这种选项可以用正文或图形显示。

(3) 树型菜单

当系统的可选项数目增加时,单一菜单和顺序菜单就不能适应需要,原因是选中某项太费

时间，且不易区分逻辑上的不同含意。实际上当可选项增多时，往往可以划分成互斥的不同组合。这种划分应该根据系统的功能进行分类，要便于用户查到该可选项。当然，在复杂的系统中要对菜单进行恰当的分类是十分不容易的，但划分成树型结构其查找速度是十分可观的。假定每一菜单有八个可选项，而菜单树有四层，则这棵菜单树最多可选取 8 的 4 次幂为 4096 项。由于只有四层，因而能很快找到可选项。

如何划分选项的组合，首先要考虑类似项的逻辑分组，例如第一层可以是国家，第二层可以是省，第三层可以是城市。这种逻辑分层在一些分类明显的系统里是很自然的，如学校、系、班，或者部、局、处、科等。在进行分类时，另一个要考虑的问题是组内要能覆盖所有可能的情形，例如年龄的分组可以是 15 岁以下，15～30，31～55，56 岁以上。学位的分类可以是无学位、学士、硕士、博士等。成绩分类可以是优、良、中、及格、不及格等。在语义的理解上应采用大家熟悉而又能互相区分的词。

由于采用树型结构，树的深度（层次数目）和宽度（选项个数）的设计将影响选单的操作速度。很多人做的各种试验发现，层次过多将严重影响速度，例如 64 项可组成二层（每层 8 项）、三层（每层 4 项）或六层（每层 2 项），从应用效果看，二层的查寻速度、准确度均好。当然这种深度与宽度选择仍应以语义的合适分类为主。

(4) 网状菜单

树型菜单应用十分广泛，但有时网状菜单也有其重要用处，这主要是树型菜单选择失败时，仍要从根菜单开始查找，而带循环的网状菜单很易返回上一层，这在从系统树节点退出时更明显。另一原因是采用网状菜单可增加一些灵活性，因它可从不同的分支到达同一个叶节点。近年来迅速发展的 Hypertext 技术就是在节点间采用网状结构，因而适合人们信息“联想”的各种组合。网状结构菜单的一个问题是容易迷失方向，不知如何去向，也即“导航问题”，目前已采用各种浏览显示、求助信息来解决迷路问题。

2. 菜单项的排列次序及快速变换菜单

采用菜单选项方法提高了用户的使用方便性，用户不必记忆许多命令即可选取操作内容。如何提高菜单选项的速度是一个重要的问题。从上面的讨论中可知，菜单的合理语义组织是首要问题，假定已经选用树型结构，采用四个层次，每层有八个可选项，这种树型结构是根据同一种类型内容分在一个分支中。接下去的一个问题是，在有许多可选项的一个菜单中究竟如何排列才能提高选项速度。

有不少内容是非常容易按其自然次序进行排列的，例如：

(1) 时间，按年、月、星期等次序排列。

(2) 数值，按长度、面积、体积、温度、重量等的大小，升序或降序排列。

(3) 编号，按章节、单位或人员编号来排列。

有许多内容并没有自然顺序，则可根据下面不同原则进行排列：

(1) 按项的字母字典顺序排列。

(2) 按项的使用频度排列。

(3) 按项的重要程度排列。

(4) 按有关项分在一起的原则排列。

有人做了各种试验，对按字母字典顺序、按功能分类及随机排列进行查找速度测验，结果表明，按字母的字典顺序查找（平均时间）较其他的更快一些。

影响菜单使用的另一个速度问题是，菜单的切换较慢。当有四层菜单从顶层切换至第四层时，可能要更动四次屏幕，这是十分耗时的，这也是一般程序员有时不爱使用菜单的原因。要从根本上改进菜单切换的时间，应从屏幕显示及更新方面改进硬件及软件的性能，在菜单选择系统的设计上也可增加如下一些措施：

(1) 当用户频繁使用某菜单项时，可连续送入该可选项的层次编号(或字母)，以便直接进入该项。例如在三层菜单系统上直接打入"132"表示先进入第一层的第一菜单项；再到由第一菜单项进入的第二层上，选取其第三菜单项；再到该项决定的第三层上，选取其第二菜单项。也可采用字母选取方法。这种方法需要菜单系统在送入数字(或字母)后，不必再用"回车"键，而直接中断计算机。目前，许多窗口系统已采用鼠标和快捷键(shortcut)共用的办法提高选取速度。

(2) 若用户经常使用某菜单项，可采用直接访问菜单项的方法，这样用户只需记住该菜单项名字，即可较快切换至该处。这种方法要求该菜单系统不能有重名，要求只有少量名字需要记忆。试验表明，这种方法比上述路径名的方法更加有效。但这种菜单系统的取名及增加新项时有较大难度。

(3) 采用菜单宏。这方法是记录用户遍历菜单时的路径，并定义为宏，以供用户以后重复使用。

3. 菜单的选择机制及屏幕布局

正文菜单和图形菜单通常均用键盘或鼠标作为输入指点设备。对于正文菜单我们已讨论过可以输入数字(或字母)——回车键或数字(或字母)立即响应的方式。另一类是采用光标指示的方法来选取某一项，光标的移动有多种手段：

(1) 键盘上的箭头键或字母键。

(2) 鼠标的移动(或按住鼠标的按键)。

(3) 键盘上的制表键(Tab)。

(4) 操纵杆的移动。

(5) 触摸屏上的手指移动。

当选中某一项时应有明显的反馈信息向用户提示，以便确认或修改后送入执行命令(如回车键或鼠标的按动)。这类反馈信息可以是：

(1) 加亮该菜单项。

(2) 该菜单项加下划线。

(3) 该项前加一小框或作一记号(如√)。

(4) 该菜单项反显。

(5) 改变该项颜色、灰度或加深边框。

菜单的屏幕布局与不同类型菜单有关。正文菜单通常用字符终端实现，往往菜单占整个屏幕，如提供多窗口机制(正文窗口)，则可显示多层菜单。此时菜单要有明确总标题，要使用熟悉、一致的术语，要有简单、精确的菜单项名称，尤其是第一个词。对于图形菜单现在已有许多新的风格，其中图符的设计要含意明确，按钮的选中要有直观反馈。至于固定菜单与活动菜单，下拉式与弹出式菜单应根据系统的可能和要求进行合理选择。在一些小屏幕尺寸的显示器上，不宜设计过于复杂的菜单系统，以免占用屏幕工作区域。

4. 菜单选项的设计要点

与命令语言的设计一样，菜单选项的设计也应根据用户的总体要求来确定菜单的总体需求。根据系统确定的屏幕显示类型，设计屏幕布局和菜单类型：正文还是图形菜单；固定还是活动菜单。结合前面讨论的各种设计原则，归纳如下菜单选项的设计要点：

(1) 根据系统功能的合理分类，选择菜单选项的语义组织结构。这类结构包括单一的、线性顺序的、树型的、循环或非循环网状菜单。

(2) 在一个菜单中应合理地对菜单项进行排列或分类，以提高选取的速度。

(3) 菜单应有标题，菜单项的名字含意应明确，易于用户理解。

(4) 从各个方面提高菜单选项的速度，包括选用性能优良的硬件、允许使用简捷键、菜单宏、直接跳至某菜单项及直接退出系统或退至主菜单。

(5) 认真设计菜单选择的机制，包括输入设备的选取，如何移动光标，如何选中菜单项，提供何种反馈信息等。

(6) 结合所用显示器，对屏幕布局进行合理的设计，并保持一致的风格。

(7) 提供菜单选项的“求助”机制。

5. 表格填空

菜单选项适合于从一给定的清单中选取一项，但有些任务却不易用菜单，例如向系统送入一组数据，则需要由键盘击键输入。当系统需用户送入一组数据项时，较直观的方法是提供有明确数据项名称和范围的一张表(form)，于是用户采用交互方式进行填空。既可逐项填空，也可返回修改。既有输入提示，也有语法或值域检查。由于它适合各类数据库系统、信息管理系统及数据处理系统的数据输入，因而表格填空提供了十分有用的用户界面。

客人登记表

房间号码_________ 房间类型_________

住客姓名__________________

性别_________ 年龄_________ 国籍_________

护照号码_________

工作单位_________

职务_________

来自何处_________ 下站地点_________

起住日期__________________ 计划逗留天数_________

实际离开日期___________________________

房租结算__________________

按 Tab 键移光标，按 Enter 结束填空■

和菜单选项一样，表格填空对最终用户十分适合，因它有明确提示。设计表格应注意以下要点：

(1) 表格应有明确的表名(标题)，每一表名及其缩写应含意明确，易于用户理解。

(2) 表格应合理排列和分类，应将关键表项放在前面或给以标记。

(3) 表格布局应设计美观合理，如要打印输出应与保存的文件页面一致。

(4) 表格的操作机制应一致、通用，必要时给以提示。对表项的输入应有提示或检查，对于不合规定的输入应予拒绝并提示。例如年月日提示输入为 yy/mm/dd;时间提示输入为 hh/mm/ss。光标移动可选用 Tab 键或箭头键。操作完成可用回车键或 Esc 键。

(5) 常用的表项值可提供缺省值。可填可不填的表项应有标记,允许用户不填并跳至下一项。

(6) 对于数据输入应特别细致。通常字符输入采用左对齐;数值则采用右对齐;十进制数值应以小数点对齐;数值前的"零"应自动去除;时间通常以 24 小时制标记,在 12 小时制时应标记 A.M. 或 P.M.;在填空中应允许"空格"或"重新输入";以上在表格填空系统设计时应由系统自动实现或维护,以便减少用户记忆量。

(7) 必要的"帮助"机制。

(8) 当大批数据录入时,允许把数据文件中的数据与表格填空的数据进行互相交换。当录入的大批数据中有若干项相同时应允许复制,以提高效率。应尽可能不让用户输入额外的符号,如 $,/,:等。当一个屏幕上不能输入完一个记录时,应采用快速切换屏幕、多窗口机制或滚动窗口机制,此时仍应保留必要的表项名显示并给出数据组编号。

4.1.3 直接操作

除上面讨论的命令语言、菜单选项及表格填空等用户界面风格外,当前最受欢迎的一类用户界面风格称为直接操作,什么是直接操作?直接操作是计算机用户界面的一种风格,它向用户提供了所执行任务的自然表示,包括任务的对象、操作及其结果。它已经成为当前图形用户界面及窗口系统的技术基础之一。本节将通过一些实例,叙述直接操作用户界面的概念和一些特点。

1. 直接操作用户界面实例

已经有各种应用系统采用了直接操作的思想,提高了用户界面使用的直观性和方便性。从它的广泛采用可知,这种用户界面风格具有许多特点,下面简要列举一些熟悉的例子。

(1) 全屏幕正文编辑器及交互排版系统

在各类操作系统上已广泛采用全屏幕正文编辑器,这类编辑器可采用光标直接在屏幕的某一位置进行各类编辑操作,诸如增加字符,删除一行正文,移动或复制一个正文块等。这种全屏幕编辑器的操作对象是字符、正文行、正文块或正文文件。当执行某一编辑操作后,在屏幕上立即显示其结果,当系统不能执行该操作时,即有声响或信息提示,人们习惯称之为"所见即所得"(what you see is what you get)。这类全屏幕编辑器比以前的行编辑器操作简便,应答直观,因而颇受欢迎。

在文字处理领域,电子排版系统是十分重要的综合文字处理系统,目前已广泛使用交互式电子组版系统,如 pagemaker 等。用户可在屏幕上直接操纵光标确定正文或图形灌入区域,以进行组版,也可以任意移动某块正文或图形。由于不用复杂的排版语言,因而颇受一般用户青睐。

(2) 数据库查询及电子表格软件

在大量使用的数据库查询语言及其用户界面中,有一个著名的 Query By Example 系统独具风格,它并不要求用户按严格的语法送入查询语句,而只需在数据库的关系表格中填上简单的查询要求,即可在表格上显示结果。例如,在表 4.2 中,P. 表示要打印该项。整个查询要求只需填入简单字符,本例表示,要打印出计算机系(CS)中年龄大于 19 岁的学生姓名和年龄,有时也可给出示例来查询。在 QBE 的关系表格上直接操作光标是容易的，给出例子或查询要求也十分简便，因而这种方法已广泛用于数据库查询、电子表格软件及商用图形显示中。当送入示例或要求后，系统会立即显示出结果的表格或给出错误信息。

表 4.2　Query By Example

关系名 S	学号 NO	学生名 NAM	系名 DPT	年龄 AGE
		P.	CS	P. >19

电子表格软件是一类通用的数据处理软件，它以表格形式输入、处理及显示数据，由于它与日常使用的表格一样，所以颇受商业、办公室人员欢迎。Visicalc, Lotus 123, Excel 等著名电子表格软件已十分流行。其中大多数可以用各种统一图形(如直方图、扇形图等)显示处理结果，当数据改动后，表格及统计图将会立即显示改变后的结果。

(3) 计算机辅助教学及游戏软件

第一个基于直接操作的系统，有人认为是美国 CDC(控制数据)公司的 PLATO 教学软件系统，它是美国伊利诺依大学化学系 Stan Smith 所写的课件，学生可在屏幕上直接用手指操作各类化学对象，以模仿实验和训练。PLATO 触摸屏上显示一些蒸馏装置的器皿，如蒸馏烧瓶、温度计、导气管及烧杯等。学生将这些器皿组装成一套蒸馏实验装置。模拟实验开始后，学生可指点 Cool 或 Warm 以调节温度，屏幕上同时显示实验曲线及警告信息。虽然该系统在大范围教学应用中因过于昂贵(需专用主机及终端)而不再使用，但它仍是直接操作用户界面的一个开创性工作实例。类似的游戏软件、辅助设计软件及飞行模拟软件实例不再赘述。

(4) 窗口系统

20 世纪 70 年代末美国 Xerox 公司 PARC 研究中心开发了基于图符的 Smalltalk 程序设计环境，并在 Xerox Star 工作站上运行。苹果公司随后开发了 Lisa, Macintosh 计算机，提供了用图符直接操作的用户界面。其他如 SUN, Apollo 工作站及 Microsoft Windows 相继推出各类多窗口系统。窗口系统的特点是：屏幕上可显示重叠的多个窗口；采用鼠标确定光标位置和各种操作；屏幕上用弹出式或下拉式菜单、对话框、滚动框、图符等交互机制供用户直接操作。

(5) HyperCard

直接操作的另一个例子是 Macintosh 计算机上的 HyperCard 软件，它以丰富的交互图符库及正文、图形、图像、动画相结合的各种信息节点做基础，为用户提供了网状连接的信息存储和管理工具，已成为第二代 Hypertext 典型软件和多媒体的重要支撑软件。

2. 直接操作的特点

通常直接操作具有以下特点：

(1) 对象的仿真表示

文字、符号、代码、图形及图像都可用来表示用户任务中的某一对象。计算机中的内部表示要有利于计算机的运算和存储，而显示在计算机用户界面上的对象表示要便于人们的理解。前面各种直接操作示例中的任务对象，包括全屏幕正文、关系表格、化学实验装置、对话框、按钮及各种图符，均较以前计算机的表示更具有真实感，更加自然，因而更易为人们所理解。当然，这样的表示需要有计算机软硬件(包括高分辨率显示器)的高性能支持。

(2) 实际动作代替复杂的语法

以前的计算机操作往往是人去适应计算机,从二进制机器代码、控制台面板一直到命令语言。由于计算机有许多精确、严格的规定,因而使用时十分不便。直接操作的界面上,用户通常只需对显示对象的表示施以一定动作,即可赋予某操作,例如“移动”一个“器皿”,“按下”某一“按钮”等。有些动作较难在屏幕上直接进行,则可通过选择菜单项或敲入字符来表示,如在某位置上删除一段正文或图形,则先选定该区域(如反显),再按“d”或其菜单项。这种操作比原有的命令语法简单易懂。

(3) 操作结果的立即应答和直观显示

过去批处理操作往往不能立即得到结果,采用分时终端一般可得到系统的应答,但是某些计算时间长的任务则需等待。直接操作要求对任务对象施以操作后要立即响应,并在屏幕相应位置给予显示,例如“移动”操作应能将屏幕上某对象“移开”,且跟着光标“一启动”。这个要求是比较高的,需要计算机及其显示器有高的性能和快的响应时间。即使性能再高,有些响应也不可能“立即”得到结果,此时系统应给直观提示,如表示系统正在计算中。

(4) 动作的连续性和可逆性

直接操作某一对象时,应该允许对该对象进行增量操作(如果有意义),例如“移动一格”是一操作,“删除一字符”也是一操作,那么系统应允许多次移动和删除,且这些操作仍是直接在屏幕上进行的。

直接操作的可逆性是指应具有该操作的相反操作,例如“打开”与“关闭”,“左移”与“右移”,“放大”与“缩小”等。对于有些没有相反意义的操作,则应该允许执行“undo”,即恢复至该操作执行前的现场。

与动作的连续性和可逆性有关的是希望系统的响应渐变、和谐地进展,以使操作者得到美的享受。

(5) 图形及图像的表示形式

由于图形和图像的直观性,以及图形技术的飞速发展,使得直接操作不仅有必要、而且有可能充分利用交互图形学的成果。当前三维图形工作站的发展,更使图形显示真实、美观。各种图符可以设计得十分美观、逼真,一些按钮、开关、定值设备可用三维图形来仿真,加上声音、动画等多媒体技术发展,为直接操作提供了广阔的发展前景。

3. 直接操作的若干问题

采用直接操作的用户界面有许多优点,但它也会带来一些问题,尤其是当它设计不好、实现性能差及功能不确定时,直接操作还不如采用命令语言、菜单选项或表格填空合适。下面简述可能产生的一些问题:

(1) 有些应用中,图形表示不一定比代码、文字描述好。例如在程序设计时用流程图便于理解和调试,但采用结构化的控制语句不仅适合冗长的源程序编程、归档,且也提高程序的可读性和可靠性。

(2) 有些图符的含意不如文字描述清晰,当屏幕上有很多图符时,用户往往对其中的一些图符看不懂,或看懂但不易记住。这主要是因为图符的含意不够清晰。要每个图符均设计优秀也不是易事。因此,图符设计要花较大功夫。对于不是供初学者或跨国使用的软件,有时采用文字描述可能更确切。

(3) 自然的表示可能使用户操作时产生误动或迷路。由于直观显示,用户可能按习惯方式选取对象或操作，如先选动作、后选对象，结果可能不符合系统的语义/语法模型。有的甚至不许可的动作仍未被系统所禁止，因而陷入困境。通常应对直接操作的界面进行仔细的测试，避免出现类似情况。

(4) 直接操作要求显示屏大及响应时间快。10 个文件的文字型名字与 10 个文件图符相比，前者所占屏幕空间更少；在屏幕上删除一个图形比送入删除命令可能要慢得多，因而在系统配置不高的环境里，直接操作不一定能取得好的效果。

(5) 一些熟练的用户采用键盘打字输入比直接屏幕操作要快。

4.1.4 用户界面的标准化问题

和各类系统软件一样，用户界面软件的标准化问题十分重要。一方面因为用户界面的开发工作量很大，采用标准化的用户界面可以大大减少低水平的重复劳动，有利于各类应用软件的移植；另一方面，采用标准化的用户界面可提高界面的质量，便于引进或出口在同一平台(包括界面)上的各类软件系统，便于用户采用同一平台上的各种先进技术成果。

用户界面与操作系统紧密相关，与图形、文字处理也有较大关系，因而也会涉及到操作系统、图形软件及其他相关的标准。UNIX 操作系统的设计者最先考虑在不同硬件平台上操作系统的可移植性，加上它的先进设计思想，以及 AT&T 公司采取公布源代码、鼓励第三方将 UNIX 移植到不同类型计算机的政策，使 UNIX 成为开放系统环境中操作系统的最佳候选者。以 UNIX 接口定义为基础而制订的 POSIX 操作系统接口标准，已成为事实上的工业国际标准。GKS, GKS—3D, PHIGS, CGM 均是国际标准化组织正式批准的各类图形接口标准。确定用户界面标准时，应考虑上述历史情况。

1. 窗口系统标准化

窗口系统是控制位映象显示器与输入设备的系统软件，它所管理的资源有屏幕、窗口、像素映像、色彩表、字体、光标、图形资源及输入设备。1987 年 3 月美国麻省理工学院(MIT)和数字设备公司联合重新设计了 X 窗口系统，并正式发表 X 窗口系统第 11 版本(简称 X11)。由于 X11 是在 UNIX 操作系统之上采用 Clinet/Server 结构，因而使它具有与设备无关、可移植、易扩充功能及网络透明等一系列优点，加上 MIT 采用公布源程序的开发策略，使 X 窗口系统成为工作站窗口系统的事实上工业标准。X Consortium(X 集团)正式发布 X11.3 版，公布了 X 协议、X 库及 X Toolkit Instrinsics 为正式文本。美国 ANSI X3H3.6 标准化委员会宣布的 20 世纪 90 年代图形标准新计划中，将以 X 作为窗口系统标准的主要参考基础。各主要计算机厂商纷纷推出 X 的各种商用版本，如 IBM RS6000/X, HP-X, SCO-X Sight, SGI 4 Sight/X, Olivetti X/TOW, DECWindow 等。

SUN 公司的 News 窗口系统及 NeXT 公司的 STEP 窗口系统，均以 Postscript 页描述语言的扩充版本 Display Postscript 作为其网络上传输协议和型尺/着色的图像模型，因而颇受重视，也是窗口系统标准化中重要竞争对象。在个人计算机的操作系统方面，Microsoft Windows 已成为该环境上的各类应用软件的用户界面参照平台而被广泛采用。

2. 图形用户界面

以 X 窗口系统为代表的现代窗口系统没有规定某一类“统一”、“一致”的用户界面，而只是提供实现图形用户界面的“机制”。在 X 窗口系统上，已开发了具有各种视感(look & fell)或风格(style)的图形用户界面，其中 Open Look 及 OSF/Motif 是标准化程度高、文档资料较完整的优秀图形用户界面。Open Look 和 OSF/Motif 作为两大 UNIX 集团的各自成果,均提供了工作站上良好的图形用户界面,并作为标准化图形用户界面的竞争对象仍在计算机界竞争着。

Open Look 是由美国 Xerox 公司开发的,以美国 AT&T 公司和 SUN 公司为主的 UNIX International 集团采用的图形用户界面,它有详细的功能规范文件,规定了显示屏幕上窗口、菜单、按钮、对话框、定值器、图符、鼠标操作模型的具体规格。它可在 X 窗口系统或 News 窗口系统上为之实现。它的用户操作方法是先选对象,再选操作,它分三个实现级别支持不同的配置,它可在单色显示器或彩色显示器上运行,其中彩色显示具有立体视感。它的硬件环境平台可从个人计算机到巨型机之间任意配置。

OSF/Motif 是由开放软件基金会(OSF)正式发布的图形用户界面标准。OSF 是由国际上著名的计算机厂商 IBM, HP, DEC, MIPS, SGI 等组织的工业集团。OSF/Motif 也是在 X 窗口系统上采用面向对象方法开发的图形用户界面,它也规定了屏幕上窗口、菜单、按钮、图符等的具体规格。OSF/Motif 提供了 50 个类(class)和 400 余函数,以生成图形界面。它提供可用于编辑的语言接口和窗口管理程序模块。它规定了用户操作模型等。

4.2 用户界面设计中的重要问题

为了设计一个好的用户界面,有几个重要的问题必须引起重视,而且应该用到各种不同风格的用户界面设计中。这些设计问题是,响应时间及显示速率,它涉及人的工作效率和出错情况,与系统的性能也有关;屏幕上系统的提示和消息显示是人机对话的必要部分,各种反馈信息和彩色的使用均是其中讨论的内容;联机帮助、手册及指导教材是设计中为用户导引的重要措施;及时的出错处理和准确的报错信息将为应用程序员的工作带来极大的方便。作为用户界面设计中应考虑的一个问题是人的因素,即人在使用中对上述问题的要求。另一方面要考虑系统软硬件实现这些要求的可能性。

4.2.1 响应时间和显示速率

在当前科学技术迅速发展的信息时代,时间已成为完成各种任务的最重要指标之一用在人与计算机对话中,用户界面的响应时间已成为关键性能之一。

系统响应时间定义为从用户激活系统的一个活动(如按回车键或点击鼠标)到计算机的屏幕或打印机开始提供结果为止的一段时间。在图 4.2 响应时间模型中,用户从开始击键到激活计算机的一个活动,这段时间主要是输入命令串、选择菜单项或移光标检取对象的时间。由于系统开始响应到完成响应是计算机输出结果的时间,因而用户真正思考结果的时间是从系统完成响应后才开始的。但在有的情况下系统开始响应的内容虽不够完全,但用户也开始发现问题,并不一定等完全输出后才进行分析。在等待系统响应期间,用户通常是休息时间,以便根据显示或打印结果做出进一步反应。图 4.2 中表明这一段时间是用户的计划时间,其含意是指在此期间,用户可以提前考虑将产生什么结果、如何处置等。

计算机响应时间通常能精确定义和测量,而用户的思考时间则很难精确得到。计算机的响应时间虽可计算,但实际情况也较复杂,有的系统只给出含糊的信息;有的只给出简单的提示,要等很久才给出实际的结果;在多用户系统中,响应时间的值与同时使用人数有关;在网络

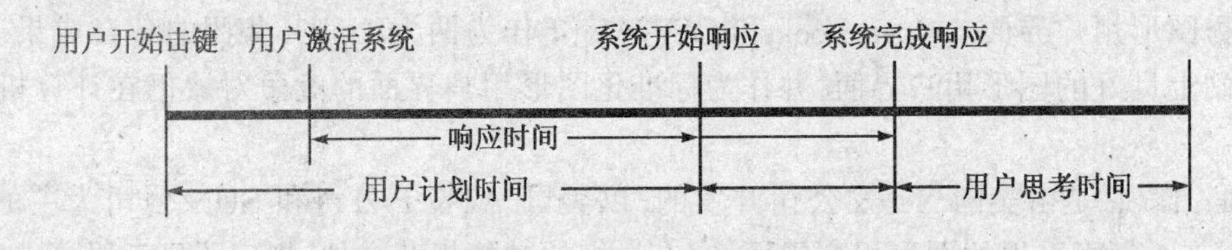

图 4.2　响应时间模型

系统中的响应时间受网络传输延迟影响,而这延迟并不能为中央处理机所获取。

第 2 章中曾讨论过人的信息处理及反应时间,通常听觉比视觉反应快,人的听觉反应时间约为 120～150 ms,视觉的反应时间约慢 30～50 ms。人的大脑的信息处理过程更加复杂,它与任务的复杂性、人的不同记忆特性(短时记忆与长时记忆)及年龄等有密切关系。为提高整个人机对话过程的生产率,还应考虑出错情况及其恢复。如果人们急于响应系统而快速操作,则可能使出错率增加,导致“欲速则不达”。

综上所述,人机对话系统中人们要求系统的响应时间比较快,以提高生产率,过慢的响应时间会使用户焦虑和不满意。这一响应时间通常不应大于 15 秒。快速的响应时间要求系统有大的开销;系统的快速响应可能引起对操作者快速反应的要求,从而增加心理压力和出错率,这种快速人机对话的时间不应小于 1 秒。在确定系统响应时间、人机对话时间的长短时应在操作的出错率及系统成本等之间做出权衡。

显示速率是以每秒字符数(cps)来计量用户阅读的设备(字符型的显示终端或硬拷贝设备)上字符出现的速度。对硬拷贝设备来说,典型的速率是 10～160 cps;而显示终端的典型速率是 30～1000 cps,它受电缆或调制解调器的影响。对于图形显示设备来说,显示速率以每秒像素数或每秒短线段数来计。由于一幅图像有 1M 位数量级以上的信息(如 1024×1024×1 黑白图像),因而在图像传输时对信息必须予以压缩。对于图形,往往传输图形原语的参数。由于 CRT 显示器需要刷新,刷新速度通常为每秒 25～60 帧,过低的刷新速度将引起显示闪烁而降低图像质量。一些图形显示设备每秒可显示 5 K～5002 K 的短向量或 200 K～20 M 像素。

早期主机通过串行接口将正文段的字符送到屏幕上,150, 300, 1200 及 9600 波特的传输率相当于在屏幕上以每秒 15, 30, 133 及 860 字符速率显示。经过人们的采样试验,较快的显示速率会使用户视力疲劳而引起错误,而每秒 30 字符速率有较高的正确率。目前由于显示速率提高,往往采用一屏一屏正文显示,用户可以控制各屏显示的间隔时间,以保证正确阅读。由于多数屏幕所显示的内容不需仔细阅读,因而较高的显示速率将提高人机对话的速率。

对于交互图形显示,刷新速度通常不能做大的改变(由显示器的逐行或隔行扫描予以控制)。为提高用户生产率,应该使图形的生成速度(包括重画)大大提高,尤其是在复杂图形及真实感图形生成方面。人们在对图形的检取、图符的移动、窗口的恢复等操作时,希望系统有快速的响应时间。早期由于 CPU 速度不高或未采用专用硬件,因而图形的交互操作速度十分慢,目前在 VLSI 发展的基础上已有很大改善。

综上所述,显示速率的提高将提升整个人机对话的生产率。当人阅读正在显示的正文字符时,字符显示速率不宜过快(保持在 30 cps 上下),以便尽量减少错误,这可以通过控制显示速率及按屏显示来改进。图形显示在刷新速度不变条件下,应不断加速图形的生成速度,尤其是在图形的交互处理后,系统对用户的各种操作(捡取、变换、重显、开窗)均应有较快响应时间

(如1 s量级)。

4.2.2 屏幕设计及信息提示

在用户界面设计中屏幕是系统向用户输出消息的主要手段(除声音外)。对于用户的输入,屏幕也是系统应答的主要手段。因而合理的屏幕设计是十分重要的。本节将讨论屏幕设计中的一般原理,屏幕的主要元素及彩色的运用。其中彩色的设计原则,不仅适用于屏幕设计,也适用于其他画面及交互界面的设计。由于这些多数是一些经验总结或实验结论,因而有待于从人机工程的理论上进一步提高。

1. 屏幕设计的一般原理

计算机向用户提供信息,并响应用户输入的请求或命令。计算机提供的各种信息必须是用户易读、易懂的,各种响应必须是明确的、一致的,而且是及时的。为做到这些,设计时应考虑以下方面:

(1) 开始时要有设计规划

进行屏幕设计,在一开始就应认真地规划,这对于大型程序设计是十分重要的,因为一旦确定了设计方案,在实现后再进行更动会增加很大的工作量,而且这种设计可能是在一开始就已确定了的。屏幕设计中包括屏幕的布局,输出正文的位置,色彩的配置等。屏幕的布局中包括菜单或命令行、显示区、提示区、标题行及各类输入区。如果采用窗口技术,则需包括涉及窗口的类型(固定或活动,正文或图形等)和实现方法。

(2) 一致性

屏幕设计的风格、布局及彩色等设置因素,对一个系统来说应该是一致的,这样便于初学者学习和掌握,也有利于熟练用户提高使用效率。这要求系统的设计者对用户界面应有统一的标准,或者有专门小组(或个人)进行整个系统的用户界面设计。

(3) 可读性

屏幕上提供的各类信息或响应均是为了给用户看的,因而良好的可读性是重要的设计原则之一。为达到这一要求,应该注意以下几点:

① 显示的语句应简短明确。

② 所用的词汇应是用户熟悉的、符合语言规范的词汇或术语。

③ 允许大小写合用。

④ 每屏显示的正文行数不能过多,例如保持在12至16行。过多内容应分页显示并提示。

⑤ 每正文行的字符数不宜过多(如小于40个字符),字号可适当大些。

⑥ 相关信息应按“块”放在屏幕确定位置,例如提示、出错消息、帮助信息等。

⑦ 重要信息予以“加亮”,包括闪烁、反显、加粗、醒目颜色等。

⑧ 充分利用计算机的显示能力,如有的显示器彩色丰富、图形能力强、屏幕分辨率高或其他强的功能可供用户使用。

⑨ 必要时,屏幕或信息显示可参照用户最熟悉软件的式样,以便于使用。

2. 屏幕的主要元素

这里讨论的屏幕元素可以用窗口技术来实现,也可不用窗口技术来实现,它是从功能的角度来区分的。

(1) 标题区

每一任务在屏幕上均有标志其显示信息类型的名称,这就是标题区或标题行(title)。

标题区应位于屏幕正中的上方,宜用较大号字体或用“加亮”的方式显示。当系统有子标题时,应将当前子标题突出,而把系统的总标题略去或以次要形式列出。

(2) 命令行或命令菜单

这是用来显示系统当前可能向用户提供的命令。这些命令可能以不同的输入方式给出,例如用功能键输入;用命令的编号输入或以命令的快捷键输入;也可能采用鼠标选择命令菜单等。系统显示的命令行应在屏幕的固定位置,通常在四周。

有时系统也向用户显示当前程序所处的状态或提示用户如何给出命令,这是状态行。它和命令行类似,通常设在屏幕的边上(如下方)。

(3) 屏幕显示区

屏幕显示区也称工作区,是屏幕的主要区域。它显示用户所需要的信息,如编辑的源程序、目录或输出的图形等。在这一工作区内,交互软件能对显示的结果进行修改和交互处理。通常工作区有一背景颜色或图案,以浅色或低灰度出现。为扩大工作区的范围,应把命令行、标题行等压缩在屏幕的边框附近,也可采用多窗口的重叠形式来增加工作区中对不同任务的显示能力。

(4) 出错或警告信息显示区

这类信息是在发生用户操作错误或程序运行故障时,由系统向用户发出的。由于不是经常出现这类信息,因此它常在工作区的下方(或边上)临时显示,但要求该位置是确定的,显示的内容醒目,以便用户能及时发现。有关出错信息的设计,下节将进行较详细讨论。由于听觉的反应速度更快,必要时系统可提供警告声音信号以引起用户注意。

(5) 其他信息

除上面几种基本信息外,不同类型软件还有不同的信息要显示,下面这几种是较常见的:

① 简短的对话信息。系统经常会向用户询问一些问题,以便确定不同的工作途径。由于这种情况不是经常出现的,且用户的回答是简短的,因而可作为一个临时区域出现,在窗口系统中常以一个“对话框”的小窗口出现,即只要求用户选择某一按钮,如“OK”,“NO”,“Cancel”等。在一般正文屏幕中,回答应紧跟在问题的后面,其问题应以较明显的记号指示,如“?”或“>>”等。

② 数据录入区。大批的数据录入可采用前面讲过的表格填空方式。一些数字及字符的输入规格也已进行过讨论,它应规定明确,使用户知道输入数据的类型和格式。在窗口系统中也可用一个小窗口提示用户输入数据,并给以词法或语法检查。在一般正文屏幕中可临时显示一行正文,如

请输入文件名:

注册名:

口令:

③ 帮助、指南、手册等信息。这类信息的内容比较多,它只是根据用户的需要才予以显示,通常设置一专门区域(一个窗口或屏幕下方)显示这类信息。若这一屏幕尚未显示完,应有明确提示以转至下一屏幕(或窗口),如

按“回车”至下一页;按“Esc”返回主菜单。

3. 彩色的运用

彩色是屏幕设计中的一个十分重要的方面。好的彩色运用能吸引用户的注意,影响用户的工作方式,给用户以优美的感受。当前彩色显示设备以低廉的价格、丰富的彩色吸引了广大计算机用户。彩色的设计已成为交互软件设计的一个重要的方面。在实际的各种软件设计中,我们常常可看到一些不好的彩色设计使用户眼花缭乱、分不清主次,有时甚至使用户看不清显示内容或使视力降低。

(1) 使用彩色的目的

计算机的显示设备有单色和彩色两类,单色显示器的价格比彩色的便宜。那么究竟是选用单色还是彩色,这取决于应用的目的。对于一般的应用程序而言,增加彩色可以达到以下几个目的:减少学习时间,改善可读性,加快探索结果的时间,使警告信息更加醒目,使逻辑结构更加清晰,给用户以优美的感受等。

针对不同的应用,增加彩色的意义也不完全一样:

① 正文编辑。在正文编辑中,彩色基本上用于“加亮醒目”,对于某段正文中的若干单词给予特殊颜色标记,可以表示某种含意。在窗口或菜单中,对某些选中的菜单项或窗口可给予特殊的颜色以表明是当前的工作项或工作窗口。在进行正文编辑的“模式搜索”时,可将查到的“模式”予以专门颜色显示,以引起用户的注意。同样,在菜单的正文中,系统可以将快捷键字母以彩色显示来提醒用户。

由于正文中彩色主要用于“醒目”,因而正文及正文的背景色选取就十分重要,它们间应便于区分。通常背景色应以低饱和度的灰色来选取,不宜用刺眼的白色或过亮的其他彩色。

② 图表类的各种图形。计算机显示中常用的一类图形是各种统计图表,如扇形图、直方图等,还有许多地图、分布图等。在这些图表中,各种图表可能相互重叠或相交衔接,因而颜色在这里主要起“区分”的作用。例如,在地图上我们用不同颜色区分不同省、不同国家;也可用同一颜色的不同深浅来区分海洋的深度或地形的高度。此时,彩色就十分有用了,它的效益比单色的要好得多(单色显示时可能用填充的图案来区分)。在图表的情况下,应选择相互可区分的各种色彩,而不是极易混淆的色彩。在很多情况下,采用同一颜色的不同亮度也是区分不同图形区域的好方法。

③ 用于真实感图形显示的各种造型应用和动画。目前,计算机图形学已广泛应用于仿真、模拟、外形设计、艺术、电影等领域,在许多真实感的造型应用中要用到各种连续色调的光学效果,为此已建立了各种光线跟踪、辐射度的明暗处理数学模型,这时要求显示设备具有许多颜色,每种颜色应具有多种亮度和饱和度。它们也要求显示设备具有高的分辨率,以达到真实的外观效果。在这类应用中,对颜色的要求是很高的,它的目的主要不是“醒目”或“区分”,而是为了达到“造型的真实”或“美观”,它对显示设备及相应软件中颜色的绘制有很高的要求。

(2) 使用彩色的一些设计原则

这儿介绍一些在屏幕设计时使用彩色的设计原则,仅供参考。

① 一帧屏幕上的彩色种类数目,在非真实感图形显示时,应加以限制,一般小于七种。这是因为人们在观察屏幕时很难同时分辨多种色彩。如果色彩种类太多,会弄得眼花缭乱,喧宾夺主。

② 应根据对象的重要性来选择颜色。对于重要对象应选取醒目的颜色。

③ 当区分不同对象时,首先按亮度大小区分,再根据颜色的不同色调区分。

④ 一个系统中的各种颜色设计应该一致。例如一律用红色表示错误，黄色表示警告，绿色表示运行正常等。

⑤ 一个系统中色彩的选取尽可能符合人们的习惯用法。例如，在财务上红色表示赤字；化工上红色代表热，绿色表示冷；地图上蓝色表示水，黄色表示沙漠，绿色表示平原等。在电子设备上，红色表示电源正在工作。

⑥ 屏幕的背景色一般选用饱和度低的浅色，如灰色或带有网格点的浅色。由于蓝色对人眼不敏感，对于大面积的区域或背景来说，蓝色是合适的色彩。但蓝色不宜用在小区域、细的线段或文字。紫色与蓝色类似，对人眼不敏感。

⑦ 表示热的颜色（如红、橘红、黄）接近观察者；表示冷的颜色（如蓝、绿、紫）远离观察者。

⑧ 为了使色彩醒目，便于区分不同的对象，应该选择好的背景色，以及在背景色上的可用色彩。下表是较好的色彩组合：

组 号	1	2	3	4	5	6	7	9
背景色	白	黑	红	绿	蓝	青	品红	黄
前景色	蓝	白	黄	黑	白	蓝	黑	红
	黑	黄	白	蓝	黄	黑	白	蓝
	红	绿	黑	红	青	红	蓝	黑

⑨ 应避免使用下列颜色对的强烈组合：蓝/黄，红/绿，红/蓝，绿/蓝。因这些颜色的强烈组合，会在它们的边界上产生颤抖或余像效应，影响视觉效果。

⑩ 对于一般的正文显示或其他可用单色显示的场合尽可能首先设计成单色。这不仅因为单色显示器便宜（彩色显示器也可当作单色显示器用），而且因为人类群体中有相当一部分（例如近 8% 男性）是色盲。

⑪ 进行彩色设计时，对于硬件来说，应采用 RGB（红、绿、蓝）彩色模型；而对于人们控制彩色来说，宜选用 HSV（色调、饱和度、亮度）彩色模型。与 RGB 相补的有 CMY（青、品红、黄）彩色模型，与 HSV 相类似的有 HLS（色调、亮度、饱和度）彩色模型及 HVC（色调、亮度、色度）彩色模型。RGB 模型及 HSV 模型间的转换有资料可查，在此不再赘述。

4.2.3 联机帮助、手册及指导教材

一个好的软件系统必须便于用户学习。很多用户对软件的掌握是从其他已会使用的用户那里学来的，但是，这样学到的软件知识往往是有限的，系统必须向用户提供准确、详细的手册。现有的商品化软件经常提供相当完整的用户手册，包括各种命令列表和解释，简要指导教材，快速参考手册，错误信息表，操作举例，及采用计算机联机的辅助、手册或教材等。目前计算机联机帮助及手册存在种种问题：屏幕的信息量有限，阅读时比较吃力，针对性不强，引起不断更新屏幕，太费时间等。为了使一个软件适应用户的要求，除了提供完整、准确的文字性用户手册外，软件的设计者应提供一个用于辅助用户使用的软件模块，这种辅助应充分发挥计算机快速、直观等长处，同时应认真进行联机帮助、手册及指导教材的设计。

1. 联机帮助

联机帮助（online help）简称为帮助功能。它是计算机系统向用户提供的一种辅助操作，它指明可供用户参考的有关当前运行的软件（或程序）的一些信息，通常包括当前可用的一些命

令名及其含意、本部分功能的简要说明等。由于联机帮助可及时在用户工作现场提供辅助信息，因而它已成为交互软件系统中的一个重要机制。从当前一些软件所提供的联机帮助功能来看，有以下问题：

(1) 有些系统仅在系统启动时提供一简要介绍，称之为 help。虽然用户在软件系统工作后仍可按操作“help”，但仍是原有的一些简单介绍。这种 help 功能较弱，缺乏针对性，对用户当前所遇问题帮助不大。

(2) 有些系统的联机帮助不区分层次，一次列出系统全部的命令及其解释，过于冗长，不便于用户查找当前的问题。

(3) 有些系统的联机帮助不采用普通用户易懂的语言，而过多地用了计算机或软件的专门术语，使人费解。

(4) 有些联机帮助的解释过于简单，只是从字面上解释，帮助不够具体。例如 set 命令，当用联机帮助时，解释为“设置参数”，但不说明其格式及数据个数、类型，用户很难使用。有的对出错信息只说明是“无效命令”、“语法错”或“非法命令”等，缺乏更详细的引导。

为了设计一个好的联机帮助机制，要求设计者从用户的角度来说明操作中可能出现的问题。为此，当系统初步完成后，应安排一般用户(不懂其内部设计的最终用户)进行操作，并记录操作时的出现的问题，从而为设计者进行改进或补充提供有价值的参考。

下面我们讨论一个好的联机帮助机制在设计时应遵循的一些原则：

(1) 联机帮助机制应当是在交互软件的各种命令的操作开始、进行及完成时均可使用，且具有统一的风格(包括出现的位置及提示方式)。这就要求在设计命令解释程序(或其他交互操作，或菜单项)时应把 help 考虑进去，如果命令或菜单是一个树型(或层次)结构，则相应的 help 也应具有树型结构，以便解释该命令项或菜单项的含意。

(2) 联机帮助的内容应采用一般用户易懂的简洁语言，必要时给出例子。

(3) 联机帮助的内容在显示时不应影响用户工作程序，即不要影响原有程序执行，当联机帮助显示结束后，仍回到用户工作程序现场。当前多窗口系统(有的是多进程工作)的出现为这一要求提供支持。

(4) 联机帮助的内容应与当前上下文位置相关(context sensitive)。应说明用户当前所处的位置、当前可用的操作、如何去执行这些操作，即应为用户进行“导航”(navigation)。

(5) 联机帮助尽可能在现有条件下提供正文、图表、图形、动画或声音等技术，便于用户理解。根据系统的特点，在需帮助的各种命令(或菜单项)之间可采用顺序、层次、树型或网状连接方法，以便于查找。

2. 联机手册

在 UNIX 操作系统内有一“man”命令，它为用户提供各种命令的手册页，其显示格式、内容与正式的 UNIX 手册一致。这种就是联机手册。

采用联机手册，用户可在发生问题时通过计算机查到所用命令的全部信息，从而提高工作效率。如需要进行仔细推敲，也可以打印出阅读，以避免从屏幕上阅读过多内容。

由于联机手册需存储大量正文信息，因此只有当系统具有大的外存时才采用，并应采用可能的压缩方法。在 UNIX 的联机手册中，最终给用户显示的手册页是用正文格式加工程序 nroff 对手册底稿经过加工而得到的，其底稿占用空间较少。

3. 联机指导教材

对于初学者来说，一个指导教材是很必要的。这种教材应该是由浅入深、提供实例与习题，并采用交互方式的。现已有许多系统为初学者提供计算机联机指导教材，例如，UNIX 的“learn”，Lotus 1-2-3 电子表格软件中的指导教材等。

采用联机指导教材缩短了用户从书面资料学习到显示终端上操作的距离；它为用户实际操纵系统提供了练习的环境；它减少了专家或教师的培训时间和精力。联机指导教材的设计，从内容上应由浅入深并允许用户分别学习；从教学方式上应有简单明确的定义及具体的实例，最后应有练习和成绩评定；从形式上应与系统的实际操作完全一致；解释时应尽可能生动、形象，配以图形、图像或动画。联机指导教材是一种计算机辅助教学的手段，它专门用于某一计算机软件的使用训练，这种教材的设计应符合人的学习规律，对那些重点、难点、易混淆的地方应予以强调，包括实例、解释及习题的训练。

有关联机帮助、手册及指导教材的设计是用户界面的重要设计内容，应充分发挥计算机快速查找、图形图像生动显示的优点，注意限制屏幕短暂显示不易记忆的弱点，从学习使用软件的认知模型出发进行精心设计。但即使联机帮助等功能设计优秀，它也并不能克服由于软件系统（包括界面）本身设计不良所产生的问题。

4.2.4 错误处理

在一个交互系统中，由于操作者的个人原因，经常会产生误操作，包括键入错误、数据输入错误等。同样，在用户编制的程序或设备连接时也可能会有错误。一个好的交互系统不能要求操作者不犯错误，但应该具有较强的处置各种错误的能力，除了在软件设计时注意各种容错设计机制以外，在计算机用户界面上应提供各种避免用户操作错误的提示及对各种错误信息的分析。通过这种方式帮助用户避免错误。各种软件具有各种不同性质的错误，本节拟讨论其中一些错误及处理方法。

1. 输入错误

输入错误是由多方面原因引起的，有的是因为用户敲击错键；有的是因为用户不了解命令的格式或参数；有的是因为数据的录入格式不符合系统的严格规定；有的是因为系统键盘上的命令安排位置不妥，操作时稍不注意就碰到了“退出”键或“重启动”键，结果把正在工作的现场破坏掉。类似这样的设计在不少系统中均有不同程度的存在。

(1) 数据录入

在各类数据处理软件中，数据录入的错误是一个经常发生的薄弱环节，为减少用户在录入数据时的错误，应采用一系列措施，其中包括前面已讨论过的各种提示、表格填充等。下面再讨论若干措施：

① 对用户输入在屏幕上予以“回答”。当用户在键盘上输入时，如在屏幕上有显示，则易检查其错误，当无错误时才按“回车”键予以输入。

② 对用户在屏幕上的交互输入，应提供暂存文件以记录全部输入，以便全部数据输入完后或临时需要时进行检查和确认。

③ 对用户各种输入应提供检查。例如，对于各类输入应建立模板用以检查，包括数值输入的各种模板，正文输入的各种模板，以及人名、地址、日期、电话号码、时间、单词拼写的各种模板等。当符合模板时系统给予进入，当不符合时，进行警告或提示如何送入。

④ 对于某些数据库中的重要数据，必须进行严格的复核查对，例如采用两人分别输入同样数据，或一人录入、一人校对等方法。

(2) 控制输入

控制输入的内容与用户界面的风格、控制方式有关。在有的菜单选项用户界面上，往往提供一组菜单项编号，用户输入一个号码后，立即可进入该号指定的项目。采用这种方法虽然可以少按键，提高操作效率，但在误按号码后将会引起错误。为避免这类误操作，通常采用如下方法：在进行菜单选项时，先对选中的菜单项进行“加亮”，等用户确认后按“回车”键(或其他键)才执行。这种“加亮”以便确认的方法不仅对正文，而且对图形菜单或图形对象的选择均是有用的。

对于命令语言的用户界面，很难用“加亮”方式进行用户确认，它需要用户记住命令的名称和格式，因而当打错命令时用户常常分辨不出，为此系统应提供如下一些保护措施：

① 对错误命令应提供反馈信息，告诉用户正确的命令格式及参数。如在 UNIX 操作系统中，当打错误命令时，常常提示如下：

```
Usage ls [-l][-t][-a][-s][-d][-r][-i][-u][filename...]
```

或

```
lx: not found
```

② 对文件操作的命令只对该文件的副本进行，以便在必要时仍可从文件的原稿中恢复。这种方法在现代操作中已广泛使用，但其思想在其他软件中也能参照采用。

③ 对一些影响重大的命令需要由用户再次确认。例如在程序退出时要询问是否需存文件，在删除某一结果时询问是否确实要删除等。

④ 建立命令的历史文件。这是对系统进行恢复的最有效措施，它对于不同开发阶段的错误情况获取都是有用的。一个历史文件是程序在运行时所有活动的简要记录，它包括用户的全部键盘输入记录，甚至是删除的命令行等。历史文件应放在独立的存储区域作为外部文件。为了能正常进行恢复，在建立命令的历史文件外，应保存程序开始执行时的初始状态(包括所有初始数据文件)。这样，当程序发生故障时，可暂停程序，并可在用户控制下，使程序从初始状态(有时可从某中间断点)重新执行一遍，以免发生问题。这种历史文件也可由用户进行编辑，以便清除将引起错误的一些操作。

历史文件不仅可用来恢复错误前的状况，而且是程序开发时的有效调试工具。当程序的工作时间过长以致历史文件或备份占有空间过多时，可减少历史文件的记录长度，并更新原有的初始状态为一新的中间状态，这样，程序故障出现时，只能从该中间状态进行逐步追踪。实际上，历史文件本身并不占较多空间，应尽可能采用命令的历史文件。

2. 计算错误

计算错误在一般计算程序中是经常发生的，处理方法也是比较成熟的。这类错误中包括无效操作(如除数为零，零的零次幂等)，无效操作数(如负数出现在平方根函数中等)，计算结果下溢或上溢等。

对于上述计算错误，通常在计算程序内部应加以判断并处理，此时程序暂时中断，并将出错信息通知用户，例如电子表格软件显示：

```
# DIV/0! Error: division by 0
# NUM! Error: square root of -1
```

现在多数系统(特别是计算程序)均按 IEEE 754 及 854 有关算术操作的标准,将一些非法或无效计算作为“例外”来处理,此时程序并不停止工作,而将这种例外记录下来告诉用户,让用户查询,或根据用户要求予以暂停。这种处理可以避免在系统遇到这类错误时发生崩溃。

3. 其他错误

在一个交互系统中,各个部分都可能出现错误,包括硬件错误和软件错误。在设计系统时,应允许采用不同厂商的设备,且设备不同也不应引起错误,这就是设备的独立性问题。

在 UNIX 系统中,对于不同的终端,在内部提供有一个终端参数的数据文件“termcap”,它记录了不同终端的详细参数:行数、列数及各种键盘编码等。当系统初始化时,用户可设置终端的类型(通过系统变量 $ TERM),系统根据终端类型,选择相应参数及控制序列码,因而避免了不同终端时的错误。在 AT&T 的 UNIX 中该终端参数文件为“terminfo”。

在一些图形标准中,为解决设备独立性问题,用“工作站”作为一种逻辑输入/输出设备。对每一个物理设置都给予一个工作站编导,并将参数填入工作站描述表,这样就可解决不同设备的兼容问题。有许多系统在初始化时先要设置一个配置文件“Config”。通过配置文件,系统知道用户环境中的各种设备配置,这样便于系统的初始化,也容易查找错误。因此当遇到和设备有关的错误时,用户首先要检查配置文件、终端参数的文件及其他设置情况。

另一类常见的是文件错误,例如打开或访问无权限的文件,存取一个不存在的文件,文件空间不够等。对于文件的存在与否,存取权限及文件的保护、备份,现在已有许多成熟的处理方法。DOS, UNIX 操作系统已对文件系统的结构、存取作了很多改进,用户必须根据系统对错误的提示信息来改正自己的操作。这方面内容这里不再赘述。作为用户界面的设计,则应充分提供各种详细的错误信息,并对本软件的各种可能误输入进行保护。

4. 报错信息

如何向用户提供确切的报错信息是系统设计中的一个重要问题。过去有许多用户不爱使用某些系统,并不是因为其功能太弱,而是因为遇到错误时提示用户的信息太少。例如,有的语言编译程序在对用户程序编译后只告诉有语法错及有几个错,而并不指出其位置,因而给用户带来很大困难。有的系统不告诉错误的确切内容,只是告诉一个错误编号,也使用户感到使用不便。为此,一个好的用户界面,不仅应该具有容错、检错的能力,而且在错误产生后,让用户清楚了解其错误的性质和位置,以便由用户克服其错误。下面是有关报错信息的一些设计原则:

(1) 尽可能使错误信息准确和定位。

(2) 应指明用户针对这类错误应如何做。现在有不少系统提供对话框供用户选择,例如“Abort, Retry, Ignore?”或“Quit, Continue, Cancel”等。

(3) 语言应简洁、明确,尽可能用通俗易懂的词汇。

(4) 避免使用指责性语言,语气尽可能友善,但应给以告诫。

(5) 对于报错信息也应根据系统的实际情况进行分层提示,这一方面是为了不向用户提供过多内容,以便适合用户层次,另一方面也是根据错误的位置提供不同层次的信息。

(6) 应保持报错信息的风格一致,包括信息出现的位置,是否用对话框或窗口,术语及缩写等。

(7) 尽可能采用可视的图形信息及音响效果。

4.3 对话独立性

计算机用户界面是计算机系统的重要组成部分，它直接关系到整个计算机系统的可用性和使用效率。开发高质量的用户界面，需花费大量的劳动，开发用户界面的工作量一般要占整个交互系统软件的一半左右，因而人们的关注点集中在能否将用户界面从交互式的应用软件（或计算软件）中分离出来，即实现界面对应用的独立性。在此基础上，人们就容易实现用户界面软件的可移植性、标准化及自动生成等。有了界面的独立性，就可能设计各类用户界面工具，以使所生成的用户界面不受应用系统的改动而变动，这样有利于降低界面软件开发的成本。

4.3.1 对话独立性的有关概念

所谓对话独立性是交互软件系统的一种特性，它将对话（交互界面）的设计与应用系统（或计算软件）的设计分开，即界面与应用的分离，因而两者之一的改动，不会影响或引起另一方的改动。

在一个计算机应用系统中，通常很难将用户界面部分与应用程序（有些系统则主要为计算处理软件）分离，这是因为系统的总的行为，在用户看来应包括界面（或对话）和计算两部分，它们之间有时是连在一起的。为了将界面与应用程序分离，做到“对话独立性”，则需要在系统的功能分解、模块划分方面做一系列工作。经过功能上的划分和分解，“对话”往往只涉及最终用户的输入、输入的局部处理及计算机输出的显示。而计算机应用系统的计算或处理软件部分则包括对所有输入数据进行功能变换（或算法操作），以实现应用系统的有效输出。

所谓对话独立性是一种设计原则，它把人机对话的设计决策所带来的影响局限在人机对话范围内，而不影响应用系统或计算软件的总体结构。为了达到对话独立性，将一个交互系统的设计分成两个部分：对话部件和计算部件。对话部件用来管理人机通信，计算部件则是应用系统中的功能处理机构，它是用户不能直接与其对话的。在系统设计、详细设计及维护时，这两类部件保持相对独立；而在系统运行或原型执行时，这两类部件通过运行机制进行内部通信。对话独立性作为一个设计原则是正确的，但在具体实现时往往是困难的，有时还会牺牲系统的某些性能。对于某些复杂的对话（如异步对话），这种分离常常由于语义反馈上的困难而很难实现。

对话的类型通常分为顺序对话及异步对话。

1. 顺序对话

顺序对话是用户采用可预测的方法，从对话的一个部分移到下一个部分的对话方式。在顺序对话中，用户能观察指定逻辑顺序的行为，主要包括：

(1) 请求——响应方式的对话。

(2) 键入命令串。

(3) 在菜单树上选择菜单项。

(4) 送入数据项。

……

这类顺序对话的特点是系统向最终用户提供的操作(或任务)为每次一项。顺序对话是人机对话中常见的一种,人们很容易依次描绘出一步步的对话情况,诸如最终用户送入请求,系统进行计算,系统指示错误,最终用户送入更改信息或数据,系统继续计算,系统输出结果。对于顺序对话,按照对话独立性设计原则,开发者容易将有关对话的数据及程序从应用软件(计算软件)中分离出来。

2. 异步对话

异步对话也称多线程(multi-thread)对话。在这种对话中,最终用户在某一时刻或状态下,可使用多个处理任务。这些任务的处理并不一定有规定的次序,也不见得每次只能处理一个任务。确切地说,每一个线程(任务)是独立于其他线程的,用户每次可以在多个线程中选择任一个,但在该线程按其执行路径执行的同时,仍可再选其他线程。这种对话与顺序对话不同,不是事先可一步步描绘出用户执行的过程。异步对话也称为基于事件的对话。它表示这种对话是由用户的某一动作(如用鼠标按一下屏幕上的图符)作为输入事件来启动的,系统则提供对这些输入事件的响应,而这些事件之间可以是相互独立的,不必等到一个事件完成后再处理下一个事件。并发对话是能同时执行多于一个任务的异步对话。

异步对话的一个简单例子是,在系统或用户的启动下时钟正在工作,在保持时钟正常运行的情况下用户又启动另一项工作,例如正文编辑或排版等。在目前已经流行的多种窗口系统中所具有的直接操作方式都是属于异步对话,用户可以根据菜单提示选择一项任务进行工作,同时还可打开一个重叠的窗口进行另一项工作,这两项工作是并发的,可以是相互独立的。在直接操作方式下,用户通过输入设备(如鼠标)攫取一个对象的可视表示,启动一个输入事件。由于对这些对象的操作是通过对该对象的可视表示直接移动或选取来实现的,因而,用户操作起来十分方便,且易学习,易记忆。

4.3.2 对话的行为模型和结构模型

在讨论对话独立性的基础上,人们自然会提出这样的问题:如何来描述人机的对话过程?如何构造及设计人与计算机的对话及对话的工具?这类问题的核心是"模型"问题,接下来是"表示"或"表达"问题,而模型又是起主导作用的。

用户界面是否友好是一个计算机系统成败的关键,可用性(usability)愈来愈成为界面设计者关心的首要问题。在人机界面设计的早期阶段,界面设计者迫切需要有一套用户模型和形式化的描述方法来帮助他们清晰准确地分析和表述界面功能及变化,以便描述出用户与系统的交互过程,并方便地映射到设计实现。目前构造人机对话模型常用以下几种方法:一种是根据对话的任务进行分析的方法,另一种是结构化描述方法。目前的界面模型主要有两种:行为模型(behavioral)[Hix 1993] 和结构模型(constructional)。行为模型是从用户和任务的角度来表示界面交互,如任务分析、功能分析、用户模型等,是面向用户和任务的。结构模型是从系统的角度来表示界面交互。

1. 行为模型

任务分析的方法经常用来描述某一特定任务的对话细节,它采用逐步分解成子任务的过程细化对话的模型。这类构造对话模型的方法常用于特定界面的设计过程,需要有关该任务的领域知识,尤其是细化到具体细节时,更要涉及到设备的相关性和用户的操作方法。虽然这些任务的计算部分可以是结构化的或非结构化的,但这些任务的对话模型则是非结构化的。

(1) GOMS

GOMS[Card et al 1983]是提出比较早、影响也比较大的一个用户模型，它是基于认知心理学中关于人类解决问题时采用目标手段分解的思想，试图将交互任务进行足够细致的分解到合适的原子层次(称为操作步)，来准确预测交互时间等性能指标。

GOMS采用四种成分来描述用户行为：目标(goal)，操作步(operator)，方法(method)和选择规则(selection rule)。其中操作步指一些基本的知觉、动作和认知活动；方法指完成某目标的操作步或子方法序列；选择规则在有多个方法来解决同一任务时决定选择哪一个。

(2) TAG(Task Action Grammar)

TAG[Payne 1986]是一种形式化的任务分析模型，它可用来寻求界面任务语言的思维表现形式。TAG模型将界面分解成简单任务集、任务特征和一套产生式规则，它描述了用户应该如何运用产生式的推导规则把他/她所欲完成的任务目标用一种交互/动作语言重写出来，并试图在这一任务目标动作化的过程中建立用户与界面交互的知识模型。通过产生式的替换和重写，任务领域中的命令语言的语义结构(如命令-参数结构)映射成为一种语法结构，使设计者可对界面的可学性和可用性做出估测。TAG并没有要求必须遵循严格的抽象层次来运用推导规则，其中的终结符可根据不同的具体应用定义成不同层次上的用户动作，可以为原子性的击键动作，亦可是独立于物理设备的交互原语。

(3) UAN(User Action Notation)

UAN是由Virginia Tech开发的一种行为表示手段[Hartson et al 1990]，着眼于用户和界面这两个交互实体，刻画了二者在协同完成一个特定任务时的交互行为序列。UAN采用一种表格的结构，分别由用户动作、界面反馈、界面内部状态的改变这三项构成。它将界面分解成一些类似层次结构的异步任务，每个任务的实现用上述表格来描述，用户动作的关联性和时序关系由表格的行列对齐和从上到下、从左到右的阅读顺序来确定[Dievendorf et al 1995]。UAN是一种结构紧凑、功能强大的描述语言，它并未强求详尽的低层次描述，而允许设计者选择合理的抽象层次来描述复杂的界面设计；而且尤为重要的是，尽管UAN属于一种行为模型，但作为一种任务描述语言它又涉及一定程度的系统行为的描述，因而它兼有行为模型和结构模型的一些特点。

2. 结构模型

在人机界面模型中，有一类并不是直接描述人与计算机的对话，而是用来描述人机对话的一般过程，即最终用户与计算机对话时交换信息的一般结构或者说人与计算机界面的结构。换句话说，这种模型主要描述人机界面的内部构成及它们分别与应用程序、最终用户之间的关系。例如，有些模型采用结构化方法来描述对话的实体及它们间的联系，这些实体如提示、输入、验证、回响、消息等。这类方法从理论上可引导界面设计者及界面工具的设计者进行有效的设计。在这类模型中，具有代表性的是“Seeheim model”[Green 1985]。

图4.3模型是在Seeheim举行的国际人机界面管理系统研讨会上提出的，因而称为Seeheim模型。该模型基于对话独立性的概念，即对话与应用通过一个控制单元实现松散耦合来实现其联系，这一控制单元定义了对话和应用间的关系，传输运行时标记的往来。Seeheim模型表明人机对话中应有的逻辑部件，这些部件有不同的功能及不同的描述方法。

(1) 表示部件

这一部件负责人机界面的外部表现，包括：

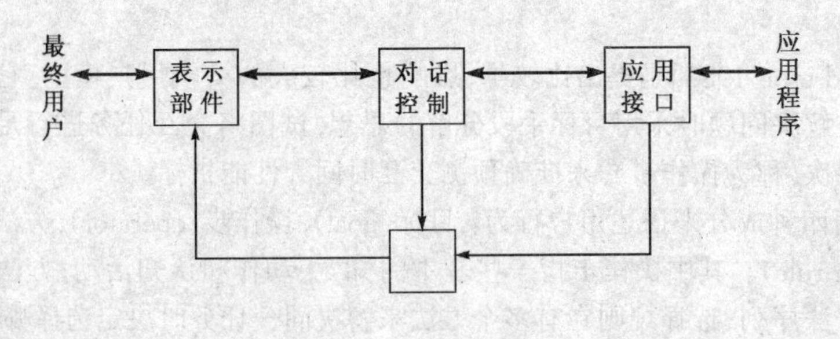

图 4.3 Seeheim 模型

① 屏幕管理。

② 图形生成。

③ 输入设备管理。

④ 词法反馈。

⑤ 交互技术。

⑥ 将输入数据(或用户动作)转换成内部形式。

一般来说,表示部件处理用户界面的词法级内容,它将输入/输出数据的内部表示转送(或转自)对话控制部件。

(2) 对话控制

对话控制部件是用户和应用程序之间的协调器,它定义两者对话的结构。一方面,用户通过表示部件提出请求,并提供数据给应用程序,这些请求及数据的词法元素经过对话控制部件的检验,传输给应用程序中合适的例程;另一方面,应用程序也将对请求的问题及其他新的数据请求传输给表示部件的合适部分。在对话部件中应维持一定的状态,以执行对输入/输出活动的控制或协调。

(3) 应用接口

应用接口部件是从人机界面观点看到的应用程序的一种表述,它包括:

① 应用程序所维护的数据结构描述(或数据对象)。

② 人机界面可使用的应用程序相关的例程,也即应用程序中定义的语义。

③ 应用程序的使用限制。它使人机界面可以检查输入的语义合法性。它可能包括恢复错误或取消已完成动作的有关信息。

(4) 三个部件间的联系

图 4.3 表示了三者之间的联系,包括了它们间的信息流(粗线)和控制流(细线)的关系。在表示部件和对话控制部件之间的信息流是输入/输出的词法元素,控制流则是对话控制部件在表示部件上所施的控制(如控制内外数据表示的映射)。对话控制部件与应用接口间的信息流是有关输入的数据或输出的数据(通过数据结构体现),其控制流则是有关状态的控制和协调。在三者中对话控制部件主要在表示部件和应用接口之间进行格式转换、控制状态的转换等,它对实际数据不感兴趣。在界面设计时,这三部分可对应于词法、语法及语义三个阶段。

Seeheim 模型已广泛用于用户界面软件的设计中,由于它基于对话独立性原则,因而能使界面设计的结构比较清晰,适合界面与应用程序分别(或并行)执行。但这种模型只是人机对话系统的一个“执行”模型,并不能反映用户界面软件的整个生存期。另外,它对于直接操作的图形用户界面设计不适用,主要是因为直接操作需要一致的、连续的语义反馈以响应用户的动作。

4.4 对话的表示技术

用户界面的设计人员需要有一种方法来表达及记录他们的设计,已经开发了不少技术来支持人机对话的表示。在这些技术中,最早的一种就是写程序,包括程序的说明。随着界面生成的自动工具的研究,已提出了许多界面表示的正文或图形语言、事件模型及代数方法等。

4.4.1 状态转换图

用于用户界面的表示技术中最熟悉的一种是状态转换图(STD: State Transition Diagram)。近十几年来,STD和它的派生形式[Jacob 1986]是界面管理系统最常采用的对话模型。

在进行编译程序的词法分析程序等设计时,已经用到了状态转换图,它可以用来识别单词符号。在状态转换图中,节点代表状态,用圆圈表示。状态之间用弧连接。带箭头的弧表示从一个状态转移到另一个状态(或本身),箭弧上的标记表示射出节点在该条件下转移到另一节点。一张转换图可包含有限个状态,其中有一个是初态,有一个是终态。

例如,当用状态转换图来识别一个标识符时,有图4.4所示状态图。这里标识符为以字母开始的字母数字串。初态为0,若在状态0下输入符号是字母,则读入它,并转入状态1。在状态1下,若接着输入的是字母或数字,则读入它,并重新进入状态1,一直重复此过程,直到在状态1下发现输入符号不再是字母或数字,就进入状态2。状态2意味着标识符的识别过程暂告终止,已识别出一个标识符。状态2为终态。

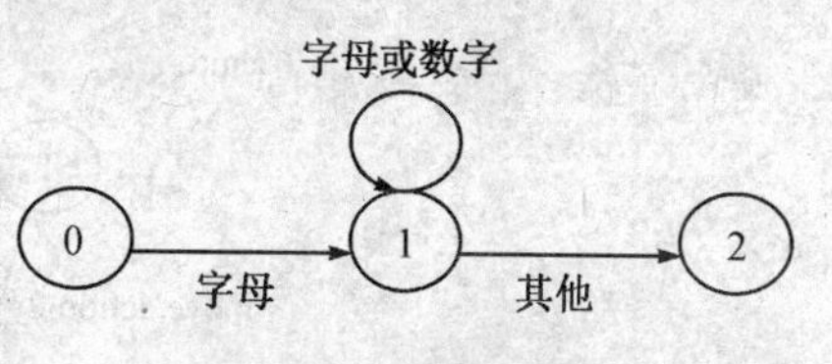

图4.4 状态转换图

状态转换图将界面看做是一组状态集合,由一组节点和有向弧组成。节点一般表示对话过程中的交互状态,有向弧上可标注用户的动作和计算机处理程序,表示了状态之间的变迁。一个输入事件可激活一个状态变迁,并产生一些系统动作和新的事件。STD基本上表示了允许的输入事件序列所引起的状态变迁过程。

上面讨论的状态转换图有两个问题,其一是这类转换图可能描述范围有限的对话,对一些与用户上下文有关的对话如cancel(取消操作)等,则很难描述;其二是对于复杂的系统,其状态转换图会十分大。对于后一个问题,可采用子图的方法来分解。该方法类似于数据流程图的分解方法,这种分解并不增强状态图的描述能力,只是起一种更加清晰的替换作用,例如,可针对用户界面的每个命令画一个图,也可针对用户动作的公共部分画一个子图(如送入操作数)等。

状态转换图的"单事件/单状态"模型导致了异步对话时状态和转换数指数式的增长;不能描述具有语义反馈的界面。针对这两个问题,出现了几种派生形式:一种是递归转换网络(RTN: Recursive Transition Network)[董士海 1994],它尽可能将人机对话的描述分解成一组相关的子图,每个子图表示一个逻辑单元,同时允许子图可递归地调用其自身,这种层次化的方法降低了转换网络的庞杂性;另一种是 RTN 的扩展模型 - 增强转换网络(ATN: Augmented Transition Network)[Jacob et al 1992],它在转换图外又引入了一组寄存器和条件函数,条件函数能基于寄存器做运算并能给寄存器赋新值,它依附于有向弧,函数值为真时才会发生状态变迁。ATN 在描述具有语义反馈的界面方面有一定的可取之处。虽然如此,但 STD 本质上串行和顺序的特点使得并发同步行为的描述一直成为困扰它的难题。

1. 递归状态转换图(RTN)

递归状态转换图[Green 1986]在状态图划分成子图的情况下,允许子图递归地调用它自己。为了说明问题,我们举一个用橡皮筋线方法绘制多点折线的例子。

由于折线的线段是用户决定的,因而也是状态图不能事先给定的。另外,第一个点应先记录下来,它和后面点的移动、画橡皮筋线段、直到记录下一个点这一循环过程是不一样的。如果在画折线过程中,加入一个“退格”动作,用它来删去刚送入的线段端点,此时这一“退格”是不能删去第一个点的,否则橡皮筋线缺了一个当前起点。为此,可用递归法表示,画出如图4.5的状态转换图。

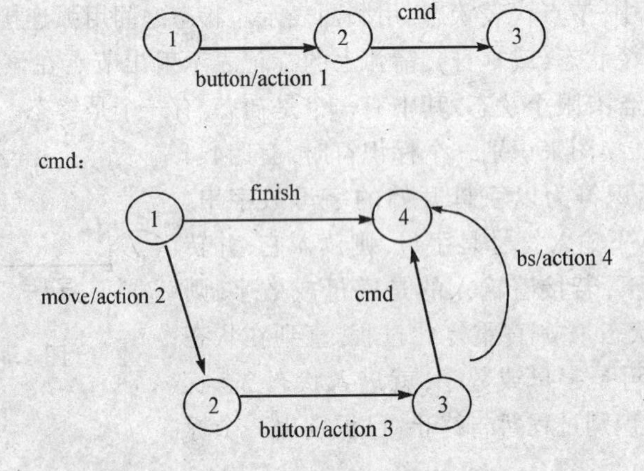

action 1: 记录第一个点　　action 2: 与当前点绘线段
action 3: 记录下一个点　　action 4: 删去上一个点

图 4.5　递归状态转换图

从上述实例可知,递归状态转换图在子图中递归地调用自己,它所表示的画折线的状态是一般状态转换图无法表达的,因为折线的线段数是未知的,而且它还能表示出第一个点与后续点的不同之处。

2. 扩充状态转换图(ATN)

扩充状态转换图是递归状态图的进一步扩充,它在图上除了表示一组状态及其转换以外,还提供了一组函数及一组寄存器。寄存器保存了一些值,这些值可由对话控制成分加以读写,而不能为应用程序所读写。函数对寄存器进行计算、赋值,函数与状态图中的弧相关联,函数不能访问应用程序中的数据,函数仅在该弧被搜索时才予以执行,而函数所返回的布尔值为真时,该弧上的动作才执行;为假时,则弧被搜索但动作不执行。

扩充状态转换图可用来构造复杂的对话和命令,尤其是与上下文有关的各种交互动作。

例如在数据库应用中,可用寄存器的内容表示数据库是否被打开或者表示对库的访问权限(读、写或控制),各种错误信息也可根据寄存器的值来分别给出不同对象的出错情况。

作为用橡皮筋线方法绘制多点折线的实例,用扩充状态图的寄存器可记录当前已输入的点数,也可用函数来检验点数是否大于1,以便确定是否执行退格(bs)——删去上一个点。作为该例的进一步扩充,我们还增加了一个 cancel 命令以便取消全部绘折线的动作,返回一个空折线。图 4.6 为该实例的扩充状态转换图。

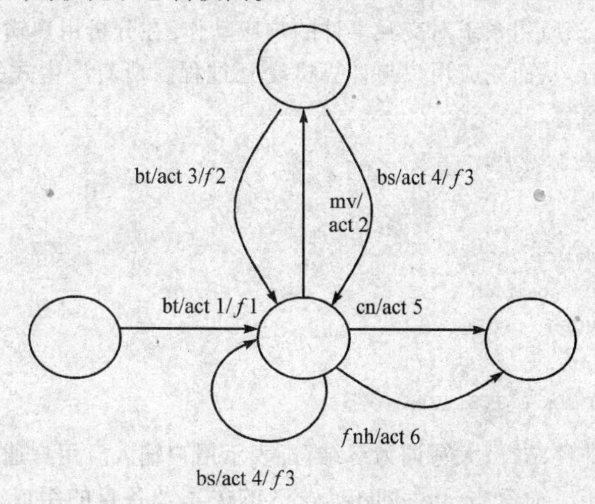

act 1: 记录第一个点　　act 2: 与当前点绘线段

act 3: 记录下一个点　　act 4: 删去上一个点

act 5: 取消折线　　act 6: 返回折线

$f1$: count := 1; return (true)

$f2$: count := count + 1; return (true)

$f3$: if count = 1 then return (false)

else count := count –1; return (true)

图 4.6 扩充状态转换图

扩充状态转换图已被用作设计用户界面管理系统(UIMS)对话控制的主要方法,与它类似的表示方法也已提出,并用于各种对话控制的设计。第一个用户界面管理系统就是用状态转换图作为其设计基础的。

状态转换图可提供直观的图形化描述手段,比一般上下文无关文法有更强表达能力。但它也较难表达计算结果对人机对话的影响,尤其是对异步对话(并发对话),很难解决并发同步的描述等问题。

状态转换图最早用于程序设计语言的编译器设计[Conway 1963],在界面表示方面 Newman[Newman 1968]较早用于交互式图形程序设计中,Parnas [Parnas 1969]在交互计算机系统的设计中使用了状态转换图,而 Woods[Woods 1970]较早用它分析自然语言的结构。在人机对话的交互系统设计中 RAPID/USE[Wasserman 1985]及 MMS[Jacob 1985]完整地用于描述最终用户的语言,由此生成一个原型。其他用来描述人机对话的功能需求的系统还有 DMS (Dialogue Management System)[Hartson 1984], RTRL(Real Time Requirement Language) [Casey 1982], SYNICS[Edmonds 1981]。

4.4.2 上下文无关文法

人机对话的一个重要表示技术是采用上下文无关文法。上下文无关文法将人机交互对话看做是一种语言，运用基于语法的方法来描述交互对话。它的基本出发点是将用户的输入看做文法中的终结符，用户的完整输入构成了一种语言，只要给出这种语言的文法描述，人机对话中用户所能输入的序列方式也就定下来了。终结符表示输入标记，这些标记表示用户的动作，每个产生式对应于该应用系统对交互事件的响应动作，在分析用户输入的过程中依附于产生式的响应动作被执行，从而完成用户与计算机交互过程。所有产生式的集合定义了用户与计算机交互所运用的语言。

本节将简要讨论某些例子。

例 1 简单实例。

```
command ::= create|delete|zoom
create ::= CREATE TYPE position
delete ::= DELETE NAME
zoom ::= ZOOM position
position ::= X_POSITION Y_POSITION
```

例中的小写词为非终结符；大写词为终结符，表示用户输入。用户通过完成交互技术构成终结符。这个例子给出了命令 create, delete, zoom 的关系及各自的组成。用户必须按文法规定的动作顺序完成这三条命令。

上下文无关文法的人机对话表示技术是一种严谨并且易于自动生成对话程序的方案，它沿用了程序设计语言的编译技术成果。采用文法描述是一种十分简便、易于快速生成的表示技术。使用上下文无关文法描述人机交互行为最大的缺憾是何时运用某一产生式需由分析算法而定，而且对描述用户的误操作无能为力。它的其他不足之处是可读性差，未考虑计算结果对于对话的影响，不易描述并发对话等。由于在实际应用中，人机对话可能出现上下文相关的情况，例如命令的合法性取决于其所用的环境，因而也限制了这种表示技术的应用范围。在这种表示技术的基础上，人们又做了许多改进。

例 2 橡皮筋线表示实例。

下面讨论采用上下文无关文法来描述人机对话的一个简单例子——橡皮筋线。从人画线的动作来看，可用下列文法描述：

```
line ::= button end_point
end_point ::= move end_point |button
```

这里终结符是"button"和"move"，即画线可由按下按钮和移动组成。但上述表示中并没有反映程序的动作，下面是带有程序动作的橡皮筋线文法描述：

```
line ::= button d1 end_point
end_point ::= move d2 end_point|
              button d3
d1 ::= {记下第一个点位置}
d2 ::= {从起始点画线到当前位置}
d3 ::= {记下第二个点位置}
```

4.4.3 事件模型

事件模型将界面看做是事件和事件处理器的集合，每个用户行为或输入被看做是一个事件，并被送到一个合适的事件处理器中进行处理[Hix et al 1993]。事件处理器是一个能处理某种类型事件的进程，接受到一定的事件后会引发相应的处理过程，包括调用应用模块、显示反馈信息、实现状态转换、产生新的事件和事件处理器、撤消活动的事件处理器等。活动的事件处理器的集合决定当前合法的用户行为。事件模型的最大优点就是其描述多线对话的能力。

事件模型是当前人机对话中十分活跃的一种表示技术，主要在于它能描述并发对话。事件模型的思想来源于图形包的输入事件。在图形软件中输入设备是事件源，它的动作引起事件的产生(如移动鼠标、按下按键等)；图形应用程序调用图形包来处理"事件队列"中的各种事件。人机对话的事件模型是这一思想的扩充，事件不仅可由输入设备产生，而且可由对话控制机构内部产生或设计者自己定义。

1. *形式化描述*

在事件模型中，一个事件通常是由用户的动作、对话控制机构内部(或应用)的反馈引起的，它带有指示事件的标号及数值；人机对话的描述是通过定义事件处理器(event handler)来表示的，用各种事件处理器来处理所定义的事件。事件处理器可看做进程，它所执行的过程可以是计算、产生新的事件、调用应用程序、改变系统的内部状态、产生新的事件处理器或停止已存在的事件处理器等。事件处理器的行为可由一个模式来定义。事件处理器之间可以相互通信，原则上它们是并发执行的，事件处理器创建后可处于活动状态或睡眠状态，直至被"杀死"为止。

定义：

(1) 一个事件是一个三元组

$$E = (i, m, d)$$

其中，$i \in I$，I 是事件处理器名的集合；$m \in M$，M 是事件名的集合；$d \in D$，D 是事件值的值域。

(2) 事件处理器由六种语句构成，它们组成事件的处理过程。

① 表达式赋值

$$r_i := \text{expression}$$

其中 r_i 是事件处理器中的某个寄存器，expression 为表达式，它可以是常量、操作数、其他寄存器或它们的组合。但表达式不能引用其他事件处理器的数据值。

② 产生和发送事件

$$I \leftarrow M\, r_i$$

该语句创建一个事件，它的名字为 M，数据值为 r_i，该事件被发送至事件处理器 I。

③ 生成新的事件处理器

$$r_i = \text{create (template, } e_1, e_2, \cdots, e_n)$$

该语句按事件处理器模板 template 生成一新的事件处理器，并给新事件处理器传输初值 e_1，e_2，…，e_n。若未规定初值，则寄存器置为零。

④ 消除事件处理器

$$\text{destroy}\ (r_i)$$

该语句消除由寄存器 r_i 的值所指定的事件处理器。

⑤ IF 语句

IF condition

THEN statement

ELSE statement

该语句的条件可以是寄存器、常数、操作数或逻辑值。

⑥ call proc (argl, arg2, …, argn)

该语句引用应用程序中的一个过程。

(3) 一个事件处理器是一个五元组

$$EH = (m, r, Q, R, P)$$

其中，m 是本事件处理器所处理事件类型的数目；r 是本事件处理器中寄存器的数目；Q 是事件处理器的事件队列，Q 中存放的是已发送给 EH 的但尚未处理的事件；R 是 EH 中寄存器取值的集合；P 是 m 个事件处理过程。

(4) 一个事件系统按以下规则来管理、执行它的行为：

① 当接受一输入动作后，将转换成事件加到事件处理器队列的尾。事件处理器模板中的信息可用来构造输入动作/事件的映射表格。

② 每一事件的处理均作为一个"原子"操作。也就是说，事件处理器的不同配置并不影响事件处理过程中独立语句的执行。

③ 几个事件处理器可并发执行。如上所述，一个事件的处理是一个"原子"操作；一个事件处理器每次处理一个事件，送到某一事件处理器的事件按时间次序(队列)进行处理，但不同事件处理器之间并没有时间次序的约束，这就允许对话控制分配在几个事件处理器上并行进行。

实现事件模型的一个基本方案是用预处理程序，将事件语言描述的程序转换为标准的程序设计语言。一旦语言描述确定后，这种转换是容易的。

2. 实例

下面以画折线为例说明事件模型的表示技术。这里规定一个输入动作集：

```
token_set = {move, backspace, button, cancel, finish}
```

其中 button, move, finish 分别表示输入按键、移动光标位置及结束画线命令，而 backspace 及 cancel 则分别表示退回一个点及取消整个折线的动作。这些输入动作集可以构造成各种绘图(包括折线在内)功能；即使在某一种绘图功能里，由于前面状态的不同，该动作的内容也可能不同，如 backspace 表示退回一个点(即取消上一个点的位置)，但对于第一个点来说，则不应取消。下面给出事件处理器针对在上述输入动作集画折线的描述。

```
EVENT HANDLER polyline;
TOKEN
  button Button;
  move Move;
```

```
  backspace Backspace;
  cancel Cancel;
  finish Finish;
VAR
  point_count: integer;
  point_list: list of point;
  int state;
EVENT Button DO {
  IF state = 0 THEN
    point_list = current position;
    state = 1;
    point_count = 1
  ELSE
    add current position to point_list
    point_count = point_count + 1;
  ENDIF;
  };
EVENT Move DO {
  IF state = 1 THEN
    draw line from last position to current position
  ENDIF;
  };
EVENT Finish DO{
  return (point_list);
  deactivate (self);
}
EVENT Backspace DO {
  IF point_count>1 THEN
    remove last point from point_list;
    point_count = point_count - 1;
    output "can't delete first point";
  ENDIF;
  };
EVENT Cancel DO {
  return (empty_list);
  deactivate (self);
};
INIT
  state = 0;
END EVENT HANDLER polyline;
```

事件模型的优点是适合产生异步对话的人机界面,支持直接操作类型界面的生成。当前流行的多窗口系统也广泛采用了事件模型的思想。这种表示技术的困难在于描述复杂对话时,设计者不易构造它,因而使用起来不方便。

4.4.4 其他表示技术

除了状态转换图、上下文无关文法及事件模型这三类人机对话表示技术外，还有许多其他类型的表示技术，其中有的是前面三种表示技术的改进或扩展，有的则是采用了不同的方案，包括代数方法、Petri 网、基于规则等。本节扼要介绍几种方法。

1. 对话框架方法

对话框架方法(dialogue transaction)是状态转换图方法的扩展，它细分了网络中的符号，考虑了计算结果对对话的影响。在这种方法中有三种基本符号，如图 4.7 所示，其中图(a)是"交互与应用"的组合，尚需进一步分解；图(b)是"应用"符号，指出它是应用程序的一部分，可通过编程来实现；图(c)是"交互"符号，或表示输入，或表示输出，它们均可进一步细分。例如交互符号可分成提示、用户输入及语法验证三部分，提示可以是菜单、文字或图形，用户输入可以是菜单项选择或命令串输入等，语法验证给出用户输入是否正确的消息。这些符号按有限自动机的连接关系连接，行为也与有限自动机一样，用户在交互符号下输入，使状态发生转换。当对话开始时是一个图 (a) 所示的符号，再逐步细分，直到所有形如图 (a) 的符号不再存在为止。其构造过程如图 4.8 所示。

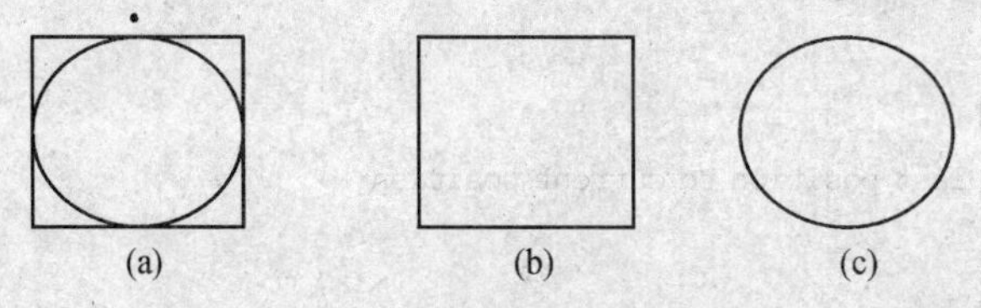

图 4.7 对话框架基本符号

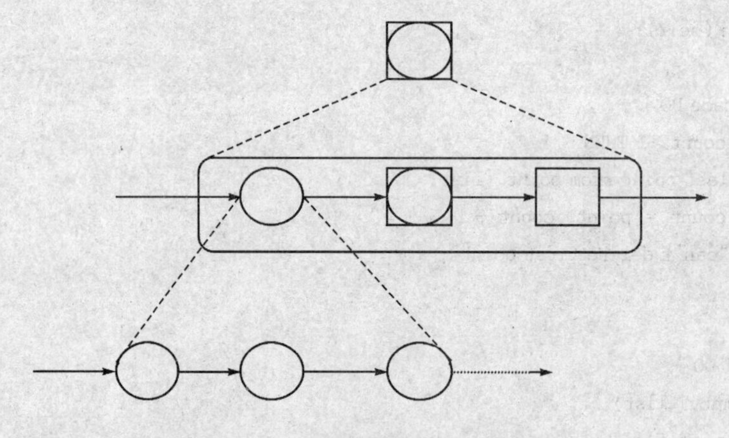

图 4.8 对话框架描述人机对话

对话框架方法为设计者提供了一个自顶向下的方法描述人机对话，直观符号增强了可读性，也考虑了计算结果对于对话的影响。但它的描述能力并不符合并发对话。

2. 代数方法

在人机对话中所使用的代数方法主要采用抽象数据类型概念，它强调人机通信的结果而不是通信的过程。采用代数方法容易构造出完备且一致的人机对话表示，完备性指代数方法采用了严格的公理定义来定义生成函数和查询函数，一致性指用所定义的查询函数可查得惟一的目标。代数方法的主要思想是：

① 将一类目标(object)说明为“感兴趣类型”，如对话的状态，屏幕或行缓冲区等。

② 用定义函数的方法来说明对这些目标的操作，函数定义包括其名字、域和值域。这些函数中一类是生成函数，其值域是感兴趣类型；另一类是查询函数，其值域不包括感兴趣类型。用户动作被认为是生成函数；查询函数是从对话状态等到数据类型(如字符串、整数)的函数。

③ 通过定义代数公理，将查询函数作用于生成函数，使感兴趣类型映射成已知的数据类型。

下面是一个使用代数方法的描述例子，insert 和 delete 是行编辑器的两条命令，前者在光标位置产生一空格，后者删除光标位置处的字符。行缓冲区定义为感兴趣类型(L)。

```
Generator Functions
    1. insert: line→line
    2. delete: line→line
Inquire Functions
    3. curpos: line→positive _ integer
    4. size: line→non _ negetive _ integer
Axioms
    1. curpos (insert (L)) = curpos (L)
    2. curpos (delete (L)) = curpos (L)
    3. size (insert (L)) =
          IF curpos (L) <= size (L)
          THEN size (L) + 1 ELSE size (L)
    4. size (delete (L)) =
          IF size (L) > 0 AND curpos (L) <= size (L)
          THEN size(L) - 1 ELSE size (L)
```

代数方法有严格、完备及一致的优点，但其所描述的构造相对来说较困难，需要较多的代数公理方面的知识，当用户动作多时，其描述文本也很庞大。

3. Petri 网方法

Petri 网是德国 C. A. Petri 提出的一种系统描述和分析工具。与其他系统模型相比，Petri 网的主要特点是：可确切表示某种事件集合中的因果关系和独立性，包括并发关系；合适描述非顺序功能的系统；易在不同的抽象层次上，用同样的描述语言表示系统；易验证系统的性质及正确性。正由于这些特点，目前 Petri 网已成为计算机科学中的一个重要研究课题和工具。文献[赵靓海 1989]中已经将该方法用于表示人机对话。

Petri 网将一个界面看做是一个 P/T 系统，它由两类节点(地点 places 和转换 transition)和一组有向弧连接而成。在实际系统模型中，places 可代表条件，transition 代表事件，places 中的 token 代表可用资源和变迁发生的制约条件。Petri 网的“点火”机制使得它很容易描述事件之间的各种基本关系，例如顺序、同步、并发、冲撞、选择等，而且它反映了系统中所有可能的事件序列，具有一定的动态执行特性。但 Petri 网属于一种数学模型，不适合让普通用户直接使用。下面用一简单例子加以说明。

假设一个人机界面有三个操作：

(1) 加操作——OPadd

OPadd：ADD SYMBOL ORIENT POSITION

表示该操作加一个 SYMBOL 符号，以 ORIENT 为方向，加到 POSITION 位置上。符号可以是桌子(desk)、椅子(chair)和床(bed)。

(2) 删除操作——OPdelete

OPdelete：DELETE OBJECT

表示从已加入的符号中删除一个 OBJECT。

(3) 放大操作——OPzoom

OPzoom：ZOOM POSITION1 POSITION2

表示放大一个矩形区域。

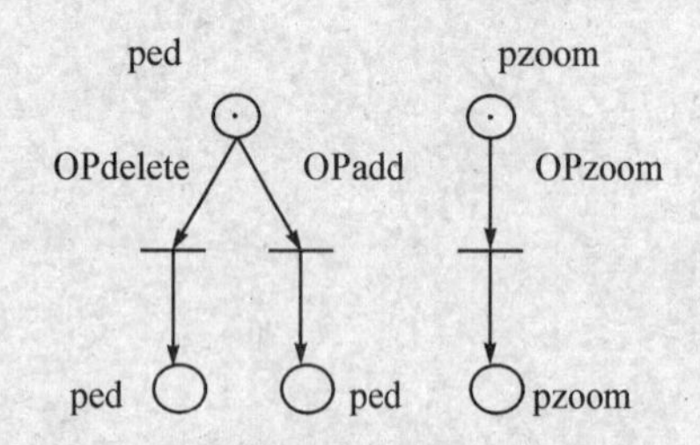

图 4.9 操作关系的 Petri 网的表示

在本例中，OPadd 和 OPdelete 构成编辑组，可以分别选择其一个操作。OPzoom 是全局操作，与其上两编辑操作无关，因而确定上列操作关系，如图 4.9 所示。其中圆圈表示状态(或条件)，圆圈中有黑点的表示初始状态(或条件)，短线表示事件或状态转换。

上述 Petri 网的表示的基本意义是：在某些状态下，事件可以发生(对应于用户可以动作或应用程序可以动作)；而发生的事件使状态(或条件)发生变化，在新的状态下又能发生新的事件。这些事件可以并发地发生。参与对话的有用户及应用程序，它们对对话的影响用事件表示。某些事件是终止事件，它们既可以是用户动作，即表示用户希望对话终止；也可以是应用程序的反馈，即表示应用程序希望对话终止。

使用 Petri 网表示时，还可以进一步求精。为更形式化精确表示 Petri 网结构，可使用基于 Petri 网的描述语言，以便定义信息显示形式、事件属性及进一步分析验证。

4.5 界面设计方法

界面是软件系统的一个部分，因而各种软件的设计方法也适用于用户界面的设计，例如，形式化软件设计方法，面向数据流的软件设计方法，面向数据结构的软件设计方法，有限状态机方法，面向对象的设计方法等。从软件开发过程来看，各种过程模型也能用于用户界面的开发，如瀑布开发模型，快速原型的开发模型等。由于用户界面有各种不同的风格，对于不同的风格不能用一种固定不变的设计方法来设计。即使对于某一种软件设计方法，由于用户界面具有人机对话的特点，因而在运用这种方法时也必须充分考虑“交互”的特殊性。交互软件是近十几年来迅速发展的一类软件，而且目前随着交互设备、交互技术的发展，交互软件的设计方法也在发展中。本节将讨论命令语言的设计，面向对象的设计方法，快速原型的设计方法，基于规则的界面生成及形式化的规格说明。

1. 建立工作内容的清单

在设计小组内，先要根据用户的要求确定应进行设计的若干功能需求，它可能涉及下列内容：

(1) 菜单选择的方式及可选项内容。

(2) 提示的标志及反馈消息内容。

(3) 各种术语、缩写及图符的定义。

(4) 键盘、显示器及光标控制设备的类型。

(5) 声音输出及其他专门的输入/输出设备。

(6) 屏幕布局及多窗口的使用。

(7) 响应时间及显示速率。

(8) 颜色、加亮、闪烁及反显等技术的使用。

(9) 为数据输入项或表格而设计屏幕布局及格式。

(10) 命令语言的语义、语法、词法。

(11) 可编程的功能键、特殊键的使用。

(12) 错误消息的显示及错误后的恢复过程。

(13) 联机求助及联机教材。

(14) 训练及参考资料。

除以上内容外,还有可能根据用户界面设备的发展增加新的内容。

2. 界面设计的过程

Foley 及 Van Dam 曾针对图形用户界面及命令语言界面,提出了四个设计步骤或层次:

(1) 概念设计

概念设计是指用户界面的对象类型及施加到这些类型上的动作类型。例如,一个交互式图形用户界面,可供选择的对象类型具有以下的模式:

① 模拟绘图人员所使用的工具和技术。

② 这些工具或技术扩展到三维。

③ 允许用户直接处理二维形体。

④ 可用程序来描述如何构造及绘制二三维形体。

对一个交互式正文编辑程序,可能的概念模式是:

① 面向行号的编辑程序,可以对一行或多行进行处理。

② 面向字符串的编辑程序,可以对正文中任意长的字符串进行处理。

③ 面向窗口的编辑程序,可以对屏幕中任意矩形区的字符进行处理。

设计者首先要确定好正确的概念模式,因为以后的设计极大地依赖于选择好的概念模式。

(2) 语义设计

语义设计在于确定每一种对象或实体可能执行的操作及操作时所需的信息。例如,在图形用户界面中可能有一类图符表示家具(桌、椅等),对它们的操作是“加”或“替换”,此时的语义信息是要指定家具中的某一种图符及其应处的位置;如果操作为“命名”,则还需要指定一个字符串。这些语义信息依赖于不同的对象类型,可以用一种表示连结关系及依赖关系的图示方法来描述语义,也可以用一些形式化的方法来描述。

(3) 语法设计

在确定了语义后,则可进行语法设计。若一个简单命令操作有三个元素:删—实体名—位置,则按不同的语法次序有六种可能的语法设计。当一个系统中具有统一的命令或操作风格时,则可以采用 open-ended 的方法,它的含意是确定一个主要元素(命令)后,后面的可以任意扩充,例如:

加:实体 1,位置 1;

实体 2,位置 2;

或　……

实体:放大 1,参数;

平移 2,参数;

旋转 3,参数;

(4) 词法设计

用户界面的词法元素是命令语言中的"单词",直接操作时的"对象",因而在某一具体系统中,它往往和具体的输入/输出设备有关,例如在屏幕显示时,某一"对象"往往由若干硬件图元及其属性组成。而输入操作时,则可能是键盘上的某一功能键或某些字符串,也可能是鼠标的某一动作(按一次或按二次按钮)。在前面讨论过的图形逻辑输入设备中,针对不同逻辑类型(定位、定值、捡取、字符串、选择等)可以有其相应的词法组成元素。

Foley 提出的上述概念设计、语义设计、语法设计及词法设计的设计过程为用户界面的设计提供了重要的方法。但是这一设计过程与一般软件设计一样,在实际应用时也有一个反复的过程,就像人的认识规律一样,并不是通过一次设计就能达到满意程度。

3. 用户界面的速成原型方法

与一般软件相比,图形用户界面的设计更适合也更需要采用速成原型方法。这是因为用户界面是直接为用户所使用的,所以必须根据需求及早做出原型让用户评价。然而用户常常不能马上提出详细功能需求,因而通过原型与用户不断讨论,可以逐步明确功能需求,如不合需求再予以改进。速成原型方法是软件开发的一个有效方法,它主要解决确定功能需求及关键技术的设计方案、算法等问题。

用户界面集中体现了系统向用户提供的功能,不管是命令语言还是菜单驱动,只要设计好明确的命令语言内容或全部菜单树的内容,那么系统的功能就基本清楚了。另一方面,用户界面的各种屏幕布局、窗口显示、对话框设计、菜单风格、输入操作方法等,通过原型可得到用户的意见和要求,这样就可能得到更使用户满意的正式系统。

速成原型方法还可体现"用户参与设计"的思想。用户通过原型不仅可以发表意见,评论已经完成的原型的优缺点,更重要的是密切了设计者与用户的合作关系,从而使设计的系统或用户界面更符合用户的需要。

4.5.1 命令语言的设计

在 4.1.1 节中详细讨论了命令语言的实例、功能考虑、组织及设计要点,本节在以上讨论的基础上,着重讨论命令语言的一种设计方法——状态转换图方法(简称状态图方法)。这个方法不仅适用于交互命令语言的设计,对其他风格的交互系统也是适用的。它最早用于程序设计语言的编译程序设计,是一种比较有用而成熟的方法。

Foley 和 Van Dam[Foley et al 1982]讨论了用户界面设计中采用状态转换图的设计过程。在语法和词法的设计过程中,各种形式化方法都是有参考价值的。在交互命令语言中,输入事件是用户的动作和动作序列,状态图把这些动作和语言中的"单词"联系起来;而用户界面中的输出,是将显示图元及其属性与其数据联系起来。虽然用户界面的设计中包括了通常软件设计过程中的概念设计、语义设计等,而状态转换图对语法和词法设计尤为直接。

状态转换图的主要优点是采用十分自然的图形表示,因而容易绘制、显示及编辑,由于这一优点，许多用户界面系统均直接采用这种方法进行设计。状态转换图设计时的问题，主要是需处理许多用户的特殊动作，有时使设计不易表达，有时则使状态转换图过于复杂。为此，采用状态转换图设计方法，应使用户的命令或动作系列尽可能符合"一致性"设计原则。

下面用一个简单的命令语言实例，说明状态转换图的设计方法，详细过程请参见[董士海 1994]。假设该命令语言共有三条命令：

(1) 赋值命令：asgn x value

(2) 打印命令：print x

(3) 求助命令：help

通常对命令语言的程序设计实现可分为几个步骤，首先是将命令行的输入字符串进行划分，成为单词的组合；其次分析单词，即词法分析，以便进行匹配，看是否为命令保留字、参数值或是某种错误；最后根据各种不同命令进行不同的操作或处理。

1. 命令处理

下面根据状态转换图来编制有关命令处理的程序。对于中间状态，可有下列程序：

```
Procedure DoCmd
    GetToken (token)
    Case (token. class) of
         Printclass: Doprint
         Assignclass: Doasgn
         Helpclass: DoCmdhelp
                    Do Cmd
                    other: Cmderror
....
```

2. 单词划分

这一部分的内容与编译程序原理的词法分析类同，它把输入命令字符串读入缓冲区，并根据单词的分隔符，将缓冲区内容转为单词组成的数组。单词分隔符可由命令语言设计者确定，如空格或制表符，缓冲区结束标记为可以是命令行的结束符，如换行符或转义符。当符号确定后，就可以用代码实现之。

3. 单词分析与分类

这一过程的目的是，将用户输入命令串后所划分的单词读出并到标准类型表中进行搜索比较，当匹配后便可获取该单词的类型(token. class)及其值(token. value)。这种搜索比较可采用散列表方法进行匹配，若符合则为标准的单词类型(如单词 help 为 help. class)，若不符合则为用户定义的数值类型，应求出其值。

命令语言的实现也可采用其他形式化的方法，读者可参阅编译程序的有关书籍，但它的实现比编译程序要简单。读者也可利用一些成熟的软件工具来辅助实现，如 lex，yacc 等。

4.5.2 面向对象的设计方法

面向对象的软件设计方法是当前十分活跃的一个课题，有人把面向对象的方法称为 20 世纪 90 年代软件工程发展的关键技术。面向对象的概念、方法、语言、程序设计技术已经广泛影响着计算机软件、计算机科学的各个方面。要全面讨论面向对象的方法已超出本书的范围。

本节主要讨论用户界面设计中的面向对象方法。面向对象方法最成功的应用领域是数据库和用户界面的设计，其中用户界面的设计从20世纪70年代的Smalltalk开始，到20世纪80年代末各种图形用户界面环境的推出，已带来巨大的影响。比较有影响的产品是Xerox公司的Smalltalk80，Apple公司的Macintosh Toolbox，Microsoft公司的Windows，SUN公司和AT&T公司的Open Look，OSF的Motif及Next公司的STEP等图形用户界面。对这些环境或工具的介绍将在第6章中进行。

1. 面向对象设计方法的主要优点

(1) 采用面向对象方法所建立的模型与实际用户的客观环境、想法更加接近，因而用户更容易理解接受。

(2) 采用面向对象方法使用户更加容易与所设计的系统及环境进行对话和操作，用户见到的是较熟悉的对象，而且通常不必理会如何去实现它。

(3) 从软件重用的角度来看，面向对象方法容易扩充软件模块库，以便提高软件生产率。

(4) 采用面向对象方法可在不改变模块的功能情况下，容易地修改其实现，以提高效率。

2. 若干基本概念

(1) 类与抽象数据类型

面向对象的设计方法中一个基本概念是抽象数据类型。抽象数据类型是一组对象(数据)的行为的抽象表示，它采用信息隐藏的原理把一种数据类型的外部接口和内部实现分离开来。在面向对象方法中，称抽象数据类型为一些“类”(class)。类是一组具有相同结构和行为的对象集合，它具有一个名称、一组操作及一种表示。类的每一对象称为“实例”(instance)。对类中实例的操作称为“方法”，对方法的调用是通过对象(实例)间发送“消息”(message)来实现的，它与一般程序语言中过程调用类似，但它具有动态的特征。在类中各种实例的状态等通过“实例变量”(instance variable)来表示。

通过可重用的“类”，抽象数据类型使用户可构造各种复杂的系统，它适合软件模块化，具有可扩充性，使形式世界中的问题能更自然地表示。

(2) 继承性(inheritance)

面向对象方法的另一个特点是继承性。继承性是允许一个类从现有类中继承其原来的行为(包括操作、方法等)及表示(实例变量及属性等)。这种行为和表示的继承使得软件模块中的代码及数据结构得以共享。

子类可以继承父类的数据结构和对它的操作，即其私有存储能力和对所存储信息的操作方法。子类也可以增加新的功能，有的也可从多个父类进行“多重”继承。所有子类的最高父类，通常称为“超类”(superclass)，子类具有其超类的行为和表示。

(3) 对象的身份(identity)

所谓一个对象的身份是该对象(或实例)区别于其他对象的性质。这种身份在程序语言、数据库中，通常用以下几种方法来标识：存储器中的地址；用户指定的名字；一个集合中的标识关键字等。在面向对象方法中，吸取并扩充了上述身份的特性，以便可在复杂系统中动态地创建或取消对象。这种身份通常是对一个对象给定一个单一的标识符，它应该与其对象的类型、地址或状态等无关。由此，可进一步讨论对象间的同一性。在对象空间中，对象的身份惟一地标识了某个对象，一个对象的身份实际上就是该实例变量的值。

3. 程序设计环境

Smalltalk 是最有影响的面向对象程序设计语言，它是由美国 Xerox 公司 PARC 研究中心于 1972 年推出的，后来便成为 Smalltalk80 程序设计的环境。目前，最广泛使用的一种面向对象语言是 C++，它是由美国 AT&T 公司的 Stroustrup 在 80 年代早期所设计的。它在原有 C 编译器基础上扩充了一个预处理器，构造了第一个实现版本，它能与 C 语言兼容。为了定义"类"，C++ 提供了两种构造，其一是对 C 数据类型 Struct 加以扩充，其二是增加了一个新的数据类型 Class。C++ 不像 Smalltalk 那样能提供丰富的预定义类(库)。由于 C 语言的广泛使用及 C++ 的面向对象特征，因而 C++ 是应用广泛的一种面向对象语言。

除 C++ 外，Objective-C 是功能与 Smalltalk 完全相似的 C 语言版本。Object Pascal 及 Turbo Pascal 分别是 Macintosh 机和 IBM/PC 机上 Pascal 的面向对象扩充版本。在 LISP 语言族中有几个面向对象的扩充，如由 Symbolics 公司支持的 Flavors，Xerox 公司的 Common Loops 及 Common List Object System (CLOS)等。

Interactive Software Engineering 公司的 Eiffel 语言是一个强类型的、可商业应用的面向对象语言，它增加了参数类型、方法中的前置及后续条件等。其他还有 Ada 及 DEC 公司的 Trellis/Owl 等。

4. 面向对象的图形用户界面

在 Smalltalk 的影响下，苹果公司的 Lisa 及 Macintosh 机提供了友好的图形用户界面。作为一个商品化图形用户界面，Macintosh 微型计算机的 Toolbox 是十分成功的，它的出现引起了计算机界的巨大反响。后来在 IBM/PC 机上的窗口环境 Windows，PS/2 机上的 Presentation Manager(PM)，都受到 Macintosh 的影响。在工作站市场十分活跃后，其图形用户界面也有很大发展，如 HP 的 New Ware，SUN 的 SUN View，SUN NeWS 等。而当前在 UNIX 工作站上最有吸引力的是 AT&T 公司与 SUN 公司联合推出的 Open Look 图形用户界面(由 Xerox 公司开发)和 OSF 的 Motif。最近由 NeXT 公司推出的 Step 图形用户界面是一个采用面向对象语言开发的 GUI，它引起了计算机界的极大兴趣。

用面向对象方法来开发图形用户界面，同样要遵循软件工程的有关方法。Booch 对有关面向对象的方法已进行较全面的讨论，其中包括对客观实体的分析，采用不断细化的方法对各类对象类进行分解，构成有继承关系的子类，采用各种面向对象的程序设计语言(或一般语言)予以实现等。

用面向对象的方法设计图形用户界面，应注意下述问题：

(1) 把界面和应用进行分离

这意味着把用户界面作为一个独立部分进行设计，应用与界面间的交互可通过传递消息来实现。这种分离有利于模块化、可重用及增量开发。

(2) 充分利用类的继承性

由于图形用户界面既有灵活、复杂的一面，又有许多共同的元素和属性，因而如何构造对象的内核，然后逐步增加专用成分或进行多重继承，以得到各种用户界面元素，是一个设计策略问题。

(3) 硬件环境的依赖程度

用户界面与所处的硬件环境密切相关，不同的显示器、输入设备提供了不同的可用资源，因而用户需针对所处的环境来考虑界面的设计方案，而且应根据硬件环境来选择支持软件。

当然,应该使所设计的用户界面尽量与硬件环境无关。目前许多图形标准、界面标准均朝这个方向努力,这也是界面通用化的方向。但要求一个用户界面能适应任何环境,显然会增加通用设备接口部分的工作量,以致降低使用效率。

(4) 用户界面工具及语言的使用

在开发一个软件的用户界面时,自然先要了解及确定用户界面开发的支持软件环境。高效的软件开发,很大程度上依赖于开发环境的自动化程度,依赖于支持软件的功能。通常有以下几种用户界面的支持层次:

① 操作系统及一般程序语言。这是基本的支持软件,如果在此基础上开发界面,运行效率较高,尤其是有的要求高效的界面,甚至采用汇编语言开发。但与后面几个层次相比,界面开发的工作量较大。

② 图形包及基本窗口系统。这类工具(包括在某些高级语言中嵌入图形或窗口功能)能提供许多基本的绘图原语及一些开窗操作功能,能处理一些输入动作或事件。例如 GKS 图形软件包、X 窗口系统、Turbo 系列的一些语言编译器等。在这类工具上面开发面向对象的界面,还应编制相应的对象生成、管理模块等,但它的图形、窗口基本功能的支持较前一类要方便得多。

③ 带有面向对象功能的用户界面工具集。这类工具在支持的功能上相互之间虽有差别,但它们都提供了一组可供最终用户或程序员使用的用户界面工具集。用户只需按照该工具集的要求,定义自己设计的对象或设计一些新类,然后和应用程序连接,构造成一个用户界面。这类工具如 IBM/PC 上的 MS-Windows(主要为 SDK 及另一个 Actor 语言),Macintosh 微机上的 MacApp, UNIX 工作站 X 窗口系统上的 XToolkit 及各种 Widget 集(包括 Open Look 或 OSF/Motif),NeXT 机上的 Interface builder 等。许多用户界面工具集在使用时,往往先构造资源文件,或者称各类对象描述、定义文件,然后尚需各种面向对象程序语言的支持,或功能较强的高级语言支持(如 C)。例如 MS-Windows 尚需 MS-C 及 RC 编译;Actor 需 Actor 编译器编译;MacApp 需 Object Pascal 编译;NeXT 应用程序需 Objective-C 编译;Open Look 及 OSF/Motif 需 C 编译器及有关库的编译和连接;GWUIMS 需 Flavors (LISP 的扩充)编译等。

4.5.3 形式化描述方法

在设计用户界面及构造对话模型时,如何应用形式化描述方法是一受人关注的问题。采用形式化描述,不仅有利于从计算机科学的理论高度来归纳人机界面的操作模型,而且在实用上便于计算机用户界面的自动生成。在形式化方法领域已经有了很多重要成果,如在形式语言及自动机理论上,乔姆斯基的形式语言理论与 BNF 形式方法已经广泛影响着程序语言的编译器设计和自动生成;在形式语义学上,指称语义、操作语义、特别是代数语义方面的成果对抽象数据类型和类型继承机制的研究起了重要作用,以指称语义为基础的 VDM 开发方法在程序规范、构造及验证上取得了巨大成功。Hoare, C. A. R 的 CSP (Communicating Sequential Processes)方法等对并行程序设计的语义基础做出了很大贡献。目前,人们已把许多上面提到的形式化描述方法应用于用户界面的设计,其中有的成熟一些,有的还存在不少问题。本节只举例说明有穷状态自动机及 CSP 的一些扩充方法在用户界面设计时的一些应用。

1. *扩充有穷状态自动机方法的应用*[李新 1988]

有穷自动机是正则语言类最简单的识别器。它由有穷状态集 Q,输入符号集 Σ,从 $Q\times$

Σ 到 Q 的映射 δ，以及初始状态 q_0 和终止状态集 F 构成，它根据当前状态和输入符号确定下一个转向状态。这里讨论的用户界面是命令形式的操作，系统在任一时刻的动作取决于三个因素：所用的工具，工具中指定的命令，以及执行后的转向(保持不变，转向其他工具或停止运行)。为了反映实际用户界面时的动作，现将有穷自动机予以扩充。

(1) 带有信息源的回溯自动机

扩充后的有穷自动机为六元组，称之为带有信息源的回溯自动机 LBA _ A (Look Back Automata)，表示为：

$$\text{LBA\_A} = \langle Q, \Sigma, \delta, A, q_0, F \rangle$$

该式中，

① $Q = \{q_0, q_1, \cdots, q_n\}$是状态的非空集合；

② Σ 是输入符号集合；

③ $q_0 \in Q$ 是初始状态；

④ $F \in Q$ 是终止状态的非空集合；

⑤ $A = \{f_1, f_2, \cdots, f_m\}$是信息源，其中

$$f_i: Q \times \Sigma \to Q, \ 1 \leqslant i \leqslant m$$

是状态函数，即对 $q \in Q$ 及 $\alpha \in \Sigma$，由 $f_i(q, a)$可以确定一状态 $p \in Q$，若 f_i 是 $Q \times \Sigma$ 上的偏函数，则 $f_i(q, a)$可能无定义。

⑥ δ 是 $Q \times \Sigma \times Q \to Q \cup A \times Q *$ 的映射，它有如下形式之一：

$$\delta(q, \alpha, p) = (q', qp)$$

$$\delta(q, \alpha, p) = (p, \varepsilon)$$

$$\delta(q, \alpha, p) = (f_i, qp)$$

其中 ε 为空符号，$f_i \in A$ 为状态函数，$\alpha \in \Sigma$ 为输入符号，$q, q', p \in Q$，其中 q 为当前状态，q' 为转向状态，p 为状态栈顶符号。上面第一映射式右侧表示转向 q'状态，状态 q 进栈(qp)，往下读符号；第二式表示转向状态 p，状态栈中 p 退栈(ε)，往下读符号；第三式表示转向由函数 $f_i(q, a)$确定的状态，往下读符号；若 α 为空白符号或$f_i(q, a)$与 $\delta(q, a, p)$之中任一个无定义，则停止并拒绝接收字符串。

这里对有穷状态自动机中引入了状态栈，并增加了可能的动作：把当前状态压入状态栈并转向另一个状态，从状态栈顶弹出一个状态并转向该状态。实际上是使用了状态栈保存其运行历史，并在某时刻根据需要及其历史确定下一运行状态。下面是对该方法作界面描述。

(2) 界面描述

下面给出用户界面的 BNF 形式定义：

〈界面描述〉::=〈初始状态〉〈状态描述表〉

〈状态描述表〉::=〈状态描述〉|〈状态描述〉〈状态描述表〉

〈状态描述〉::=〈状态〉〈命令描述表〉

〈命令描述表〉::=〈命令描述〉|〈命令描述〉〈命令描述表〉

〈命令描述〉::=〈命令〉〈转向状态〉

〈初始状态〉::=〈工作方式〉〈状态标号〉

〈状态〉::=〈工作方式〉〈状态标号〉

〈命令〉::=〈命令名〉〈调用函数名〉

〈转向状态〉::=〈状态标号〉|FINISH|RETURN|ORACLE

在上面转向状态的右侧中,状态标号表示状态描述表(栈)中的可能状态编号(自然数);FINISH是系统结束状态;RETURN表示返回进入当前状态前系统所处的状态;ORACLE表示:仅由当前状态及输入命令无法确定其转向,而须由运动过程动态地确定。工作方式是指字符方式、图形方式等运行时屏幕及介质的状况。调用函数名表示与某命令相对应子程序或函数名。

从上面界面的BNF描述中可以容易地与前面定义的带有信息源回溯自动机建立对应关系:Q 状态集合即为〈状态〉〈初始状态〉及 FINISH 总和;q_0 为〈初始状态〉;Σ 即为〈命令〉的集合;F 即为{FINISH};A 即为〈调用函数名〉的集合;δ 映射与〈转向状态〉、〈调用函数名〉等有关。

2. 类似CSP的"通信的交互进程"[Abowd 1990]

在并行程序设计语言的理论研究中,Hoare, C.A.R 在1978年提出的CSP是一个极为重要的成果。它将顺序程序设计语言中忽视的输入、输出语句列为程序语言的基本要素,而将实现顺序进程间通信的并行组合作为基本程序控制结构,用CSP设计的一个程序就是一组进程,它们经通信网络彼此通信。CSP是面向分布式程序系统的,对于并发程序间的协调,它是用消息传递方法来实现同一计算机系统中程序间的共享存储。人们对并行程序设计语言的语义,做了大量深入的研究,取得了重要成果。将它的思想应用于人和计算机之间的交互通信,即交互系统中,提出了"通信的交互进程"(Communicating Interactive Processes)理论,并把它用来描述显示设备中使用鼠标和键盘的各种开发操作,结果表明,类似CSP的"通信的交互进程"理论能很好地应用于用户界面的实践。

形式化的"通信的交互进程"的方法现已被用来描述一些简单的交互系统,通过描述可精确地反映用户的对话动作,以便改进或分析有关设计的决定。

除了上述有穷状态自动机、CSP等方法外,在描述用户任务的形式化语言方面也有不少进展,如ETAG[Tauber 1990]等。

4.5.4 基于知识的设计方法

在当前软件的设计方法中,形式化方法和基于知识的方法是两个重要的方法。形式化方法的描述精确,通过对其语法及语义的精确定义,可使软件自动生成,而它的形式化描述常常并不容易,这是因为实际软件是很复杂的,尤其是用户界面。人们会很自然地考虑到当前人工智能领域的研究成果,即在包括用户界面在内的软件设计中,充分考虑人们已有的设计知识,以提高界面等软件的设计效率,并不断丰富已有的设计知识库。

1. 基于规则的设计

由欧洲ESPRIT计划资助的"MULTOS"(MULTimedia Office Server)项目中,有一个基于知识的用户界面管理系统CT-UIMS(Conceptual Template UIMS)课题,它是在X窗口系统的Andrew Toolkit基础上开发的。当要设计信息系统的界面时,先用概念结构定义(Conceptual Structure Definition)的CSD模板编辑器描述基本语义元素的标识符和名字,这通常是树形结构。然后将这一编制好的文件送入对话管理器来生成对话目标。对话管理器是CT-UIMS的核心部件,它由一组对话的对象类库和一组规则组成的知识库,设计工作区(类似于"黑板")等组成。

用户界面框架的语义信息首先用知识库中的“表示和风格规则”进行求精。这类规则负责界面内容的布局设计和风格，下面是一些典型的表示规则：

```
((if presentation _ mode = = NIL)
        (presentation _ mode = window _ mode))
((if (number(node) - 1<= 5
   and presentation _ mode = = window _ mode)
      (node _ orientation = horizontal))
((if (number(node) - 1>= 6
   and (number (node) mod 3) = = 0))
      (nodes _ per _ row = 3))
(node _ justify = TRUE)
((if node _ identifier = = product)
        (font = "Dutch" "bold"))
((if document _ type! = NIL)
        ((node _ identifier = help _ info _ area)
          (dobj _ type = NIL)
          (node = help _ info _ content)
          (dobj _ type = scroll _ help _ object)
          (dobj-instance = NIL)
          (dobj _ position = right)))
```

除了上述通用的表示规则外，用户也可规定自己的设计规则，它们可处理诸如节点的顺序、别名、垂直及水平的安排次序等方案。下面是其中的一些典型规则：

```
((if document _ type = = mail)
         (node _ orientation = horizontal))
((if document _ type = = offer)
         ((node _ per _ row = 4)
         (header _ image = TRUE)
         ((if node = = sender _ content)
         (dobj _ type = no _ scroll _ raster _ image))
         ((if node = = date _ content)
         (date _ format = "(ddmmyy _/)")))
((if document _ type = = mail)
         ((if (node _ identifier ! = text) and
               (node _ identifier ! = help _ into _ area))
                      (font = "Swiss" "italic"))
((if document _ type = = offer)
          ((if node _ identifier = = locality)
                ((alias = "Locality")
                (font = "bold"))))
((if docament _ type = = mail)
         ((help _ exist = TRUE)
         ((if node = = help __ info _ content)
```

```
(dobj _ instance = "help/chris/standard"))))
```

这些设计规则可应用于多类用户界面的设计，有的是与应用程序相关的，有的也可用于与应用程序无关的界面。该用户界面管理系统将进一步工作在OSF/Motif图形用户界面，而且还将增加支持多国语言及声音等的界面元素。

2. Metaphor——隐喻的界面自动设计

由美国国家科学基金会、军方及苹果公司等支持的一个MAID (Metaphor Application Interface Designer)项目，采用了知识库中现有的界面框架与用户设想的应用程序界面“隐喻”的方法来开发用户界面，它一方面利用现有知识积累，另一方面还可增加新的经验，因而有其特色。

MAID系统包括一个知识库，一组界面设计的启发规则，及应用这些规则以设计一个专门应用界面的机制。知识库中包含基于框架的计算机应用描述、实际世界的对象及两者间的“隐喻”。启发式规则能从实际世界对象通过协同“隐喻”特性，产生一个界面。

“Metaphoric mapping”——隐喻的映像方法就是将设计的结构与实际世界的对象作一个相似的映射，这种映射与结构一样是有层次的，它是由界面设计人员来创建的。这里的映像是显式的、静态描述的，因而容易构造；也可以采用动态构造，则会更加灵活，但需要更复杂的机制。对于相应对象之间的映射，不仅可以在数据结构一级，而且可以“隐喻”它们的外形，包括大小、位置等。而某些应用部分在实际世界对象中找不到，则系统将在知识库的其他地方再查找，如果找到则可映射，如找不到，则系统在实际世界对象中再扩充一属性，提供一个通用的空结构，以便由应用程序所补充。至于图形对象的物理位置、大小，还可由设计者进行更动。

MAID系统已经用这种方法设计了五种数据管理的应用程序，如地址集、索引卡片文件及记事卡等。界面的形式已设计了九种对象，包括九种不同位置及三种不同的外观。

上述隐喻界面设计方法可以利用现有的、好的设计实例，并不断扩充其知识库。对于比较复杂的应用系统界面，依赖于库中积累，通常不易找到这种方便的“映象”，因而尚需进一步探索，但MAID的思想为界面设计提供了新的思路。

推荐阅读和网上资源

[1] 董士海.计算机用户界面及其工具.北京：科学出版社，1994

[2] Newman W M, Lamming M. Interactive system design. Addison-Wesley, 1995

[3] Apple's interface guidelines:

http://developer.apple.com/techpubs/mac/HIGuidelines/HIGuidelines2.html

[4] Microsoft'sinterface guidelines:

http://msdn.microsoft.com/isapi/msdnlib.idc? theURL=/library/books/winguide

参 考 文 献

[1] 董士海.计算机用户界面及其工具.北京：科学出版社，1994

[2] 李新.软件工程环境用户接口的形式描述与自动生成.计算机学报.1988，11(10)：557～585

[3] 赵靓海.一个辅助人机界面设计与实现的环境：方法与实现.中科院计算所博士论文，1989

[4] Abowd G D. Agent: communicating interactive processes. in Diaper et al. (ed.), Human-Computer Interaction, INTERACT'90, North-Holland, 1990, 143～148

[5] Card S K, Moran T, Newell A. The psychology of human-computer interaction. Hillsdale, NJ: Lawrence Erlbaum, 1983

[6] Casey B E, Dasarathy B. Modeling and validating the man-matcine interface. Software Practice Exper., 1982, 12: 557～569

[7] Conway M E. Design of a separable transition diagram compiler. CACM, 1963, 6(7)

[8] Dievendorf L A, Brock D P, Jacob R J. Extending the user action notation(UAN) for specifying interfaces with multiple input devices and parallel path structure. NRL Report 9777, 1995

[9] Edmonds E A. Adaptive man-computer interface, in computing skills and the user interface. Coombs, M.J. et al. (ed.), London: Academic Press, 1981

[10] Foley J D, Van Dam A. Fundamentals of interactive computer graphics. Addison-Wesley, Reeding, 1982

[11] Green M. The university of Alberta user interface management system. Proceeding of SIGGRAPH'85, 1985, 205～213

[12] Green M. A survey of three dialogue models. ACM Trans. On Graphics, 1986, 5(3): 244～275

[13] Hartson H R et al. A human-computer dialogue management system. Proceeding of INTERACT'84, London, IFIP, Sept. 1984, 57～61

[14] Hartson H R, Siochi A C, Hix D. The UAN: A user-oriented representation for direct manipulation user interfaces. ACM Transactions on Information Systems, 1990, 8(3): 181～203

[15] Hix D, Hartson H R. Developing user interfaces: ensuring usability through product and process. New York: John Wiley and Sons, 1993

[16] Jacob R J K. An executable specification technique for Descri, human-computer interaction. In Advances in Human-Computer Interaction, 1, Hartson, H.R. (ed.), Ablex Norwood, NJ, 1985, 211～244

[17] Jacob R J K. A specification language for direct manipulation user interface. ACM Transactions on Graphics, 1986, 5(4): 283～317

[18] Jacob R J K, Moore J C, Whinston A B. Design of interactive system - a formal approach. Int. J. of Man-Machine Studies, May 1992, 741

[19] Newman W M. A system for interactive graphical programming. In Proceeding of the AFIPS Spring Joint Computer Conference, Thompson Books, Washington, D.C., 1968

[20] Parnas D. On the user of transition diagrams in the design of a user interface for an interactive computer system. In Proceeding of the ACM National Conference, ACM, New York, 1969, 379～385

[21] Payne S J, Green T R G. Task action grammar: a model of the mental representation of task languages. Human Computer Interaction 2, 1986, 93～133

[22] Tauber M J. ETAG: extended task action grammar, a language for the description of the user's task language. in Diaper et al. (ed.), Human-Computer Interaction, INTERACT'90, North-Holland, 1990, 163～168

[23] Wasserman A I. Extending transition diagrams for the specification of human-computer interaction. IEEE Trans. Software Engineering, Aug. 1985, SE-11(8)

[24] Woods W A. Transition network grammars for natural language analysis. CACM 13, 1970, 591～606

第5章　多通道用户界面的主要问题

5.1　引　言

以虚拟现实为代表的计算拟人化与以手持移动计算为代表的计算微型化和随身化,是计算机的两个重要的发展和应用趋势。人机接口技术是适应这种趋势的关键技术。多媒体用户界面的出现丰富了信息表现形式,提高了用户感知信息的效率,拓宽了计算机到用户的通信带宽。然而,用户到计算机的通信带宽的改进却停滞不前,至今仍停留在图形用户界面(GUI/WIMP)阶段,从而使其成为当今人机交互技术的瓶颈。20 世纪 80 年代后期以来,多通道用户界面(multimodal user interface)开始兴起并成为人机交互技术研究的崭新领域。

多通道人机界面(MMI)的基础是视线跟踪、语音识别、手势输入、感觉反馈等新的交互技术。在传统的交互模式下,用户主要利用手和眼睛与鼠标、键盘、显示器等设备进行精确方式下的二维交互;而多通道人机交互则寻求新的交互手段,以充分利用人的眼、耳、嘴、手,视觉、听觉及触觉通道,它允许用户利用多个交互通道以并行、非精确方式与计算机系统进行交互。用户可以使用自然的交互方式,如语音、手势、眼神、表情等与计算机系统进行协同工作,其交互通道之间有串行/并行、互补/独立等多种关系,因此这种人机交互的方式更加类似于人与人之间的日常交流,其交互自然性和效率得到了极大的提高。MMI 的目标是要解决科学计算可视化问题,同时满足虚拟现实对计算机系统提出的高效、三维和非精确的人机交互要求,它被很多专家学者认为是继命令行和图形用户界面之后的第三代人机界面。多通道用户界面的研究是以各种交互技术的研究发展为基础的,以下一些交互技术对于多通道界面的研究具有参考的价值:三维交互技术[董士海 1994b]、语音技术[Gourdol1990, Dillon 1990]、视线跟踪技术[Hutchinson 1989, Jacob 1993a , Jacob 1993b]、姿势输入技术 [Hauptmann 1993, Pigueiredo 1993]、反馈技术[董士海 1994a, Akamatus 1994]、自然语言界面[Wilsson 1991, Bos 1994]以及其他交互技术例如表情识别、"唇读"、用脚进行鼠标式输入等。

5.1.1　多通道用户界面的几个概念

1. 通道

通道(modality)一词源于心理学,其词源为 "mode"(方式或模式)。在讨论视觉、嗅觉、触觉等感觉的"方式(非内容)"时,或者在涉及多种感觉之间的关系或讨论一种感觉不同于其他感觉的特点时,心理学中使用"感觉通道"一词。把"通道"视为"方式"的同义词,不仅指用户的"感觉方式",也指用户的"动作方式"。用户可以使用手动、语音、眼神等多种交互通道与计算机系统进行交互。

2. 通道(modality)和模式(mode)

尽管 modality 的词源是 mode(模式),但在多通道的研究中,它们却有着不同的内涵。modality 指用于传送或获得信息的通信通道的类型,它包含了信息表达、感知以及动作执行方式,定义了交换数据的类型;而 mode 则指一种状态(state)或上下文信息(context),它决定了如何对信息解释以获取意义(meaning)。虽然 modality 和 mode 代表了不同的含意,但它们却在一个多通道系统中共同发挥作用。广义上讲,多通道系统是这样一种系统,它允许用户通过各种不同的人体通道如语音、手势、身体语言等与之进行通信,并能从中自动提取和传送语义信息。在许多的研究文献中,mode 作为 modality 的同义词使用,例如:在 W3C 标准化组织 2002 年底发布的多通道网络交互标准草案中,mode 和 modality 就是作为同义词出现的。

3. 多通道界面与多媒体界面

目前,计算机向人输出信息的表现方式采用了多种媒体,而人向计算机的表达方式通常只是用手通过键盘或鼠标进行输入。这使得用户到计算机的输入带宽低于计算机到用户的输出带宽,造成了两者之间的不平衡,从而影响了整个交互过程的效率。多通道用户界面的目的就是有效地缓解这种不平衡,弥补多媒体用户界面的不足,与多媒体用户界面一道提高人机交互的自然性和效率。多通道用户界面(见图 5.1)主要关注人机界面中的用户向计算机输入信息以及计算机对用户意图理解的问题,其目标是达到交互自然性(使用户尽可能多地利用已有的日常技能与计算机交互,降低认知负荷)和交互高效性(使人机通信信息交换吞吐量更大、形式更丰富,发挥人机彼此不同的认知潜力);并结合已有人机交互技术的成果,与传统的用户界面特别是广泛流行的 WIMP/GUI 兼容,使老用户、专家用户的知识和技能得以利用,不被淘汰。

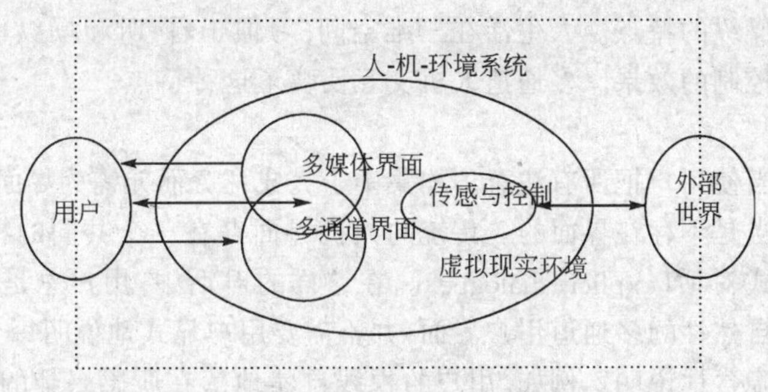

图 5.1 人-机-环境系统

4. 通道整合

通道整合(modality integration)是指用户在与计算机系统交互时,多个交互通道之间相互作用形成交互意图的过程。在用户的一次输入过程中,可能有多个通道参与其中,而每个通道都只携带了一部分的交互意图,系统必须将这些通道的交互意图提取出来,并且加以综合、判断,形成具有明确语义含意的命令。例如,在北京大学人机交互研究室开发的具有多通道用户界面的绘图系统 FreeDraw 中,用户可以用鼠标选中一个图形,而后通过语音输入:"把它变成红色"。这时,指点通道所携带的信息是操作的对象,而语音通道所携带的信息是操作内容,系统必须通过适当的算法将二者相整合,从而正确地完成用户的命令。

5.1.2 多通道人机界面中人机交互的特点

王坚等[王坚 1996]总结了多通道人机界面中人机交互或称多通道用户界面的基本特点:

1. 多个感觉通道

使用多个感觉和效应通道。尽管感觉通道侧重于多媒体信息的接受,而效应通道侧重于控制与信息的输入,但两者是密不可分、相互配合的。使用一个以上的感觉通道,每个通道的信息虽然不尽完全,但多个交互通道的整合却能恰当地表达交互意图。多通道交互的意义在于多个不充分的交互通道通过整合,能自然地完成单个通道不能完成的交互动作。例如,三维CAD系统对三维物体的操作用现有的WIMP技术是非常困难的,因为WIMP的操作不符合人们对三维物体的操作习惯。如果采用多通道交互,那么我们可以用视觉完成对象的选择,用语音完成对象属性的说明,用手势完成三维空间的操作。当仅仅使用一种通道(如语音)不能充分表达用户的意图时,需辅以其他通道(如手势指点)的信息,以增强表达力。需要特别强调的是,交替而独立地使用不同的通道不是真正意义上的多通道技术[陈敏 1996],应充分体现并行协作的通道配合关系。

2. 交互双向性

人的感觉和效应通道通常具有双向性的特点,如视觉可接收、可注视,手可控制、可触觉等。多通道人机交互要求每个通道具有交互双向性,即每个通道兼有输入与输出的功能。语音成为计算机媒体的热点正是因为其使用的双向性,而视觉也具有交互双向性的特点。例如,视觉通道可以用CRT显示器和视觉追踪系统(eye-tracking)完成双向交互,此时,眼睛既作为一种输入装置也作为一种输出装置;手势通道的双向交互可通过触觉反馈和数据手套完成;听觉通道也可利用语音识别和3D听觉定位器(3D auditory localizer)来实现。人类大多数活动领域具有三维和可直接操纵的特点。人生活在三维空间,习惯于看、听和操纵三维的客观对象,并希望及时看到这种控制的效果。多通道人机交互反映了这种特点。

3. 交互的隐含性

好的用户界面应当使用户把所有注意力均集中于完成任务而无需为界面分心,即,好的用户界面对用户而言应当是不存在界面的。传统的人机界面存在一个共同的特点,它们都基于计算机与用户之间显式对话(explicit dialogue)。在这样的对话中,用户总是命令计算机去做什么事情。追求交互自然性的多通道用户界面,并不需要用户显式地说明每个交互成分,而是在自然的交互过程中隐含地说明。例如,用户的视线自然地落在所感兴趣的对象之上;又如,用户的双手自然地握住被操纵的目标等。智能化的多通道人机界面只需要人将其交互意图告诉计算机,计算机就会自动完成所需要的相应工作,甚至人不必告诉他自己的需求,计算机也能够根据自己的知识和推理去自动为人进行服务。

4. 交互的非精确性

人类在日常生活中习惯于使用非精确的信息交流。人类语言本身就具有高度模糊性。允许使用模糊的表达手段可以避免不必要的认知负荷,有利于提高交互活动的自然性和高效性。多通道人机交互允许用户使用多个交互通道进行交互,每个通道的信息对于要完成的任务而言可以是非精确的,通过对多个非精确信息流进行整合可以完全表达交互目的。与CLI和WIMP界面相比,MMI允许用户使用多个输入通道以并行/串行、精确/非精确方式和计算机系统进行交互,这样,从用户到计算机的输入带宽得到大大提高,人机交互的自然性和高效性得到极大的改观。因此,MMI是人机界面发展的必然趋势。

5.1.3 多通道用户界面的概念模型

从概念上讲,多通道用户界面中通道一词本意指用户可以使用不同生理和心理的信息通道(图5.2)。沿用这一概念框架,其技术性的含意可以超越其本意,更有利于理论的定义、形式推论、模型的建立和算法的实现。例如,Nigay and Coutaz[Nigay 1993]认为通道是用户或系统可用来实现其对话目标的交互手段或方法。我们有时对通道和交互设备在概念上不加明确的区分,如有时将鼠标器和键盘看做不同的通道。传统的用户界面的典型情况是 N = 1(单通道),P = 精确,R = 串行,例如图形用户界面虽可支持键盘和鼠标器,但两者都需用手操作,一般难以同时配合使用,两者之间主要存在交替和串行的关系,并且交互过程基于精确的输入信息。而典型的多通道用户界面则允许多个交互通道,非精确交互动作以及并行、协作的通道配合。

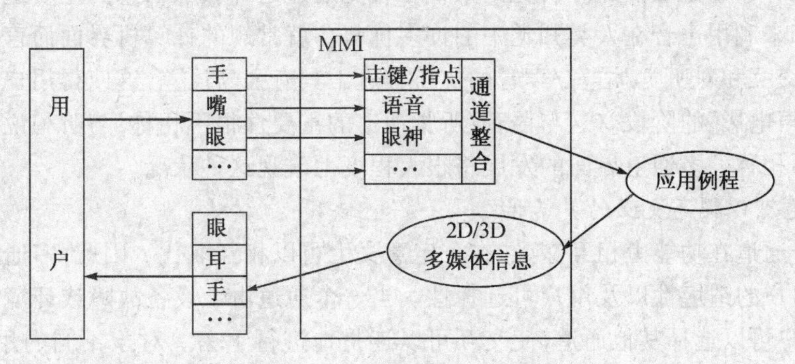

图 5.2　多通道人机界面概念模型

典型的多通道用户界面符合图 5.3 所示的概念模型,此模型全面反映了人和计算机这两个认知系统及两者之间的交互关系和信息通道。在计算机一侧,是典型的 IPO(Input Process Output)结构,即输入—处理—输出结构。计算机系统的信息输入/输出通道是指物理上的通道(channel),包括以键盘、鼠标器为代表的数字、字符、空间坐标、语音、图像等信息输入设备和以 CRT 显示器、打印机为代表的形形色色的图、文、声输出设备。在用户一侧,有着与计算机相似的信息加工结构,这种类比为认知心理学所主张。心理学使用"通道(modality)"一词表示人的信息输入和输出通道,用感觉通道统称视觉、听觉、触觉、味觉、嗅觉、运动觉诸感觉器官;相应地,可用效应通道来统称手、足、口、头、身体等运动器官。

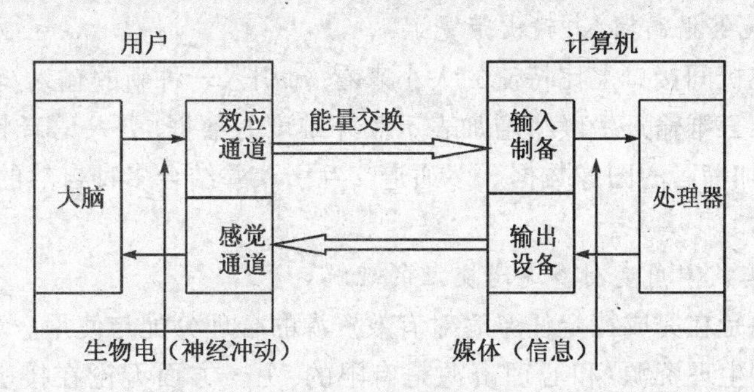

图 5.3　多通道用户界面的概念模型

5.1.4　多通道用户界面的优势

1. 多通道交互可以利用各种设备、通道和交互方式的互补性

人的眼、耳、鼻、舌、身各有分工,相应的视听嗅触觉向我们提供不同的信息,这就构成了感

觉通道在功能上的划分与互补。同样,人的手、脚、头、眼、口用作动作感觉器官(通道)也有类似的划分与互补。在这里,特别要强调自然语言这种人类独有的交流手段与其他(人类与其他动物所共享的)通道的互补性。无论对于输入(看和听)还是输出(写和说),自然语言都具有独特的性质,在信息的表示和处理方式上与其他通道的互补性尤为突出。

2. *多通道界面对语音/听觉的强调,有利于弥补现有界面在这方面的不足*

在现实世界中,我们并不总是听见我们看到的东西,也不总是看到我们所听到的东西,听觉和视觉的互补作用是显然的。听觉是人们在视觉通道之外获取信息的主要途径。然而传统的人机界面却未利用声音在人类知觉中的许多优势。就常规的计算机界面而言,它对视觉/视频显示/图形交互和对听觉/语音/声音的支持程度上具有强烈反差,这使得用户觉得计算机界面还处于"无声电影"的阶段。这与语音/听觉通道的重要性很不相称,与听和说在人类交流中的地位也很不相称。多通道界面的发展将很大程度上改观这种状况。

3. *多通道可以提高交互的灵活性*

由于各个通道在功能上相互交叉,在一定意义上可以相互取代。因此,多通道人机界面具有对环境与用户的适应性以及用户可选择性。当一个通道由于设备故障或环境限制等原因不能使用时,用户可以选择其他通道,使交互可以连贯地进行下去。对于不同的用户而言,他们可以根据自己的偏好,选择适合其自身特点的通道完成交互过程。这一特点在为残疾人服务方面显现得尤为突出。

残疾人可能由于残疾而不能使用为正常人所设计的设备或交互方式。Pitt 和 Edwards [Pitt 1991]考虑到现代计算机界面中视觉通信给盲人用户带来的严重问题,认为一种可能的解决办法是更多地使用听觉通信。他们设计了利用声音漫游界面的方案,实验取得了成功,特别表现在用立体声给出二维空间中的声音引导上。Hutchinson [Hutchinson 1989] 将"眼动"用于构造适合高位截瘫者使用的计算机界面。用户可以通过"眼动"来控制家电、选择菜单甚至进行字母的输入。事实上,"眼动"界面对于高位截瘫者的重要性,正如声音界面对于盲人的重要性。此外,还有为盲人设计的视觉信息的触觉呈现装置,它将架在眼镜上的摄像头传来的图像转换为腹部或背部的触觉-压力模式来让盲人获得类似视觉的输入。

4. *多通道交互能够提高输入/输出带宽*

如果从外设与主机间接口上比特流的大小来看,每引入一种新的输入/输出通道都会增加相应的比特流。引入三维输入手段将增加表示额外维度的数据,引入语音将增加语音信号数据,引入"唇读"将增加嘴唇的图像数据。多通道交互引入并结合多种自然的交互手段,有助于交互意图的有效传达。

5. *从心理学和工效学角度对多通道交互的理解*

这里关键的问题是在完成特定任务时对有效资源的合理分配与使用。人的生理和心理有这样的特点,一方面"生理资源"和心理资源是有限的,另一方面无论在接受与传达信息还是"中央处理"上各个通道和模块间都有着分工和协作。在自然的交互中,心理资源的分配和使用是非常合理的。然而,传统界面一方面将一些资源用到极限,另一方面却并没有充分利用很多"闲置资源"。

首先,存在着交互设备对用户"生理资源"的竞争问题。传统界面在这方面的缺陷突出地表现在用户繁忙的双手、双眼(接受信息)和空闲的其他通道形成的鲜明对比。用户的手忙于使用键盘和鼠标。为了消除这一竞争,有人发明了地鼠,即用脚操纵的鼠标器。有人研究将

"眼动"作为指点设备。引入语音也能减少手在键盘和鼠标之间的切换。在眼睛的利用上有同样的问题。目前计算机的所有输出和反馈都集中在视觉通道,菜单和对话框越做越大,其中的项目越来越多,而眼睛这一独占式的设备只能注意极少的项目。多通道研究的一个重要内容将是如何把听觉和触觉利用起来。

更深一层的竞争则是由于完成交互所需的用户知觉和动作规划集中于单一通道,从而引起的对用户"心理资源"的竞争。人的大脑在信息加工上具有模块化的特征,不同通道的信息在表示与处理上是分开的。根据认知心理学中提到的多种资源说,当不同的任务启动不同的资源时,处理可以并行地进行。语音通道和视觉/空间通道之间的关系就体现了这样的特点。通过给虚拟环境增加语音输入,用户能够在完成视觉/空间任务的同时给出口头命令而不会引起认知干扰。

无论是现实需求、理论分析、实验研究还是具体系统实例,都表明了多通道人机交互的必要性和巨大优势。通过综合多通道用户界面的特点及其目标,我们给出一种多通道用户界面的三维表示模型,如图 5.4 所示。我们用三元组 MUI = (N, P, R)来表示多通道用户界面,其中,N 表示通道数目,P 表示输入信息精确性,R 表示通道间的关系。

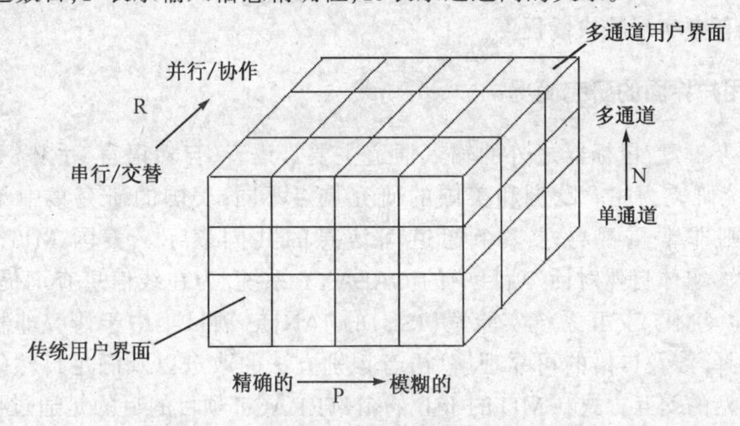

图 5.4 多通道用户界面的三维表示模型

5.1.5 多通道用户界面研究中的主要问题

1. 多通道整合

多通道整合问题的研究是为了对多个感觉和效应通道的并行和协作交互提供支持。这主要体现在设备层和应用层两个方面,在设备层,研究集中在如何把各种通道融合于系统中而满足通道无关性,多种通道各尽其能,使用户感觉不到明显的通道切换过程;在应用层,由于多通道交互中各个通道不再局限于精确输入,如何从多个并行和/或非精确的通道输入中获得用户想传达的交互意图则是问题的关键。

2. 工效学问题

多通道人机交互并不意味着多个通道在所有场合都优于一个通道。交互风格(交互所用的感觉和效应通道,交互设备以及信息表示形式等)与交互任务的匹配必须具体地加以分析,这主要是工效学研究的内容,也正体现了多通道交互是一项交叉学科研究。工效学问题的研究有助于多通道界面设计的评估和可用性测试。

3. 软件结构和开发环境

多通道的重要目标是增强人机交互中的语义反馈,同时充分的语义反馈也是用户进行多通道协同操作的基础。多通道整合只有从输入中获得足够充分的语义信息才能有效地进行。以对话独立性为原则的 Seeheim 模型恰恰对语义反馈的支持较弱[Dong and Zhong 1992]。为了解决这一矛盾,必须重新考虑多通道人机交互软件设计中的软件结构问题。

4. 多通道界面描述方法

为了对多通道系统提供应用设计支持,有必要对多通道系统提供一套形式化的描述方法以指导界面的设计与评估。考虑到多通道交互的特点,必须对传统的界面描述方法加以扩充才能将其用于多通道人机交互[陈敏 1996],需要解决的问题包括对交互任务与多通道交互手段之间配合关系的描述,对参与整合的多通道输入的时序关系和模糊度的描述,等等。

5. 多通道用户界面评估

多通道用户界面的评估包括自然性(intuition)、易学性(learnability)和高效性(effectiveness)三个方面。自然性是指最终用户使用计算机系统所要求的交互通道满足程度;易学性是指用户掌握系统功能和规则的难易程度;高效性指用户能成功地完成所规定的任务使用交互通道的自然性和任务实现的快慢程度。

5.1.6 多通道用户界面的研究简况

国外研究涉及键盘、鼠标器之外的输入通道主要是语音、自然语言、手势、手写和眼动方面,并以具体系统研究为主。欧洲和美国的研究重点不同,美国的研究集中于交互手段及其整合,而欧洲则非常重视寻求多个通道间信息的共同表示。美国 MIT 媒体实验室(MediaLab.)的"多媒体自然对话"项目中的 GALAXY 系统,为在线信息查询提供语音界面;卡内基-梅隆大学(CMU)交互系统实验室(ISL)的 JANUS 项目集中于研究非特定人的连续语音到语音的翻译,涉及口语的可靠理解、语音识别方法的改进以及满足自然的多语种交流的需要的更为灵活的交互方式;CMU 的 ISL 的 INTERACT 项目的目的是通过已知在人类交流情景中有用的多个通信通道的处理和结合来增强人机通信,从事手势和手写输入与语音整合的解释方面的工作,探索了若干种人机交互任务,以了解自动的手势、语音和手写识别、脸和眼的跟踪、"唇读"和声源定位等技术;美国海军研究所(NRL-Navy Research Laboratory)的 Intelligent M4(MultiModal/MultiMedia) System 研究组的主要兴趣集中在增强和发展人机对话的计算机界面方面,特别关注将自然语言界面与其他人机交互方式相结合,包括用于人机对话的话语(discourse)、空间关系的语言学、人机交互中的语音输入等。

欧洲信息技术研究战略规划(ESPRIT II)的 Amodeus 项目研究内容包括用户和系统要求的统一表示和通道分类学(taxonomy of modalities)。ESPRIT 的 MIAMI(Multimodal Integration for Advanced Multimedia Interface)项目研究领域包括多媒体和多通道人机界面两部分,具体涉及语音合成、声音的空间化(sound spatialisation)、语音识别、笔式输入、遥操作(teleoperating)、虚拟物体和实际物体的操纵、音乐和手写体识别、虚拟说话面孔(virtual talking faces)等,其目的是基于人类信息处理系统的知识,开发整合媒体数据的方法,研究的主要内容是通过视觉、听觉以及触觉/手势系统来访问、表示和产生多媒体信息的多通道交互有关的方方面面。英国的研究人员提出通过声音代替图形界面的思想,他们的研究提出了"耳标"的概念:用各种不同类型的声音代替当今 WIMP 界面下的各种图标。这种方法也受到了各国学者的普遍关注。

国内最早从事这方面的研究的是由北京大学计算机系、中国科学院软件研究所和杭州大学心理学系共同承担的“多通道用户界面研究(MUIR:Multimodal User Interface Research)”国家自然科学基金重点项目。国内的 MUIR 项目主要探索以视线跟踪为核心的多通道人机交互的理论和技术,内容包括多通道用户界面的输入技术,多通道信息整合方法,适合于多通道用户界面的用户模型和描述方法,支持多通道交互的用户界面模型、设计原则、评价体系和开发环境,并开发虚拟座舱和 CAD 等方面的应用实例。

5.2 输 入 原 语

随着 I/O 设备和新的交互技术的发展,将会有越来越多的交互设备被连入到多通道系统中来。在二维、三维多通道交互的背景下,输入原语的概念被引入以支持通道的无关性。为了摆脱设备的特定物理特性和操作方式上的差异,方便多种输入设备在词法级的整合,有必要在物理设备层和对话控制层中间再抽象出一层,即输入原语翻译层。同一个用户输入动作作用到这些不同的对象上,系统的解释会是截然不同的。与应用无关的输入原语的抽象具有重要意义。

输入原语 IP(Input Primitive)代表了用户到计算机的词法输入,它是来自不同的通道的独立的、最小的、不可分割的操作,这些原子操作在一定的应用上下文中有着特定的交互意义。原语 IP 组成简单完备的原语集合,在一定的软件环境的支持下可通过它们的各种组合来实现不同的交互任务。该原语集合应该是功能完备的,对用户交互方式来说应是自然而易于使用的。每个 IP 可实例化为一个四元组:用户动作,数据表示,使用通道,时间标签。

原语体现了某一时刻来自某个输入通道的用户输入动作与一种内部数据表示的联系。IP 是通道无关的,不同的物理通道的输入可以映射到相同的 IP,例如:二维鼠标的 click 动作和眼动跟踪的眼睛凝视动作都可归为“指点类”IP-point;IP 又是应用无关的,在软件环境的支持下,同一个 IP 在不同的应用上下文中可被解释为完全不同的操作。根据用户的交互意图和交互方式,输入原语可以抽象出浏览(navigate)、指点(point)、拾取(touch)、文本(word)、变换(transform)和手势(gesture)六类。表 5.1 对它们进行了实例化分析及在场景 VIR 中的具体语义解释。

表 5.1 六类输入原语

IP	Modality	Action	Data	Interpretation
navigate	3DSC	push/pull/roll/pitch/yaw	$(\Delta x, \Delta y, \Delta z, \Delta\alpha, \Delta\beta, \Delta\gamma)$	用户视点位置的改变,分别对应于用户在场景中前进/后退、左右移、左右转等浏览动作
	语音	speak	word(command)	
	mode-select + 2D mouse	click menu/voice + drag and move	$(\text{mode}, \text{keystate}, \Delta x/\Delta y/\Delta z/\Delta\alpha/\Delta\beta/\Delta\gamma)^*$	

续表

<table>
<tr><th colspan="2">IP</th><th>Modality</th><th>Action</th><th>Data</th><th>Interpretation</th></tr>
<tr><td rowspan="4">touch</td><td rowspan="2">3D交互</td><td>3DSC</td><td>push/pull/roll/pitch/yaw + press FuncKey</td><td rowspan="2">(x, y, z)</td><td rowspan="4">空间一位置，可解释为选取(select)、拨号(dialing)等动作</td></tr>
<tr><td>DataGlove</td><td>approach + haptic feedback</td></tr>
<tr><td rowspan="2">2D交互</td><td>2D mouse</td><td>mousemove + click</td><td rowspan="2">(x, y)</td></tr>
<tr><td>Eye-movement tracker</td><td>EyeGazing</td></tr>
<tr><td colspan="2" rowspan="2">point</td><td>Eye-movement tracker</td><td>Eye movement</td><td rowspan="2">Vector</td><td rowspan="2">向量代表指示方向，可理解为用户的意图</td></tr>
<tr><td>DataGlove</td><td>pointing gesture</td></tr>
<tr><td colspan="2" rowspan="2">word</td><td>语音</td><td>speak</td><td rowspan="2">word</td><td rowspan="2">命令或数据</td></tr>
<tr><td>keyboard</td><td>keystroke</td></tr>
<tr><td colspan="2" rowspan="2">transform</td><td>3DSC</td><td rowspan="2">push/pull/roll/pitch/yaw + press FuncKey</td><td rowspan="2">(obj, Δx, Δy, Δz, Δα, Δβ, Δγ)</td><td rowspan="2">对物体 obj 作变换，如平移、缩放、旋转，由功能键来决定变换方式及参数(如缩放方向等)</td></tr>
<tr><td>Trackball</td></tr>
<tr><td colspan="2" rowspan="2">gesture</td><td>DataGlove</td><td>predefined gesture pattem</td><td rowspan="2">vector</td><td rowspan="2">命令或单词</td></tr>
<tr><td>汉王笔</td><td>hand movement</td></tr>
</table>

限于现有的设备，这种归纳有可能不完备，还有待于进一步补充和完善。与输入原语对应，还应有输出原语的抽象，统称为“交互原语”。交互原语的研究映射到我们的软件结构中则是在界面层中增加了“交互原语翻译层”：VIR 中的智能体(agent)都通过“原语接口”与外界环境交互。

5.3 用户模型和描述方法

多通道用户界面(MMUI)模型有如下一般的目标：首先是支持有益的多种交互风格，多通道用户界面以直接操纵为主并兼顾命令语言交互；二是以三维交互为核心并兼容二维图形用户界面(2D GUI)；三是具有高度可扩充性及可靠性，可以接入新型交互设备，也可以移去已有交互设备而不妨碍用户进行正常的交互任务，即使是新出现的设备也应可以接入，当系统出现故障或由于环境限制、用户机能缺损等原因致使某些交互设备不能使用时，人机对话应当能继续进行；四是支持对话独立性原则，这是为提高用户界面开发效率的保证，是 UIMS 赖以建立的基础；五是具有立即的丰富的语义反馈能力，即针对传统用户界面模型和 UIMS 在这方面的弱点，考虑到直接操纵的人机交互技术和多通道人机交互技术对语义反馈能力的要求，必须使 MMUI 模型具备良好的语义反馈能力；六为支持多通道整合的实现，多通道整合应在语法层进行；最后要既支持顺序对话又支持异步对话。

目前的界面模型主要有两种：结构模型(constructional)是从系统的角度来表示界面交互；行为模型(behavioral)是从用户和任务的角度进行，如任务分析、功能分析、用户模型等，是面向用户和任务的。第4章已讲述结构模型以Seeheim模型为主;行为模型主要包括:GOMS(Goal, Operator, Method, Selection rule),TAG(Task Action Grammar),UAN(User Action Notation)。

在构建一个多通道界面的结构模型时,以下原则起到了关键的作用:

(1) 不应该在应用程序中进行多通道整合;

(2) 允许用户完成不同通道与不同功能之间的映射;

(3) 多通道相互作用能在不中断相互作用过程的条件下随时相互启动和终止。

多通道用户界面基于多种交互通道,以用户使用的自然性和高效性为宗旨,因而需要对用户的工作负荷、视觉反应等人的因素(Human Factors)做工效分析和评估,这就涉及到认知心理学知识。多通道人机交互技术是多通道输入的、非精确的新型交互技术,这些特点无疑给多通道用户界面的描述方法提出了许多新的课题。传统的界面描述方法例如状态转换图及其扩充方法[Clive 1986, Jacob 1993c, Phillips 1986, Harel 1987, Harel 1988]、基于事件的描述[Green 1985a, Green 1985b, Hill 1986, Flechia 1987]、基于上下文无关文法[Ales 1994, Guest 1982, Hanau 1980]、基于Petri网[Philippe 1994,程景云1994]等描述方法在描述多通道界面方面都存在一定的困难。寻求形式化的描述方法对于界面设计是十分必要的。它的精确、完备和无二义性的特点使得设计者有可能合理地分析原型系统的有效性测试中收集到的数据,提早发现界面设计中的不一致性,从而寻求最佳的界面选择。但长期以来界面设计者为没有一种简单、清晰而准确的界面描述技术而苦恼[Jacob 1986]。直接操作式界面顺序和异步交织的新型交互风格,多通道界面中多种输入设备和平行路径结构,无疑更增加描述的难度。

具体来说,一个理想的多通道用户界面的描述方法还应具备以下一些新的表达能力:描述多个输入设备的使用和平行路径结构(即对于完成某功能来说这些路径是等价的),便于评价功能等价的路径的相对效率。描述多个通道的非精确的输入/输出事件。方便自然地表示多个通道之间的并行、同步、选择等协作关系和约束关系。描述多通道的用户非精确输入的整合。总结起来,一个理想的多通道用户界面的描述方法应具备以下基本的表达能力:

(1) 给设计者提供一种直观方法,使之方便好用。

(2) 描述多个通道的非精确输入/输出(I/O)事件。为实现多通道间的信息流整合,各个通道的I/O事件最好能采用统一的表示方法。

(3) 方便地表示多个通道之间自然的并行、同步、选择等协作关系和约束关系。

(4) 描述多通道非精确输入的整合。传统人机交互的输入操作方法用户每次只使用一种交互设备来指定一个或一系列完全确定的命令或参数。在多通道界面中,可能需要整合多个交互通道的信息才能确定一个命令或动作语义,如何描述这种通道整合是多通道界面描述的难点。

(5) 由于涉及到多通道人机交互的自然性,所以要对多通道用户界面模型进行评估和工效分析。这就要求描述方法应该显式地反映用户模型[Norio 1989, Staggers 1983, Carroll 1985]和任务分析模型[Kieras 1988, Reisner 1981, Payne 1986, Barnard 1987, Young 1989]的分析结果,以便进行认知心理学的评价。

从对现有界面描述方法的讨论可以看出,没有一种描述方法能完全满足多通道交互的要求。尽管有些可用来描述多通道人机交互,但都显得繁琐且极不自然,必须对它们加以进一步的改进或者取长补短、综合利用以提出一种崭新的描述方法。以下是几个这方面研究的例子。

5.3.1 基于自然交互方式的多通道用户界面模型(VisualMan)

视觉人 VisualMan[王坚 1996]是一个基于自然交互方式的多通道的用户界面,它通过整合来自不同通道的自然方式输入,来完成界面的操作。图 5.5 给出了视觉人的层次模型。在视觉人中使用操作维度(operation dimension)作为给定的相互作用任务指定交互的属性,而用原语(primitive)表示来自不同通道的最小独立操作。一系列的原语经过多通道界面的整合形成所有的约束操作维度,使应用程序完成相关任务的交互作用。

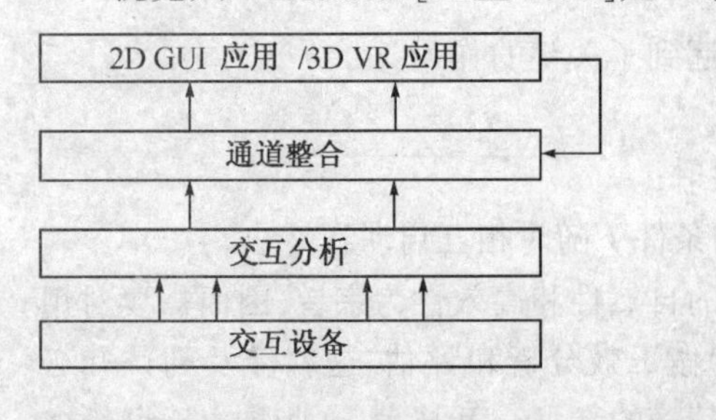

图 5.5 视觉人所表示的多通道用户界面模型

图 5.5 中各个层次的含意和作用解释如下:

(1) 交互设备(interactive device)处理来自不同通道的直接输入,系统对每一时刻的全部输入进行加工。主要的交互通道包括语音、手和身体的运动以及视觉追踪等。

(2) 交互分析(interactive analysis)根据各通道的特性分析来自不同通道的输入,形成交互的原语。如完成定位、说明属性和操作。交互分析使原语的说明变得与设备无关(interactive device-independent)。

(3) 通道整合(modality integration)将相同操作维度的原语输入通过整合来完成某项任务的操作,从而做到任务的完成与通道无关(interactive modality-independent)。不同的物理装置能整合成相同的操作,形成与装置独立的多通道界面。

在 VisualMan 这个多道通的用户界面模型中,有两个特征需要特别关注:其一是用户对一个特定的操作没有固定的输入顺序;其二是各个输入的时间(timing)对于说明操作维度起到了至关重要的作用。

5.3.2 层次化的多通道用户界面描述方法(HMIS)

虽然目前较为成熟的多通道界面描述方法方案尚未出台,却有两种界面描述方法 UAN 和 LOTOS[Bolognesi 1987]被广为采用,它们都是涉及并行行为的描述方法。

1. UAN

UAN 面向任务,支持任务分解,并将每个基本任务求精为可以完成它的用户动作序列。用 UAN 描述的用户界面体现为一种多异步任务的类似层次结构,每个任务内的时序独立于其他任务。UAN 通过简单明了的表格形式表现出在执行某一特定任务时用户和界面之间的交互行为,包括用户行为、界面反馈和界面内部状态的改变。UAN 表格的水平边界对齐代表了与某一个用户动作相关的信息,时序关系则由它们在表格中的垂直位置体现(从上到下,从左到右)。UAN 采用一些预定义的符号来表示常见的用户界面动作。

但 UAN 也有它显见的弱点,主要表现在三个方面:首先,精确刻画各成分之间的各种并行和串行的时序关系方面尚显不足;其次,当所描述的界面使用到多种输入设备和有若干条功能平行的可选交互路径时比较繁琐;最后,任务之间时序关系没有明确表示出来。

2. LOTOS

LOTOS 是国际标准化组织 ISO(International Standardization for Organization) 为了定义网络协议而制定出来的一种描述语言,但它的特点使得它适于用来描述涉及并行、交互、反馈和不确定性等问题的一类系统，于是被用来描述交互式系统。它把从 CSP(Communicating Sequential Processes)[Hoare 1985]和 CCS(Calculus of Communicating Systems)[Milner 1980]继承来的进程代数法与 ACT ONE 的数字代数法结合起来，给出了一套形式化的方法。LOTOS 的基本思想是用一套严格的形式化表示法来表示系统外部可见的行为之间的时序关系[Coutaz et al 1993a]，系统由一系列进程组成，进程同环境之间通过被称为“关口”(gates)的交互点进行交互，比如执行一些外部可见或内部的行为。两个以上的进程在执行同一个外部可见的行为时会发生交互，实现数据交换、信息传递、协调同步等。进程行为用称为“行为表达式”的代数表达式来描述，复杂的行为由简单的行为表达式通过表示时序关系的 LOTOS 算符组合而成。LOTOS 算符主要有以下几种：

T1 ||| T2(交替 Interleaving)——T1, T2 两任务互相独立，可按任意顺序执行，它们永远不会同步。

T1 [] T2(选择 Choice)——需要在 T1, T2 中选择一个执行，一旦选定某一个后，必须执行它直到结束，在这中间另一个任务没有机会执行。

T1 | [a1, ..., an] | T2(同步 Synchronization)——任务 T1, T2 必须在动作(a1, ..., an)处保持同步。

T1 [> T2 (禁止 Deactivation)—— 一旦 T2 的动作被执行, T1 便无效(不活动)。

T1 >> T2(允许 Enabling)——当 T1 成功结束后才允许 T2 执行。

LOTOS 的最大优越性是有一套现成的自动化工具可用[Eijk 1991]，利用这些工具，可以自动进行错误检测，而且可用逻辑方法严密地进行自动属性评估。但它过于形式化的方法比较晦涩难懂，让人望而却步。

通过比较，可以看出，UAN 和 LOTOS 在描述界面的能力方面各有所长，又都有所缺憾。由于多通道人机交互技术以用户为中心，以使用的自然性为首要宗旨，所以多通道界面描述应该从用户的角度出发；为了描述多通道的整合，又必然涉及到系统处理。UAN 以其简单直观和易扩展的特点引起了人们的重视。这主要是由于它引入了“任务”的概念，通过任务的桥梁作用，将用户和计算机系统这两个交互实体的行为有机地结合起来。由于 UAN 以其独有的将用户和界面行为联系起来描述的特色赋予它在多通道界面描述方面的潜在能力，陈敏等[陈敏 1996]在它基础上进行扩充并与其他方式结合，提出了一种层次化的多通道界面描述方法 HMIS(Hierarchical Multimodal Interface Specification)(参见图 5.6)。

HMIS 结合 GOMS 等任务分析模型和任务制导的宗旨，借鉴目前常用的多通道界面描述方法 UAN 和 LOTOS，将二者有机地结合起来，并对 UAN 进行扩充，使其能够体现多个通道之间的关系的，并能适应多通道交互的需要。为了体现面向任务的思想，HMIS 把任务分析模型和界面描述方法进行了有机的结合。建立模型首先要进行系统的任务分析，在高层利用任务分析模型GOMS对交互系统进行任务分析，将系统的交互任务逐步分解和细化，并且通过树形结构表示这个分解的过程，从而得到一个系统的树形任务分解图。任务分解树的树叶代表不可再分的任务，即系统的基本交互任务。对于分解树中每一层上的各个任务，采用 LOTOS 算符来表示他们之间的时序关系，包括：交叉、并行、选择、同步、激发和限制等。在低层，对于当前关注的系统基本任务，扩充 UAN 来描述完成这些基本任务时用户的交互序列和界面的反馈。为了体现多通道界面中多个输入通道的共同使用，HMIS 把 UAN 中的“用户行为”栏细分为若干列，每列对应于一种输入设备。当一种输入设备有多条交互路径可选择时，再对相应

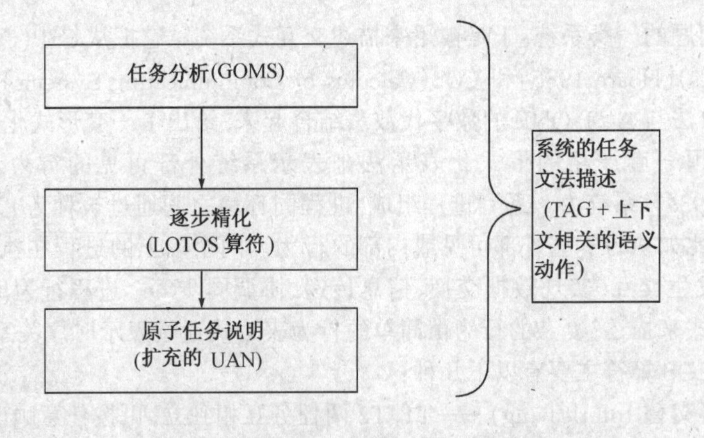

图 5.6　层次化的界面描述方法 HMIS 框图

的“输入设备”栏进一步细分，对这些新加的细分列中的动作，定义它们功能上的等价关系和设备输入之间的切换关系。这样扩充后，可以清晰地表示用户在多种输入设备之间的交替使用和选择。为了表示多个互补通道的输入通过整合后才能定义的一个有意义的输入动作，HMIS 利用时间接近性，引入一些时间参数来表示位于同一行的通道动作在时间上的配合关系；然后为了形式化的描述多通道整合的各种情况，为软件结构中的整合模板提供文法参数，HMIS 采用 TAG 的思想，以“交互原语”作为终结符，不同层次的任务为非终结符，缔造该应用程序的语法制导的任务文法(语义动作以过程调用或消息传递的形式附着于产生式)。

下面以一个多通道例子来阐述 HMIS 的具体应用。

5.3.3　应用举例

下面以中国象棋的多通道交互软件为例，来进一步考察 HMIS 描述方法。

第一步，在任务分析阶段，用 GOMS 模型的任务分解思想对这一系统进行任务分解，并逐步精化，得到一个树状的任务分解图。任务分解停止的条件是：当一个任务再划分下去会涉及到用户通道的输入时，则把它看做原子任务而不再细分下去，成为树叶。任务分解将每层的任务都划分成了若干子任务，这些子任务之间的时序关系通过 LOTOS 算符进行描述，如图 5.7所示。

第二步，用扩充 UAN 来描述原子任务。

由上面的任务分解图，得到了象棋系统的六个原子任务：拾取棋子，放置棋子，加速打谱，减速打谱，暂停打谱和恢复打谱。其中拾取棋子与放置棋子与多通道交互紧密相关，其他四项任务与多通道交互的关系相对较弱，因此只用 UAN 描述这两个任务，其他四个任务略去不提。为了直观起见，这里不采用严格 UAN 描述所需使用的预定义符号记法，而采用一种半自然语言的方式来描述，它很容易映射到严格的 UAN 记法。在描述过程中对 UAN 进行的扩充包括：

(1) 对用户动作栏扩充：动作栏的数目与设备的数目相等(在这里是四种设备)，若某种设备中还对应有多条功能平行的交互路径，则继续对该设备栏进一步细分(本例没有这种情况)。用粗细不同的线型和符号在新增加的列之间表示各个通道输入之间的可替代关系(即选择关系)和切换关系。在同一行中，用标有等价记号的细线型隔开的列表示这些列的动作是功能等价和可选择的；在

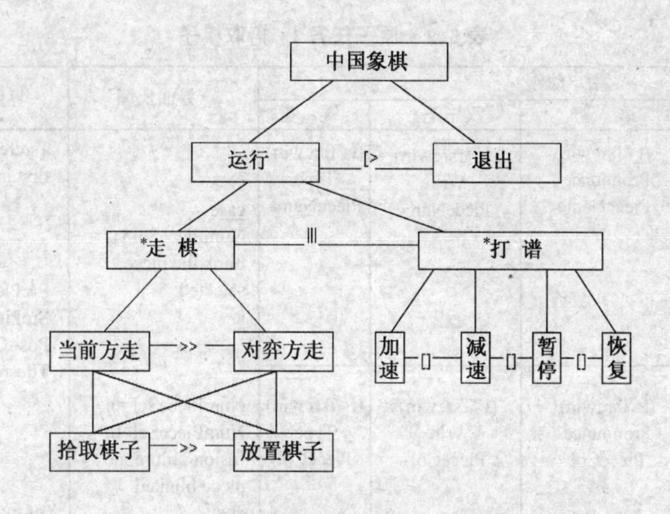

图 5.7 中国象棋的任务分解图

表格中某些点用交叉记号表示通道之间的切换关系,其他的行列之间仍保持从上到下、从左到右的时序关系不变。通过这些系列动作之间的排列组合可得到各种可能的交互序列。

(2) 引入控制结构来加强描述能力。

(3) 引入时间变量和时间窗口常数来表示通道输入之间的接近关系。

为了描述方便,首先定义下面一些变量和函数:

符号:

交叉符号

等价符号

变量:

Tsrcref	与源位置的确定相关的输入的最早开始时间
Tsrcwin	与源位置的确定相关的输入所在的时间窗口
Tdesref	与目标位置的确定相关的输入的最早开始时间
Tdeswin	与目标位置的确定相关的输入所在的时间窗口
BOARD	表示棋盘状态的二维数组
SrcPos	被移棋子的源位置
DesPos	移到的目标位置
SrcPieceSel	布尔变量,表明源棋子的整合是否成功
SrcPiece	源棋子的 ID
DesPiece	在目标位置处的棋子的 ID

函数:

NumPieceSel	返回多通道的输入整合后得到的符合条件的棋子的数目
ComputeDes	由源棋子位置和移动位移来计算棋子的目标位置
IsValidStep	根据下棋规则判断是否为一步合法的走棋
HasPiece(pos)	判断棋盘 pos 处是否已有棋子
GetPos(PieceID)	返回由 PieceID 所表示的棋子在棋盘中的位置

表 5.2 原子任务 1：拾取棋子

用户动作				界面反馈	界面状态
2D 鼠标	语 音	汉王笔	键 盘		
(t<Tsrcwin) ～［x,y］ depress ∧ release	(t<Tsrcwin) Pronounce PieceName	(t<Tsrcwin) Write PieceName	(t<Tsrcwin) Type PieceName	<u>case</u> NumPieceSel=1: blink the piece selected;	Tsrcref=the first input time SrcPieceSel=TRUE; SrcPiece=PieceID;Src- Pos=GetPos(PieceID); Tdesref=current time;
	(t<Tsrcwin) Pronounce PieceCol	(t<Tsrcwin) Write PieceCol	(t<Tsrcwin) Type PieceCol	NumPieceSel=0: NumPieceSel>0: fusion failure, no piece blinked <u>end</u>	SrcPieceSel=FALSE

表 5.3 原子任务 2：放置棋子

用户动作				界面反馈	界面状态
2D 鼠标	语 音	汉王笔	键 盘		

(t＜Tdeswin)
～[x,y]
depress ∧
release
	(t＜Tdeswin)
	Pronounce
	Direction
		(t＜Tdeswin)
		Write
		Direction
			(t＜Tdeswin)
			Type
			Direction
				<u>case</u>
				～SrcPieceSel:
				No action at all;
				SrcPieceSel:
				DesPos = ComputePos;
				if(IsValidStep)
				{
				if(HasPiece(DesPos))
				{
				Erase DesPiece;
				Render SrcPiece
				at DesPos;
				}
				else
				Render SrcPiece
				}
				else
				ignore user's
				Invalid step
				end
					BOARD[SrcPos] =
					NULL;
					BOARD[DesPos] =
					SrcPiece;
					SrcPiece = FALSE;
					BOARD[DesPos] =
					
					SrcPiece;
					BOARD[SrcPos] =
					NULL;
					SrcPieceSel = FALSE
					
					SrcPieceSel = FALSE

	(t＜Tdeswin) Pronounce Offset	(t＜Tdeswin) Write Offset	(t＜Tdeswin) Type Offset		

最后一步，用 TAG(Task Action Grammar)描述出该系统的任务文法，其中产生式左边的非终结符表示不同层次的“交互任务”，产生式右边为完成该任务的交互动作序列，并以“输入原语”为终结符。为了便利整合模板的设计，模型采用了一种语法制导的上下文无关文法，在产生式中附加有语义动作来指导整合的进行，如：约束时间接近性，冲突时通道的优先级的高低，等等。

5.3.4 其他多通道用户结构模型

1. 基于事件-目标的多通道用户结构模型

针对多通道用户界面人们虽然提出过各种模型,但是还没有一种较通用的模型。根据多通道和多媒体用户界面的特点和要求,可以考虑将面向对象模型和事件驱动模型进行有机的结合,以二者作为基础建立多通道用户结构模型。

用户使用适当的效应通道(如手)作用于特定的输入设备(如鼠标器),产生输入媒体(如坐标),并以事件的形式出现和组织;事件经"事件-目标管理子系统"映射并调用应用模块后,借助目标将应用语义通过适当的输出媒体(如图形)在相应的输出设备(如图形显示器)上输出,用户使用对应的感觉通道(如眼睛)予以接受。在这一过程中,效应通道和输入设备被封装于事件结构之中,而输出设备、感觉通道被封装于目标结构之中。换言之,事件的结构中包含了输入媒体类型、相应输入设备类型及其附属通道类型等信息;而目标的结构中包含了输出媒体类型、输出设备类型以及附属通道类型等信息。

2. 分布式多通道用户界面的模型及原型

在分布式同步方式的 CSCW 中,如工程协同设计系统,分布在不同地址的用户可以同时完成对同一任务的操作,这种用户界面称为分布式用户界面。关系到 CSCW 系统成败的一个很重要的问题是用户对系统操作的满意程度,而这种满意程度主要取决于系统的用户界面。目前的分布式用户界面需要提高其操作的直接性和操作的效率。

目前,CSCW 系统采用的用户界面绝大多数是单通道的,不能满足用户对交互效率和自然性的需要。根据分布式用户界面的这一特点,张高等[张高 1998]对原有的多通道用户界面模型进行了网络扩充,并加入了共享窗口模块来适应分布式用户界面的需要,提出了分布式多通道用户界面(DMMI),并对 DMMI 协调服务器的通道整合和分布式协调功能作了讨论。

以下列出了建立一个分布式多通道用户界面的过程中应该着重考虑的四个问题:

(1) 多通道整合的目的是从输入流中捕捉用户的意图,这些输入流可能是并行的或串行的、精确的或非精确的、相关的或独立的。语音、手势和触点等通道是目前多通道整合研究的重点。

(2) 分布式用户界面 CSCW 环境可以让网络上的多个用户操作同一个系统,保证用户之间的操作的协调和不冲突,保持并发执行的交互之间的一致性是很重要的。在一个分布式计算环境中,有很多技术可以用来协调这些并发的行为,以实现系统的一致性,如:消息控制、过程控制、一致性检查、冲突检查和版本控制等。

(3) 通道整合应该和应用的语义信息结合起来,将通道信息映射成具体的交互功能可以由用户来完成。

(4) 可以在任何时候激活或关闭一个通道,而不必中断当前交互任务的进行。

分布式多通道用户界面和单用户多通道用户界面在通道整合上的不同之处是:分布式多通道用户界面主要解决多个用户之间的协调和保持各个用户的界面的一致性问题。我们在多通道用户界面模型的基础上提出了分布式多通道用户界面的结构化模型(DMMI)。DMMI 的结构化模型由三类子系统组成:

(1) 共享窗口客户:不同联网用户通过网络来完成对同一系统的操作。每一个用户都可以在他的私有窗口中通过多个通道,如语音、手势等,和 CSCW 系统交互。操作的结果可以在共享窗口中显示出来,每个参与者的私有窗口被称为共享窗口客户。

(2) 共享窗口服务器：共享窗口服务器同时为所有的用户提供系统输出。在分布式同步方式 CSCW 环境中,几个用户共同完成一个工作,每一个用户都可以看到其他用户的动作。共享窗口服务器将系统中的所有操作都集中起来,并将系统处理的结果传播给和网络相连的所有用户。

(3) DMMI 协调服务器：在 DMMI 中,要完成多个通道的整合,关键在于支持多用户之间的协作。系统中的每一个对象一次只能有一个用户对它进行操作,当多个用户同时操作同一个对象时,协调服务器要能检测到冲突并解决它。协调服务器的结构可以沿用多通道用户界面模型的五个部件,为了满足分布式系统的需要,应在其中加入对多用户协作控制的功能。

DMMI 结构模型强调了分布式系统的网络功能,系统工作所需要的信息可以以原语消息的形式在网络上传输。该模型将分布式控制和通道整合有机地结合在一起,可以充分利用这两种技术的优势去解决系统中的复杂控制问题。该模型还将通道整合功能和具体的应用结合起来,这样符合通道整合和语义相结合的思想。假设两个用户通过网络来编辑同一幅工程图纸,用户 USER1 为了将一个矩形的颜色从红色变为绿色,他用鼠标点中该矩形,同时用语音说“将它变为绿色”。几乎同一时刻,用户 USER2 想在这幅图纸上画一条直线段,在说“从这里到那里画一条红色的直线”的同时,他用鼠标给出了线段的两个端点。在这个操作场景中用到了两个输入通道：语音和指点,它们的特点是并行的和互补的。

5.4 多通道整合

多通道用户界面的特点在于利用多个感觉和效应通道的并行和协作与计算机系统进行交互。由于多通道交互中各个通道不再局限于精确输入,因此,如何从多个并行、非精确的交互通道中获取用户要传达的信息,就成为多通道用户界面技术应该解决的重点和难点,即多通道的整合问题。多通道整合的解决是实现多通道人机交互的首要前提。目前,有关多通道整合的研究主要集中于把语音与手势的整合方面[Gourdol 1990, Hauptmann 1993, Kloosterman 1994]。

5.4.1 基本概念

1. 整合(integration)

integration 这个词在计算机领域里用得很广,一般翻译为“集成”。它在多通道研究的文献中也出现得非常多,比如 MIAMI 项目名称中的 multimodal integration,再比如 VRAIS’96 一个叫做“integration of multimodal input”的 tutorial[Billinghurst1996]。由于翻译为“集成”不能很好地体现多通道之间紧密的协作关系,而且容易和其他用法混淆,所以我们赞成把它译作“整合”。

一般地讲,用“多通道整合”这个词表示将多种交互通道(包括其相关设备和处理)容纳到系统中,并且最好是以协作的方式来使用。整合一词既用于输入,也用于输出,比如视觉通道与听觉通道的整合,语音与手势的整合。关于整合可以从两个层次来理解。一是在低层次上,主要关注如何把各种交互设备和交互方式都容纳到系统中[Wang1996];二是在高层次上,主要关注多个通道之间在意义的传达和提取上的协作。这是我们的理解,多数文献也正是在这个意义上使用这一术语的。如果没有这个层次的整合，而只是满足低层次上的要求，系统中的多个设备就只是并存而没有相互协作了。这两种整合是相辅相成的，构成对多通道界面这一软硬件系统的多通道特性的完整支持。

2. 融合(fusion)与分流(fission)

就高层次上的整合而言，可以将其按照相应的信息流动和处理特点来进一步加以划分。这就是融合(fusion)与分流(fission)这两个概念。基本上对应于输入和输出两个方向。所谓融合，就是指在多个层次(词素的、词法的、语法的、语义的、语用的、会话的)上对来自不同通道、具有不同表示的信息的合一化处理，其目的是正确地获取用户输入，特别是正确地解释用户输入。而分流则是指在多个层次上对需要传达给用户的特定信息向不同输出通道、信息表示和表现所进行的转换。

[Coutaz et al 1993b]认为，融合既存在于输入过程中，也存在于输出过程中，分流亦然。他们认为，融合指的是将几个信息块(chunks)结合形成新的信息块，而分流是指信息块分解的现象：两者都与信息的解释和呈现功能有关。他们举了这样一个例子：城市的图片可以与人口增长的图形表示相结合，并同时在屏幕上输出。这里，关于城市与人口的不同概念——由系统内部两个不同上下文所处理的概念，在最低的层次上结合起来，并通过同一个输出数字信道加以呈现。所以，他们也有“输出中的融合”这样的说法。

其实，我们所讲的融合与输入相关联，分流与输出相关联，说得更清楚一些就是计算机的融合与人的动作(人向计算机的“输出”，即计算机的输入)相关联，计算机的分流与人的知觉(计算机向人的“输入”，即计算机的输出)相关联；而在人的信息处理中，也有知觉中的“融合”(即对计算机所分流的信息的融合)与动作中的分流(即信息向计算机的分流，这些信息需要计算机来融合)的问题。前面那个例子，说得明白一些，就是计算机如何在分流的时候通过多个通道的配合来支持人的信息“融合”，信息的真正“结合”其实是在人的头脑中完成的。

融合与分流还有一个信息源与目的地的问题。在这个问题上，我们认为，信息在分流的源头并非必须是某个浑然一体的东西，而在融合的终点亦然。这是个非常有意思的问题，在人机交互、认知科学和哲学中都有很多寓意，这里不再深究。

文献中还经常使用“synergistic”一词来修饰多通道、整合和融合。从词源看，它是由“syn(合)”与“erg(能)”(就是 Ergonomics 的那个“erg”)两部分组成的，直接的含意就是“功能或者效果上的结合”。一般用来指药物之间的配合作用或者人体肌肉器官的协同作用。可以把它翻译为“协作的”。当它修饰多通道、整合、融合和分流等词时，我们把它界定为：在语义的层次上支持多个通道间信息的相互结合与配合。比如，对“put that there”类型的输入，就需要协作式的融合处理来进行直指(deictic)指称的归结。同样，在多通道分流输出中，也可以利用通道间的配合来帮助用户知觉中的信息融合过程对指称二义性的消除。

5.4.2 人的“多通道整合”

多个通道信息的整合在人们日常的信息加工中极为常见。这些整合对于人具有非常重要的意义，构成我们生活所依赖的“自然技能”的重要基础。在本部分中，我们先列举人的信息加工中的多通道整合情形，反思人在整合时的一些基本特点，然后综述目前多通道界面中的各种整合实例，再将这两方面结合起来，提炼出一些关于整合的原理性的东西。

从人体结构来看，人在外形上是左右对称的：有着双手、双耳、双眼、双脚等。人体正是通过这些成对通道的整合，才得以非常方便地知觉我们所处的三维世界，并在其中正常地活动。举例来说，我们有一双眼睛，看到的却是单个像；有两只耳朵，听到的却是一个声音。这正是由于视觉与听觉信息加工过程对来自双侧的信息的恰当融合。这个融合过程是在意识水平之下的，我们感知到的已经是加工的结果了——双眼视差变成了深度感和距离感，双耳“听差”（响度和相位）已经变成了声源的方位。对侧运动器官也有协调问题，双腿的协调让我们得以正常地行走，双手的协调让我们得以正常地操纵各种物体，双眼的协调让我们的视线正确地会聚在观察对象上。

上面介绍的是成对的相同通道之间的整合，我们将这些通道成为“同质”通道。相应地，在“异质”通道之间的整合同样十分普遍。例如，视觉与听觉的整合，使我们可以确认某种声音的声源是哪个物体（虚拟现实在信息的呈现上就面临着相应的分流问题）。听觉对视觉的引导，则是我们转移注意的基本机制之一。此外，在视听整合中，唇读与听觉的信息融合，对于人与人之间的言语交流也非常重要，尤其是在嘈杂的环境里。在人机交互系统中，一个极为重要的问题是手眼的协调，它也是心理学中较为关注的问题，它也是“异质”通道整合的一个明显的例子。它既是一个通过眼的输入引导手的动作的过程，也是一个躯体位置与运动感觉和视觉的融合过程，还是一个任务制导的信息分流过程，即根据当前所要完成的任务来规划手和眼的协调动作。

上述这些整合的过程以及其中的信息处理过程都是在人类意识水平之下的，即它们不是以“思考”的能力作为基础的。这些整合是人们与生俱来的能力，但却是非常智能的。与之相对应，在人类的意识水平之上，多个通道的整合也发挥着极为重要的作用，这一点在人们以自然语言为基础进行的人际交流中表现得尤为突出。

在人们日常的交流中，通过躯体动作与言语配合表达意图的现象非常普遍。例如：我们说“把那个给我(give me that)”，同时用手指向所需的物体，或者在手不方便时用头一点，就可以让对方心领神会。在这个过程中，语言所表达的只是操作的内容(给我)，而操作的对象由手或是头部的动作指明，这是一个典型的意识层次之上的整合过程。实际上，手势在人们的交流过程中发挥着极为重要的作用，无论是黑板前、饭桌上或会议室里，人们总是习惯于在说话的过程中加入各种各样的手势，以这种方式对某些内容加以强调、指向言语中省略的对象、比划一个现象，等等。此外，还有很多高层的、语用的甚至依赖于情绪情感的整合方式。比如，对于“讨厌”这句话，在不同的手势、表情、身体的朝向和语调的配合下，可以表示厌恶、愤怒、撒娇等多种感情。如果说手势是言语的天然“注释设备”，那么表情和语调就可以看做人际交流中无所不在的“着色剂”了。

对于上述语音和手势的多通道整合需要涉及人的长期记忆(相当于人工智能中的知识库)里的语言知识和挪动一物到另一物上的任务知识、短期记忆(这相当于人工智能中的黑板和人机交互中的交互上下文)中的情景表示，而多通道信息的融合在指称归结过程中起到了消除歧义的作用。在计算机的多通道整合中可看到类似的情形。

5.4.3 多通道整合实例分析

随着人机交互及其基础技术的进步，视觉、听觉和触觉等领域的技术已经发展到足以让我们开始进行整合研究了。下面是多通道研究中出现过的各种整合实例。

1. 自然语言/语音和指点的整合

多通道研究中,最常见的例子是语音和/或自然语言与其他通道特别是直接操纵和手势的整合。这里,如果不考虑语音的识别过程,单就整合而言,语音输入的自然语言可以通过近似简化与通过其他通道输入(键盘、书写)的自然语言相同。

CUBRICON[Neal 1988]是一个支持自然语言和鼠标的整合的多通道系统。用户可以通过语音设备和/或键盘输入自然语言。为了进行多通道指称归结(即求出多个通道输入信息的共同所指),CUBRICON 利用了三种知识:① 以语义网方式建模的任务(在该系统中是军事空中管制)上下文;② 一种“双媒体”语言的语法,它能够描述指点手势可以用在哪些名词和位置副词短语出现之处;③ 维护“焦点空间”的会话模型(discourse model),即由用户输入的实体表示和命题所构成的历史记录。当用户询问“What is the name of this icon click airbase?”时,对应于该图标的物体就能从焦点空间中自动被检索出来。然后,再从领域知识中检索出这个特定实例的信息。

MMI²(Man-Machine Interface for Multi-Modal Interaction with knowledge based systems)[Wilson and Conway 1991] [Wilson et al. 1991]中的多通道整合主要由对一个泛化的会话上下文的统一管理来进行。其设计的核心思想是:任何交互,或者用户与界面之间以任何方式进行的“会话”,都发生在一个共同的会话世界(它可能,但并不绝对,与现实世界或者一个应用程序相联系)。任何在交互过程中被提到的实体,就进入这个会话世界。在其中,它被称为会话所指(referent)。多通道整合围绕这个会话上下文来进行,主要是对指称的归结。他们认为自然语言处理的技术对于其他通道也是适用的,并且是进行整合的最为自然的方法。

这些例子表明,计算语言学中的概念和方法也可以用于多通道研究,特别是诸如指称(reference)、会话模型(discourse model)、指代法(anaphora)以及范围歧义(scope ambiguity)等概念在多通道研究中都可以被赋予一种扩展的意义,并将其用于其他通道的分析以及自然语言与其他通道相整合的情形。

在上述以自然语言界面为基础的多通道整合中,一个很重要的问题在于如何利用多通道输入进行指称归结。指称归结主要需要处理三种情况,即名词短语(如“大的玻璃杯”)、直指(“put that there”与手势的配合)和指代(用“这些例子”指称前面提到的那两个例子)。在一定的情景下,这三种指称都可能有歧义。要确定其具体所指,必须消除歧义。在多通道界面中,这三种指称都可以与其他通道输入的指点信息相配合,从而提供更多的约束以协助歧义的消除和指称的确定。尤其是对于直指的情况,指点信息是必不可少的。这里的多通道信息融合必须将多通道输入与会话上下文(或称会话模型,即用户输入的历史记录)和交互上下文(关于界面显示的内容、界面支持的功能、正在进行的交互等的知识)等相结合来进行指称归结处理。

显然,进行上述信息融合处理有一个先决条件,就是首先要将自然语言输入中的指称与其他通道的指点输入配对。为此,应该利用时间和语法这两方面的约束。

Talk and Draw[Salisbury 1990]是一个支持“put that there”范式的图形编辑器。在这个系统中,直指鼠标事件必须发生在句子说出之后。融合是语音驱动的,并且以一种顺序的方式进行。Eucalyptus[Wauchope 1994]系统的情况类似。它把鼠标中键用于直指输入。由于系统中语音输入处理的限制,没有使用时间戳,而是将鼠标指点和自然语言中的直指表达进行顺序的配对。

这种方法处理不了输入中(允许指点配合的)自然语言指称个数与指点个数不匹配的情

况，例如只有一个指点输入伴随"put that there"。在这样的系统中，用户要么不使用多通道指称方式，要么在每个指称处都必须使用多通道指称——这对用户来说很不自然，也不能满足所提出的让各种通道在任何时候都可以使用的目标。这一目标的重要意义在于：用户在进行多通道输入时可以自由选择通道组合，不用考虑哪种组合可以而哪种组合不行。

为了将来自多个不同通道的输入正确分组（上述的配对是一种特殊情形），需要精确地度量输入事件的时间。正如 Bellik [Bellik 1996]所明确指出的，由于交互设备并没有被设计来以协作的方式工作，跨通道的耦合就必须依靠时间相关性；而且指点手势和语音之间在时间上的相关对确定用户动作的意义尤其重要。MATIS[Nigay and Coutaz 1995]就是利用时间上的接近性进行多通道整合的一个典型例子。

2. 语音与唇读的整合

这是研究比较早的一种整合。正如[Nishida 1986]所指出的，尽管语音识别技术有了进步，但是仍然易受噪音的影响。而唇的动作信息在嘈杂的环境（比如工厂或汽车里）中对语音识别很有用。他们将唇的动作信息用于增强语音识别，采用了两种用法。一种是将唇的动作信息用于检测语音的开始和结束。这是整合唇的动作信息的最简单方法。第二种是将唇的动作与声音的信息一起用于语音识别。[Brooke 1990]的研究显示，在嘈杂环境中，人的语音识别依赖于语音（声学的）和视觉（光学的）的结合，这一结合可以将信噪比提高大约 10 到 12 分贝。具体的信息融合方法可以有两种选择。第一种方法使用比较器来合并两个独立识别出来的声学事件和光学事件。这一比较器可以由一套规则组成（例如，如果从声学识别器所得到的音素的头两个选择是 t 或者 p，那么就可以选择光学识别器给出的排位更高的那一个）或者是一个模糊逻辑融合器（例如，给予用声学和光学的方法识别出的音素以线性的权重）。第二种方法是采用识别网络来将光学信号与声学信号结合，在音素识别之前提高信噪比。采用神经网络的方法，还可以用两个网络分别识别光学信号和声学信号，再用第三个网络将中间结果整合起来。[Waibel 1994]就采用了这种方法。他们的系统，在嘈杂的环境中可以将语音识别率提高 10%～30%。

3. 眼动和其他通道的整合

眼动系统大多是单通道的，这或许是因为目前大多数眼动跟踪设备要求用户的身体和头保持静止，使其难以再使用其他设备。Koons[Koons 1993]采用了语音（PC 上的离散词识别器）、手势和眼动三个通道进行整合，他们以统一的基于框架的编码方式表示各个通道的输入，并一起加以解释以进行指称归结。眼动跟踪是当作一种指点设备来使用的。

5.4.4 多通道整合原理

根据对上述整合实例的分析，结合前面关于多通道优势与多通道概念的讨论，下面从通道的用法、整合对系统结构的影响和整合策略所应该考虑的因素这三个方面来总结目前所获得的可能指导具体整合设计的想法。它们合在一起就构成所谓"整合原理"。

1. 通道用法

(1) 语音和手势/直接操纵互补。语音和手势/直接操纵的结合，比单独使用其中之一更受欢迎。语音应该用于描述性的输入、非图形命令和任务的控制。手势/直接操纵应该用于视觉/空间输入，例如直指。将语音和手势识别与简单的上下文识别结合可以获得强大的效果。

(2) 其他形式的多通道整合也应该考虑，如语音和书写的整合。

(3) 语音通道并不需要支持大词汇量，并且当词汇量小时识别得到改善。

(4) 结合多个通道的输入有利于提高识别率。

(5) 在任何时候所有通道都应该可用，以保证通道的自由组合。如果存在限制，则限制应该是来自交互任务本身，而非系统功能的局限。

2. 系统结构

(1) 系统应该能够在硬件和软件上支持多种设备、多个通道。各个通道的数据在程序设计接口上应该有一定的抽象表示。

(2) 时间是融合处理的基本准则，它允许重建信息的实际顺序。为此，系统需要能够精确记录通道输入事件的时间。(遗憾的是，很多语音识别系统尚做不到这一点。)

(3) 以自然语言处理为核心将强烈地影响多通道系统的结构；可以扩充自然语言处理的技术来处理多通道整合。多通道信息融合对于自然语言处理中的指称归结有很大的作用。

(4) 采用语音/自然语言为输入方式的系统也可以采取更简单的系统结构和整合方法。比如，利用 Word Spotter 来提取输入中对于交互最重要的有限几个词语，并结合其他通道的输入形成完整的交互任务信息。

(5) 尽管语义层次的多通道整合会给界面带来更多的应用相关性，但它更为有效。多通道整合需要以适当的方式充分利用应用领域信息。

(6) 由于各个通道的技术不是完美的，任务特定的应用领域有利于实现多个通道的协作，因为这里存在着最强的约束。

3. 整合策略

(1) 语音和手势信息的融合是目前多通道系统中整合的主要问题。

(2) 融合中的一个重要问题是歧义消除。上下文知识即会话模型有助于消解歧义的输入并提高识别率。

(3) 设备之间在时间响应上的差异可能非常大。一个语音识别系统识别一个词，比触屏驱动程序计算相对于指点手势的点坐标需要的时间更多。这就意味着系统收到的信息流的顺序与用户动作的实际时间顺序并不对应。在利用时间的接近性之外，需要结合语法语义约束加以处理。

(4) 多通道反馈是一个在信息融合过程中及时且适当地向用户分流重要信息的过程。融合与分流可能有比较复杂的相互作用。理想的情况是，反馈能够在融合的过程中以多通道协作的方式及时给出。从多通道系统的反馈方式看，融合与分流都不一定要以相同的表示为目标或者起点。

(5) 融合可以是“急性子”的和“慢性子”的。“急性子”融合只要多通道输入支持一定程度的整合，就开始处理，可以看做事件驱动的。而“慢性子”的融合则要到具有了全部输入或者比较完整的输入之后才开始处理。“急性子”融合的好处在于及早生成反馈，缺点是可能要进行回溯。

(6) 融合处理可以分散在系统中进行，也可以集中进行。

总之，以自然语言为主要输入通道的多通道整合所需要处理的问题包括：多种设备的兼容和多个通道的信息表示，对应用数据的访问，交互上下文的组织和访问，会话模型的组织和访问，利用多通道融合的指称归结，以及对可能有的歧义和冲突的消解。

5.4.5 多通道整合方法

1. 面向任务的整合模型

陈敏等[陈敏 1996] 提出面向任务的整合模型(ATOM)。多通道界面的面向任务设计有一个需要解决的问题：如何通过不同的通道来分担同一任务的相关信息的传达，并使它们能够相互协作。解决这个问题需要两个部分的工作，即任务结构的设计和任务参数的设计。任务结构的设计负责定义任务的总的行为结构，相当于设计命令行和对话框的结构以及相应的交互，在这里需要着重考虑多个通道之间的互补性。而任务参数的设计则要解决如何传达构成一个完整的任务表示所需的各个参数的问题，相当于设计命令行参数和对话框中的域以及相应的交互，只是这里参数的输入也可能是以多通道的方式进行的。与传统界面相比，任务参数设计的重要性在多通道界面设计中表现得尤其突出，多通道协作的指称就是这一设计所要考虑的问题之一。

多通道任务设计强调充分性与精确性的区分。界面的作用在于协助用户表达交互意图，只要从用户输入所得到的信息对于一个任务的完成是足够的，就不必要对用户输入要求更多的精确性。多通道界面提倡多个通道的协作配合，单个通道的信息就其本身而言往往是不精确也不充分的，但不同的通道可以相互补充而提供充分的表达能力。关于这一区分，大致可以说传统界面的交互方式中存在着很多额外的精确性要求，而多通道界面则试图通过体现充分性的原则来给用户交互以更多的自由和自然性。

(1) 多通道输入的格模型 [蒋宇全 1998]

多通道整合的问题可以看做一个如何对多通道信息流加以合理地组块化并正确解释各个组块的意义的问题。在这里，先考虑组块化的问题。简单说来，组块化或者分块，就是要将整个多通道输入流分割成对应于任务的“段”和对应于任务参数的“节”；分块的依据主要是语法约束和时间接近性。下面以多通道输入的格模型来抽象多通道输入分块问题。

这个模型以格(lattice)这种代数结构为基础。采用格的结构是因为来自多个通道的输入在时间上的关系是一种偏序关系。为了支持多通道整合，需要由各个通道输入处理程序给每个输入事件加上时间戳，这种时间戳应该尽可能接近用户相应动作发生的时间。但我们认为，即使尽可能准确地度量这些时间，考虑到各个通道的处理速度和时间分辨率上巨大的差异，用户动作本身需要一定的时间才能完成以及误差等因素，这些时间戳也是很难具有完全的跨通道可比性的，所以应该把它们看做一个偏序集。在这个偏序集中，来自同一设备的输入事件的时间戳之间具有全序关系，而且可以认为它保持了用户相应动作的顺序。此外，可以容易地在多通道输入信息流中确定或者人为地引入一个最小元(输入开始点)和一个最大元(输入结束点)，这就得到一个“格”的结构。

多通道输入的格模型的提出是为了更准确地把握多通道输入在时间上的特点，明确多通道整合中输入分块的问题和难点所在，以及解决问题所需要考虑的因素和可以采取的策略。这里需要指出，格模型只是概念模型，它映射到具体设计与实现时应该是很灵活的。上面的分析还表明，分段与分节的依据主要是时间和任务结构的知识，而分段与分节可以看做基于任务结构语法和时间关系对多通道输入进行的一个语法分析过程。这个分析过程是整个整合过程的有机组成部分。

(2) 面向任务整合

根据前面的讨论,整合所要考虑和利用的主要因素包括:

① 任务。在确定完任务之后,就可以获得任务结构的信息和任务参数结构的信息,然后能够利用整个任务的多通道结构来指导后面的整合。由于它对整合过程提供极强的约束,可以在设计中考虑用各种方法来简化任务的确定,以利于它的首先完成。确定任务也可能为分段提供帮助。

② 时间。同一通道的输入在时间上的顺序关系是通道内语法分析的基础。不同通道输入之间时间上的接近性是建立跨通道关系的基本依据之一。

③ 任务结构和任务参数的多通道结构。任务结构信息表明任务有几个参数,每个参数的类型是什么。这是一个强有力的约束,它是分节的依据,也是判断多通道输入的结构完整性的依据。任务参数的多通道结构说明一个参数的多通道构成方式。它也是分节的依据和判断多通道输入结构完整性的依据。这些信息可以统称为任务知识。

④ 上下文。交互上下文包括屏幕显示什么内容,当前支持哪些任务,当前正在处理什么任务等信息。其中,正在处理的任务、任务结构和参数信息可以称为任务上下文。交互上下文可以为指称归结和任务的确定等提供约束,也是任务知识起作用的途径。此外,会话上下文可以为指代法指称的归结等提供必要的约束。

⑤ 应用领域信息。由于整合过程涉及语义的处理,如指称的归结和歧义的消除等,所以需要查询应用领域的具体信息。整合过程需要以适当的方式将上述因素所能提供的信息结合起来。具体结合的方法和整合流程可以灵活考虑。一个比较突出的问题是在任务参数的多通道整合过程中,如何结合上下文,利用多通道输入在语义上的互补性进行应用相关信息的融合处理。这里,各种情况可能很不相同,必须结合具体的应用情景来处理,是高度应用相关的——比如多通道的指称归结,自然语言的空间关系描述(例如,“沙发旁边”和指点手势的结合),多通道结合的属性描述(例如,“比这个长一些”和长度示意手势的结合)等。

当融合算法成功地得到每个参数都确定的任务表示时,就可以让应用部分完成相关处理,并进一步给出任务级的反馈了。

(3) 设计方法

用面向任务的思想开发一个具有多通道协作信息融合功能的界面需要在通常的系统和界面设计中结合完成以下三个方面的工作,即多通道任务设计、多通道任务表示的设计、多通道整合策略的设计。

① 多通道任务设计。多通道任务设计首先要进行任务的多通道标识,其目的是确定在系统分析和设计过程中得到的所有任务中,哪些适合通过多通道协作的方式完成,哪些适合由单通道的方式完成。根据任务的多通道标识,将所有的系统任务分为两个任务集:适合多通道协作的任务集和适合单通道的任务集。对于适合多通道协作的任务集中的每一个任务,进行具体的多通道任务设计,设计的目的是在与这些任务有关的交互中,尽可能地发挥多个通道协同的作用,充分体现多通道交互的优势。多通道设计所需要得到的信息包括:各个任务和参数采用哪些通道进行输入,各个通道在指定任务时如何配合,在指定任务的各个参数时又如何配合,什么样的通道输入组合在结构上是完整的(这将作为整合策略的重要判据),什么样的输入在意义上是充分的,哪些多通道输入的配合方式可能给分节带来困难,而什么地方又可以自然地引入一个分段的或分节的结,等等。这些设计的结果将被转换成任务结构知识,以便为整

合算法所利用。

这里要特别指出的是，在单通道系统的任务设计，即命令行或者对话框的设计中，系统中的命令是固化了的任务输入方式，因此任务设计比较简单。而对于多通道系统来说，情况则要复杂得多。在多通道系统中，用户发动同样一个任务可以使用各种不同的通道组合，用非常不同的方式表达同一个意思。因此，任务的具体输入方式在设计时无法完全确定，而要在实际使用中才能确定，并且相应的输入在整合之前可能有着非常不同的表示，而最终能够得到统一的执行解释。上述原因使得多通道系统中的同一任务可以有多种不同的设计，不仅可以并存于系统中，而且还要相互协作。这种灵活性使多通道系统可以让用户更关心做什么，而不是怎么去做。这样一来，界面系统就面临更复杂的输入处理，因为关心用户是怎么做的责任必须由界面系统承担，只有这样才能了解用户的交互意图，即要做什么。以任务的概念来指导设计，正是为了将做什么和怎么做有机地联系起来。着眼于任务有助于从众多的多通道输入中获取有用信息，准确捕捉用户意图，协助多通道整合顺利完成。

② 多通道任务表示的设计。多通道任务表示的设计，目的是根据多通道任务设计的结果，确定各个任务、任务参数和其他相关的辅助信息在系统中的具体表示，比如在采用框架结构时，各个任务框架、任务参数框架、乃至参数的通道输入框架的相应各个槽的信息类型、相互关系和基本的语法语义约束等。

多通道任务表示可以是集中的，也可以是分散的。对于分散式的整合策略，表示也具有分布的特点，而且各个分布的处理模块也会根据各自的需要有不同的表示设计。多通道任务表示的抽象层次也不是单一的，从最低层的对用户关于任务的多通道输入的词法、亚词法的表示到最高层的整合结果的表示。任务信息从最低层到最高层，需要经过复杂的变换，这个变换过程也就是整合过程。

此外，还有一些重要信息需要表示出来：比如哪些通道输入可以作为任务结构和参数结构中的“结”，具有了哪些通道输入之后任务结构就完整了，任务的 time-out 时间，等等。其中，那些关于任务的“语法”方面的性质，有一个表示为程序性的知识（在具体的输入分析程序处理流程中体现任务结构的语法）还是通过表述性的知识（将任务结构的语法作为输入分析程序的参数）来表示的问题。这个问题和任务上下文的组织有密切的关系。

简单说来，多通道任务表示的设计是一种数据结构设计，主要与所要表示的任务内容、针对的通道输入性质（语言的属性描述、指点的空间向量、手语等）、整合策略和系统结构这几方面有着密切的关系。任务表示的设计中一个重要问题是希望能够用一种同质的数据结构来表示各种任务和任务的各种参数，这有利于简化多通道整合策略的设计。框架结构是一种较好的选择[Koons1993]。

③ 整合策略的设计。整合策略的设计就是将前一部分所讨论的一般模型和策略考虑加以具体的映射，并且这种映射要参照前面的多通道任务设计和多通道任务表示的设计。

此外，整合策略还要考虑如何与交互上下文（特别是任务上下文）结合，如何访问会话上下文（包括更新与查询），如何访问应用信息等问题。

下面以一个整合过程的例子来示意性地说明如何在整合策略中综合考虑这些因素。

面向任务的多通道整合模型的实例：积木世界

* 系统说明

这是一个在三维环境中操纵简单物体的例子，以 CAD 和虚拟现实为背景。实现于 Windows 95 下，图形显示由 OpenGL 提供支持。采用的通道有语音和三维输入两个。语音识别软件是 SoundBlaster AWE32 声卡附带的 VoiceAssist。三维输入由 Logitech 的 Magellan 3D Space Controller 提供支持，它可以输入六个自由度；此外还有八个按钮，按钮输入可以编程解释。设计系统的目的包括：演示多通道交互强调充分性而不要求额外的精确性；说明信息融合过程中任务概念的作用；探索多通道融合中直指指称和名词短语指称的归结；探索时间在任务分节和分段上的作用。

* 多通道任务设计

任务标识：任务有两种，即物体的刚体变换(位置与角度的六个自由度的改变)和物体的堆放(移动一个物体到另一个物体上)。这两种任务都适合以多通道的方式完成。

变换任务由任务标识参数、物体指定参数和一系列六个自由度的输入构成。堆放任务由任务标识参数和两个物体指定参数构成。任务标识参数从语音来的动词(“transform”与“put”)和按钮输入获得。物体指定参数是来自语音通道的名词短语或直指代词和来自 Space Controller 的指点输入。六个自由度的信息由 Space Controller 输入。

这里多通道的互补性体现在两个层次上。在任务参数的层次上，物体的指定通过语音描述属性和三维设备输入指点信息来进行；在任务的层次上，transform 任务中通过语音来指定任务和物体，而通过三维输入设备提供空间变换参数。

设计中没有考虑利用输入中的自然标记来简化分节。

* 多通道任务表示的设计

任务的表示是分散式的。当前任务表示在任务处理模块中，作为总的制约，决定输入的解释；任务参数的表示分为两个层次，输入层次的任务参数表示在各个输入分析模块中，指定物体的多通道输入的综合表示则在物体指称模块中。处理策略是分散式的，各个模块内部对任务相关信息的表示是相互透明的，它们通过一种统一的消息格式来传送任务相关信息。消息格式的设计从略。

* 融合策略

信息融合策略主要围绕任务概念。首先识别当前任务，由此确定出任务的结构和参数的结构，并将这个结构框架应用于多通道输入的解释。系统结构和融合策略是分散式的。系统模块之间通过发消息进行通信。融合算法是事件驱动的，但是对各个模块来讲，驱动事件(消息)并不都是来自更低层的。分段和分节主要依据结构完整性和时间，采用了“一知半解”结合 time-out 的方法。融合算法是“急性子”的，但是没有给出及时的反馈。指称归结中利用了交互上下文、多通道输入信息和应用语义约束；可以处理直指指称和名词短语指称这两种情况。融合中需要进行应用数据的查询。具体的处理过程以下面的例子来说明。

* 交互处理示例

下面这个例子来自[Chen1996]，说明了“积木世界”中的多通道交互处理(参见图 5.8)。这个场景中有多个物体，每个物体具有颜色、大小、位置和形状四种属性。用户可用描述性的语句并配合以 Space Controller 的指点动作对物体进行六个自由度的刚体变换(平移与旋转)和堆放操作。当前任务的目标是将场景中红的圆柱体放到蓝色的立方体上。用户的输入是在

说 “Put the red cylinder on this”的同时，在一个三棱锥和蓝色立方体附近用鼠标点了一下。

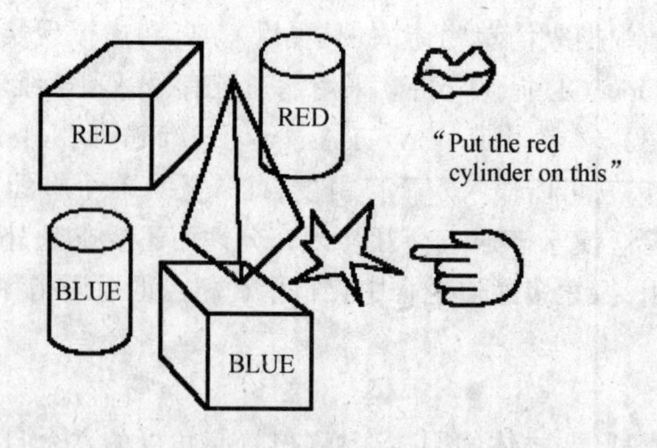

图 5.8 “积木世界”中的一个任务场景

由于“积木世界”的几何形体的放置存在一定的空间制约关系，所以在系统结构中引入了一个应用领域的模块 Spatial Constraints 负责物体之间堆放约束的检测。图 5.9 表示了系统的结构和对上述任务的处理流程。下面对该流程给予简要说明，说明的次序不一定就是实际处理发生的次序。首先，Language Parser 从用户语音输入中提取出“put-on”命令并向管理物体移动的 Object Moving 模块发出任务类型消息(标记 1)。接到这个消息，Object Moving 切换任务上下文，生成 put-on 任务的表示，并向 Object Reference 模块发消息，请求两个对象的 ID (标记 2)。根据 Language Parser 送来的属性描述(标记 3)查询“积木世界”数据库可惟一确定对象 1 的 ID，并送给 Object Moving(标记 7)。而对象 2 的确定则需要综合利用语音和 Tracking Parser 传来的指点信息：看到语音通道送来的物体指称是直指指称代词“this”，Object Reference就根据 Tracking Parser 来的位置信息(标记 4)选出两个候选对象——蓝色立方体和三棱锥。然后它就这两个物体向 Spatial Constraints 发出堆放约束查询(标记 5)，接到查询结果(标记 6)，Object Reference 就可确定出“this”是指蓝色立方体而不是三棱锥，并将物体的 ID 送给 Object Moving(标记 7)。至此，所有的参数都确定了，一个明确的任务 put_on(objID1, objID2)就可提交给应用完成了(标记 8)。

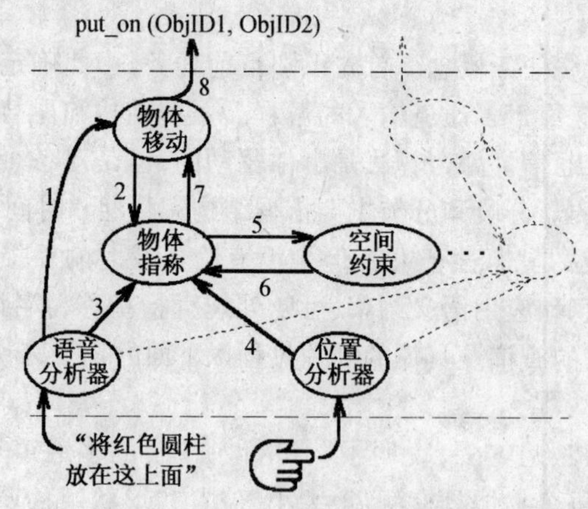

图 5.9 系统结构及图 5.8 所示任务场景的整合过程

这个例子说明了下面几个问题：① 面向任务的多通道整合过程不是一个完全的自底向上的过程，需要任务相关的信息自顶向下进行指导，是一个“上上下下”的过程。② 多通道指称归结需要来自应用领域的语义信息的参与。③ 通过多通道整合，可以从各个通道不精确不充分的输入正确获取用户交互意图，只要多通道的配合能够提供充分的信息。

2. 多通道分层整合模型和算法

李茂贞等[李茂贞 1997] [李茂贞 1998]和张高等[张高 1998]提出了多通道分层整合模型。按照分层整合模型的思想，根据交互方式的不同属性能把整合过程分成词法、语法和语义层。在词法层，多个不同的通道可以表达一个相同的信息，如用户既可以通过自然语言向计算机发出打开文件的命令，也可以通过鼠标和键盘在菜单上选择打开文件的命令；用户既可以通过语言来输入字符，也可以通过手写板来输入字符。在这一层中，两个或多个通道虽然处理的过程不一样，但它们表达的内容是一样的，也就是说，可以用同一个词来表达它们的内容。从这一意义上讲，它们是与具体的语义无关的。因此，可以将这一类通道首先整合起来，其整合算法简单，也大大简化了进一步整合的复杂性。在语法层，把来自词法层的原语信息按照人机交互的语法规范分成表示命令的原语、表示对象的原语、表示对象属性的原语。在语义层，利用任务驱动机制，将原语组合成各种具体的任务。

为了更加有效地对交互设备进行分析和管理，可以将比较复杂的通道信息按照从原始的设备信息到具体的语义抽象成物理层、词法层、语法层和语义层这几个层次。

用户通过各种交互设备把操作命令发向计算机，具体的应用从原始的设备数据中分级抽象出用户的真正意图。虽然不同的交互设备具有不同的操作特点，但是它们都是为了表达用户的意图，因此可以统一在这几个抽象的层次上。多通道整合正是通过将不同的通道映射到相同的层次上来实现的。

每一层通道信息具有明确的具体含意。物理层是和具体的交互设备紧密相连的，它表示的是从交互设备取得的原始数据。不同的交互设备提供的原始数据的格式是很不一样的：如键盘提供的是用户输入的字符串流，鼠标提供的是当前光标的位置编码，数据手套提供的是各个传感器的状态信息。由于这些设备操作的复杂性，设备厂商都要提供相应的设备驱动程序，开发人员通过驱动程序提供的功能函数来对设备进行控制和监测。用户界面设计的一个很重要的工作就是实现应用程序的设备无关性，即用户使用的设备只是逻辑设备。这样可以方便地扩充和更换应用所使用的物理设备，而没有必要对设备控制部分进行很大的修改。而这一个功能是通过将不同的物理交互设备映射到词法层来实现的。

词法层表示的是用户语义的最小逻辑单位，它向下实现了应用的设备无关性，向上组成各种复杂的语义信息，因此是一个很关键的抽象层次。词法层的通道信息按照其逻辑意义可以分为位置信息、旋转信息、字符串信息、逻辑按键信息、命令信息等。来自不同交互设备的信息可以按照它们的逻辑功能归入这几类信息之中，例如：二维鼠标、三维鼠标和空间球等定位设备虽然操作方式不一样，但它们提供的信息都可以用空间位置坐标来表示；键盘和自然语言的输入通道不一样，但它们提供的信息都可以用字符串来表示。

语法层表示用户和计算机交互的操作规范，它给出了应用程序在某一运行状态容许用户所进行的操作。用户可以根据语法提示来操作计算机，从而避免了不必要的无效操作。而且语法层还为通道信息的整合提供了一个很强的指导线索，整合算法可以利用语法提供的规范对所接收到的用户信息进行分类和综合。例如：用户在选择对象的时候，就只容许输入对象的属性,而此时用户输入对象的操作是无效的,因为对象尚未被选中。

语义层表示了用户利用各种交互设备进行操作所要表达的最终的意图,这是由应用的控制部分进行综合判断的。语义层涉及到比较复杂的控制和判断,并为词法层和语法层提供必要的语义信息。例如:语义层要对应用所要完成的任务进行调度和控制,在词法层和语法层中确定一个信息单元的功能时,也要语义层提供必要的语义反馈。

物理层是和具体的交互设备直接相关的,而语义层是和具体应用直接相关的。词法层和语法层在物理层和语义层之间起一个过渡的作用,它们一步一步地把用户的意图最终抽象出来。

5.5 实 例

5.5.1 虚拟房间

虚拟房间 VRoom 实例实际上是一个基于 PC 机的虚拟现实平台,它的图形建模采用了目前渐为大家青睐的网上的虚拟现实造型语言 VRML(Virtual Reality Modeling Language)1.0 标准,底层的图形接口是广为接纳的工业标准 Open GL,所以具有很好的可移植性。VRoom 实现了 VRML 1.0 的词法和语法分析,可浏览任何一个符合 VRML 1.0 规范的 wrl 文本文件,而且它支持系统的扩充,很容易在“房间”中添加新物件并增加新的功能,添加新物件只需获取其符合 VRML 1.0 规范的造型数据(可手工书写,也可用 3D Studio 建模后用转换工具转换成.wrl 格式的文件),然后以某种形式扩充到 VRoom 的造型数据中。VRoom 作为一个三维的程序管理器,为应用程序的衔接留有统一的接口。增加新功能到“房间”中,完全可以独立地编写一个应用程序,由 VRoom 加载执行。可见,VRoom 具有很好的扩充性,再加上它对多通道交互技术的支持,可称为一个“支持多通道的虚拟现实平台”。

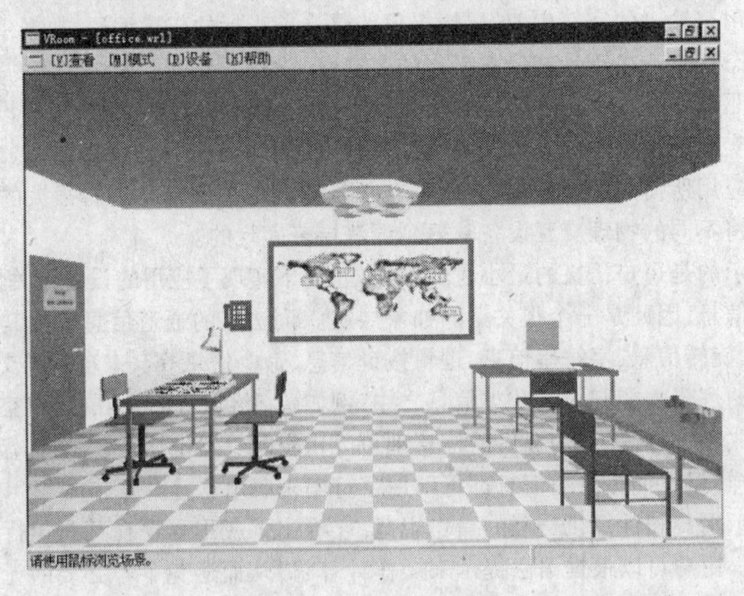

图 5.10 虚拟房间显示

从 VRoom 的运行来看,它呈现为一间办公室的模样(见图 5.10),利用房间的三维空间造型,借助一些物体图标来尽可能地开发空间隐喻。目前房间里布局由下列物体构成：三张桌子,分别放置有一个中国象棋的棋盘、一台计算机和打散的积木块;棋盘旁有一盏台灯;天花板上有一吊灯;正对的一面墙上挂着一幅世界地图,地图旁放有一台磁卡式的电话;另一面墙上开有两扇门,分别标志合作单位"中国科学院软件所实验室"和"杭州大学工业心理学国家重点实验室"。

VRoom 是下一代界面范式 VIR 中部分思想的具体实现。VRoom 中的物体就代表现实世界中该物体本身,用户对它的操作就如同在真正的办公室中用手去拿一个物体,可以按键打电话,可以开台灯下棋,可以进屋开吊灯,而后关灯离开,可以坐下来下中国象棋或玩积木游戏,所有这些可认为是对常识的计算机图形仿真。除此之外, VRoom 还设想了一些真实房间中没有而在计算机生成的虚拟房间里扩展了的功能,充分体现了三维房间中的各种隐喻。例如：墙上的地图可看做虚拟房间与 WWW 的交互界面,你可点中或用语音命令启动 Netscape 找到相应网上主页进行网络查询;电话实现了按名呼叫;"门"这一嵌套空间(nested space)的思想使我们又可进入另一个虚拟的世界,等等。VRoom 作为一个 PC 上的 VR 平台,为在其中嵌入其他独立的应用程序提供了接口,并以"中国象棋"和"积木世界"为例实现了与独立开发的应用的集成。VRoom 在 Open GL 图形加速卡的配置下,可做到实时图形响应,同时提供给用户以下几种多通道交互方式：

(1) 用 3D Space Controller 或二维鼠标任意浏览虚拟房间。

(2) 可用二维鼠标选中并指向物体。

(3) 可用二维鼠标选中,3D Space Controller 或 2D Mouse 平移、旋转物体。

(4) 所有的浏览、操纵均可用语音实现。

(5) 使用电话模拟实现了对话场景,并可用二维鼠标拨号,亦可按名呼叫;拨号、接通和错号均有相应声音反馈。

由于 VR 技术的发展现状和硬件设备的不足, VRoom 实际上是在现在的 WIMP 界面技术下模拟下一代界面范式 VIR,这使它或多或少地带有 GUI 的痕迹。在与 VRoom 进行交互的过程中,用户可深切地体会到 WIMP 界面的一些弊端以及多通道交互的优越性。例如：在浏览时尽管可用 2D Mouse 来实现,但由于 2D Mouse 的自由度有限,这迫使用户必须借助于 WIMP 界面的菜单选择来切换浏览模式(平移还是旋转),交互显得极不自然,用户老有被临时打断的感觉,而用具有六个自由度的 3D Space Controller 浏览起来十分连贯,可见让各个通道"各尽其能"才是多通道交互的真正用意。

多通道界面系统 VRoom 还是一个实验系统,只是对基于智能体的软件结构模型的框架实现,有许多内容还需要进一步细化,充实和完善。

5.5.2 中国象棋

该系统主要用于表现多个通道的配合使用和整合,从对它的实际操作中,可以很明显地感觉到多通道相对于单通道的优越性,尤其在语音识别和手写体识别还不完善的情况下。

中国象棋在运行时,二维屏幕上显示出一副栩栩如生的棋盘和棋子,旁边有一本打开的棋谱书。系统提供了两种操作状态,一是用语音选择书中的棋谱,系统自动演示整个下棋过程,在打谱的过程中,用户可用语音命令来加快、减慢、暂停、继续打谱、切换到对弈方式;一是模拟

两个用户交互对弈(见图 5.11)。在对弈过程中,用户可以自由地使用多通道的交互方式:

(1) 四种输入方式可依用户的喜好同时使用:二维鼠标,汉王笔手写体输入,语音输入,键盘敲入。

(2) 单个通道均可完整地走棋,用二维鼠标的两次击点表示源和目的;或用语音、汉王笔手写输入、键盘键入棋语,如"炮二平五"。

(3) 当对每个通道的输入信息来说则是不足以确定如何挪动棋子时,多个通道可配合地完成一步走棋,例如:用语音、手写或键盘输入要操作的棋子名及源位置,再用鼠标点中目的地。

(4) 可处理单个通道识别有误的情况。当某通道识别错误时,可根据通道之间的优先级关系或别的通道冗余的信息来弥补而得到正确的结果。如:用户说"炮二"却被识别成"炮四",但他又用鼠标点击了两下,那么由于鼠标优先于语音,于是语音识别错误被忽略。

(5) 通过上下文信息(如当前的棋局)来提高通道的识别率。由于在对弈的过程中涉及到十分复杂而丰富的多通道交互,我们用层次化的界面描述方法 HMIS 对中国象棋例子做了具体的描述,分析了这种方法在描述多通道交互时的优越性和特点。

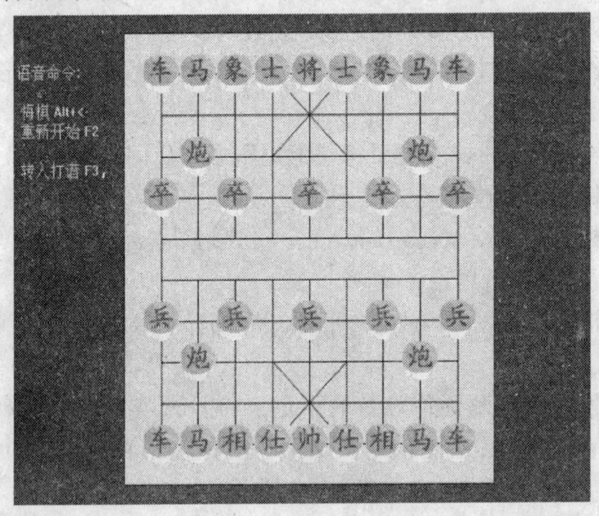

图 5.11 中国象棋软件显示

5.5.3 "积木世界"

这是一个在三维环境中操纵简单物体的例子,以 CAD 和虚拟现实为背景,实现于 Windows 95 下,图形显示由 OpenGL 提供支持。采用的通道有语音和三维输入两个。语音识别软件是 SoundBlaster AWE32 声卡附带的 VoiceAssist。三维输入由 Logitech 的 Magellan 3D Space Controller 提供支持,它可以输入六个自由度,此外还有八个按钮,按钮输入可以编程解释。设计该系统的目的是演示多通道交互强调充分性而不要求额外的精确性的特点;说明信息融合过程中任务概念的作用,体现面向任务的多通道界面结构和整合模型 ATOM[陈敏 1996];探索多通道的直指指称和名词短语指称的归结,解决了互相补充的两个通道输入中与上下文相关的指示代词的归结问题;探索时间在任务分节和分段上的作用。

当前场景是绘制于计算机屏幕上的一个"积木世界"(见图 5.12),它由若干具有不同颜色、大小和形状的积木块组成。这些积木块摆放在屏幕上的不同位置,为了给用户操作三维鼠标时有一种深度感觉,在屏幕上绘制了网格作为位置参照,并定制了一个简单的三维鼠标的光标,通过它的运动给操作者的动作以反馈。任务有两种,即物体的刚体变换(transform)——位置与角度的六个自由度的改变,物体的堆放(put-on)——移动一个物体到另一个物体上。变换任务由任务标识参数、物体指定参数和一系列六个自由度的输入构成。堆放任务由任务标识参数和两个物体指定参数构成。这两种任务都适合以多通道的方式完成。具体讲,用户可以有以下交互方式:

(1) 六个自由度的信息由 Space Controller 输入。

(2) 用户可通过语音和三维鼠标的结合对屏幕上的几何形体进行变换(transform,包括平移与旋转)和堆放(put-on)两种操纵,任务标识参数由从语音来的动词("transform"与"put")和 Space Controller 的指定按钮输入获得。

(3) 用户既可用描述性的名词短语(如:"红色的圆柱"),也可用 Space Controller 直接点取来选择对象物体。

(4) 允许在一定的对话上下文背景中指示代词在语音输入中的使用。例如:用户可以在说"Put the red cylinder on this"时用鼠标在屏幕某处指点一下。通过语音和鼠标指点的整合来得到正确理解。

(5) 允许语音和三维鼠标在选择物体时的非精确输入。亦即单由任一通道都不能惟一确定目标对象,只能得到一个候选对象的集合,但通过二者的整合求交可得到一个精确的结果。

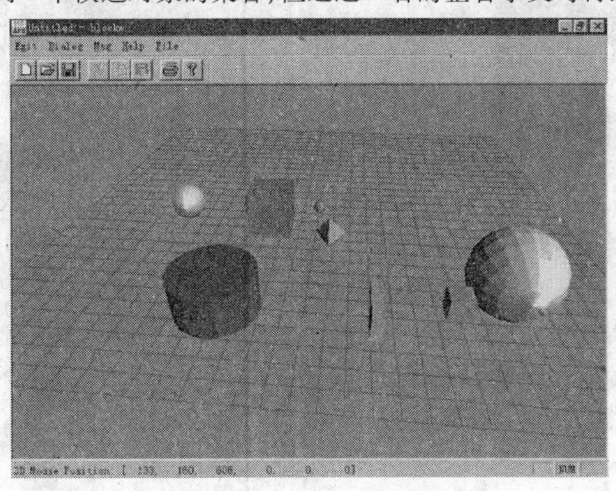

图 5.12　积木世界

在解决多通道所指归结问题时,主要包含了三类知识的使用:

(1) 领域知识。例如:对于该"积木世界"中物体堆放操作有一个空间约束问题,不能将一个积木块放置在一个正立的三棱锥上。

(2) 上下文无关的任务文法描述了该系统的"双通道"交互语言(即各种人机交互序列),该语言定义了在一次交互对话中何处可用指示动作来替代语音中的不确定指代。

(3) 当前交互状态,主要维护一个当前"焦点空间"(focus space),里面记录当前活动实体。对于每一类知识,用一个智能体来负责管理和维护,任务的表示是分布式的,当前任务表示在任务处理模块中,作为总的制约,决定输入的解释;在任务驱动机制的作用下,这些智能体之间来回地通过一种统一的消息格式来传递上下文信息，从而最终可确定指示代词在内存中的对象ID。

5.5.4 多通道移动导游系统TGH

多通道移动导游系统TGH由北京大学人机交互与多媒体研究室设计开发，它运行于WinCE操作系统兼容的掌上电脑之上，以导游导航的实际应用为背景，尝试将多通道用户界面与手持移动计算环境结合(见图5.13)。移动计算的环境和手持移动计算设备的物理特性造成了人机交互效率的下降，为此，我们将基于语音的多通道用户界面引入其中，以提高交互的效率和自然性。

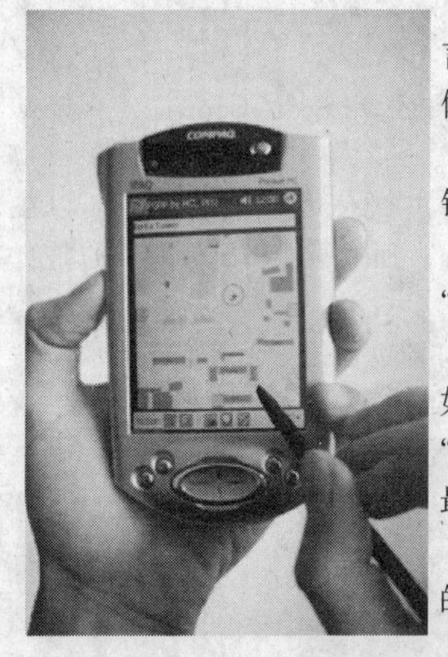

图5.13 TGH导游系统的界面

在TGH系统中，用户可以通过笔、语音(受限的自然语言)和软键盘等通道与系统进行交互，完成各种命令的输入，具体的功能包括：

(1) 用户可以通过笔作为指点工具，通过界面系统上的按钮，对话框等界面元素与系统进行交互。

(2) 用户可以通过语音输入命令，例如"未名湖在哪里"，"从图书馆到西门怎么走"，等等。

(3) 用户可以通过笔和语音的协同输入完成交互任务，例如：用户可以用笔指点屏幕上的某个位置，而后通过语音输入"这是什么地方"，或"从这到博雅塔最近的路怎么走"，或"离这最近的食堂在哪里"。

此外，在系统的输出上，用户可以自由地选择是通过传统的文字方式输出，还是通过语音的方式输出。

在多通道的整合上，考虑到掌上电脑的计算能力有限，我们采用基于无线网的整合策略，即用户的语音输入通过无线网传输到语音服务器进行识别，将识别后的内容形成交互原语，将这些原语返回客户端。客户端按照任务制导的整合策略将语音交互原语与笔交互原语(如果存在)进行整合，最终形成明确的用户命令。

需要说明的是，经过实际应用的检验证明：这种基于网络的整合并没有因为网络传输而造成明显的交互时间延迟，即没有影响交互系统的效率。

推荐阅读和网上资源

董士海，戴国忠，王坚.人机交互和多通道用户界面.北京：科学出版社，1999

参 考 文 献

[1] Akamatsu M, Sato S. A multimodal mouse with tactile and force feedback. Int. J. of Human-Computer Studies, 1994, 40: 443～453

[2] Ales L. Grammar-based formal specification for the object-oriented user interface development. Proc. of Euro-

graphics Workshop on Design, Specification, Verification of Interactive Systems, 1994: 370~382

[3] Barnard P. Cognitive resources and the learning of human-computer dialogues. In Carroll J. M. (ed.), Interfacing Thought: Cognitive Aspects of Human Computer Interaction, MIT Press, Cambridge Mass., 1987: 112~158

[4] Bellik, Yacine. Modality integration: speech and gesture. in Cole R. A., et al. (ed.), Survey of the State of the Art in Human Language Technology, 1996, Ch9.4

[5] Billinghurst M, Joey K. Integration of multimodal input. VRAIS'96 Tutorial, 1996

[6] Bolognesi T, Brinskma H. Introduction to the ISO specification language LOTOS. Computer Networks and ISDN Systems, 1987, 14: 25~59

[7] Bos E et al. EDWARD: full integration of language and action in a multimodal user interface. Int. J. of Human-Computer Studies, 1994, 40: 473~495

[8] Brooke M. Visible speech signals: investigating their analysis, synthesis and perception. in Taylor M. M., et al. (ed.), The Structure of Multimodal Dialogue, Elsevier Science, Amsterdam, 1990

[9] Carroll J M. Mental models in human-compute interaction. in Helander M., (ed.) Handbook of Human-Computer Interaction, 1985, 45~65

[10] Chen M, Luo J, Dong S. Task-oriented synergistic multimodality. Proc. of the First International Conference on Multimodal Interface -ICMI'96, Beijing: Tsinghua University Press, 1996, 30~33

[11] Clive H. Dialogue specification for knowledge based system. ACM Transactions on Graphics, 1986, 5(4): 34~45

[12] Coutaz J, Paterno F, Faconti G, Nigay L. A comparison of approaches for specifying multimodal interactive systems. Technical Report ESPRIT BR 7040 Amodeus-2, SM/WP30, 1993

[13] Coutaz J, Nigay L, Salber D. The MSM framework: a software design space for multi-sensory-motor systems. Proc. EWHCI'93, 1993, volumn 753 of Lecture Notes in Computer Science, Springer-Verlag: 231~241

[14] Dillon et al. Measuring the true cost of command selection: techniques and results. Proc. of CHI'90, New York: ACM Press, 1990, 313~320

[15] Dong S, Zhong W. BD-UIMS: how it supports semantic feedback and direct manipulation. Journal of Computer Science and Technology, 1992, 7(3): 237~242

[16] Eijk P V. The lotosphere integrated environment. Proc. of the 4th International Conference on Formal Description Techniques - FORTE' 91, North Holland, Nov. 1991, 473~476

[17] Flechia M A et al. Specifying complex dialogues in ALGEA. Proc. of CHI and Graphics Interface'87, 1987, 229~234

[18] Gourdol A et al. Two case studies of software architecture for multimodal interactive system: VoicePaint and a voice-enabled graphical notebook. in LarsonandUnger J. (ed.), Engineering for Human-Computer Interaction, Elsevier Science Publishers, North Holland, 1990

[19] Green M. The university of Alberta user interface management system. Computer Graphics, 1985, 19(3): 205~213

[20] Green M. Report on dialogue specification tools. in Pfaff G. E. (ed.), User Interface Management Systems, 1985, 10~14

[21] Guest S P. The use of software tools for dialogue design. Int. J. Man-Machine Studies, 1982, 16: 263~285

[22] Hanau P R et al. Prototyping and simulation tools for user/computer dialogue design. Proc. of SIGGRAPH'80, ACM Computer Graphics, 1980, 14(3): 271~280

[23] Harel D. Statecharts: a visual formalism for complex systems. Scientific Computer Programming, 1987, 8

(3): 231～274

[24] Harel D. On visual formalisms. Communications of the ACM, 1988, 31(5): 514～530

[25] Hauptmann A G, McAvinney P. Gestures with speech for graphic manipulation. Int. J. of Man-Machine Studies, 1993, 38(2): 231～249

[26] Hill R D. Supporting concurrency, communication and synchronization in human computer interaction - the sassafras user interface management system. ACM Transactions on Graphics, 1986, 5(3): 179～210

[27] Hoare C A R. Communicating sequential processes. Prentice Hall International, 1985

[28] Hutchinson T E et al. Human-computer interaction using eye-gaze input. IEEE Transactions on System, Man, and Cybernetics, 1989, 19(6): 1527～1534

[29] Jacob R J K. Survey and examples of specification techniques for user-computer interfaces. NRL Report 8948, April 1986

[30] Jacob R J K. Eye-gaze computer interfaces: what you look at is what you get. IEEE Computer, 1993, 7: 65～67

[31] Jacob R J K. Eye movement-based human-computer interaction techniques: toward non-command interfaces. Advances in Human-Computer Interaction, 1993, 4: 151～190

[32] Jacob R J K. A specification language for direct manipulation user interface. IEEE Computer, 1993, 18: 51～59

[33] Kieras D E. Towards a practical GOMS model methodology for user interface design. in Helander M. (ed.), Handbook of Human-Computer Interaction, 1988, 135～157

[34] Kloosterman S H. Design and implementation of a user oriented speech recognition interface: the synergy of technology and human factors. Interacting with Computers, 1994, 6(1): 41～60

[35] Koons D B et al. Integrating simultaneous input from speech, gaze, and hand gestures. in Maybury M. T. (ed.), Intelligent Multimedia Interfaces, AAAI Press/The MIT Press, 1993

[36] Milner R. A calculus of communicating systems. LNCS 92, Springer-Verlag, 1980

[37] Neal J G et al. Multi-modal references in human-computer dialogue. Proceedings of AAAI-88, 1988, 819～823

[38] Nigay L, Coutaz J. A design space for multimodal systems - concurrent processing and data fusion. Proc. of INTERCHI '93 - Conference on Human Factors in Computing Systems, Addison Wesley, 1993, 172～178

[39] Nigay L, Coutaz J. A generic platform for addressing the multimodal challenge. Proceedings of ACM CHI'95 Conference on Huaman Factors in Computing Systems, ACM New York, May 1995, 98～105

[40] Nishida Shogo. Speech recognition enhancement by lip-information. Proceedings of ACM CHI'86 Conference on Human Factors in Computing Systems, 1986, 198～204

[41] Norio A F, Stanley J. Adaptive human-computer interfaces: a literature survey and perspectives. IEEE Transactions on System, Man, and Cybernetics, 1989, 13: 399～408

[42] Payne S J, Green T R G. Task action grammar: a model of the mental representation of task languages. Human Computer Interaction 2, 1986, 93～133

[43] Philippe A P et al. Petri net based design of user-driven interfaces using the interactive cooperative objects formalism. Proc. of Eurographics Workshop Design, Specification, in Paterno' F. (ed.), Verification of Interactive Systems, 1994, 384～399

[44] Phillips C H E. Review of graphical notations for specifying direct manipulation interfaces. Interacting with Computers, 1986, 6(4): 411～431

[45] Pigueiredo M et al. Advanced interaction techniques in virtual environment. Computer and Graphics, 1993, 17(6): 655～661

[46] Pitt I J, Alistair D N E. Navigating the interface by sound for blind users. Proceedings of the HCI'91 Conference on People and Computers VI, British Informatics Society Ltd, 1991, 373～383

[47] Reisner P. Formal grammar and design of interactive system. IEEE Trasactions on Software Engineering, 1981, SE-3: 218～229

[48] Salisbury M W et al. Talk and draw: bundling speech and graphics. IEEE Computer, 1990, 23(8): 59～65

[49] Staggers N, Norcio A F. Mental models: concepts for human-computer interaction research. Int. J. of Man-Machine Studies, 1983, 38: 587～605

[50] Waibel A et al. Multimodal interfaces. Technical Report of Interactive Systems Lab, Carneige Mellon University, 1994

[51] Wang J. Integration model of eye-gaze, voice and manual response in multimodal user interface. The Journal of Computer Science and Technology, 1996, 11(5): 512～518

[52] Wauchope K. Eucalyptus: integrating natural language input with a graphical user interface. Technical Report of Navy Center for Applied Research in Artificial Intelligence, Information Technology Division, Naval Research Laboratory, 1994

[53] Wilson M, Conway A. Enhanced interaction styles for user interfaces. IEEE Computer Graphics and Applications, March 1991, 79～89

[54] Wilson M D et al. An architecture for multimodal dialogue. Venaco 2nd Multi-Modal Workshop'91, 1991, 32

[55] Young R M et al. Programmable user models for predictive evaluation of interface designs. Proc. of CHI 89, 1989

[56] 陈敏,罗军,董士海.ATOM-面向任务的多通道界面结构模型.计算机辅助设计与图形学学报.1996,8(增刊):61～67

[57] 程景云等.人机界面设计与开发工具.北京:电子工业出版社,1994

[58] 董士海.计算机用户界面及其工具.北京:科学出版社,1994

[59] 董士海.对虚拟现实的若干看法和建议,计算机世界报,1994

[60] 蒋宇全,罗军,林应明,董士海.基于任务的多通道整合设计和实例.计算机学报,1998,21(9):860～864

[61] 李茂贞,戴国忠,董士海.多通道界面模型与关键技术.计算机科学,1997,24(1):1～4

[62] 李茂贞,戴国忠,董士海.多通道界面软件结构模型及整合算法.计算机学报,1998,21(2):111～118

[63] 王坚,董士海,戴国忠.基于自然交互方式的多通道用户界面模型.计算机学报,1996,19(增刊):130～134

[64] 张高,李茂贞,戴国忠.分布式多通道用户界面研究和应用.软件学报,1998,9(增刊):144～148

第6章 用户界面的开发工具和环境

要设计好的界面工具,首先要确定界面工具的需求。早期的界面工具包括命令语言设计工具、状态转换图编辑工具、快速原型生成器和用户界面管理系统等。

6.1 用户界面工具箱

20世纪80年代,计算机的一个重大进展是图形用户界面的开发和广泛使用,它已成为当今用户界面领域的主流及发展方向。1984年Apple公司推出的Macintosh微型计算机将操作系统和用户界面工具箱固化于ROM中,因而响应甚快,是最早流行的图形用户界面。它的对话框、滚动框、下拉式菜单及优秀绘图软件,对以后的窗口系统设计起了重要作用。1986年Microsoft公司在DOS操作系统下开发了Windows窗口环境,经不断改进到现在的Windows XP。1987年,IBM公司提出系统应用结构(SAA)规范,并在推出PS/2微机及OS/2同时,公布了符合SAA规范的Presentation Manager用户界面,它的视感(look & feel)已为许多图形用户界面GUI所采用。1987年,MIT和DEC公司开发了X窗口系统,它采用客户-服务器模型,是一个网络透明的窗口系统。现已成为工作站最广泛使用的窗口系统,事实上的工业标准。与此同时,SUN公司也开发了网络可扩充的窗口系统SUN NeWS,由于它采用Display Postscript描述语言作为网络协议,因而其绘图模型支持非矩形窗口,具有一定特色。

在X窗口系统的基础上,AT&T及SUN公司发布了UNIX SVR4的图形用户界面规范Open Look(1988)。以IBM, HP, DEC等大公司为主体的开放软件基金会(OSF)为与Open Look竞争,在1989年公布了OSF/Motif图形用户界面,从而使工作站上的图形用户界面有了极强的环境支持。两者在GUI标准方面的竞争,推动了图形用户界面技术的发展。

6.1.1 界面设计工具的要求

一个界面设计工具应从哪些方面来评价,对这些工具有哪些要求?下面分别讨论。

1. 强的功能

人机界面通常包括了不同类型的界面风格及不同的输入/输出交互设备。界面工具应能生成支持不同风格及不同交互设备的人机界面。早期人机界面只有命令语言及正文输入/输出,且只采用键盘和显示终端作为交互设备,因而生成这种界面的工具其功能相对简单。当前人机界面有菜单驱动及直接操作等风格,并广泛采用图形用户界面及鼠标器等作为输入设备,因而生成这类界面的工具要复杂些。在确定界面功能需求时,首先要规定其功能。

2. 工具的可用性

界面工具是用来生成用户界面的,它是为界面开发人员所使用的。一个功能强的界面工具也是一个复杂的软件系统。要使这样一个系统让界面开发人员乐于采用,除了必要的功能外,工具的可用性好是十分重要的。所谓可用性是指软件系统应提供便于用户使用的能力,它包括系统有较快的响应时间,友好的操作界面,详细的帮助信息和手册资料,及时的信息反馈与错误情况报告等。可用性好的界面工具会大大提高界面开发人员的生产率并达到更好的满意程度。

3. 完整性

界面工具往往在功能需求方面很细致分析,而在完整性方面则常被忽视。所谓完整性是指对于界面的每一项功能或命令,在需求说明的语义、语法、词法等表述上应是完整的,以便在设计时不必重新确定。例如,数据输入项中若有“日期”一栏,它用年/月/日来表示。从完整性考虑,如若分别用两位整数来表示年、月、日,则年为00~99,月为01~12,日为01~31范围内(词法)。而其次序为依次从年、月、日安排输入(语法)。对于“月”=2时,其“日”的范围为01~28(闰年除外)(语义)。以上是对一个“日期”项的完整性考虑,若全部功能都考虑其完整性,则这样的功能需求比较细致,有利于设计实现的顺利进行。

4. 可扩充性

一个界面工具的功能不可能一开始就考虑得很完整,因而在功能需求确定时,应有可扩充性的要求。通常为了某一专门应用而设计的界面工具,其效率比较高,但它对于其他不同的应用可能不合适。为此,一个界面开发工具在设计时,应提供可扩充其功能的接口,以便根据需要的变化生成新的界面特点,适应新的交互风格或设备。这种接口可以使界面工具本身容易修改扩充,或者可以使界面工具所生成的界面表示容易修改扩充。例如现在很多界面工具采用面向对象的设计方法,用很多对象类来表示界面元素集合,根据类的继承特点可以创建许多子类,以扩充界面元素的类型;一些窗口系统对不同的设备及字体类型,也提供各种接口以便用户扩充。

5. 可转义性(escapability)

和可扩充性相关的一个特点是可转义性。当界面工具在不允许扩充的情况下,要使用一些平时极少采用的界面特点时,工具应具有可转义性。所谓可转义性是指此时可不修改或扩充工具的原有功能,而利用工具提供的“转义机制”,使工具转出原有的工具本身模块而进入用户自行编制的程序模块或其他外界的模块。例如,许多界面工具在其内部提供一命令可转向操作系统的Shell命令界面(转义到O.S.),此时可在操作系统层进行其他操作。又例如图形核心系统GKS软件包提供了Escape功能,使GKS允许与应用程序中和设备(硬件)相关的特性联系,或与用户自己的一段程序相连。有了转义机制,可在同一程序设计环境中使工具的使用与用户程序设计兼容起来。

6. 直接操作

界面风格中有一类称为“直接操作”,它是一种使用十分方便的图形用户界面,为用户提供交互的可视化界面的表示。对于用于开发界面的界面工具也应采用“直接操作”这样的风格,以方便界面开发者在设计界面元素、界面表示时立即可见,并易于在修改后进行再现。这方面现在已成为一个专门课题在进行研究,即可视化程序设计(visual programming),程序可视化(program visualization)。

7. 集成

当开发界面的界面工具不是一个而是一组时,则应将这组界面工具“集成”起来。这里的集成,首先是指这组界面工具应有统一的访问界面、统一的界面风格。更进一步说,这组工具应用公共的输出表示,以便按统一的方式组合各个工具的输出结果。集成的进一步措施是用一个合适的数据库管理系统来存储界面工具的输出。这方面的研究与软件工程环境中有关集成的特点是一致的。

8. 提供缺省的初始值或定义

为了提高界面开发者的开发效率，界面工具所生产的界面可具有用户所规定的统一格式。这样，一个应用系统的界面风格是一致的，当界面开发人员要更新界面元素的具体内容(如菜单内容)时，应用系统提供了一个缺少的界面风格。例如，一个应用系统的用户界面中，应具有一致的菜单风格、屏幕布局、界面元素标题、颜色、位置等，当某一界面元素的内容(或属性)改动后，应用系统的一致风格并不改动。在面向对象程序设计方法中，对象定义层次结构的继承性，使这种一致性得到有效的支持。

9. 必要的指南和手册

开发者在使用界面工具时经常会发生问题和操作上的错误，为此工具应提供有关界面元素表示及与应用系统接口的详细解释，这种解释最好是由顶向下逐步细化的结构化说明，以便于不同级别开发者的理解。这种说明或指南的物理形式可以是书面材料，也可以是联机资料；可以是学习材料及例题，也可以是联机的求助解释；可以有习题，也可以有演示实例。各种形式均为了方便及帮助用户掌握界面工具。

6.1.2 窗口系统的定义、类型及层次

一个窗口可以看做是屏幕上的一个矩形区域，它模拟物理屏幕的行为而被称为一个虚拟屏幕。窗口系统把一个物理屏幕划分为多个窗口，窗口可以相互重叠、改变大小及位置，不同窗口间可交换信息，并发运行多个交互程序，它使一个终端成为多个虚拟终端。

窗口系统最早是在Alan Kay的电子办公桌(dynabook)的设想中提出的，Xerox公司的Palo Alto Research Center(PARC)开发的Samlltalk首先使用了窗口技术，并用高分辨率光栅显示器及鼠标器进行操作，它的重叠型窗口、弹出型菜单、图符和剪贴等界面技术，成为以后各种图形用户界面的基础，是第一个实用的多窗口系统。随后出现的Mesa，Interlisp-D程序设计环境及苹果公司的Lisa计算机，布朗大学的BRUWIN系统，马里兰大学的Maryland Window System在窗口技术的硬件支持、可移植性方面都做了大量工作。

有了窗口系统，人们容易在它基础上构造直观、方便、灵活的图形用户界面。不同的窗口系统差别很大。

1. 定义

窗口系统是控制位映像显示设备与输入设备的系统软件。它所管理的资源有屏幕、窗口、像素映像(pixmap)、色彩表、字体、光标、图形资源及输入设备。它向用户提供多种界面：其一是应用界面，这是最终用户和所显示窗口间的交互机制，它向用户提供灵活、高效、功能丰富的多窗口机制，包括窗口、菜单、对话框、滚动条、图标、按钮等对象，及对它们的操作与相互通信；其二是编程界面，这是为程序员提供构造应用程序的多窗口界面，其中各类库函数、工具箱、对象类等编程机制，应具有较强的图形功能、设备独立性及网络透明性；其三是窗口管理界面，它用来对窗口的“宏观”管理，包括应用程序各窗口的布局、重显、大小、边框、标题等控制。

2. 类型

这里不是讨论窗口的类型(重叠窗口或瓦式窗口)，而是窗口系统实现的类型，这通常有两种类型：一类是把窗口系统的核心部分(也称基本窗口系统)放到操作系统核心内，这样对窗口功能的使用类似于系统调用，我们称它为基于核心的窗口系统。Macintosh，MS－Windows, SUN _ VIEW 等都是这类窗口系统。其优点是效率高,缺点是可移植性差,不易扩充,不具有网络透明性。另一类是把窗口系统的核心作为操作系统的用户进程(server 进程)来对待,而窗口应用作为另一个用户进程(client 进程)来对待,通过进程间通信的方式,由窗口服务器进程实现窗口核心功能,这称为基于客户-服务器模型的窗口系统。X, NeWS, Step 等都是这类窗口系统,其缺点是开销大,优点是易扩充,易移植,网络透明,适应范围宽。

3. 结构层次

我们以基于客户-服务器结构模型的窗口系统为例,说明其结构层次。图 6.1 是结构层次的示意图。其最底层是操作系统及其支持硬件、显示器和输入设备。

图 6.1 的各个层次依次是:

(1) 窗口系统核心(也称基本窗口系统)。它被用于对显示器及输入设备进行控制与操作,窗口系统的功能最终均由它来完成。也可称之为窗口服务器(server)。

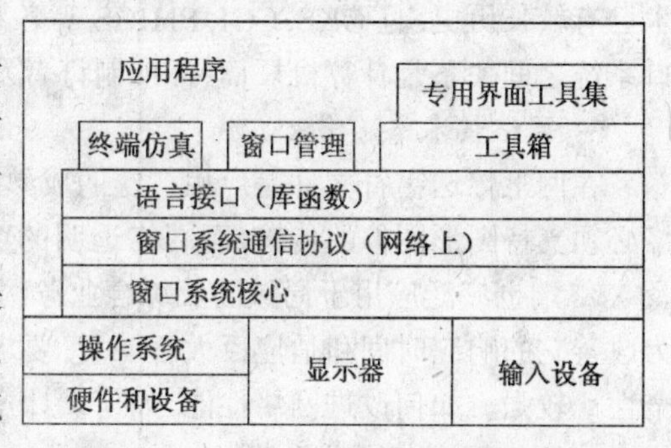

图 6.1 窗口系统结构层次示意图

(2) 窗口系统客户-服务器通信协议。它是用在网络上传输客户请求及服务器响应的协议。协议的确定反映了窗口系统的功能。X 窗口系统是用字符流形式的 X 协议所定义的,而 NeWS, Step 则用可编程的 Display Postscript 描述语言作为它们的网络协议。

(3) 语言接口(库函数)。这是向应用程序提供的低级编程接口,通常是 C 语言接口。

(4) 窗口管理。它作为后台运行的一个客户程序,"宏观"地管理各种窗口的控制功能(大小、位置、标题等)。

(5) 终端仿真。它也作为后台运行的一个客户程序,用来仿真某种类型的字符终端,以提供正文支持。

(6) 工具箱。它提供方便编程的高级编程接口,包括诸如对话框、滚动框及图符等工具。

(7) 专用界面工具集(widget)。这是具有指定风格的高级界面对象集。Open Look 及 OSF/Motif 均是这一类高级用户界面对象集。

对于基于核心的窗口系统,核心及窗口管理在操作系统内,而通信协议则由系统调用所代替。

6.1.3 对计算机若干领域的重大影响

窗口系统作为图形用户界面技术的主要成果,已对操作系统、图形技术、网络技术、软件方法产生重大影响。

1. 操作系统

操作系统是管理计算机资源的,多窗口技术的发展使我们了解到原来的操作系统对图形硬件资源、键盘、鼠标器及输入事件等的管理和支持是很不够的。现在的窗口系统实际上是操作系统对位映像显示器、输入设备等资源进行管理的扩充。传统的操作系统界面是批处理提交作业或交互式字符命令,但现今图形用户界面的发展,使操作系统的用户界面也必须随之改变,这也是为什么 Windows 3.0 一出现,立即给 DOS 操作系统带来新的活力的原因。同样,

UNIX操作系统不仅要保留 Shell 的优点，而且要从 Shell 走向“窗口”，即提供诸如 Open Look 或 OSF/Motif 的图形界面。

窗口系统的引入，要求操作系统必须具备进程间通信机制、事件输入机制等，现在新版本 UNIX 均增加了 streams 机制和轻量(lightweight)进程机制等。

2. 图形技术

现代窗口系统都是建立在光栅显示设备之上，窗口的许多界面元素(如边框、图符、立体按钮)均需图形技术支持；另一方面，一个窗口实为一台“虚拟显示器”，对应于某一应用程序，原系统的图形包很难为多窗口使用，因而窗口系统内部应有图形功能支持。由于计算机图形技术已有较长历史，且 GKS, CGI, PHIGS 等各种图形标准均已制订，怎么处理图形软件包和窗口系统之间关系是计算机厂商、标准制订者及图形专家必须面对的问题。

3. 网络技术

在网上传送字符文件是应用广泛的成熟技术。随着图形图像技术、多媒体技术的发展，网络必须支持图形图像的传输，而网络透明的窗口系统正好适应了这一要求，因而 X 窗口系统及 X 终端也广泛应用于局域网及综合业务网。X 窗口系统在网络上运行是基于应用层协议，为改善它的响应时间和适应巨大吞吐量，要求网络的传输速度极高，要求网络的管理功能及安全性比较强。如何改进网络性能，如何设计窗口系统的协议，均是需解决的问题。

4. 软件设计及集成技术

窗口系统的开发促进了软件技术的发展。Smalltalk80 最早采用了面向对象技术，使用了窗口系统。从 MS-Windows 的资源编译到 X 窗口系统的 widget 类等都采用面向对象技术，可以说用户界面是面向对象技术用得较成功的领域。界面是集成技术的主要体现之一，不论是 Turbo C 将编辑、编译与调试的集成，还是 Lotus1-2-3 将数据库、电子表格与图形的集成，都首先体现在界面上。作为界面的新成果，窗口系统促进了各类软件的集成，如 SCO 公司的 ODT 包，将 UNIX 和 DOS 操作系统、SQL 和 INGRES 数据库管理系统、X 窗口系统和 Motif 界面、TCP/IP 及 LAN Manager 网络软件集成在一起，其集成形式就是统一的界面和文件系统。将来正文、图形、图像、声音集成中，窗口系统将扮演重要角色。

6.1.4 实用技术

1. MS-Windows SDK 软件开发包

Windows 窗口系统为开发其应用程序提供了功能丰富的 SDK 软件开发包，它由三类子程序函数库(窗口管理类、图形设备接口类及系统服务类)及一些实用开发工具软件(如各种编辑器)组成。程序员在用高级语言编制的程序中调用 SDK 提供的各种函数，构成 Windows 下的源程序。同时用 SDK 提供的各种工具软件，组织相关的资源文件，再经过编译、连接，最后得到一个可执行的 Windows 应用。正确理解、掌握和使用 SDK 的各种功能是开发 Windows 应用程序的关键。由于 SDK 内容很多，这里仅就主要功能及概念做一简要说明。

(1) 若干概念

Windows 在资源使用、界面、程序执行方面均有不少独到之处。为更好理解该系统，首先说明一些概念。

① Windows 应用。在 Windows 中，应用是指可在 Windows 窗口中运行的程序及与之相关的所有内容的总称。每一 Windows 应用，通常包括七类文件：源程序文件、头文件、资源定义

文件、模块定义文件、图符文件、宏命令文件及可执行文件。每一应用至少有一个窗口作为运行的用户界面。

② 窗口。Windows 窗口是应用和使用者信息交流的图形用户界面。一个应用可建立一个或多个窗口。而每个窗口都可定义与众不同的类别、大小、位置、标题、滚动条及菜单等窗口特征。Windows 窗口大致可分下面几类：主窗口、子窗口(它们按性质可分为瓦片型窗口及弹出型窗口)、对话框窗口(可分为有模式及无模式两种)、消息框。窗口的上述类别定义了它们的数据结构，主要包括其风格、背景、光标、菜单、图符以及消息的窗口处理函数名称等十个域，其中风格域定义了窗口的刷新方式、DC 属性、窗口屏幕的分割及对鼠标器消息的控制方式。

③ 消息。Windows 定义消息为一个结构，它描述了消息发往的窗口、标识消息种类的消息号、消息发出时间及鼠标在窗口中的位置。Windows 消息分为三类：键盘或鼠标器输入事件所产生的，Windows 处理过程中产生的，由其他应用发来的。Windows 应用的任务就是在主循环中不断读取先进先出队列中的消息，处理消息。

④ 资源。Windows 应用可定义及使用的系统资源有十类：内存、图符、光标、位映像、字符串、菜单、快捷键、对话框、字体及用户自定义资源。Handle(句柄)是 Windows 中对窗口或资源的标识，它的数据类型是一个 16 位无符号整数。Windows 中每一可使用的对象均有一相应的 handle，取得它才可使用该对象，当该资源不再使用时释放该资源所占空间，handle 便失去意义。资源使用有三种方法：一是内存资源通过申请、锁定、使用、解锁、释放的顺序来使用；二是预定义资源一般先用工具制作资源(如用光标编辑器制作光标资源文件.cur)，然后用资源语句描述资源内容：名称、属性、装载方式，装入资源得到 handle，通过 handle 使用资源，不用时释放资源；三是在应用运行中增加或修改资源。

⑤ DC(Device Context)。DC 是有关的设备及其属性状态，其中设备可以是显示器、打印机(绘图仪)、元文件及内存。属性状态包括笔(pen)、刷(brush)、字型、背景色、绘图方式、正文颜色、窗口范围、裁剪域、映射方式等。

(2) SDK 函数库

SDK 提供三类函数共 400 多种，其中有窗口管理类、图形设备接口类及系统服务类。

① 窗口管理类函数。这类函数主要实现各类窗口的定义、使用和管理功能，是 SDK 的核心部分。它们有：

- 登记窗口类别函数。
- 窗口操作函数，如 CreateWindow, UpdateWindow, ShowWindow, MoveWindow, CloseWindow, DestroyWindow 等。
- 窗口处理函数和缺省窗口处理函数。
- 消息函数，如 GetMessage, TranslateMessage, DispatchMessage, PickMessage, SendMessage 等。
- 对话框函数。对话框是一种窗口，它是 Windows 中人机对话的重要手段。这种函数有二十多种，如 Template, CreateDialog, GetDlgItemInt, SetDlgItemInt 等。
- 菜单函数，如 GetSystemMenu, ChangeMenu, SetMenu, LoadMenuItem, DestroyMenu, DrawMenu 等。
- 剪辑板函数。
- 输入函数，如 SetFocus, GetFocus, GetCapture, SetActive, GetActive 等。

● 其他窗口管理函数。

② 图形设备接口(GDI)类函数。GDI 类函数是使 Windows 应用与设备无关的一类重要函数,它类似于图形标准中的 CGI(Computer Graphics Interface)标准,它们主要是:

● DC(Device Context)函数,如 SaveDC, DeleteDC 等。
● 图元绘制函数。
● 对象操作函数。
● 裁剪域函数。
● 正文对准函数。
● 控制函数。
● 坐标转换函数。

③ 系统服务类函数。这类函数主要用于定义和管理系统的资源。它们主要是:

● 模式管理函数。
● 内存管理函数。
● 资源管理函数。
● 文件输入/输出函数。
● 通信函数。
● 其他管理函数。如音响函数、查错函数、初始化文件函数等。

(3) SDK 数据类型及数据结构

前面已提及 Windows 中有一种重要的 Handle 数据类型,它是各种不同资源的标识。Windows 内部由一个 Handle 索引表来管理装入内存的窗口和资源,Handle 就是资源的索引字,如 HCURSOR, HDC, HWND, HFONT, HPEN 等。

Windows 的 SDK 还提供如下数据结构:

① 窗口数据结构,用于登记、建立、绘制窗口。

② 消息数据结构,用于传递消息。

③ GDI 数据结构,包括逻辑笔属性、逻辑刷属性、逻辑字型描述、位映像、RGB 色彩规范、基本字型矩阵、点及矩形等。

④ 通信数据结构,包括通信设备控制块和通信设备状态两个数据结构。

⑤ 开放文件数据结构,为应用程序打开、建立、使用及关闭各种外部文件而设立。

2. X 窗口系统[Scheifler 1986][熊志国 1989][Young 1990]

X 窗口系统是一个网络透明的窗口系统,它采用客户-服务器模型。由于其一系列先进的设计思想,目前已广泛用于工作站成为窗口系统事实上的工业标准。本节简要讨论 X 窗口系统,更详细的内容可参阅有关资料和手册。

(1) X 窗口系统主要特点

X 窗口系统是由 MIT 的 R. Scheifler, DEC 公司的 Jim Gettys 及 MIT 的 R. Newman 一起为 Athena 项目而开发的窗口系统。1987 年,在 X.10 基础上又设计了 X.11 版本并取得了相当成功,它采用客户-服务器模型,它的易移植、网络透明等优点,使得它广泛被工作站厂商所采用,成为窗口系统事实上的工业标准。下面讨论若干特点:

① 先进的设计目标。X 窗口系统的主要设计目标为:

● 窗口系统与显示设备的独立性。

- 应用程序的独立性。
- 系统的网络透明性。
- 支持并发显示多个应用程序。
- 支持实现不同风格的用户界面。
- 支持重叠型及瓦片型窗口。
- 支持层次化可变大小的窗口。
- 支持高性能和高质量的图形和正文。
- 系统的可扩充性。

由于这些先进的设计目标,使X窗口系统成为符合当代潮流的开放系统,因而为广大工作站厂商所采用。

② 客户-服务器的系统结构。在上述设计目标下,X窗口系统采用客户-服务器结构,客户进程及服务器进程均是操作系统的用户进程,不依赖于核心。其中服务器进程实现窗口系统的核心功能,它是显示及输入的服务程序。而客户进程可并发地访问由服务器进程管理的资源,它通过进程间通信机制(IPC)把服务请求送给服务器进程。服务器通过轮转算法速度、处理各个客户的请求,产生多任务和并发效果。X的客户和服务器进程间通信是通过网络间的协议定义的,它用协议字符流代替了传统的过程调用和核心的系统调用。

由于进程间通信的要求,X窗口系统的运行环境应该是在具有进程通信机制的操作系统上工作,如有TCP/IP(支持socket机制)网络协议的UNIX操作系统。此时应在后台运行服务。

③ 提供实现的机制,而不是具体的策略。X窗口系统的一个重要设计思想是它只提供实现窗口的机制,而不是实现窗口的具体策略。X窗口系统提供了X协议来描述进程间通信的语法结构与语义,提供了X库作为C语言程序设计的界面。提供了X工具箱接口作为C语言程序设计的高级接口,提供了字体的标准格式。所有这些均未规定实现各种窗口管理及用户界面的具体风格。正因为X窗口系统提供了上述程序员的各种实现窗口管理及用户界面的机制,因而X窗口系统容易被用于实现各种用户界面,以后要提到的OSF/Motif及UI(主要由SUN及AT&T等公司组成的UNIX International集团)的Open Look均是在X上实现的不同风格的图形用户界面。这是和上一节介绍的MS Windows很不一样的。

④ X窗口的层次结构。窗口是X的一个重要资源,它是屏幕上的一块矩形区域(透明窗口无区域边框),它实质上是位映像输出设备及输入设备的一个抽象,它有自己的坐标范围、绘图属性、色彩表、字体、光标及它感兴趣的输入事件等。X窗口系统有一顶层的根窗口,它覆盖整个屏幕,应用程序的窗口均为根窗口的子窗口。在应用程序的窗口内还可创建各自的子窗口。这样,所有窗口构成了树型结构,子窗口可比父窗口小,但不能超出父窗口的范围。X窗口系统中窗口的层次结构为应用程序的多级抽象提供了清晰的概念。

(2) X协议(X protocol)

X窗口系统实际上是由其协议所定义的。协议包括四个方面:请求(request)、回答(reply)、出错(error)和事件(event)。X协议共有120多个请求,可扩充至256个。下面用例子说明协议(协议名字的后面为参数及其数据类型)。

例1 CreateWindow 请求。

```
wid, parent: WINDOW
```

```
class: {InputOutput, Inputonly, CopyFromParent}
depth: CARD8
visual: VISUALID or CopyFromParent
x, y: INT16
width, height, border-width: CARD16
value-mask: BITMASK
value-list: LIST of VALUE
Error: Alloc, Colormap, Cursor, IDChoice, Match, Pixmap, Value, Window
```

例 2 Polyling 请求。

```
drawable: DRAWABLE
gc: GCONTEXT
coordinate-mode: {origin, previous}
points: LIST of POINT
Error: Drawable, GContext, Match, Value
```

例 3 Key Press 事件。

```
root, event: WINDOW
Child: WINDOW or None
Same-screen: BOOL
root-x, root-y, event-x, event-y: INT16
detail: KEYCODE
state: SET of KEYBUTMASK
time: TIMESTAMP
```

(3) X 库函数

X 库是 X 窗口系统的 C 语言程序设计界面，它向应用程序员提供低级的编程界面。C 语言库函数把参数封装为协议请求，利用 IPC 发送给服务器进程。C 语言的 X 库共有 320 多个函数，大致可分为显示器函数、窗口函数、窗口信息函数、图形资源函数、图形函数、窗口管理函数、事件和事件处理函数、客户间通信函数及实用函数几类。下面列出与前面协议例子相近的 X 函数。

(4) X 工具箱(X Toolkit)

在上面用 X 库编制的程序中，我们可以看到该程序是很复杂的，那么能否简化应用程序员的编程工作呢？X 工具箱是在 X 库基础上提供一个高级的编程框架，用来简化 X 的编程。根据 X 的设计思想，X 工具箱可以组合各种用户界面元素集(以下称为 Widget Set)，组成某一特定的界面风格，而 X 工具箱(X Toolkit，简称 Xtk)是与风格无关的，只是提供高级机制。

X 工具箱的编程模型中，将原来 X 库编程中的事件驱动循环隐藏起来。X 工具箱只用一个发送事件的模型来代替一个很长的 While 及 Case 语句，而内部实现时则考虑各种可能事件的产生。X 工具箱的编程主要有下列步骤：

① 初始化 X 工具箱(指 Intrinsics，即工具箱中与界面元素的风格无关的函数集)，如建立与 X 服务器的连接，分配资源等。

② 创建界面元素集(Widgets)。每一程序都要创建一个或多个界面元素。当然也可使用已有的、支持专门风格的界面元素集。

③ 登记回调函数(callback function)及事件处理器(event handlers)。它们是由应用程序来定义的函数,用于响应由 Widget(界面元素)所产生的用户动作或事件。

④ 为界面元素实现一个窗口。

⑤ 进入事件循环。等待用户发送输入事件。

下面是一个输出“Hello, World”的 Xtk 程序,可以看到它比用 X 库编程简单很多。

```
# include ⟨stdio.h⟩
# include ⟨X11/Xlib.h⟩
# include ⟨X11/Intrinsic.h⟩
# include ⟨X11/Atoms.h⟩
# include ⟨X11/Label.h⟩
# define STRING "Hello, World"
Arg wargs[] = {
    XtNlabel, (XtArgVal)STRING,
};
main (argc, argv)
    int argc;
    char * * argv;
{
    Widget toplevel, label;
    /*
    * Create the Widget that represents the window.
    */
    toplevel = XtInitialize(argv[0], "Xlabel", NULL, 0, &argc, argv);
    /*
    * Create a Widget to display the string, using wargs to set
    * the string as its value.
    */
    label = XtCreateWidget(argv[0], labelWidgetClass, toplevel, wargs, XtNumber(wargs));
    /*
    * Tell the top level widget to display the label.
    */
    XtManageChild(label);
    /*
    * Create the windows, and set their attributes according to the Widget data.
    */
    XtRealizeWidget(toplevel);
    /*
    * Now process the events.
    */
    XtMainLoop();
}
```

(5) X 的 Widget 集(专用界面工具集)

X 窗口系统只提供实现机制,而不提供具体风格及策略。那么,要实现某种图形用户界面风格，用户就需要在X上自行编制界面生成程序。为简化这种工作，目前已在X库及X工具箱之上，开发了支持各种风格的专用界面工具集。人们只要使用这些工具集(Class，类)，采用面向对象的方法，就能很容易实现各种风格的用户界面。已经开发的Widget set有：

① HP的X Widget set。

② SONY的Xsw Widget set。

③ MIT的Athena Widget set。

④ Cornell Widget set。

⑤ OSF的Motif Widget set。

⑥ UI(主要是SUN及AT&T)的Open Look Widget set。

⑦ Andrew toolkit及Widget set。

⑧ InterView(早期Stanford大学开发)。

在上述各种Widget set中，目前OSF/Motif与UI/Open Look的影响最大。后面我们将会讨论由它们构成的图形用户界面。

3. OSF/Motif

在X窗口系统及其他窗口系统的基础上，已经开发了许多商品化图形用户界面，其中以OSF/Motif影响最大[RISC 1989][董士海 1992][Young 1990]。

OSF是以IBM，HP，DEC等大型计算机厂商为主体的开放软件基金会，它的建立是为了适应开放系统的发展需要，也是为了和以AT&T、SUN公司为主体的UNIX International集团(UI)对抗而出现的。OSF与UI除了在UNIX系统标准化方面进行竞争以外，在图形用户界面方面的竞争也很激烈。Motif是OSF在1988年7月发布了技术申请，并于1989年7月征集了世界许多公司的申报后正式公布的。它采用了DEC，HP，Microsoft公司的技术和Presentation Manager的风格，其中包括三维的按钮外观等。Motif以UNIX操作系统和X窗口系统作为软件平台，提供了一整套图形用户界面的机制，包括的文档有：工具箱(Toolkits)、用户界面语言(UIL)、风格(Style)及窗口管理(Window Manager)等。到1990年10月，它已能在120多个硬件平台上工作，包括IBM RS/6000，HP9000，MIPS，DEC RISC，SUN SPARC，COMPAQ DESJKPRO386等；操作系统有SUN OS，HP UX，AIX，ULTRIX，UNIX4.3 BSD等；SGI/IRIS及SCO ODT也运行Motif。1989年它获得了BYTE，VAR，UNIX Today及UNIX World等杂志评出的最佳用户界面技术奖，并获得了International Design Magazine有关图形设计及三维外观的奖励。

(1) OSF/Motif的对象类

OSF/Motif的工具箱中除了X窗口系统原有的X Toolkit Intrinsics的对象类Core，Composite，Constraint，Shell，Transient，Override等以外，Motif又创建了有关专用界面工具的对象类——Widget。为了提高运行效率，Motif中对于不用显示的对象类，创建了功能与相应Widget一样的Gadget类。

OSF/Motif的对象类层次包括：① 基本类；② 原语类，包括按钮、列表、滚动框、正文等；③ Shell类；④ 窗口管理类，包括窗口、菜单、公告板、对话框等；⑤ Gadget类。这些类都有完整的说明及参数，读者可参阅有关手册。

在OSF/Motif对象类的基础上，用户可创建新的类，以便继承父类的特性，设计新的界面元素；用户也可以在已有的对象类上，编制用户界面程序，实现用户的应用程序中界面部分。

OSF/Motif的程序与前面介绍的X工具箱编程例子基本上是一样的，即分为若干步骤：初始化工具箱；创建一个Widget(或多个Widget集)作为用户界面元素；登记回调函数或事件处理器；实现一个窗口；进入事件循环，等待用户输入。

我们需注意以下几个问题：

① Motif工具箱采用面向对象机制，它包含两个部分：界面元素集(widget set)，及本征函数(intrinscis)库。界面元素分为两种类型：原语类(primitive)，这类界面元素不能有子构件；组合类(composite)如公告板、行列区等，它能把各种界面元素组合在一起。

② Motif的Intrinsics函数中有两类：一类是对界面元素操作的函数，如创建对象、获取属性、设置属性等，例中XtCreateManagedWidget就是这一类的函数；另一类是用来定义界面与应用之间的连接关系的函数，如登记回调函数XtAddCallback等。

Motif采用回调机制来定义应用与界面的连接关系。Motif要求把事件处理程序都写成函数形式，而且不是根据事件来调用函数，而是根据回调原因(callback reason)来调用处理函数。一种回调原因可能对应一种事件(如按下按钮)，也可能是多个事件的组合效果(如按下并松开鼠标键)。每一类界面元素都定义了自己的一套回调原因，上例中有三个原因：按下(arm)、激活(activate)及抬起(disarm)。在程序运行时，工具箱自动根据输入事件和数据判断哪种界面元素的哪些原因成立，从而调用相应的处理函数，这一过程称为事件分派(dispatch event)。登记回调函数及事件分派均是本征函数中的第二类函数。因为各个处理函数都是应用程序员定义的，而由工具箱自动调用的，故称回调函数。

③ 界面元素设计时，常常是一个元素中又嵌入了许多元素，构成了Widget tree，因而为清晰表示界面元素间的关系，可以画一Widget tree，这是用户设计界面的一种辅助描述方法。

④ 本征函数中对界面元素操作的函数，有的过于冗长。Motif为了方便程序员编写这类函数，提供了简捷的函数名，这种简便函数(convenience function)功能与原来工具箱函数是功能一样的，如

```
XtCreateWidget(name, parent, XmLabelWidgetClass, NULL, 0);
XmCreateLabel(parent, name, NULL, 0);
```

后一语句是Motif的简便函数语句，功能与Xt的前一句是相同的。

⑤ 资源文件(resource file)。Motif还提供资源文件的机制，它提供界面元素的外观属性。每一应用程序都可以有一个资源文件。利用资源文件可以一次改变一个或多个界面元素的属性，这种改变不必修改源程序(指应用程序)，不必重新编译，而只需通过修改属性所记的资源文件并重新启动应用程序即可。

(2) Motif的用户界面语言UIL

用户界面语言是一种描述语言，它提供了一种简便的界面设计方法。UIL文件是界面设计者用UIL语言描述界面后所得到的文件。该文件经过Motif提供的UIL编译器的编译，得到UID(User Interface Database)文件；而后再编写C语言的应用程序，调用MRM(Motif Resource Manager)函数读取并解释UID文件，构造各种界面元素，得到用户界面。

UIL语言主要描述界面中各元素(对象)的属性及相应的回调函数。还包括各对象间的层次关系。UIL还可实现数据类型检查、符号索引，这样易于检测错误。每一个应用的UIL文件中如若其界面元素的外观特性(大小、颜色、字体等)修改时，只需改UIL文件而不必更动MRM程序或C源程序。

Motif 的工具箱(包括 Widget 类)和 UIL 构成了 Motif 的 API(Application Programming Interface),界面设计员可用这两部分进行界面设计。

4. 其他窗口系统

在窗口系统的发展过程中,除前面讨论的 MS-Windows 及 X 窗口系统外,有许多成果对窗口系统的发展起了很大作用,像 Xerox 公司的 Smalltalk, DLisp, Interlisp, Cedar, Apple 公司的 Lisa, Macintosh, SUN 公司的 SUVIEW, NeWS, IBM 公司的 OS/2 Presentation Manager, NeXT 公司的 SIEP 等。我国在窗口系统研制方面起步较晚,但也有许多单位自己研制了窗口系统,如北京大学的 QX 窗口系统,北京航空航天大学的 C 窗口系统等,还有很多单位对若干国外开发的窗口系统产品进行了汉字扩充,这些均对我国计算机图形用户界面的研制起了一定作用。

(1) Smalltalk 窗口环境[Goldberg 1983]

Smalltalk 是 20 世纪 70 年代后期提出的一种面向对象的程序设计语言,在使用这种语言的开发环境中采用窗口的思想是美国 Dan Ingalls 提出的。美国 Xerox 公司 PARC 中心研制的 Smalltalk-80 程序设计环境是第一个实用化的窗口系统。该系统采用重叠型窗口、弹出型菜单、图符标记等,首先采用了剪贴(cut and paste)编辑功能。早期 Smalltalk-76 是在 16 位 Altos 工作站上运行,后来 Smalltalk-80 是在 Dolphin 系列工作站上运行,后者采用 19 英寸高分辨率光栅显示器和鼠标器,并具有大的虚存地址空间、动态存储分配和以太网通信机制。该系统的许多技术成了以后窗口系统的样板。由于当时系统较贵,且只是单种语言的窗口环境,内部采用单地址空间和过程调用,因而没有大量推广。

(2) Macintosh 窗口系统[Inside Macintosh 1985]

Macintosh 是美国苹果公司 1984 年推出的微型计算机,它吸取了 Smalltalk-80 及苹果公司的前一产品 Lisa 的经验教训,利用新的硬件芯片,构成了一个成功且便宜的微机系统。该机的操作系统和用户界面软件(窗口管理程序)全部放在 64KB 的只读存储器内,因而响应时间极快,它采用 32 位 M68000 CPU 芯片、3.5 英寸软盘、9 英寸高分辨率显示器,构成了一个体积很小的便携式微型机。在用户界面软件中,包括了窗口管理、正文编辑、快速绘图、菜单等功能。由于提供了直接操作的图形用户界面,使它成为美国十分流行的办公室及家用微型计算机系统。它所采用的 scrollbar(滚动条)、pulldown(下拉式)菜单及各种对话框机制已为以后的窗口系统所广泛使用。该系统是通用的窗口系统,支持多种程序语言及包括图形在内的各种应用,其中 MacPaint, MacWrite 等许多应用软件工具颇具特色。该系统不支持多进程及多任务。

(3) SUN VIEW 及 SUN NeWS 窗口系统

SUN VIEW 是 1980 年代 SUN 工作站十分流行的窗口系统,它的最底层 Pixrect 是一个以像素块为操作单位的图形库,再往上是基本窗口管理层 SUN Window,管理窗口的移动、刷新、剪取与显示等。再往上 SUN Guide 是编程界面,包括创建窗口、子窗口、菜单、光标、正文、画布(Canvas)等界面元素。SUN-VIEW 是基于 UNIX 核心的窗口系统,因而不易移植。

SUN-NeWS 是 1986 年 10 月 SUN 和 Microsoft 公司联合推出的,其名称含意是网络可扩充窗口系统。它的结构也是采用客户-服务器模型,它在网络上的通信协议是 Display Postscript 语言,该语言是 Adobe 公司页描述语言 Postscript 的扩充,既具有程序设计功能,又适合绘图、文字的光栅设备输出描述。SUN-NeWS 的作图模型不是以像素块来操作,而是以型尺着色(Stencil/Paint)模型来工作,即可用 Postscript 语言来描述任意形状图形,而不必是矩形。在内部结构上 NeWS 采用了轻量(light-weight)进程方案,以提高进程工作效率。轻量进程没有完整的进程状态,一组轻量进程的地址空间是公有的,代码空间是私有的。这样的进程开销小,实现效率高。NeWS 虽没有 X 窗口系统使用广泛,但它在技术上的这些特点对窗口系统研制起了重要作用,以后的 NeXT 机 STEP 用户界面也采用了许多 NeWS 技术特点。

(4) NeXT 的 STEP 窗口系统[董士海 1991]

1988 年主持设计 Macintosh 计算机的原苹果公司主要负责人 Steve Job, 在销声匿迹多年后宣布推出他及他的同事们研究多年的 NeXT 计算机,该机除了硬件上首次使用可读写的光盘及用于多媒体的 DSP(数字信号处理器)芯片外,在软件上采用了美国 CMU 的 Mach 操作系统——扩充了功能的 UNIX 兼容版本,尤其吸引人的是其精心开发的 STEP 用户界面。STEP 用户界面采用面向对象方法进行设计,用 Display Postscript 页描述语言实现高质量图形、文字的屏幕及激光打印机统一输出描述。它采用事件驱动作为主要处理技术,用 Objective C 作为主要开发语言。STEP 精致的用户界面,方便用户的界面构造工具及面向对象设计方法是吸引许多计算机厂商的重要原因。

(5) QX 窗口系统

QX 窗口系统是 1987 年北京大学计算机科学系研制的一个多窗口系统项目。该系统是用于显示气象图的一个工具软件,它是气象预报业务部门及科研部门对气象图进行分析的有效工具。它的运行环境是 IBMPC/286 为主机的微机工作站,带有一个 1024×1024 的高分辨率显示器(采用 HD63484 图形控制器芯片)及鼠标器。其气象图数据是以中间代码文件(源文件)形式,将著名 NCAR 软件包输出结果送入窗口系统,它能显示各种投影底图及不同的气象要素场图。北京大学计算机科学系还在 X 窗口系统基础上,开发了汉字输入/输出模块,不仅提供五笔字菜单、拼音等输入方法,而且可在 Motif 等用户界面进行汉字输出,包括汉化的各种菜单、对话框等界面元素。

6.2 用户界面管理系统

在支持界面开发的各类工具中,有一类称为“用户界面管理系统”的工具,用户界面管理系统(User Interface Management Systems, UIMS)是用来设计、执行、评价、维护及管理最终用户界面的一组程序,它集成在一个统一的对话模型、表示技术下。从上述定义来看,用户界面管理系统包括了人机界面的所有软件工具。目前,用户界面管理系统主要指用户界面的开发或生成工具,它包括构造屏幕、对话的设计、快速生成界面原型及各类图形正文编辑器(见图 6.2)。目前随着各类界面工具,尤其是用户界面管理系统的出现,进一步讨论对界面工具的需求是十分重要的,这样可防止盲目性。

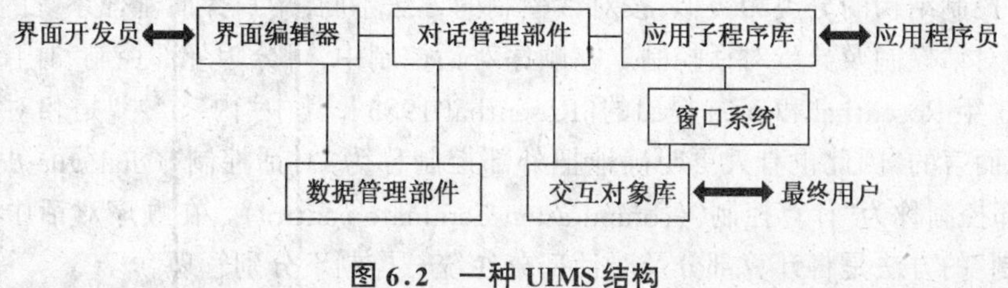

图 6.2 一种 UIMS 结构

6.2.1 发展历史

“用户界面管理系统”这一名词最早出现在1982年《计算机图形》杂志的文章[Kasik 1982]中,而这一思想的产生则可追溯到更早。早期的界面工具是一种界面或原型的构造工具,也包括一些“应用生成器”。它们给程序员提供设计辅助工具,具有有限的功能,产生的界面往往用BNF形式的语言描述,从可用性来讲比较差。这类工具如Hanau及Lenorovitz研制的IDS[Hanau 1980],Mason及Carey研制的ACT/1[Mason 1981],Wong及Reid研制的FLAIR[Wong 1982]等。1982年在图形输入交互技术(Graphical Input Interaction Technique, GIIT)的研讨会上[GIIT 1983],进一步阐明了用户界面管理系统的概念,确定了它的作用、类型和逻辑模型。在这以后,用户界面管理系统有很大发展,其中若干系统有一定代表性,如Kasik的TIGER[Kasik 1982], Buxton的MENULAY[Buxton 1983],Kamarn的Abstract Interaction Handler[Kamran 1983]等。

这一时期的用户界面管理系统不仅在最终用户、非程序员使用的界面开发上有很大进展,而且在异步对话、事件模型、支持直接操作等技术方面有很多成果。但总的来看,用户界面管理系统在应用方面还没有很大突破,人们还不能十分容易地生成界面,这里原因之一是因为用户界面的复杂性及现有工具尚难使用。

6.2.2 控制结构

用户界面管理系统的一个重要作用是将应用程序与它的交互部分分别设计与实现。从应用代码和交互部分的相互关系来看,UIMS的控制结构可分为三种类型:

1. 外部控制型

这是指当用户使用应用系统时,通过用户界面管理系统对输入进行响应,然后根据输入要求来激发应用的各种模块。应用程序本身被编程为分离的功能子模块,当需要时这些功能子模块对于UIMS是可调用的。现有的大多数用户界面管理系统采用这种模式的控制结构。

2. 内部控制型

内部控制的UIMS结构由应用程序负责各软件包之间的控制流向,一旦用户需要时由应用程序发请求以得到各种抽象设备的支持。严格地讲,这种结构是一种用户界面管理工具箱。若认为UIMS必须把对话说明工具与运行时支持环境统一集成的话,这种类似子例程序的工具包不能称为用户界面管理系统。

3. 并行控制型

在并行控制的UIMS结构中,应用程序与UIMS并行运行,它们及图形系统均在同等层次上,它们之间的通信与协调是通过具有多任务设施的并发进程来进行的,通过进程间通信机制来交换信息。

与上面控制结构的分类相类似,按对话控制的方法不同,用户界面管理系统的控制结构也可分为顺序对话控制及异步对话控制。在顺序对话控制中,可分为外部控制和内部控制,这两个词是1983年Rosenthal和Yen提出的[Rosenthal 1983],其中“内”、“外”是相对于应用程序的计算部分而言的,因此也有人更明确地把外部控制称为“对话控制”(dialogue dominate control),把内部控制称为“计算控制”(computation dominate control)。在顺序对话中还有一种称为“全局控制”的方法是将计算部分及对话部分在统一控制下分别管理。

对于异步控制结构，目前多数是基于事件的控制结构，它类似于前面讨论的并行控制结构，它适合于目前使用广泛的直接操作图形用户界面风格。此时界面管理系统分为几个部分，它们间通过各类事件(请求、响应……)来进行通信。但由于直接操作必须及时得到语义反馈信息，因而往往很难划分对话及应用之间的严格界限。

6.2.3 将来的研究趋向

用户界面管理系统的发展历史较短，应用也尚不普遍，原因是设计、使用较复杂，更何况现在各类软件发展迅速，对用户界面的要求越来越高。下面是用户界面管理系统的一些发展动向：

1. 直接操作图形界面的生成

早期界面多是命令语言、简单菜单等，它们比较容易生成。图形界面更为直观方便，但它的生成更为复杂，有许多问题尚待解决，包括描述方法、语义反馈、结构模型等。

2. 更复杂界面的设计技术

多媒体技术的发展、三维图形元素的增加对界面提供更多更直观的视觉环境，但也给界面的设计工具提出更多问题，如怎样设计多媒体(包括图形、图像、声音)的界面开发工具，怎样支持三维图形界面的开发等。

3. 人的因素的研究

现有用户界面管理系统的研究偏重于软件工具和环境的开发方面，而对用户、界面开发者的用户模型、人的因素等研究不够。随着用户对象的不同，界面的要求也是不同的，因而不能用一个模式来满足多种要求，这也就是工具生成的界面常常不能适应多数人需要的原因之一。

4. 充分利用现有成果，加快应用过程

现有的用户界面工具已有不少成功的技术，包括对话的描述、菜单生成、接口的模型等，但这些用户界面工具应用尚不普遍，当前要在应用中发现问题，及时解决，加快应用过程。这里还涉及到利用软件工程的许多方法，包括面向对象方法、速成原型方法、软件重用方法等。也涉及充分利用人工智能的成果，包括各应用领域的各种专家系统经验，利用自然语言理解和计算机视觉研究的种种成果等。

6.3 多通道用户界面的软件平台

支持交互系统常采用两种软件结构：一种是界面和应用明确分离的 Seeheim 模型，一种是界面行为和应用语义处理之间界线不清晰的紧耦合。近年来随着多通道界面(见第5章)的发展，这两种软件结构显出一定的不足。前者的语义处理能力不利于多通道界面的整合，后者则违背了可移植性和模块化等系统设计原则。为此，在多通道交互系统的结构模型的研究中，人们采取了折衷，即采用一种基于智能体(agent)的结构模型。多通道交互对软件结构的要求有：

① 整合来自不同的交互技术的不同类型的数据，就像“put that there”示例的那样；

② 多线程的管理，包括对不同交互技术之间的同步和竞争情况的支持。

6.3.1 智能体模型

随着人工智能技术的发展和应用,智能体在许多计算机系统和领域倍受关注,但是不同的人理解各不相同,缺少一个统一的定义。尽管 agent 最先来源于人工智能领域,但根据交互系统的特点,这里采用了一种更为广义的定义。这里的智能体定义为一个完整的信息处理实体,它包含事件接收单元和发送单元,维持内部状态的记忆单元以及一个处理单元。处理单元能周而复始地处理输入事件、更新状态、产生新的事件或改变它所感兴趣的输入事件类型。

智能体具备四个明显的特征:

(1) 自发性(autonomy)——能控制其内部状态,产生用来实现目标的行为;

(2) 通信性(communicability)——agents 之间可以交换信息;

(3) 反应性(reactivity)——可感知并影响其周围环境;

(4) 协作性(cooperation)——可与其他 agents 合作来共同完成一项任务。

在 AI 中,根据 agent 的推理和知识表示能力的大小而将之严格区分为认知型智能体(cognitive agent)和反应型智能体(reactive agent)[Coutaz et al 1995]。而这里的 agent 并不一定是认知型 agent,即要具有丰富的推断和决定能力,具有类人的思维能力;相反,更多的是指反应型的 agent,它们通过有限的计算能力来对外部刺激做出反应,它们缺乏自动的动态目标规划机制,由设计者预先显式地编码来赋予它一定的智能。当然,这一能力的局限是受当前人工智能和自然语言理解的发展现状所制约的。

目前在交互领域出现的智能体系统大致可归为以下五类[Russell and Andrew 1994]:

(1) User agent。我们平常所讲的"代理人"角色,一般用来处理人们能做但很繁琐的一类任务,如分类过滤邮件和新闻[Metral 1993];也可用来实现为不同用户定制适应性的信息表现,如用户模型的方法。

(2) Agent guide。像一位向导一样积极主动地为用户提供帮助,如上下文相关的帮助系统。

(3) Automous agent。这类 agent 不需要与用户交互,适宜在后台运行,如互联网上的数据库查询。

(4) Anthropomorphic agent。这类 agent 具有类人的形态,如许多游戏中的场景小人。

(5) Multi-agent system。这类系统由许多并行和协作的 agents 组成,为了共同的目标,它们之间互相通信合作。

Russell 在调查了现有 agent 的应用领域之后,总结出了适于用 agent 方法解决任务的特点,一般应具有以下六个特点中的一个或多个特点[Russell and Andrew 1994]:

(1) 适应性(adapting)。具有一定的适应性和灵活性,可针对不同用户的特点动态改变其表现来"投其所好"。

(2) 探究性(researching)。任务并非精确定义出来的,应从模糊输入中寻求答案。

(3) 示例性(demonstrating)。需要通过实际演示来传授用户知识。

(4) 导向性(guiding)。需要像向导一样在用户彷徨和迷路时及时地给用户以指导和帮助。

(5) 自发性(autonomy)。任务本身不必要频繁地与用户交互,很适合于授权执行。

(6) 异步性(asynchrony)。由于处理时间和网络延迟等因素,任务的发起到完成之间有一定的时间延迟。

Agent 的实现是用面向 agent 的编程(Agent-Oriented Programming, AOP)。它实际上就是面向对象方法(Object-Oriented Programming, OOP)的延伸。Agent 本身就是一种对象(object),按 AI 的术语, Agent 结构由思维状态(mental state)、信念(belief)、能力(capability)和承诺(commitment)构成。

与 object 相比较,我们可以认为思维状态和信念相当于 object 中的数据(data),能力则相当于 object 中的方法(method),只有承诺是与人工智能有关的新内容。从已有的 agent 系统来看,结合一定的人工智能知识会带来较好的 agent 设计,但这并不等于说 agent 应该具有许多人的复杂技能,我们只要求它具备一些用户和它所要完成的任务的知识,体现一些半智能的行为。

目前, Stanford 大学已开发了一种支持 AOP 的类 LISP 语言[Russell and Andrew 1994]。另外还有欧洲的 Amodeus-2 项目的 PAC-Amodeus 模型[Nigay and Coutaz 1995], MMI2 项目的基于统一意义表示 CMR 的 KBS 交互系统模型[Wilson et al 1991]。

6.3.2 PAC-Amodeus 模型

PAC-Amodeus 是一个概念模型,它用于设计以用户为中心的包括多线程、多通道、可移植等属性驱动的结构软件。PAC-Amodeus 把 Arch 和 PAC 的原理结合起来。

Arch 模型是包含五元素的结构,其中包括了两个转换器:功能核心界面(functional core interface)和表现技术元素(presentation techniques component),使软件设计者方便地把用户界面的主要元素(如:对话控制)和功能核心以及实现工具(如:X window 的环境)的变化隔离开来。Arch 及其元模型提供了一种恰当的联系机制(hooks)来实行各种工程折衷,例如:为可移植性而确定合适的抽象层次,语义修补,在结构成分之间分配语义处理等。但是, Arch 模型没有为对话控制的分解提供一定的指导,也没有表明在它的框架结构中,新的交互技术的一些显著特征(如:并行性、信息的整合和分流)是如何得到支持的。另一方面, PAC 模型强调基于 agent的对用户界面的递归的分解,但却不太关注工程问题。

PAC-Amodeus 则博采众长,吸取了二者的优点和长处。简言之, Arch 模型的五要素定义了适合执行工程折衷的抽象层次,而 PAC-Amodeus 则提出了物理设备和交互语言的概念,来设定这些抽象层次之间的界限。例如, PAC-Amodeus 的设计者可认为低级交互元素(low level interaction component)是与设备有关的;而在较高的抽象层次,表现技术元素是与设备无关但与语言相关的; dialogue controller 是与语言和设备无关的。

综上所述, PAC-Amodeus 包含:

(1) 功能核心界面(functional core interface);

(2) 表现技术元素(presentation techniques component);

(3) 低级交互元素(low level interaction component);

(4) 对话控制(dialogue controller)。

PAC-Amodeus 将对话控制细化为一组协作 agents,这些 agents 在多种抽象层次上来支持并行性和进行信息处理(如:数据整合)。相应地, agent 呈现为一种三面结构:

(1) 表现面(presentation facet):实现 agents 外部可感知的行为,它与 Arch 模型的表现技术元素直接联系。

(2) 抽象面(abstraction facet)：实现 agents 的能力，它与 Arch 模型的功能核心界面直接联系。

(3) 控制面(control facet)：管理它相邻两面(表现面和抽象面)之间的连接和约束，以及该 agent 与其他 agents 之间的关系。

PAC-Amodeus 提供了一个框架，使我们能从不同的但又互补的角度来看待一个 agent。尤其是，抽象面可用于用户界面中的领域相关语义的定位。像在 ALV 中一样，控制面可用来表示同一概念的不同观点之间的约束信息，而表现面可以用在表现技术元素顶层上实现扩展。

6.3.3 MMI2 结构模型

MMI2 系统[Pfaff 1985][Duce et al 1991]的结构可用 UIMS 设计中常用的 Seeheim 模型的三层结构来描述。高层包含了输入和表现方式，中间层是对话管理层，而底层则是基于应用知识的系统。该结构是基于一种"专家模块"的概念，专家模块存在于三层结构模型中的任一层。这里，"专家"这个名字需要澄清一下，MMI2 结构模型并不是提出一种"协作专家"或是"多 agents"结构。被称为"专家"的只是一个模块，它能够执行特定的任务，具有私有的数据结构，允许一组足够相关的进程聚集到一个模块中。尽管这一提法并不新奇，但是构成多通道界面的基本模块的性质和它们之间的交互行为的确定是该 MMI2 项目中有决定意义的一步。

MMI2 结构背后的另一推动力是：对话管理层的所有操作都是在一种公共意义表示 CMR(Common Meaning Representation)的基础上来执行的，这种表示是不依赖于应用程序和任何特定模式的。为此目的，所有从各种输入方式到对话管理的输入都被映射到这种 CMR 形式，从对话管理到输出通道的输出也包含这一转换。既然该项目的目标之一是开发一个能够在应用间移植的基于这种结构的工具箱，因此，对话管理和应用程序之间的通信必须采用应用程序的语言。为此，对话管理中包含了一个将 CMR 结构映射到应用语言的模块。

多通道用户界面开发环境是向应用开发者提供多通道用户界面实现的一组最小而完备的功能集，它首先应当是可靠而高效的，还应当足够灵活，具有可扩展性。在多通道用户界面开发环境之上有可能进行二次开发，建造诸如 UIMS 之类的复杂而强大的用户界面集成开发环境(IDE)。具体的要求包括：

(1) 可维护性。模块化有利于可重用性及可维护性，使用面向对象技术可提供较好保证；

(2) 可移植性。C++ 语言在 C 语言基础上发展而来，可移植性较好；

(3) 高效性。在保持可维护性及可移植性的前提下，使系统保持高效有利于二次开发和扩充；

(4) 完备性。应支持基本的多通道和多媒体交互技术功能集，抽象到适当的程度，兼顾完整性和灵活性，完整地实现标准的交互任务和交互技术；

(5) 开放性。应使交互任务和交互技术的实现是可组合的，便于移植到不同平台，同时应允许定制事件管理、目标管理以及多通道整合中的设备、通道的映射关系；

(6) API 规范简洁、遵循一致的命名规则，各模块之间有较好的相似性。

参 考 文 献

[1] Buxton W A et al. Towards a comprehensive user interface management system. Computer Graphics, 1983, 17

(3)：35～42

[2] Coutaz J, Nigay L, Salber D. Agent-based architecture modeling for interactive systems. Amodeus Project Documents：SM/WP53, April 1995

[3] Duce D A et al. User interface management and design. Proc. of the Workshop on UIMS and Environment, Spinger Co., Berlin, 1991

[4] GIIT. Graphical input interaction technique workshop summary. Computer Graphics, 1983, 17(1)：5～30

[5] Goldberg A. Smalltalk-80, the language and its implementation. Addison-Wesley, 1983

[6] Hanau P R, Lenorovitz D R. Prototyping and simulation tools for user/computer dialogue design. Computer Graphics, 1980, 14(3)：271～278

[7] Kamran A. Graphics programming independent of interaction techniques and styles. Computer Graphics, 1983, 17(1)：58～66

[8] Kasik d J. A user interface management system. Computer Graphics, 1982, 16(3)：99～106

[9] Inside Macintosh, Apple Computer Inc., 1985

[10] Mason R E A, Carey T T. Productivity experiences with a scenario tool. Proceeding of the IEEE COMPCON, Washington D.C., Sep. 1981, 106～111

[11] Metral 1993. Design of a generic learning interface agent. MIT BSC Dissertation, 1993

[12] Microsoft Windows Guide to Programming. Microsoft Corporation, Programmer's Reference Library, 1990.

[13] RISC Windows Motif Reference, Programmer's Guide. 1-2, MIPS Co., 1989

[14] Nigay L, Coutaz J. A generic platform for addressing the multimodal challenge. Proceedings of ACM CHI'95 Conference on Human Factors in Computing Systems, ACM New York, May 1995, 98～105

[15] Pfaff G E (ed.). User interface management system. Proceedings of the Workshop on UIMS, Seeheim, Springer, Berlin, 1985

[16] Rosenthal D, Yen A. User interface models summary. Computer Graphics, Jan. 1983, 17(3)：16～20

[17] Russell B, Andrew W. Agent-based interaction, people and computers IX. Proceedings of HCI'94, Cambridge University Press, August 1994, 239～245

[18] Scheifler R W et al. The X window system. ACM Trans. Graphics, April 1986, 5(3)：79～109

[19] Wilson M D et al. An architecture for multimodal dialogue. Venaco 2nd Multi-Modal Workshop'91, 1991, 32

[20] Wong P C S, Reid E R. FLAIR-user interface dialog design tool. Computer Graphics, 1982, 16(3)：87～98

[21] Young D A. The X window system, programming and applications with Xt. OSF/Motif Edition, Prentice Hall, NJ, 1990

[22] 董士海. 从 NeXT 机看计算机发展动向. 计算机世界月刊,1991(5)：2～5

[23] 董士海,韩振江. 图形用户界面 Motif 与 Open Look 述评. 全国第七届 CAD 与图形学学术会议论文集, 1992：410～413

[24] 熊志国,董士海. 窗口系统组成与结构-X 窗口系统分析. 计算机世界月刊, 1989(4):63～66

第 7 章　用户界面评估

交互系统开发的一个重要问题就是能对交互系统的人机交互效率作出评估。从界面开发过程角度来讲，人机交互评估可大致分为两类：一类是在设计过程中的评估，称为阶段评估(formative evaluation)；另一类是在界面完成之后作出的最终评估，称为总结评估(summative evaluation)。这两类评估在系统的开发过程中都起着重要的作用，是整个界面设计的有机组成部分，其中阶段评估强调在评估中采用开放式的手段，如访谈、问卷、态度调查以及量表技术；而总结性评估则大多采用较严格的定量评估，如反应时和错误率。

一个成功的计算机系统离不开一个成功的用户界面，而成功的用户界面离不开对界面的评估。对用户界面的测试和评估可以起到以下作用[David et al 1992, Iseki et al 1986, Schneiderman 1982]：

① 降低系统技术支持的费用，缩短最终用户训练时间；

② 减少由于用户界面问题而引起的软件修改和改版问题；

③ 使软件产品的可用性增强，用户易于使用；

④ 更有效地利用计算机系统资源；

⑤ 帮助系统设计者更深刻地领会以“用户为核心”的设计原则。

在界面测试与评估过程中形成的一些评估标准和设计原则对界面设计有以下直接的指导作用：

(1) 可用性和用户界面设计

随着各种机构组织越来越依赖于计算机应用系统，用户能否有效地使用这些系统经常是整个机构能否正常运行的关键。如果一个计算机应用系统不仅没有对用户起到应有的辅助作用，反而时常干扰他们的工作，并使他们感到有过大的压力和受挫感，那么用户就会觉得这个系统不值一用，或者也许干脆放弃使用。

在人-计算机的系统中，对系统的功能有效性发挥关键作用的，是那些使得用户和计算机得以交互的程序，即界面软件。用户界面一般包括系统显示给用户的信息，以及用户输入信息、操纵显示信息和采取控制行动的装置。用户界面使用户能进入并利用系统提供的便利和功能来执行系统的任务，它向用户提供有关系统做什么以及用户能做什么和该做什么的信息。用户界面还使用户能了解系统并建立系统如何工作的概念。

如果界面设计不好，它会严重限制用户对系统的使用。它会使用户产生困惑和受挫感，造成用户学习困难，使用户对系统在做什么以及用户应当做什么产生误解，在工作中出错和难以有效利用系统执行任务。

因此，用户界面必须能够满足使用该系统的用户的需要，这是界面设计和评估过程中的关键所在。“以用户为中心”设计的需要受到了越来越多计算机研究工作者的重视，大量有关界面应当怎样设计以满足这些要求的研究正在进行，并且研究的范围还在不断扩大。这个研究领域一般称之为软件工效学(或认知工效学)，可归入工效学。

(2) 工效学的贡献

工效学是关于“为人类使用而设计”的科学。工效学的目的是通过使机器规格(或操作者工作场所的各个方面)与操作者的能力相匹配从而最大限度地达到安全、有效和舒适。软件工效学是工效学的一个分支,它关心的是人-计算机软件界面。

软件工效学领域的文献众多,并且增长迅速,它在以一种实用的形式呈现本学科的研究成果方面,已做出了许多努力。一个常用的方法是把研究成果以设计“准则”的形式呈现。不同文献中的准则在内容和详细程度上差异很大。有些只是对一般原则的阐述,而有的则特别详细。

(3) 对实用的评估可用性方法的需要

我们为用户界面提供设计指导的根本目的,是提高系统的使用效率。但是,准则很少考虑用户在具体环境中执行任务时对界面的要求。另外,准则一般很少包括有关在哪里使用、什么时候使用和如何使用准则,以及如何在具体环境中使用准则的指导。因此,准则作为一种评估用户界面执行任务有效性的方法是有局限性的。为了使工效学领域内的研究能够应用到可用性评估中,我们需要的不仅仅是一连串的设计准则,还需要能利用这些准则的方法。

我们的目的就是提供这样一种方法,它要求评估界面的人员(即评估者)利用系统执行真实的任务,以作为评估的一部分。这种方法以清单的形式提供了一个结构化和系统化的工具,使我们能够利用这种方法将软件工效学研究的成果应用于用户界面的评估。这种方法,具体点就是清单,其特性能让具有不同专业知识和背景的人参与评估界面,例如,可包括界面设计者,其他技术专家,和可能在实际中使用被评估系统的有代表性的用户。

这种方法目的不在于解决问题,或对可用性进行定量评估(如,把分数加起来)。它提供了一种找出问题,收集有关问题、困难、缺陷、需改进方面等信息的方法。

(4) 应用此方法可带来的经济利益

应用这种方法评估用户界面会需要一些花费,例如,开发过程也许会延长,需要用户和其他有关人员参与评估。

但是,用户界面的设计和可用性的重要性不能低估,我们评估它们所花费的时间和精力应与它们的重要性相当。从长远来看,评估可能带来的利益会超过其费用。这些好处包括:减少用户的训练时间;由于难度变小,支持费用减少;减少使用后修正、调整和改换的需要;由于提供了更可用、设计更好和更可接受的产品,销售额会增加;用户更愿意接受这个系统,和有效的使用它;对计算机资源的使用以及使用的效率都会提高;发展计算机应用系统的人会更加意识到“以用户为中心”的设计思想的必要。

7.1 测试与评估

在软件开发中,测试与评估是十分重要的。但在用户界面的开发中,如何进行测试与评估呢?除了选用软件开发中已采用的那些测试方法(例如功能测试、结构测试等)及评估标准以外,在实际测试、评估用户界面时还有哪些要点呢?

通常,软件的测试是采用一组测试用例,对软件的功能及性能进行检查。在验收前,进行这种测试是为了尽早发现错误,而在验收时则是为了检查已完成的系统是否达到需求规格说明书所规定的功能及性能。对于用户界面而言,现有的许多功能要求,诸如“界面友好,操作简便”等常常十分模糊。为了比较量化地检验用户界面，尤其是从人的因素方面测试界面的可用性，应该针对需求规格说明书的测试标准和方法作出规定。下面是几个可度量的内容，它可针对不同类型的用户(最终用户、程序员用户或其他分类)，选择 8～10 个测试组进行测试：

① 学习指定功能的时间；

② 完成某一任务的速度；

③ 出错率；

④ 主要使用者的满意程度；

⑤ 用户命令记忆的程序。

为了精确地测试一个用户界面的情况，可以确定如下的验收测试标准：由 20 个典型的使用者，对系统(用户界面)进行一小时的训练。然后对这些使用者，按某类任务的标准测试方法进行 15 分钟的系统操作测试。合格标准为平均完成率超过 80％且平均出错数目小于 3。

采用比较量化的测试方法有助于不同用户界面在各个方面的比较，也便于验收前的改进或听取操作者的意见。由于用户界面的优劣涉及许多人的因素，精确的量化测试标准要针对实际用户及需求规格说明书进行制订。

如何评估一个用户界面的优劣，即评估标准的确定，是一个复杂的问题。在评估一个用户界面之前，我们先讨论一下软件的评估标准。

1. 软件的评估

对一个软件、尤其是对用户界面那样的工具软件的评估，应考虑以下这些因素：

(1) 满足用户需求：即软件应满足用户对该软件的功能、特性、计算机环境等方面的要求。

(2) 生产率性能：即在提高软件生产率，提高软件质量和降低软件开发成本等方面的综合效益。

(3) 文档：文档应准确、完整，且易于理解。

(4) 友好性：指容易理解、安装、使用、维护和具有友好的用户界面。

(5) 性能价格比：在相似条件下，性能价格比高者为佳。

(6) 占用资源：在相似条件下，占用资源少者为佳。这里所说的资源包括处理时间、内外存空间及外设等。

(7) 适应性：在相似条件下，适应性强者为佳。这里的适应性是指可在不同应用软件开发领域中使用，可支持不同的开发方法。

(8) 标准化：是指软件是否符合有关国际标准、国家标准或实际上的工业标准等。

(9) 售后服务：软件作为产品，重要一点是看供货单位或开发单位能否提供良好的售后服务。

(10) 培训：软件作为产品，还要看供货单位或开发单位是否提供必要的培训、负责程度怎样、是否额外收费等。

(11) 普及程度：指软件正式使用以来已用多长时间，应用面多大、用户反映如何等。

(12) 兼容性：指与其他软件或环境的兼容程度。

(13) 使用频度：当软件需频繁使用时，就要考虑其数据共享、内存分配等特点。

(14) 协调性：软件和用户的计算机配置及软件环境是否协调一致。

(15) 应用条件：使用者在操作、维护该软件的素质以及管理机构和措施上是否跟得上。

上述这些评估的因素，在原则上均适用于用户界面，这是由于用户界面是一个独立的软件或部分，因而可以将上述因素在用户界面方面加以具体化。

2. 用户界面的评估途径

用户的实践是评估用户界面的主要途径。一个用户界面别人评得再好，但使用者在使用时却不方便，则这种评估对于这个用户而言就没有什么意义。对于用户的各种反馈信息、评估意见可通过以下途径取得：

(1) 用户调查表

为了了解用户对界面使用的反映，可采用各种方式向用户分发调查表，并根据搜集到的各种数据或用户提出的要求，来进一步改进用户界面。该调查表可以书面的形式向用户发出，也可采用联机方式通过网络及电子邮件来征求意见。征求意见的表格应该设计成便于用户选择、简明及有参考价值。表格可以分成几个级别，如简要型及详细型，也应提供用户自由表达的栏目。

(2) 个别面谈及小组讨论

为了更细致了解用户的意见，可派出维护或服务人员到使用单位通过个别面谈及座谈会形式收集意见。这些单位及人员的选择应具有代表性，能反映某一种应用类型或人员的意见。在座谈讨论前，开发单位应事先拟定调查提纲及拟制调查表发给个人或工作小组。这样可取得更好的效果及定量的数据。

(3) 由专人负责咨询工作或接待用户的询问

当用户界面在大量使用后，可能会出现各类问题，用户会提出各种使用上、维护上的问题和请求，此时开发单位必须花相当的人力来解决推广使用时所出现的各种问题。在与用户的交往中，可不断发现问题和解决问题，并正确地、客观地评估自己开发的界面。

(4) 通过用户协会或用户通信刊物进行评估

当软件或用户界面在较大范围内应用时，应该组织一些用户协会的组织，定期开会，交流使用经验及解决问题的方法。开发单位也可通过会议定期发布新的软件版本。另一途径是出版用户通信的刊物，作为用户与用户之间、用户与开发者之间交往的重要手段。

以上种种途径都可以获得用户的反馈信息，而这种信息正是用户界面评估的最重要依据。因此，及时、准确、全面地掌握用户使用界面的反馈信息，是一项十分重要的工作。

3. 用户界面的评估条目举例

不论采用哪种途径来收集用户的反馈信息，事先拟定一个合适的评估条目是十分重要的。针对用户界面的使用情况，这些条目可以是以下种种，其评估的级别可以是多级(如 5 到 7 级)的。

(1) 显示器上字符的可读性。

(2) 字符定义的清晰程度。

(3) 字符与显示背景的反差。

(4) 字体的形状与外观。

(5) 字符四周留空的合适程度。

(6) 加亮机制的好用程度。

(7) 亮度或颜色的级别。

(8) 字符或形状大小可更改程度。

(9) 下画线功能。
(10) 反显功能。
(11) 闪烁功能。
(12) 颜色的可更改程度。
(13) 与任务相关的词汇合适程度。
(14) 与计算机相关的词汇合适程度。
(15) 显示的字、词准确程度。
(16) 缩写、略语合适情况。
(17) 各种用语的一致性。
(18) 对系统描述的清晰程度。
(19) 命令解释的清晰程度。
(20) 出错信息的清晰程度。
(21) 使用命令的一致性。
(22) 显示位置的一致性。
(23) 使用音响的一致性。
(24) 对系统的操作种类数目的合适程度。
(25) 信息提示清晰程度。
(26) 给用户回响信息数目的合适程度。
(27) 屏幕布局清晰程度。
(28) 显示内容次序的合理性。
(29) 屏幕及窗口的响应速度。
(30) 菜单项名含意的清晰程度。
(31) 菜单选择布局的清晰程度。
(32) 系统进入、退出的操作的清晰程度。
(33) 光标种类及含意清晰程度。
(34) 光标移动速度合乎要求。
(35) 数据录入操作回响清晰程度。
(36) 数据录入的响应时间合乎要求。
(37) 出错消息出现时间合乎要求。
(38) 出错消息有用程度。
(39) 出错消息对纠错提示的清晰程度。
(40) 对误操作的复原操作(undo)。
(41) 对录入数据可修改性的方便程度。
(42) 联机求助内容的多少、是否合适。
(43) 对联机求助的使用是否方便。
(44) 联机求助内容的组织及显示是否合适。
(45) 界面的操作易学程度。
(46) 启动系统的难易程度。
(47) 间断使用后重新学习的难易程度。

(48) 适应不同经验用户的普遍性。

(49) 初学者能否使用一子集。

(50) 有经验用户能否加入新功能或裁剪。

(51) 需记忆的信息或要求是否合适。

(52) 显示的图表、符号可以理解。

(53) 提供的联机手册完整性。

(54) 提供的书面资料完整性。

(55) 提供的参考手册易理解性。

(56) 有无快速查找手册或辅助。

(57) 表演程序有无或有用程度。

(58) 对破坏性操作的保护程度。

(59) 标准化程度。

(60) 总的评估。

以上评估条目可以根据实际用户界面的方案进行增减。每一条目可以根据条目的内容分成若干回答选择级别,如清楚、较清楚、一般、较模糊、很模糊。

对上述调查表的评估条目可进行详细统计,以便了解用户的反映并改进用户界面的功能。评估的目的是为了定量地了解用户界面的全面特性及使用情况,以便改进提高。

7.2 评 估 方 法

系统评估[Foley et al 1990]是指人们把构成的软件系统按其性能、功能、可使用性等方面与某种预定的标准进行比较,以对所构造的系统作出评估。用户界面是用户与计算机系统之间的通信媒体或手段,它的物化体现是有关的支持人机双向信息交换的软件和硬件,如带有鼠标的图形显示终端。用户界面评估[Brown et al 1989]是指人们对在用户和计算机系统之间起桥梁作用的界面表现方式及人机交互效率进行评估,以确定用户界面是否满足用户使用的要求。

1. 用户模型和心理模型

用户界面是计算机系统中人-计算机之间进行信息交流的空间。为了使用户界面的设计真正符合用户的需要,设计者必须建立这样一个用户模型,它正确地描述用户是如何使用系统的。用户模型是指系统开发者对用户特征的理解和表达。它应包括用户的物理特征以及认知特点。正确的用户模型必须依靠心理学和工效学研究才能建立起来。

为使系统正常工作,用户也必须建立起正确的系统如何工作的心理模型。心理模型实质上是指用户对系统及其成分的心理表达。用户根据心理模型来预测在进行交互时系统会表现出的特性。正确的心理模型可通过用户适当的学习和培训来建立,在整个系统开发中,用户培训也应是界面设计的一个重要组成部分。

用户模型和心理模型都是系统开发和界面设计的基础,不正确的用户模型和心理模型会使整个系统开发的基础变得非常薄弱。

2. 可用性、可学性和有效性

用户界面的评估和测试过程中最重要的三个方面是可用性、可学性和有效性。可用性(usability)是指最终用户没有困难地使用计算机应用系统完成所要求任务的程度。可学性

(learnability)是指用户掌握系统的功能和规则的难易程度。有效性(effectiveness)是指用户能成功地完成所规定的任务而对他完成时所用的工具注意最少。

这三方面有一定的联系,具体的应用系统在开发过程中对其使用亦侧重不同。例如,如果用户使用某一系统并不是强制性的,那么可学性就变得非常重要,不然这类用户可能永远不会去使用该系统。

目前,用户界面的评估主要通过四种方法:

(1) 启发式评估(heuristic evaluation),主要是通过界面专家的主观评估;

(2) 必要的可用性测试(usability test);

(3) 设计原则评估(guidelines),即构造一定的设计要求,让设计者在设计过程中自己进行评估;

(4) 认知尝试(cognitive walkthrough)。

评估用户界面是一项复杂的任务,首先要明确两个问题:

(1) 评估的对象是开发工具还是目标系统,不同的对象有不同的评估指标;

(2) 评估的主体是开发人员还是终端用户,不同的主体导致不同的评估方法。

评估的方法有很多,大体上分为三类:用户评估、理论评估和专家评估。区分它们的标准在于数据来源,取决于评估数据是来自用户交互、理论预测还是专家经验:

(1) 用户评估通常是由一个或多个用户在恰当的环境里完成一个或多个任务来进行评估。通过记录交互过程中的客观用户数据,询问用户的主观反映,可以了解到用户对界面的满意程度及界面设计的有效性。

(2) 理论评估一般是由设计者或评估者根据某种形式化方法计算任务或用户模型与系统描述(specification)的匹配情况。这种方法可以给出定量的结果。

(3) 专家评估是由评估者(人素专家)以一种可以称为结构化的方式使用系统,测试是否符合预先定义的准则。评估结果反映了评估者的主观看法。这种评估方法主要是系统一致性的评估,即将系统和已建立的人素标准、规则(guideline)或原则(principle)进行比较。

这些评估方法各有其优缺点[符德江 1994, 周建武等 1998]。用户评估全面、准确,极其近似于真正的使用环境,可以用于设计周期的各个阶段,但花费的时间和代价较大。理论评估可以给出定量的结果,但它的假设条件太多,离真正应用还有一段距离。专家评估快速并且便宜,但其缺点是,虽然专家是根据情况(用户水平、群体习惯等)作出判断,但专家关于任务的知识很少,难以从用户的立场看问题,且个人倾向会影响判断。另外把研究成果以设计“准则”的形式呈现,不同文献中的准则在内容和详细程度上差异很大,有些只是对一般原则的阐述,而有的则特别详细。如 MITRE 公司多年来为美国空军提供了一些最全面的软件界面设计“准则”,其中后面的每一个报告都对前一个进行了修正和扩充,最新的版本包括 944 条设计准则。

为用户界面良好设计提供指导的根本目的必须是为用户提高系统的可用性。但是,准则很少考虑用户在具体环境中执行任务时对界面的要求。另外,准则一般很少包括有关在哪里使用、什么时候使用和如何使用准则,以及如何在具体环境中使用准则的指导。因此,准则作为一种评估用户界面执行任务有效性的方法是有局限性的。为了使这一领域内的研究能够应用到可用性评估中,我们需要的不仅仅是一连串的设计准则,还需要能利用这些准则的方法。

总结起来,用户界面的开发是一个反复的过程,包含三个步骤:设计(design)、实现(construction)和评估(evaluation),其中界面评估是用户界面质量的保证。用户界面开发的经验表明从界面设计直接预测系统的可用性,就像要从程序代码直接预测程序效率一样,是十分困难的。人与计算机之间的交互是非常复杂的。在目前,不借助实际测试不可能彻底理解二者之间的关系。就像我们在软件开发中必须通过运行程序并检查运行结果才能确定计算机程序的有效性一样,我们必须做可用性测试才可能接受有关系统可用性的任何结论。

7.3 可用性测试

随着各种机构组织越来越依赖于计算机应用系统,用户能否有效地使用这些系统经常是整个机构是否能够正常运行的关键。如果一个计算机应用系统不仅没有对用户起到应有的辅助作用,反而时常干扰他们的工作,并使他们感到有过大的压力和受挫感,那么用户就会觉得这个系统不值一用,或者也许干脆放弃使用。

在人-计算机的系统中,对系统的功能有效性发挥关键作用的,是那些使得用户和计算机得以交互的程序,即界面软件。用户界面一般包括系统显示给用户的信息,以及用户输入信息、操纵显示信息和采取控制行动的装置。用户界面使用户能进入并利用系统提供的便利和功能来执行系统的任务,它向用户提供有关系统做什么以及用户能做什么和该做什么的信息。用户界面还使用户能了解系统并建立系统如何工作的概念。

如果界面设计不好,它会严重限制用户对系统的使用。它会使用户产生困惑和受挫感,造成用户学习困难,使用户对系统在做什么以及用户应当做什么产生误解,在工作中出错和难以有效利用系统执行任务。因此,用户界面满足使用系统的用户要求是很关键的。认识到"以用户为中心"设计的需要。

将软件工效学研究的成果应用于用户界面的评估并以清单的形式呈现提供了一个结构化和系统化的工具。这样一来能让具有不同专业知识和背景的人,例如界面设计者、其他技术专家和可能在实际中使用被评估系统的有代表性的用户参与评估界面。这种方法要求评估界面的人员(即评估者)利用系统执行真实的任务来设计。这种方法的目的不在于解决问题,或对可用性进行定量评估(如,把分数加起来)。它提供了一种找出问题和收集有关问题、困难、缺陷、需改进方面等信息的方法。

应用这种方法评估用户界面会需要一些花费。例如,开发过程也许会延长,需要用户和其他有关人员参与评估。但是,用户界面的重要性不能低估,我们评估界面所花费的时间和精力应与它们的重要性相当。从长远来看,评估可能带来的利益会超过其费用。这些好处包括:减少用户的训练时间;由于难度变小,支持费用减少;减少使用后修正、调整和改换的需要;由于提供了更可用、设计更好和更可接受的产品,销售额会增加;用户更愿意接受这个系统并有效地使用它;对计算机资源的使用以及使用的效率都会提高。

(1) 评估清单

清单是以设计良好的用户界面应该达到的一系列软件工效学标准或目标为基础的。清单由一系列用于评估可用性的具体问题组成,这些问题为那些界面评估人员提供了一个标准化和系统化的方法,使他们能找出并弄清存在问题的领域、待提高的领域和特别优良的方面,等等。

清单的每一部分都以一个标准或"目标"为基础,这些标准或"目标"是一个设计良好的用户界面所应当达到的。每一部分的开头先列出其标准,其后是一系列清单问题,这些问题是用来确定界面是不是达到了该部分的标准。清单标准的重要性没有区分。前九个标准如下：

第一部分　　视觉清晰性
第二部分　　一致性
第三部分　　兼容性
第四部分　　有效的反馈
第五部分　　明确性
第六部分　　适当的功能
第七部分　　灵活性和控制
第八部分　　错误的避免和纠正
第九部分　　用户指导和支持

回答清单问题时，评估者只需从四个选项中选出一个。这四个选项中，“总是如此”是最赞许性的回答，而“从不”是最不赞许的回答。另外两个选项为“大多数时候”和“有些时候”。每个问题旁边都为评估者留了空间以便他对问题和他们的回答做补充评论。

在清单每一部分的结尾，也为评估者留出了空间，评估者可在此做任何评论，不管这些评论是好是坏，只要与本部分所出现的问题有关即可。其后是一个从“非常满意”到“非常不满意”的五项可选表格，让评估者对照标准及本部分的问题对界面给出一个一般的评论。

第十部分则是具体关于评估者在执行任务过程中遇到的可用性问题。对这部分的每一个清单问题，评估者都要回答是有大问题、小问题还是没有问题。

第十一部分是关于系统可用性的一些一般问题。问题是开放的，允许评估者对系统各个因素阐述观点，包括系统最好的和最差的方面，造成困难的那些方面，以及任何改进建议，等等。

(2) 清单第一部分(视觉清晰性)详细说明(见表 7.1)

屏幕呈现的信息应当清晰，组织有条理，无歧义，且易于阅读。

视觉清晰性是指有关信息呈现于屏幕的方式。

表 7.1　视觉清晰性

问　题	总是如此	大多数时候	有些时候	从不	评论
1. 是否每一屏都有说明性标题或描述来标志清楚？					
2. 屏幕上的重要信息是否很突出？(例如，光标位置、指令、错误提示等)					
3. 当用户在屏幕上输入信息时，信息是否清楚？应当在何处及以何种格式输入信息？					
4. 在用户重复输入信息时，系统清除先前的信息，以保证不与现在的输入相混淆吗？					
5. 屏幕上信息的组织是否有逻辑性？(例如，菜单按可能的选择顺序或者字母顺序组织)					
6. 能清楚地区分屏幕上不同类型的信息吗？(例如，指令、控制选择、数据呈现)					
7. 屏幕呈现大量信息时，信息在屏幕上能被清晰地分成不同部分吗？					
8. 屏幕上一行行的信息对齐了吗？(例如，字符列左对齐，数字列右对齐)					

续表

问　题	总是如此	大多数时候	有些时候	从不	评论
9. 有没有做到明亮色呈现在暗色背景之上,暗色呈现在明亮背景之上?					
10. 颜色的使用使显示更清晰了吗?					
11. 如果使用一个黑白显示器或低分辨率屏幕或者用户是色盲,原来是彩色的显示内容还是很容易看清吗?					
12. 屏幕上的信息易于查看阅读吗?					
13. 屏幕上的内容是不是呈现很整齐?					
14. 图表和图形(例如表格和图)显示和标注得清楚吗?					
15. 容易在屏幕上找到所需信息吗?					
16. 关于以上问题你还有什么评论(好坏均可)吗?					

综上所述,根据视觉清晰性你怎样评估本系统?(请在适合的一格里打勾)

十分满意	较为满意	一般满意	较不满意	十分不满意

良好的视觉清晰性要求:

① 屏幕显得不杂乱。

② 能使用户快速容易地找到所需的信息和看到信息输入屏幕的位置。

③ 能使用户注意重要信息。

④ 能使用户快速容易地查看和阅读屏幕上的信息。

问题 1　是否每一屏都有说明性的标题或描述标志清楚。

在屏幕上有清晰切题的说明性的标题或描述,向用户解释呈现了什么东西。

问题 2　屏幕上的重要信息是否突出?(例如,光标位置、指令、错误提示等)

举例来说,诸如增加亮度,使用不同颜色,转动视频和闪烁等技术有助于引起用户对重要信息的注意。在选择怎样突出特殊信息时应当小心。有些技术也许太突出或使人分心(例如高亮闪烁),而有些技术也许又不够明显(例如在系统已经包含许多种颜色时再次使用不同颜色)。同样,虽然某些信息的重要性在任何场合都是不言而喻的(例如错误提示、光标位置),而突出其他信息的必要性也许只有通过实际使用界面执行任务才能揭示(如,在评估中)。

问题 3　当用户在屏幕上输入信息时,清楚应当在何处及以何种格式输入吗?

如果用户能看到应在屏幕何处输入信息,并且信息应以何种格式输入也显而易见的话,那么交互的速度与效率均可提高。突出光标(详见上述问题 2)可以使用户注意适当的位置。清晰的指令,良好的一致性,兼容性和清晰的联机帮助装置有助于用户确定以何种格式输入信息。另外,所需的格式可以用在屏幕上标记输入的方式(如,"…/…/…")等技术来表示。

问题 4　用户重复输入信息时,系统清除先前的信息,以保证不与现在的输入相混淆吗?

为了避免混淆和出错,这一点显得尤为重要。在已有的信息之上输入,易引起混淆,况且用户也许会忘记删除已有的信息。例如,现存一则信息是"100"。如果代之以"20",且又忘了删除现存的数字的话,那么,结果数字将是"200",这就明显不对了。

问题 5　屏幕上的信息组织是否有逻辑性?(例如,菜单按可能的选择顺序或者字母顺序组织)

如果呈现的信息的位置、安排和顺序对用户来说有逻辑的话，用户就会更快地找到所需信息。同样，假如信息以对用户来说有意义的方式来组织的话，用户就会发现更易理解屏幕呈现的内容。

问题 6 能清楚地区分屏幕上不同类型的信息吗？（例如，指令、控制选择、数据呈现）

用户能够快速容易地区分屏幕上不同类型的信息很重要。如果这些信息不能相互区别的话，就会显得在屏幕上"挤成一团"，既显得杂乱又会导致混淆。例如，用户也许会难以弄清指令开始于何处终止于何处，更难在屏幕上找到其所需信息。

问题 7 屏幕呈现大量信息时，信息在屏幕上能被清晰地分成不同部分吗？

屏幕呈现大量信息时，也许比那些不同类型的信息（正如上述问题 6）更需要清楚区分。如果做不到这一点，即使信息组织合理，整个屏幕还是会显得杂乱和混淆。举例来说，排列在屏幕上的大量数据可通过每 5 行左右插入一空白行来进行水平分隔。

问题 8 屏幕上一行行的信息对齐了吗？（例如，字符列左对齐、数字列右对齐）

为了提高显示的清晰性，一行行的信息必须对齐。

问题 9 有没有做到明亮色呈现在暗背景之上，暗色呈现在明亮背景之上？

在使用了颜色的地方，如果前景色与背景色差别显著，屏幕上的信息就更易察看和阅读。例如，深蓝色文字位于白色背景之上就要比淡黄色的文字位于同样背景之上更易阅读。有些用户也许对某个颜色或颜色组合辨认困难，在用户可能要长时间注视屏幕的地方把这些考虑进去极端重要。

问题 10 颜色的使用使得显示更清晰吗？

有效使用颜色可以大大提高视觉清晰性，尤其是对那些不熟悉屏幕的用户来说。它有助于用户注意屏幕的不同部分，能用来突出重要信息和区分不同类型的信息。但如果使用不当（例：背景与内容的颜色对比不明显，颜色过于明亮，屏幕上用了过多的颜色），颜色就会使屏幕混乱，难以阅读且看起来不舒适。如上所述，人们有不同的颜色偏好，存在着不同的颜色识别困难，这一点也应仔细斟酌。

问题 11 如果使用一个黑白显示器或低分辨率屏幕或者用户是色盲，原来是彩色的显示内容还容易看清吗？

在考虑屏幕颜色的使用时，调查色盲的人是否能够容易地阅读屏幕显得尤为重要。如果界面可能用于一个黑白显示器，那么也应仔细检验。

问题 12 屏幕上的信息易于查看阅读吗？

这一点不仅与本部分的其他问题涉及的因素有关，例如屏幕上的颜色的使用与信息的组织，而且与诸如屏幕的分辨率、质量和屏幕上的字符大小等因素也关系密切。重要的是，要保证视觉差异尽可能地被容纳，以使信息对任何使用该系统的用户来说都是清晰易懂的。

问题 13 屏幕上的内容是不是呈现很整齐？

这一点与本部分的其他问题（尤其是问题 6 至问题 8）密切相关，因为屏幕上的信息的良好组织有助于避免显得杂乱无章，尤其是当屏幕包含太多信息时。

问题 14 图表和图形（例如表格和图）显示和标注得清楚吗？

图形、图表、图示等的注解和标注对于用户理解和响应呈现的信息的能力有很重要的含意。

问题 15 容易在屏幕上找到所需信息吗？

这个问题提供了对于视觉清晰度的一个综合评估，因为上面问题主要就是为了使用户能快速容易地找到所需的信息。然而，如果一个评估者肯定地回答了以上的问题，但却难以找到所需信息，那么很可能在其他标准（例如，一致性与兼容性差，缺少信息反馈或用户指引）方面有问题。反过来也是如此，如否定地回答了以上的问题，但信息却易于被找到。

(3) 清单其他部分的简要说明

为简单起见，这里只列出清单其他各部分的含意，对第十、十一部分则列出了有关的问题。

① 第二部分：一致性。系统看起来和运行起来应当前后一致。

② 第三部分：兼容性。系统看起来和运行起来应当与用户的习惯和期望相一致。

③ 第四部分：有效的反馈。系统应当给用户以清晰的提示信息，告诉他们在系统的何处，他们已经作了什么操作，这些操作是否有效以及下一步应当如何操作。

④ 第五部分：明确性。系统工作和构成的方式对用户来说应当清楚明了。

⑤ 第六部分：适当的功能。系统应该满足用户执行任务时的要求。

⑥ 第七部分：灵活性和控制。系统应该在结构、显示信息的方式和允许用户进行的操作等方面足够灵活，以满足所有用户的要求并使他们觉得能控制系统。

⑦ 第八部分：错误的避免和纠正。系统的设计应当尽量减少用户出错的可能，并且带有检测和处理错误的装置。用户应能检查他们的输入并在输入被加工之前纠正错误或可能造成错误的情况。

⑧ 第九部分：用户指导和支持。应当在计算机上（通过联机帮助装置）或以硬拷贝文件的形式提供内容丰富、使用简便和切题的指导与支持以帮助用户理解和使用系统。

⑨ 第十部分：系统可用性的问题。使用系统时，你是否遇到了表 7.2 中的问题。

表 7.2 系统可用性

问　题	没问题	小问题	大问题	评　价
1. 学会如何使用该系统				
2. 缺乏如何使用系统的指导				
3. 系统文件编制不好				
4. 完全了解如何执行任务				
5. 知道下一步做什么				
6. 了解屏幕上的信息和你正在做的事怎样发生联系				
7. 寻找你想要的信息				
8. 是否有难以阅读明白的信息				
9. 屏幕上的颜色太多				
10. 难以长时间注视的颜色				
11. 不灵活，僵硬的系统结构				
12. 不灵活的帮助（指导）装置				
13. 失去了有关你在系统的什么地方、正在做什么或已经做了什么的线索				
14. 执行任务时要记太多的信息				

续表

问　　题	没问题	小问题	大问题	评　价
15. 对你来说,系统响应太快,以致你不明白发生了什么				
16. 信息在屏幕上停留时间太短,来不及看				
17. 系统响应太慢				
18. 系统的意想不到的运行				
19. 难以或不便于使用的输入装置				
20. 知道在哪里,如何输入信息				
21. 输入信息要花很长时间				
22. 必须很小心才能避免错误				
23. 知道如何改正错误				
24. 纠正错误要花很长时间				
25. 不得不采用不同的方法执行同一种任务				

⑩ 第十一部分:关于系统可用性的一般问题。

请回答下面的问题,给出你对这个系统的可用性的看法,回答无正误之分。

- 对用户来说,系统最好的方面是什么?
- 对用户来说,系统最坏的方面是什么?
- 系统是不是有些部分让你觉得困惑或难以完全理解?
- 系统是不是有些部分虽然不引起大的问题,但让你觉得非常烦人?
- 你使用系统时,最常犯的错误是什么?
- 从用户的角度来看,你认为系统应做哪些改进?
- 关于这个系统你还有什么要说的吗?

7.4　用户界面评估

7.4.1　使用任务评估用户界面

在评估中使用任务的主要原因可以归结为以下六点。第一,任务都是一些真实的和典型性的工作,而系统正是被设计来做这些工作的。这些任务提供了论证系统功能性的最有效的方法。第二,使用任务可使那些评估界面的人不会简单地把界面看做一系列的屏幕和操作,而是作为整个应用系统的一部分。第三,通过执行任务,评估者能接触到用户界面尽可能多的方面。如果他们要对界面的某些特点、问题、长处和不足,进行有用的、详细的评估,这是必须的。第四,许多重要的问题和困难只能通过执行任务才能揭示出来。第五,在有些情况下,可用性的某些重要方面只能通过使用这个系统来把握。最后,通过观察和记录评估者在执行任务时的表现能收集到重要信息。这些信息在确定评估者同系统打交道时会遇到哪些困难极其有用。因此,用这种方法进行用户界面评估的第一步是编制在评估中使用的任务。

编制在评估中使用的任务有两个主要阶段:

第一阶段,进行基本任务分析。包括:

① 收集现有的相似系统工作的信息和有关待评估系统的用途的信息。

② 对这些信息进行对比和说明，这样就会得到一个能加以评估的真实的说明。

③ 分析这个说明，并改进它。

第二阶段，编制评估任务。包括：

① 决定使用任务的数量。

② 评估所选择的评估任务。检查它们的典型性，它们的执行情况会怎样，以及它们能在多大程度上揭示待评估系统的功能性。

③ 进行一次实验性的审查，并根据它来改进评估任务。

上面列出来的程序是概括性的，评估方法的这一部分在很大程度上将受到当时评估背景的影响。例如，系统执行的工作的种类，系统现在的发展状况，以及系统的新奇性和复杂性等等。

7.4.2 界面表现评估[Brown 1989][董士海等 1999]

用户界面设计中所用到的各种表现实体如窗口、菜单、按钮、图标等统称为界面对象。界面表现是界面状态的集合，而每个界面状态是由相应的界面对象的状态叠加而成的。对界面表现的评估可以转化为对各个界面对象状态的评估。

1．界面表现评估机制

令 A 为 MM 中的所有界面对象(数目为 n)的状态的集合，$S(O_1)$，$S(O_2)$，…，$S(O_n)$ 为各个界面对象的状态，要对界面表现 P 进行评估，就可以转化为对各个界面对象状态进行评估。

界面表现 P 的评估值是各个界面对象状态评估值的加权平均。

令 W_i为界面对象 O_i的评估权值，$W = \sum W_i (1 \leqslant i \leqslant n)$。根据上述定义，有

$$E(P) = (W_1/W)E(S(O_1)) + (W_2/W)E(S(O_2)) + \cdots + (W_n/W)E(S(O_n)) \tag{7.1}$$

(1) 由于界面对象在 MMI 中的地位不同，为其分配的权值也不一样，如主窗口的权值比图标的评估权值可能要大得多。

(2) 界面对象的状态 $S(O)$ 是其界面布局 L 和颜色搭配 C 的二元组即 $S(O) = \langle L, C \rangle$。界面对象状态的评估值是界面对象布局评估值和界面对象颜色搭配评估值的加权平均。

对于一个确定的界面对象 O_i而言，其评估权值 W_i、布局评估权值 $W(O_i(L))$、布局评估值 $E(O_i(L))$、颜色搭配评估权值 $W(O_i(C))$ 及颜色搭配评估值 $E(O_i(C))$ 可以确定下来，因此一个多通道界面的界面表现评估值也就定量地计算出来。而界面对象布局的评估值及颜色搭配评估值的确定可以参考一定的评估规则，这些评估规则来自当前常见的图形用户界面表现方式及心理学知识。

2．界面对象屏幕布局的评估规则

界面对象屏幕布局主要考虑各个界面对象在屏幕上的安放位置，以便使用户以最快的速度找到操作对象、发现目标。界面对象的屏幕布局在界面可用性方面意义很大。Ziegler [Ziegler et al 1988]对一个实验用的界面在下面几个方面做了重新设计：

(1) 每个数据输入区都给予标题；

(2) 相关的数据被组织在一起；

(3) 与其他功能类似的软件界面布局保持一致;

(4) 将菜单选择技术由输入数码改为鼠标选择;

(5) 为突出主框,使用了缩入及下划线技术;

(6) 标题的缩写采用一致方式;

(7) 数字以十进制小数点为间隔的方式输出。

通过将改进后的界面和原始界面进行比较可知,生疏用户在使用重新设计的界面执行查找工作时,速度提高了 31%,而出错率减少了 28%。熟练用户使用新的界面,查找速度提高不大,但出错率却大大降低。这表明界面对象的屏幕布局是非常重要的。

下面列出一些常用的界面对象如窗口、菜单、图标、按钮的屏幕布局评估规则。

令 O_i 表示某个界面对象,$E(O_i(L))$ 为界面对象 O_i 的屏幕布局评估值,可按下面规则对其进行评估。

规则 1: 若界面对象 O_i 是一窗口,则有

窗口 =<标题,极大化图标,极小化图标,重置大小图标,关闭窗口图标,水平滚动条,垂直滚动条>

标题:

评估权值: $W_1 = 1$

评估值: $E_1 = 0$(无窗口标题)

$E_1 = 1/2$(窗口标题左右位置不对称)

$E_1 = 1$(窗口标题左右位置对称)

极大化图标:

评估权值: $W_2 = 2$

评估值: $E_2 = 0$(图标不存在)

$E_2 = 1/2$(图标位置不在窗口右上角)

$E_2 = 1$(图标位置在窗口右上角)

极小化图标:

评估权值: $W_3 = 2$

评估值: $E_3 = 0$(图标不存在)

$E_3 = 1/2$(图标位置不在窗口右上角)

$E_3 = 1$(图标位置在窗口右上角)

重置大小图标:

评估权值: $W_4 = 2$

评估值: $E_4 = 0$(图标不存在)

$E_4 = 1/2$(图标位置不在窗口右上角)

$E_4 = 1$(图标位置在窗口右上角)

关闭窗口图标:

评估权值: $W_5 = 2$

评估值: $E_5 = 0$(图标不存在)

$E_5 = 1/2$(图标位置不在窗口左上角)

$E_5 = 1$(图标位置在窗口左上角)

水平滚动条：

评估权值：　$W_6 = 2$

评估值：　$E_6 = 0$(不存在)

$E_6 = 1/2$(滚动条不在窗口下边)

$E_6 = 1$(滚动条在窗口下边)

垂直滚动条：

评估权值：　$W_7 = 2$

评估值：　$E_7 = 0$(不存在)

$E_7 = 1/2$(滚动条不在窗口右边)

$E_7 = 1$(滚动条在窗口右边)

这样,窗口的布局评估值为 $E(O_i(L)) = \sum (W_i / W)E_i,\ W = \sum W_i (1 \leqslant i \leqslant 7)$

规则 2：若界面对象 O_i 是一菜单,则有

菜单 =<标题,位置,菜单项左对齐,菜单项字母下划线,菜单项间隔>

标题：

评估权值：　$W_1 = 3$

评估值：　$E_1 = 0$(无标题)

$E_1 = 1/2$(标题不确切)

$E_1 = 1$(标题确切)

位置：

评估权值：　$W_2 = 2$

评估值：　$E_2 = 1/2$(位置不合适)

$E_2 = 1$(位置合适)

菜单项左对齐：

评估权值：　$W_3 = 3$

评估值：　$E_3 = 1/2$(未对齐)

$E_3 = 1$(对齐)

菜单项字母下画线：

评估权值：　$W_4 = 2$

评估值：　$E_4 = 1/2$(无下划线)

$E_4 = 1$(有下划线)

菜单项间隔：

评估权值：　$W_5 = 2$

评估值：　$E_5 = 1/2$(不均匀)

$E_5 = 1$(均匀)

这样,菜单布局的评估值为 $E(O_i(L)) = \sum (W_i / W)E_i,\ W = \sum W_i (1 \leqslant i \leqslant 5)$

规则 3：若界面对象 O_i 是一图标,则有

图标 =<图标位置,图标对象含意,图标对象位置>

图标位置：

评估权值：　$W_1 = 2$

评估值：　$E_1 = 1/2$(位置不合适)

$E_1 = 1$(位置合适)

图标对象含意：

评估权值：　$W_2 = 3$

评估值：　$E_2 = 1/2$(含意不丰富)

$E_2 = 1$(含意丰富)

图标对象位置：

评估权值：　$W_3 = 2$

评估值：　$E_3 = 1/2$(位置不均匀)

$E_3 = 1$(位置均匀)

这样,图标的布局评估值为 $E(O_i(L)) = \sum(W_i/W)E_i$, $W = \sum W_i(1 \leqslant i \leqslant 3)$

规则 4:若界面对象 O_i 是一按钮,则有

按钮 =<按钮位置,按钮标题,标题位置>

按钮位置:

评估权值: $W_1 = 2$

评估值 $E_1 = 1/2$(位置不合适)

$E_1 = 1$(位置合适)

按钮标题:

评估权值: $W_2 = 3$

评估值: $E_2 = 0$(无标题)

$E_2 = 1/2$(标题不合适)

$E_2 = 1$(标题合适)

标题位置:

评估权值: $W_3 = 2$

评估值: $E_3 = 1/2$(位置不对称)

$E_3 = 1$(位置对称)

这样,按钮布局的评估值为 $E(O_i(L)) = \sum(W_i/W)E_i$, $W = \sum W_i(1 \leqslant i \leqslant 3)$

其他界面对象可采用上述类似的评估规则进行其屏幕布局评估。

3. 界面对象颜色搭配的评估规则

20 世纪 80 年代以后,计算机系统的显示屏幕从单色发展到彩色。生理和心理学研究表明,人眼对色彩比对亮度有更高的敏感性。色彩可以吸引人们的注意力,影响人们的情绪,向人们传达特定的信息含意。在计算机输出显示中,使用颜色有以下优点:

(1) 用于强调屏幕上的信息格式和内容。例如,活动窗口的标题栏颜色和后台窗口的标题栏颜色区分开来,能够增强系统的可读性。

(2) 把用户的注意力吸引到重要信息上。例如,用红色表示警告信息。

(3) 颜色可辅助对信息的分类,便于区分信息。相同性质的信息用同一种颜色表示。例如,在用曲线来表示不同信息之间的比较时,可以采用不同的颜色来区分不同类的信息。

(4) 彩色显示可以改善人们的视觉印象,使人愉快、兴奋,提高兴趣,减少疲劳。一个具有合理色彩搭配的用户界面易于引起用户的兴趣,增强产品的商业竞争能力。

但颜色搭配的不当会使视觉效果很差,扰乱人们的思维。如何选择、组合、配置颜色是一个复杂而费时的工作,容易受设计者主观感觉的影响。因此,对界面对象的颜色搭配进行评估很有必要。

若界面对象 O_i 由 n 个部分组成,即 $O_i = O_{i1} + O_{i2} + \ldots + O_{in}$,则 O_i 的界面颜色搭配评估值为每部分颜色搭配评估值的加权平均。

令 $Wo_{ii}(C)$ 为界面对象 O_i 的第 i 部分的颜色搭配评估权值,$E\ o_{ii}(C)$ 为界面对象 Oi 的第 i 部分的颜色搭配评估值,有

$E(O_i(C)) = \sum(Wo_{ii}(C)/Wo_i(C))E\ o_{ii}(C)$ 其中,$Wo_i(C) = \sum Wo_{ii}(C)\ (1 \leqslant i \leqslant n)$

若每部分的颜色搭配评估权值相同,则有

$E(O_i(C)) = \sum(Wo_{ii}(C)/Wo_i(C))E\ o_{ii}(C) = \sum E\ o_{ii}(C)/n$

对于界面对象 O_i 的第 i 部分即 O_{ii},令 B 为其背景颜色,F 为其前景颜色,从色彩学角度提出下面的颜色搭配规则。若符合搭配规则,则 O_{ii} 部分的颜色搭配评估值 $E\ O_{ii}\ (C) = 1$;若不符合颜色搭配规则,则 O_{ii} 部分的颜色搭配评估值 $E\ O_{ii}(C) = 1/2$。

规则 1：
B=蓝：
F=亮灰|白：$E_i=1$
F=黑|亮红|棕|红|黄|：$E_i=1/2$

规则 2：
B=黑：
F=亮青|亮灰|青绿|白|黄：$E_i=1/$
F=蓝|橙|棕：$E_i=1/2$

规则 3：
B=棕：
F=黑|白|黄：$E_i=1$
F=亮蓝|亮红|亮橙|绿|红|白|：$E_i=1/2$

规则 4：
B=青：
F=黑|蓝|亮灰|棕|黄：$E_i=1$
F=亮绿|亮红|亮橙|绿|红|白：$E_i=1/2$

规则 5：
B=绿：
F=黑|亮灰|白|黄：$E_i=1$
F=亮红|青|橙|蓝：$E_i=1/2$

规则 6：
B=橙：
F=白||黄：$E_i=1$
F=蓝|亮蓝|棕|橙|绿：$E_i=1/2$

规则 7：
B=红：
F=黑|亮青|亮橙|亮灰|白|黄：$E_i=1$
F=蓝|亮蓝|棕|橙|绿：$E_i=1/2$

规则 8：
B=白：
F=黑|蓝|亮蓝|棕|橙|红|黄：$E_i=1$
F=青|亮红|亮橙|绿：$E_i=1/2$

其他界面对象的颜色搭配评估值可采用类似的方法进行评估。

7.5 多通道用户界面的评估

下面我们从上节所谈的普遍的界面表现评估机制，具体化到对多通道用户界面进行评估[Hekmatpour 1987，Sutcliffe 1991，Whitefield 1987，Moran 1981，Kieras et al 1985，Bennett et al 1987，Kellogg 1987]。

若某用户界面是多通道界面(MMI)，要对 MMI 进行评估，就可以转化为对界面状态集 S、可利用通道集 M 与实现任务集 T 时人机交互这三项的综合评估，而界面状态集 S 构成了 MMI 界面表现 P 的内容。由于界面表现比界面状态集更易于理解，因此本文采用界面表现这种表达方式。下面从 MMI 的界面表现和人机交互两个方面并利用加权平均法对 MMI 进行定量评估。

MMI $=<S, M, T>$，其中：

S 是界面状态的有限集合；

$M=\{m_1, m_2, \cdots, m_m\}$是 MMI 支持的 n 个交互通道集合；

$T=\{t_1, t_2, \cdots, t_m\}$是在 MMI 中实现的 m 个任务的集合。

若某用户界面是 MMI，则其评估值为界面表现评估值和人机交互评估值的加权平均。

令 W_P 为 MMI 表现 P 的评估权值，W_m 为人机交互的评估权值，$W' = W_P + W_m$。

在 MMI 中，若侧重于人机交互，则 $W_m > W_P$。若侧重于界面表现方式，则 $W_m < W_P$。$E(P)$为界面表现 P 的评估值，$E(M, T)$为用户利用通道集 M 完成任务集 T 时人机交互的评估值，E(MMI)为 MMI 的评估值，则

$$E(\text{MMI}) = (W_P/W')E(P) + (W_m/W')E(M,T) \qquad (7.2)$$

只要 $E(P)$和 $E(M, T)$能够确定，则可以根据式(2)对 MMI 进行定量评估。

7.5.1 多通道界面人机交互评估

在多通道界面人机交互 MMI 中，用户可以使用多个交互通道完成任务集 T 中的各种任务，因此对 MMI 人机交互的评估可从使用相应的交互通道完成具体任务时的人机交互高效性、自然性、通道时序带宽及通道融合带宽四个方面进行综合评估。下面首先对交互通道间的关系进行形式化定义，然后给出 MMI 交互的评估机制。

1. 交互通道关系定义

在 MMI 中，用户可以使用多个交互通道和计算机系统进行交互，因此，交互通道之间存在一定的关系。基于文献[Karl et al 1994]，我们对多通道之间的关系进行了如下改进和扩充。

在 MMI 中，从通道使用的时序角度，通道之间存在通道并行(Parallel)、通道串行(Sequential)两种关系。令 RT 表示通道之间的时序关系，则有

RT = <Parallel> | <Sequential>

从通道之间的作用方式而言，通道间存在通道互补(Complementarity)、通道独立(Independence)、通道冗余(Redundancy)及通道互斥(Conflict)四种关系。令 RF 表示通道之间的作用关系，则有

RF = <Complementarity> | <Independence> | <Redundancy> | <Conflict>

以上从通道间的关系——通道并行、通道串行、通道独立、通道冗余、通道互补及通道互斥可以看出，MMI 不仅支持传统界面具有的通道串行、通道独立关系，而且主要支持通道并行与通道互补，这样 MMI 中人机交互的高效性和自然性得到提高。下面从 MMI 中人机交互的高效性、自然性、通道时序带宽及通道融合带宽四个方面入手，提出评估 MMI 人机交互效率的一种机制。

2. 交互评估机制

MMI 中人机交互的评估值是完成各个任务的人机交互评估值的加权平均。

对于(7.2)式中的 $E(M, T)$ 而言，有

$$E(M, T) = (W_1/W)E(M, t_1) + (W_2/W)E(M, t_2) + \cdots + (W_m/W)E(M, t_m)$$
$$= \sum (W_i/W)E(M, t_i) \tag{7.3}$$

其中，$W = \sum W_i (1 \leqslant i \leqslant m)$

这里 W_i 为完成任务 t_i 时人机交互评估权值，$E(M, t_i)$ 为完成任务 t_i 时人机交互评估值。在完成任务 t_i 的过程中，用户可以使用一个或多个交互通道提交任务，对于每种方式，提交任务 t_i 的人机交互评估值也不相同。但通过一定的评估规则，可以定量确定特定交互方式下用户提交任务 t_i 的评估值，这样 $E(M, t_i)$ 可以确定下来，从而 $E(M, T)$ 就可以确定下来。

规则 1：若用户可以利用通道集 M 中的通道并行完成任务 t_i，则通道时序带宽的评估值 $E_1(t_i) = 1$；若通道集 M_i 中的通道只能串行使用，则其评估值 $E_1(t_i) = 1/2$。

规则 2：若用户完成任务 t_i 时通道集 M 中的通道可以互补，则通道融合带宽的评估值 $E_2(t_i) = 1$；若通道集 M_i 中的通道只能独立使用，则其评估值 $E_2(t_i) = 1/2$。

规则 3：从认知科学角度，若用户完成任务 t_i 时使用的通道集 M 中的通道存在并行、互

补、协调的关系,则人机交互自然性的评估值 $E_3(t_i)=1$;若使用的通道集 M 中的通道只能以串行、独立方式进行,则人机交互自然性的评估值 $E_3(t_i)=1/2$。

规则 4: 用户使用通道集 M 中的多个通道以并行、互补方式提交任务 t_i 时,和单通道的情况相比,若提交过程较短,则人机交互高效性的评估值 $E_4(t_i)=1$;若提交过程较长,则其评估值 $E_4(t_i)=1/2$。

令 Efficience 表示用户提交任务 t_i 时的效率, T_i 为用户提交任务 t_i 时所需的时间,则 Efficience与 T_i成反比,即

$$\text{Efficience} = 1/KT_i, K \text{ 为一常数。}$$

对用户使用多通道和单通道提交任务所需的时间进行比较后,就可以对多通道交互的高效性进行定量评估。在多通道交互情况下,由于用户可以使用多个通道以并行方式向计算机系统提交某个任务,因此用户提交任务时占用通道的时间可能很短,但计算机系统对多通道的处理时间可能比单通道交互下处理时间要长。这样综合起来,对于某个特定的任务,多通道人机交互的高效性比单通道情况可能差。因此,并非多通道人机交互的高效性在任何情况下都优于单通道人机交互。

7.5.2 CAD 评估实例

CAD 系统是一个典型的"眼忙、手忙"式系统,因此在 CAD 系统中引进光笔和语音通道可以提高输入的效率。但是按照什么方式将不同的通道结合起来,才能更好地满足 CAD 系统操作效率的需要是一个非常实际的问题。下面的评估实验比较了典型的 CAD 系统多通道用户界面的四种方式:

(1) 基于鼠标的操作方式: 目前 CAD 系统主要使用鼠标和键盘作为输入设备,为了简化实验和突出研究的重点,我们在实验中只把鼠标作为我们的研究对象。在这种操作方式中,用户用鼠标来完成包括绘图、改图、为图形选择属性和系统功能在内的所有操作。

(2) 基于光笔的操作方式: 在这种操作方式中,用户用光笔来代替传统的鼠标操作。但是,光笔不是简单地模仿鼠标的操作,用户是按照普通笔的使用习惯来使用光笔的。例如用户要画一个圆,他可以像在纸上画圆一样将圆画在屏幕上,计算机将它识别成标准的圆,再把它显示出来。这种方式可以使用户的操作更加自然,目前的草图 CAD 系统就是研究这一方向的。

(3) 基于"光笔 + 语音"的操作方式: 在这种操作方式中,用户可以用光笔来作图,而用语音来为图形选择属性(如颜色和线宽等)和执行一些系统命令(如打开文件、文件存盘等)。这种模式主要是考虑语音适合提供辅助信息的特点。

(4) 基于"光笔 + 语音 + 鼠标"的操作方式: 在这种操作方式中,用户可以用光笔来画图,用语音来为图形选择属性和执行一些系统功能,也可以用鼠标来对图形作比较精确的修改。由于鼠标和光笔都是使用手这个通道,在它们之间频繁的切换将带来操作的不便。我们在设计这种操作方式时,让用户在设计图形的阶段用光笔作为输入设备,画出图纸中所有图形的轮廓,在设计完后,才改为鼠标操作,对图纸进行精确的修改。这样可以使用户在不做输入设备频繁切换的前提下,尽可能地提高绘图的效率和精度。

对上述四种方式进行了实验(作图时间、改图时间、作图精确度和用户的满意程度)结果发现, 这四种通道结合方式的都存在比较大的区别: 在作图时间方面,光笔输入比鼠标快;在改

图时间方面,鼠标输入比光笔快;对绘图时间和改图时间的累加而言,光笔和鼠标的结合比单用光笔或鼠标都快;对绘图的精度来说,鼠标比其他三种通道结合方式的精确性要高些;比较的结果还表明"光笔+语音+鼠标"操作方式的用户满意程度最高。

统计分析的结果表明"光笔+语音+鼠标"这种通道结合方式比较适合CAD系统。

7.5.3 多通道用户界面的可用性测试

目前,多通道人机交互技术尚处于研究的探索阶段,对多通道用户界面进行可用性测试,看它是否真正优于单通道用户界面很有重要意义。

下面这个例子,将通过对"拼图作业"的操作评估,验证多通道用户界面模型和多通道整合方法的可行性和有效性及多通道人机交互的优越性,并将分析其内在机制。

1. 方法

(1) 实验装置。Pentium 133M,操作系统为Microsoft Windows 95, IBM viaVoice语音识别软件。

(2) 操作任务。进行"拼图作业":将作业区中随机分布的25个目标拼接到拼图板中。目标大小为1×1、3×3、5×5、7×7及大于9×9等五个级别。目标的颜色为粉红,拼图板的颜色有红、绿、蓝、黑、灰、白、黄、青8种,每20秒钟在这8种颜色中随机变化。

该任务要完成以下三种操作:①选择操作,即选择目标;②颜色操作,即将目标颜色改变为右侧拼图板的颜色;③命令操作,即执行拼接命令。

该任务操作模式分成鼠标器和语音鼠标两种模式,语音鼠标模式可任意使用语音、鼠标或两者的组合。

(3) 参加本实验的人员共有16名,随机分成两组,每组8人,男女各半。

(4) 实验方法。实验有鼠标组和语音鼠标组。每个实验组中的每个试验者需完成五组"拼图作业"。正式实验分成以下三个步骤:实验准备、练习阶段、"拼图作业"操作。

计算机自动记录:目标大小、总反应时间、执行哪种操作、执行该操作的反应时间。

2. 实验结果与分析

(1) 不同实验组作业绩效的比较

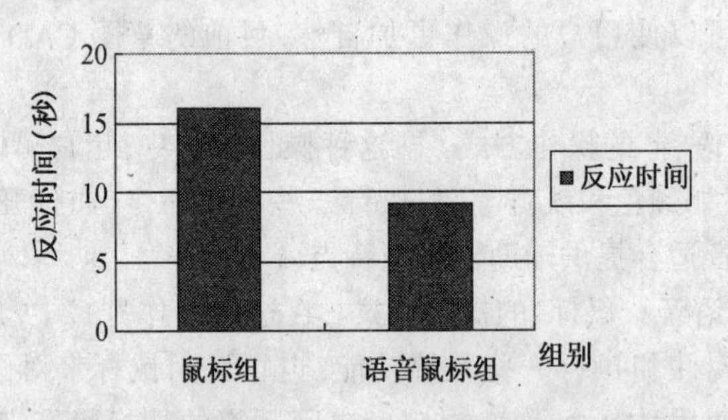

图7.1 鼠标组与语音鼠标组作业绩效比较

如图7.1所示,鼠标组试验者完成一个目标拼接的平均操作反应时为16.049秒,语音鼠标组为9.151秒,两组平均操作反应时差异非常显著。由此可见,语音鼠标组试验者的操作绩效明显优于鼠标组。

(2) 不同实验组学习效率的比较

图 7.2 为鼠标组和语音鼠标组的每个试验者完成 5 次“拼图作业”任务的平均反应时。图 7.2 所示，两组试验者完成“拼图作业”的平均操作反应时随实验进程的影响十分明显。

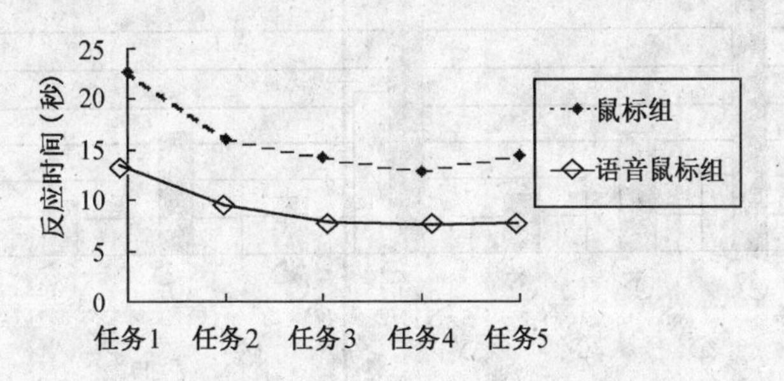

图 7.2 鼠标组与语音鼠标组学习效率的比较

检验表明，第一次任务操作绩效与后 4 次任务操作绩效之间差异显著，后 4 次任务操作绩效之间没有显著差异。

(3) 不同操作模式对作业绩效的影响

图 7.3 为鼠标器操作模式和语音鼠标操作模式下的试验者完成各种操作的平均反应时。不同操作模式对三种操作反应时都有明显影响。

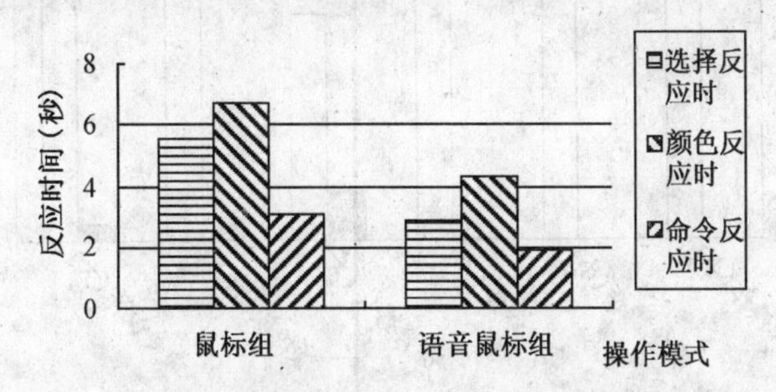

图 7.3 不同操作模式下三种操作的比较

(4) 不同的目标大小对作业绩效的影响

图 7.4 为 1×1 和 9×9 以上两个等级的目标大小条件下，试验者完成各种操作的平均反应时。在不同目标大小条件下，各实验组之间试验者的三种操作反应时都有明显差异。

有两个问题值得注意：①在不同目标大小条件下，各实验组之间试验者的颜色反应时和命令反应时差异相对较小；②在不同目标大小条件下，选择反应时相应的差异值却非常大。

(5) 试验者对不同操作模式的偏爱

图 7.5 为 1×1 和 9×9 以上两个等级目标大小条件下，语音鼠标组的试验者在完成选择等三种基本操作时所选用鼠标或语音操作的次数。

(6) 讨论

实验数据证明，多通道人机交互方式明显优于单通道人机交互方式，其内在机制与多通道人机交互的互补性和通道负荷水平有关。

① 通道互补性：所谓通道互补性是指，由于多通道用户界面中的不同交互通道之间存在特异性，即不同通道适合执行不同特点的交互任务，所以在人机交互过程中，各通道操作之间

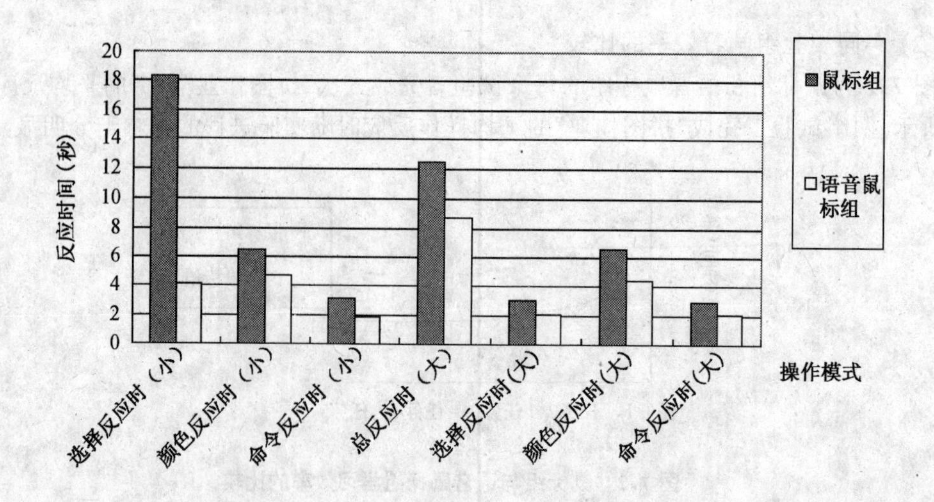

图 7.4　不同目标大小条件下三种操作的比较

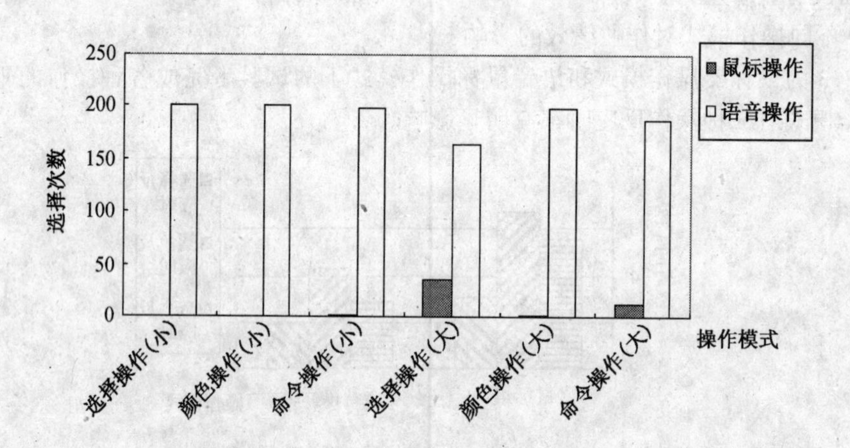

图 7.5　不同目标大小条件下语音鼠标组试验者对不同操作模式的偏爱选择次数

可以相互补充。

② 通道的负荷水平：用户在精确交互时负荷水平较高，而在进行非精确交互时负荷水平较低。例如，在本实验中鼠标选择操作相对于语音选择操作是精确操作，负荷水平较高，作业绩效相对较低，这种情形在小目标选择操作时尤为明显，鼠标操作为 18 秒，语音操作为 4 秒。

综上所述，在多通道人机交互中，用户可以在多种通道的交互方式中进行选择，采用非精确交互代替精确交互，从而降低整体的负荷水平，提高人机交互效率。多通道用户界面在总体效率上优于单通道用户界面，比单通道用户界面具有更广泛的任务适应性，多通道用户界面优越性的内在机制与多通道人机交互的互补性和通道负荷水平有关。

推荐阅读和网上资源

董士海，戴国忠，王坚. 人机交互和多通道用户界面. 北京：科学出版社，1999

Newman W M，Lamming M. Interactive system design. Addison-Wesley，1995

Apple's interface guidelines:

http://www.iarchitect.com/shame.htm (Good examples as well as bad examples of interface design)

参 考 文 献

[1] 符德江. 用户界面的工效学评价与测试. 计算机世界,1994,480:151~155

[2] 周建武,戴国忠.用户界面评估系统 UIEV-Pro 的设计与实现.计算机辅助设计与图形学学报,1998,10(2):1~8

[3] Bennett J L et al. Developing a user interface technology for use in industry. in Shackel B.(ed.), Human-Computer Interaction - INTERACT'87, North Holland, 1987

[4] Brown J R et al. Programming the user interface, principles and examples. John Wiley and Sons, Inc., 1989

[5] Card S K, Moran T, Newell A. The psychology of human-computer interaction. Hillsdale, NJ: Lawrence Erlbaum, 1983

[6] Carroll J M. Mental models in human-compute interaction. in Helander M., (ed.) Handbook of Human-Computer Interaction, 1985, 45~65

[7] David W, Ganapathy S K. Interaction techniques using hand tracking and speech recognition. in Blattner M. M., Dannenberg R. B.(ed.), Multimedia Interface Design, Massachusetts: Addison-Weslsy, 1992, 109~126

[8] Foley J D et al. Computer graphics: principles and practice. Addison-Wesley, 1990

[9] Gugerty L. The use of analytic modes in human-computer interface design. Int. J. of Man-Machine Studies, 1993, 38: 625~660

[10] Hekmatpour S. Evolutionary prototyping and the human computer interface. in Shackel B.(ed.), Human-Computer Interaction - INTERACT'87, North Holland, 1987

[11] Iseki O, Shneiderman B. Applying direct manipulation concepts: direct manipulation disk operating system. Software Engineering Notes, 1986, 11(2): 2~26

[12] Karl L, Shneiderman B. Speech versus mouse commands for word processing: an empircal evaluation. Int. J. of Man-Machine Studies, 1994, 39: 667~687

[13] Kellogg W A. Conceptual consistency in the user interface: effects on user performance. in Shackel B.(ed.), Human-Computer Interaction - INTERACT'87, North Holland, 1987

[14] Kieras D E, Polson P G. An approach to the formal analysis of user complexity. IJMMS, 1985, 22: 365~394

[15] Moran T P. The command language grammar: a representation scheme for the user interface of interactive system. IJMMS, 1981, 15: 3~50

[16] Schneiderman B. The future of interactive systems and the emergence of direct manipulation. Behavior and Information Technology, 1982, 1: 237~256

[17] Staggers N, Norcio A F. Mental models: concepts for human-computer interaction research. Int. J. of Man-Machine Studies, 1983, 38: 587~605

[18] Sutcliffe 著,陈家正等译, 人-计算机界面设计,西安电子科技大学出版社,1991.

[19] Whitefield A. Models in human-computer interaction: a classification with special reference to their uses in design. in Shackel B.(ed.), Human-Computer Interaction - INTERACT'87, North Holland, 1987

[20] Ziegler J, Faehnrich K P. Direct manipulation, handbooks of human-computer interaction. 1988, 123~133

第8章　新一代人机界面展望

对人机交互系统中人机关系的认识问题由来已久,并伴随着人们对人机关系基本观点的变化而变化。在计算机出现不足半个世纪的时间里,人机交互技术经历了巨大的变化,我们可以从几个不同的角度来观察和总结人机交互的风格所发生的变化和未来的发展趋势。

(1) 就用户界面的具体形式而言,过去经历了批处理、联机终端(命令接口)、菜单(文本)等阶段,目前正处于以图形用户界面和多媒体用户界面为主流的阶段;未来的发展趋势是多通道(multi-modal)-多媒体(multimedia)用户界面和虚拟现实(virtual reality)系统,最终将进入"人机和谐"[汪成为 1997]的最高形式。

(2) 就用户界面的信息载体类型而言,经历了以文本为主的字符用户界面(CUI)、以二维图形为主的图形用户界面(GUI)和多媒体用户界面,计算机与用户之间的通信带宽不断提高。多媒体数据库、多媒体网络通信、多媒体用户接口等研究领域十分活跃。发展多媒体技术需要解决的一系列关键技术有:超大规模集成电路(SLSI)、大容量光盘、图像压缩、实时信号处理、多媒体制作工具等。多媒体技术正是这些技术的综合。当前多媒体技术正处于广泛的实用化过程中,并向着进一步压缩、集成化、交互化等研究方向发展。

(3) 就计算机输出信息的形式而言,经历了以符号为主的字符命令语言、以视觉感知为主的图形用户界面、兼顾听觉感知的多媒体用户界面和综合运用各种感官(包括触觉等)的虚拟现实系统等阶段。在符号阶段,用户面对的只有单一的文本符号,虽然离不开视觉的参与,但视觉信息是非本质的,本质的东西只有符号和概念。在视觉阶段,借助计算机图形学技术使人机交互能够大量利用颜色、形状等视觉信息,发挥人的形象感知和形象思维的潜能,提高了信息传递的效率。早期的计算机系统只有单调的蜂鸣声,虽然多媒体技术将音频形式和视频形式同时带入人机交互,但仍缺少听觉交互手段,即人处于被动收听状态,声音缺少位置和方向的变化,交互输入方面仍沿用图形用户界面所采用的键盘和鼠标器等交互设备。上述每个阶段的前一阶段所用的交互手段和用户感知通道在后续的阶段中一般仍然存在。人们在自然的日常交往和信息传递过程中大量地运用视觉信息、听觉信息以及语言性概念符号,人类学会运用视觉和听觉可能不分先后,但语言及概念符号却一定是后天获得的。显然,人机交互技术发展的历史与人类认识世界的过程相反,这可归结为以下原因:①计算机作为一种计算工具所具有的高度抽象性,因而处理语言和符号特别直接和擅长;②技术和成本方面的限制,例如打印机经由纯字符打印技术发展到黑白图形打印,最后才发展到多色直至彩色打印技术;③更重要的是声音通信的抽象性和短暂性,使人机交互处理听觉信息较为困难。当前,在人机交互中融合进视觉、听觉以及更多的通道是必然趋势,特别是将听觉通道作为补充的或替换的信息通道已显示出重要性和优越性。研究表明,听觉通道有许多优越性,如:①听觉信号检测快于视觉信号检测的速度;②人对声音随时间的变化极其敏感;③声音信号所具有的全向特性可作为对视觉注意的引导,即所谓"听觉是视觉的眼睛";④同时提供听觉信息与视觉信息可使人获得更强烈的存在感和真实感;等等。

(4) 就人机界面中的信息维度而言,经历了一维信息(主要指文本流,如早期电传式终端)、二维信息(主要是二维图形技术,利用了色彩、形状、纹理等维度信息)、三维信息(主要是三维图形技术,但显示技术仍以二维平面为主)和多维信息空间。

未来人机交互技术的发展趋势是追求所谓“人机和谐”的、“人性化”的多维信息空间[汪成为 1997]和“基于自然交互方式”的[王坚等 1996]人机交互风格。不论从何种角度看,人机交互发展的趋势体现了对人的因素的不断重视,使人机交互更接近于自然的形式,使用户能利用日常生活中的自然技能,不需经过特别的努力和学习来使用计算机,从而降低了认知负荷,提高了工作效率。自 20 世纪 80 年代以来这种“以人为中心”的思想在人机交互技术的研究中得到了很好的体现。

8.1 近年来人机交互的进展

8.1.1 自然、高效的多通道交互

多通道交互是近年来迅速发展的一种人机交互技术,它既适应了“以人为中心”的自然交互准则,也推动了互联网时代信息产业(包括移动计算、移动通信、网络服务器等)的快速发展。所谓“多通道交互”是指“一种使用多种通道与计算机通信的人机交互方式。通道(modality)涵盖了用户表达意图、执行动作或感知反馈信息的各种通信方法,如言语、眼神、脸部表情、唇动、手动、手势、头动、肢体姿势、触觉、嗅觉或味觉等。”采用这种方式的计算机用户界面称为“多通道用户界面”。

多通道交互的各类通道(界面)技术中,有不少已经实用化、产品化、商品化。其中我国科技人员做出了不少优异的工作。在手写汉字识别方面,中国科学院自动化所开发的“汉王笔”手写汉字识别系统,经过近 20 年的研究和开发,已能识别 27000 个汉字,当用非草写汉字、以每分钟 12 个汉字的速度书写时,识别率可达 99.8%。我国现在已有约 300 万手写汉字识别系统的用户。微软亚洲研究院多通道用户界面组发明的数字墨水技术,采用全新易操纵的笔交互设备、高质量的墨水绘制技术、智慧的墨迹分析技术等,使它不仅可用作为文字识别、图形绘制的输入,而且作为一种全新的“Ink”数据模型,使手写笔记更易阅读、获取、组织和使用。数字墨水技术已作为产品,结合在微软的 Tablet PC 操作系统中,产生了巨大的社会影响。它还将继续发展,有可能成为新一代优秀的自然交互设备[Wang 2003]。在笔式交互技术研究中,中国科学院软件所人机交互技术与智能信息处理实验室在笔式交互软件开发平台、面向教学的笔式办公套件(包括课件制作、笔式授课、笔式数学公式计算器、笔式简谱制作等)、面向儿童的神笔马良系统的开发应用方面均有出色的工作,其中不少已经实用化、产品化。最近瑞典 Anoto AB 公司(http://www.anoto.com)开发了使用蓝牙技术的 digital pens, digital papers 专利及相关的开发工具包等,在采用纸、笔的有形(实物)操作界面方面带来诱人的应用前景,已引起广泛重视。在中文语音识别方面,IBM 的连续中文语音识别系统 Via Voice 经过不断改进,已广泛应用于 Office/XP 的中文版等办公软件和应用软件中,在中文语音识别领域有重要影响。中国科学院自动化所(http://eadmin.ia.ac.cn/ia/achieve.asp)“汉语连续语音听写系统”的特点是建立了基于决策树的上下文相关模型;针对连续语音中声调之间的协同发音问题,建立了相应的变调模型;建立了与识别系统配套的自适应平台,降低 35%左右音节误识率;提出了领域自适应方法,通过较少的领域语料,可得到较好的领域自适应模型和字典。在

语音合成技术,又称文语转换 TTS(Text To Speech)技术方面,自从 1990 年基音同步叠加(PSOLA: Pitch-Synchronous OverLap and Add)方法的提出后合成语音的音色和自然度明显提高。基于 PSOLA 方法的法语、德语、英语、日语等语种的文语转换系统相继研制成功。在汉语语音合成方面国内起步较晚,大致也经历了共振峰合成至 PSOLA 方法的过程。在国家支持下,汉语语音合成取得了显著进展,如中国科学院声学所的 KX-PSOLA、联想佳音、清华大学的 TH_SPEECH、中国科技大学的 KDTALK 等系统。1999 年在国家智能计算机研究开发中心、中国科技大学人机语音通信实验室的基础上组建了科大讯飞公司,他们在技术上更着眼于合成语音的自然度、可懂度和音质,设计了基于 LMA 声道模型的语音合成器、基于数字串的韵律规则分层构造、基于听感量化的语音库和基于汉字音、形、义相结合的音韵码等,先后研制成功音色和自然度更高的 KD863 及 KD2000 中文语音合成系统。其语音产品在主流市场有较高占有率,并牵头制定中文语音标准,是具有国际先进水平的汉语语音合成技术(http://www.iflytek.com/)。上述成果表明,作为人类最重要的自然通道——语音和笔的交互技术,包括手写识别、数字墨水、笔交互、语音识别、语音合成等通道技术,近年来已有显著的进步,我国的不少成果已具有国际先进水平,并达到了一定的产业规模。虽然语音和笔(手势)通道因其自身的特点,在抗干扰、准确度等方面仍嫌不足,但它们配合多通道整合、领域受限应用等,最有希望成为新一代实用的自然交互技术。

多通道交互的通道(界面)技术中,有不少研究开发取得明显进展,同时也开始了不少新的通道技术研究。在手语识别与合成方面,中国科学院计算所研制成功了基于多功能感知的中国手语识别与合成系统,它采用数据手套可识别大词汇量(5177 个)的手语词。该系统建立了中国手语词库。对于给定的文本句子(可由正常人话语转换而成),可自动合成相应的人体运动数据。最后用计算机人体动画技术,将运动数据应用于虚拟人,由虚拟人完成合成的手语运动。该系统可输出大词汇量的手语词,为中国聋哑人的教育、生活提供了有用的辅助工具,使他们用手语与正常人的交流成为可能(http://www.ict.ac.cn/kexue/xm1.htm)。视线跟踪(眼动)技术由于其可能代替键盘输入、鼠标移动的功能,可能达到“所视即所得”(what you look at is what you get),因而对残疾人和飞行员等有极大的吸引力,在早期就引起心理学家、交互技术专家的关注。有一类产品采用头戴微型摄像头的设备,用它来获取两眼瞳孔(或角膜)中视点。其采样率和精度高,而且结果可靠。如 SR Research 公司的 EyeLinkII(见图 8.1)(http://www.sr-research.com/)的采样率可达 500Hz,位置精度小于 0.5 度,异常分辨率小于 0.005 度。类似的产品很多,如:Tobii Eye-Tracker, SensoMotoric Instruments, ViewPoint EyeTracker, Eye Tech Digital Systems 等。另一类是在 PC 机前装了两个微型摄像头的设备,精度不高,但适合残疾人操作计算机使用。例如 LC Technologies 公司的 Eye Gaze 系统、EyeTech Digital Systems 公司的 Quick Glance 系统等。它们的价格差异很大,从上千到几万美元不等。Jacob 等对视线跟踪用于人机交互进行了很好的综述(http://www.cs.ucl.ac.uk/staff/J.McCarthy/pdf/library/eyetrack/eye_tracking_in_HCI.pdf)。由视线跟踪(眼动)技术构造的界面发展到现在被称为“注视用户界面(Attentive User Interfaces, AUI)[Vertegaal 2003]。MIT 的著名多通道交互专家 Bolt, 1985 年开发了第一个 AUI:“用眼动编制管弦乐的动态窗口”[Bolt 1985],他在一个大显示器上模拟了用视线注视来选取可同时

图 8.1　EyeLinkII

播放立体声音乐的40段乐曲图像,以此来创作乐曲。[Nielsen 1993]提出了用非命令界面的隐式输入,来代替显式的鼠标等输入的思想。[Vertegaal 1999]的GAZE是第一个实现该思想的AUI。最近IBM Almaden研究中心的S. Zhai和P. Maglio等[Zhai 2003, Maglio 2003]发表了他们在新的AUI、注视Agents等方面的成果。可以预计,在多人多机交互及虚拟现实系统中,视线跟踪将有诱人的应用前景。由于网络游戏的快速发展,触觉通道的力反馈装置在各种人机交互系统中也崭露头角,新一代力反馈感应技术主要有TouchSense触觉感应技术和G-Force Tilt动作感应技术两种。TouchSense触觉感应技术主要用在鼠标/轨迹球等产品中,而动作感应技术(G-Force Tilt)则主要用在动感游戏控制器中。美国Kensington公司推出的Orbit 3D Trackball力反馈轨迹球,采用Immersion公司最新的触觉感应技术。iFeel Mouse是罗技公司最新的一款支持震动功能的新一代动感旋貂(鼠标)。其外观继承了2000年上市的极光旋貂,并在其基础上增加了一块控制芯片和一个小马达,因马达的位置在鼠标的偏下部,因此主要震动源也来自于手掌根部。用在非游戏的高精度触觉反馈装置中,最著名的是由MIT人工智能实验室Massie and Salisbury开发、美国SensAble Technologies公司生产的Phantom触觉反馈(六自由度)设备和Ghost软件开发包。由于其精度高,它已广泛用于军事、医学、机器人、教学、虚拟现实等各类应用中。我国解放军总医院等单位已将它用于手术的教学培训中。但该设备价格较贵,连同软件约需15000美元一套,影响了它的推广。生物特征识别技术(biometrics)是受到广泛关注的一类新兴识别技术,早期通过对人的指纹识别来确定人的身份,因而指纹识别被广泛应用于安全、公安等部门。随着反恐斗争的日显重要,各国正在对其他人体特征进行广泛研究,希望尽快找到快速、准确、方便、廉价的身份识别方法。眼睛虹膜、掌纹、笔迹、步态、语音、人脸、DNA等的人类特征研究和开发正引起政府、企业、研究单位的广泛注意。唇读、人脸表情识别是又一个人机交互技术的热点。唇读将人们说话的语音和嘴唇变化的形态结合起来,以便更准确地获取人们表达的意图、感情和愿望等。人脸表情识别的模型和方法也在不断改进。这方面我们不再赘述。自然语言界面是一类基于自然语言知识的人机交互系统。界面设计者为了让不懂或初学计算机的用户正确使用机器,提出了自然语言界面的思想。这样的界面应能理解用户用自然语言表达的请求,将其映射为应用程序相应的操作命令,并提交应用程序执行,最后应用程序产生的结果以用户可理解的方式反馈给用户。现有的自然语言界面,从其服务对象来看,主要有两大类:一是操作系统的自然语言界面,如UNIX Consultant等;另一类是数据库系统的自然语言界面,这方面的系统有:Baseball program, Intellect等。另外还有包括正文搜索在内的面向应用的自然语言界面等。自然语言理解是自然语言界面的基础。计算机理论特别是人工智能理论的发展,使得自然语言理解技术有了较大进展,如在语言模型、语料库、受限领域应用等方面。但由于它的难度(自然语言的不规范性等),自然语言理解仍是计算机科学家和语言学家的一个长期研究目标,也是自然人机交互的最重要目标。

多通道交互的一个核心研究内容是多通道的整合问题。1995年由北京大学、杭州大学、中国科学院软件所承担的国家自然科学基金重点项目“多通道用户界面研究”是当时我国最大的HCI项目,由于计算机科学家和心理学家的通力合作研究,探索了多通道用户界面的模型、设计、实现、评估和应用,取得了重要的成果。[董士海 1999, 陈敏 1996]对多通道交互的整合模型和算法、界面模型和描述方法等作了详细的论述,并提出了面向任务的整合模型(ATOM)、多通道分层整合模型。[Oviatt 2000]对多通道交互的最近进展进行了综述,指出不同通道组合(语音和笔,语音和唇读)、不同任务(基于地图的仿真,讲话者标识)、不同环境(安静,有噪声)下的多通道系统,已展示了其性能优势。特别是多通道系统的错误率可比单通道语言识别系统降低40%。研究表明,不同口音的用户在不同使用环境(移动或固定)下,采用多通道的系统比单通道有更好的稳定性。北京大学人机交互和多媒体研究室对互联网环境下的多通道交互和和手持移动设备的多通道交互进行了深入的研究,通过对所开发的网上购物的多通道界面的 NetShop 原型系统、移动导游系统 TGH、多通道用户界面原型系统 FreeVoiceCAD 等用户评估,表明语音通道和笔通道(或指点通道)的结合,可有效提高交互的效率和用户的满意度[董士海 2000,肖斌 2001,普建涛 2003]。

8.1.2 人机交互模型和设计方法

模型在人机交互领域中十分重要,用得很多,类型也很多。一类是从系统的结构出发,讨论界面在系统中的地位,我们称它为"界面结构模型"。其典型的例子是将界面分成三部分(表示部件、对话控制、应用接口)的 Seeheim 模型。另一类是从系统设计的角度来了解用户的"用户特性模型"。它分析不同用户的特点,以提高系统的针对性和适应性,增强界面个性化和提高效率。其典型例子是按照用户对系统、领域的知识、经验、技能的不同,将用户分为偶然、生疏、熟练、专家型等四类用户。我们这里讨论的是从认知科学出发,分析用户如何和计算机互动的"人机交互模型",即行为模型。任务分析模型就是其中的一例。20 世纪 70 年代,美国卡内基梅隆大学的 S. Card, T. Moran, A. Newell, H. Simon 等发表了一系列文章,论述了心理学的问题解决理论及与界面设计的关系,并讨论了文本编辑以及用计算机完成给定任务时的认知过程和心理学要求。[Card 1980, Card 1983]描述了一个用人机交互方式进行文本编辑的系统模型,它通过提供解决问题时的操作步骤展示了一个用户任务分析模型 GOMS(Goals, Operators, Methods, Selection rules)。这个模型从以下几方面对模型进行评估:对用户操作顺序进行预测;对完成一个特定的修改所需要的时间进行预测;对模型的具体应用准确性所产生的影响进行预测。这个模型的理论基础是认知心理学家创立的问题解决理论[Newell 1972]。1996 年美国卡内基梅隆大学的 B. John 等[John 1996]又进一步提出了 CPM(Cognitive Perceptual Motor)-GOMS 模型,这是一个并行处理的多层次模型,它也称作"关键路径方法"。CPM-GOMS 模型从人的因素处理器各个层面上提供感知、认知和运动的操作功能,它可以在任务的要求下进行并行操作,可以同时执行多个活动目标。任务分析 GOMS 模型长期以来一直是人机交互最重要模型之一,但由于其层次较低(词法和文法级),不适应较高层次上对用户概念、意图的建模,也不适应对系统需求的高层次分析。

近年来,国际上已广泛采用"以用户为中心的设计"(User Centered Design, UCD)方法[Vredenburg 2001]。该方法已为国际标准化组织(ISO)作为正式标准"ISO 13407: 1999 Human-centered design processes for interactive systems"(以人为中心的交互系统设计过程)[ISO 1999]而发布。UCD 方法的主要特征是:用户的积极参与,对用户及其任务要求的清楚了解;在用户和技术之间适当分配功能;反复设计解决方案;多学科设计。其主要设计活动是:了解并确定使用背景;确定用户和组织要求;提出设计解决方案;根据要求评价设计。在具体交互设计中,目前广泛使用 J. Carroll 的"基于剧情的设计方法"(scenario-based design)[Carroll 2000, Carroll 2002],该方法从用户的观点详细地给出:交互过程的全部角色(人、设备、数据源、系统等);各种场景的假设;剧情的描述;某种形式(如用事件表来刻画用户动作、设备响应、事件叙述、事件处理、动作结果等)的人机对话逐步分解；其他各种条件(如：协议、同步、例外事件等)。由于该方法符合人的认知过程，在较高层次上描述了用户的意图，又便于实现，因而在大量交互系统设计中采用，如 W3C 多通道交互工作小组的一个标准文档“多通道交互用例(multimodal interaction use cases)”(http://www.w3.org/TR/2002/NOTE-mmi-use-cases-20021204/)。与 Norman 分布式认知理论[Norman 1986, Norman 1993, Hollan 2000]用于 HCI 建模的同时，近年来采用上下文、基于知识的概念模型逐渐受人重视。这种建模方法[Stary 2000]吸取了“以用户为中心的设计”方法和“基于剧情的设计方法”的一些特点，期望在更高层次上建模。[Hua 2003]就是采用“本体(ontology)”来描述知识的交互设计概念建模方案。在工业设计中运用的可用性工程[Nielsen 1993, Ivory 2001]近年来为国际上所公认。所谓“可用性”是指“某产品在特定使用背景下，为特定用户、用于特定目的时，所具有的有效性、效率和满意度”。在 ISO 9241-11 可用性指南中对如何实施“可用性”给出了原则和指南。90 年代后期，原杭州大学工业心理学重点实验室就为 Motorola 和 Symantec 公司开展了产品的可用性测试工作。现在微软亚洲研究院、西门子公司、诺基亚公司等先后在我国设立了“可用性”实验室或中心。大连海洋大学欧盟可用性中国中心为国内软件企业开展了大量“可用性”培训和测试工作[Liu 2002]。浙江大学成立了现代工业设计研究所，中国科学院软件所成立了工业设计研究室，把工业产品的界面设计和可用性工程作为重要的工作内容。

8.1.3 虚拟现实和三维交互

三维人机交互技术不同于传统的 WIMP(窗口、图标、菜单和指点装置)图形交互技术。首先，三维交互技术采用六自由度输入设备。所谓六自由度，是沿 X, Y, Z 轴的平移以及绕 X, Y, Z 轴的旋转，而现在流行的用于桌面型图形界面的交互设备，如鼠标、轨迹球、触摸屏等只有两个自由度(沿平面 X, Y 轴平移)。由于自由度的增加，使三维交互的复杂性大大提高。其次，窗口、菜单、图标和传统的二维光标在三维交互环境中会破坏空间感，同时也使得交互过程非常不自然，因此，有必要研究新的交互方式。

早期的三维交互环境大多采用传统的 WIMP 界面，这主要是由于 WIMP 界面比真正的三维用户界面要容易实现得多。进入 20 世纪 90 年代以后，随着三维交互图形学和虚拟现实技术研究的深入，三维人机交互技术日益得到重视。人们在三维交互设备、三维交互方式、三维交互环境的软件结构等方面，进行了很多有益的探索。

1. 三维交互设备

现代科学的发展已对交互设备提出了更高的要求。在机器人、生物医学、人机工程及计算机辅助设计领域，人们希望有更方便的三维输入设备，以便确定空间的位置、运动方向或姿势。在一些特殊的场合，如驾驶飞机时，人们希望手不脱开正在控制的操纵杆而输入数据。目前三维交互设备还处于探索阶段，还没有一种输入装置像二维图形界面中的鼠标那样处于主流地位。现有的三维输入设备中被广泛应用的主要有以下几种：

(1) 浮动鼠标(flying mouse)。浮动鼠标类似于标准的计算机鼠标，但当离开桌面后就成为一个六自由度探测器，大多数浮动鼠标器内部装有电磁探测器。Logitech 3D 浮动鼠标利用内构式超声波接受器和具有发射器的固定基座来测量鼠标离开桌面后的位置和方向。这种接收器还可用于虚拟现实系统的声音输入。

(2) 手持式操纵器(wand)。手持式操纵器包含一个位置跟踪探测器和几个按钮，专门用于手中使用。手持式操纵器类似于浮动鼠标,但没有鼠标球,因此不能在桌面上滚动。

(3) 力矩球(空间球 space ball)。手持式操纵器和浮动鼠标的问题之一是用户必须将设备拿在手中,而力矩球是一种仍然可以提供六自由度的桌面设备,它安装在一个小型的固定平台上,可以扭转、压下和拉出、来回摇摆等。力矩球通常使用发光二极管和光接收器进行测量。

(4) 数据手套(data glove)。早期的数据手套是美国加州 VPL 公司开发的指示手势的输入装置。数据手套是一种虚拟工具,它将人手的各种姿势、动作,通过手套上所带的光导纤维传感器,输入计算机中进行分析,这种手势可以是一些符号表示或命令,也可以是 动作。手势所表示的含意可由用户加以定义。VPL 已经开发了一种技术,采用动作模板来匹配各种手势,以识别用户的命令或动作。数据手套可以捕捉手指和手腕的相对运动,可以提供各种手势信号。数据手套也包括一个六自由度探测器,可以跟踪手的实际位置和方向。数据手套被广泛地应用于虚拟现实系统中。在虚拟环境中,操作者通过数据手套可以用手去抓或推动虚拟物体,做出各种手势命令。

在计算机视觉、机器人技术等的推动下,三维交互设备的研制已受到国际上许多厂商的关注。要能进行三维计算机辅助设计,应包括下列交互设备:

(1) 三维图形工作站。它能显示具有彩色和明暗效果的三维物体,并具有连续动画的能力。

(2) 三维复印机。类似于立体平版印刷设备,它将三维目标较快地复制出原型来。美国 3D System 公司已生产了立体平版印刷设备。

(3) 三维姿势传感器及相应的识别软件。

(4) 三维激光扫描器,用以扫描三维目标的形状。

在三维图形输入设备方面,应在现有各种设备的基础上进行改进、提高,以满足以下要求:

(1) 便于使用。鼠标器之所以为二维交互图形系统广泛应用,主要是因为操作方便。三维数据手套等受人关注,也是因为它在使用上比过去许多三维图形输入板更方便。

(2)能确定手与屏幕之间的位置。

(3)能用手自由地操纵其他设备如键盘或电话。在航天航空场合,这一点尤为重要。

(4) 提供定位及定向时,应有足够的自由度参数,如每只手有 10 个自由度,作为虚拟工具时可模拟三维的多种输入。

目前三维输入设备尚有许多不足,随着技术的发展,人们将能用更自然、更富有创造性的方法进行各种设计任务。

2. *三维交互方式*

(1) 三维空间中进行操作的两种主要交互方式

三维用户界面必须便于用户在三维空间中通过观察、比较和一系列操作来改变三维空间的状态。在三维用户界面中,用户主要通过以下两种交互方式在三维空间中进行操作:

① 直接操作(direct manipulation)。正如二维图形用户界面用户通过鼠标,即鼠标的光标在二维图形环境中进行直接操作,由一个六自由度三维输入装置控制的三维光标将使三维交互操作更加自然和方便。由于三维光标存在于三维空间中,有许多新的问题需要解决。比如:首先,三维光标必须有深度感,即必须考虑光标与观察者的距离,离观察者近的时候较大,离观察者远的时候较小。其次,必须确定光标在三维空间中的方向。这种定向必须自然而且操作方便。例如如果用户用光标点选取了一个三维物体,而光标的指向却背离该物体,显然会使用

户感觉很不自然。又例如为了便于用户转动对称的三维物体(立方体、圆锥、球体等),可以使光标在遇到一个对称物体时即指向其自然的旋转轴线方向。另外,为了保持三维用户界面的空间感,光标在遇到三维物体时不能进入物体内部。

由此可见,三维光标的实现需要大量的相关计算,对硬件的要求较高,编程接口也比二维光标复杂得多,由于这些原因,一些三维用户界面仍然采用二维光标。但是,二维光标在三维视觉空间中很不自然,而且由于二维光标只有两个自由度,用它来完成三维空间中六自由度的交互操作不仅不自然,而且十分复杂,因此,三维用户界面的研究者和开发者普遍认为三维光标在三维用户界面中是十分必要的。三维光标还有一个好处是可以使各种各样的三维交互设备在用户界面中都有统一的表示形式。

② 三维 widgets。另一种被广泛采用的三维交互方式是通过三维 widget 进行交互操作。三维 widget 是从 X-Window 中的 widget(如菜单、按钮等)概念引申而来的,即三维画面中的一些小工具。用户可以通过直接控制它们使画面或画面中的三维对象发生改变,这就好像工人拿着螺丝刀拧螺丝一样。现有的一些三维 widget 包括在三维空间中漂浮的菜单、用于点取物体的手形图标、平移和旋转指示器、透视墙等。三维 widget 现在仍处于探索阶段,许多三维用户界面的研究者正在设计和试验各种不同的三维 widget,人们希望将来能够建立一系列标准的三维 widget,就像二维图形用户界面中的窗口、按钮、菜单等。

1992 年,美国 Brown 大学计算机系的研究人员提出了一些三维 widget 设计原则,包括:

- 三维 widget 的几何形状应该能表示其用途。例如,一个用来扭曲物体的 widget 最好本身就是一个扭曲的物体。
- 适当选择 widget 控制的自由度。由于三维空间有六个自由度,有时会使三维交互操作变得过于复杂,因此,用户在使用某种 widget 时,可以固定或者自动计算某些自由度的值。
- 根据三维用户界面的用途确定 widget 的功能。例如,用于艺术和娱乐的三维用户界面,widget 只要能够完成使画面“看起来像”的操作就可以了,而用于工业设计和制造的用户界面则必须保证交互操作参数的精确性。

目前,三维交互技术的研究已经引起了广泛的重视,但是它还很不成熟,离实用产品还有距离,许多重要问题还处于研究之中,如:三维交互原语,三维交互模型,三维交互用户界面的软件结构,等等。

(2) 虚拟现实技术与三维交互方式

二维图形用户界面的一个发展方向是在桌面上显示三维效果,同时虚拟现实技术的一个最重要特征是它的立体沉浸感。为了达到三维效果和立体的沉浸感,并构造三维用户界面(3D-UI),人们先后发明了立体眼镜、头盔式显示器(HMD)、双目全方位监视器(BOOM)、墙式显示屏的自动声像虚拟环境(CAVE)等。它们已广泛用于不同需求、不同平台的虚拟现实系统中。北京航空航天大学等六家单位联合承担的“分布式虚拟现实应用系统开发与支撑环境”是我国第一个大型虚拟现实研究项目,取得了优异的成果。浙江大学 CAD 图形学国家重点实验室在 CAVE 设备上,做了许多创新的研究工作。在三维输入设备方面,三维鼠标、三维跟踪球、三维游戏杆已广泛应用于各种三维及网络游戏中。在大型虚拟现实系统中,目前仍广泛使用各种超声、电磁、光导介质的位置跟踪设备,以 Polhemus 器件构造成的头动位置检测器、数据手套、数据衣服等虽然有很多不便之处,但因精度高,仍是大型虚拟现实系统的主要交互设备。触觉和力反馈装置已经有大批不同价位的产品出现在市场，成为军事、医学、游戏等应用领域的新型交互设备。值得重视的是由于数字摄像技术在价格和精度方面的快速发展，同时由于各种识别技术的进展，目前采用多方位、多角度、多台数字摄像机构建的无障碍虚拟现实环境（智能空间，Smart X），已广泛用于室内条件下的虚拟现实系统（如：智能办公室、智能教室等）。不仅廉价的桌面虚拟现实应用在商品展示、网络游戏等领域得到推广，而且由于海量数据的科学可视化、大型军事虚拟现实环境等的需求，各类三维交互设备仍有相当的发展空间，尤其是在可靠性、价格、性能等方面需不断改进。目前，由于用平面照片构造三维模型存在精度问题等，因而另一类“三维扫描设备”有快速发展的趋势。目前它已广泛应用于虚拟现实、文物保护、建筑修复与翻新、古迹数字化存储、GIS 近景数据获取、工程改造与维护、历史资料建档施工、仿真模拟等。三维扫描设备有接触式和非接触式、手持和固定及不同精度之分，可按不同应用环境和精度要求来选取。因为使用方便，非接触式三维手持激光扫描仪很受一般用户青睐。国外著名公司先后推出各类新品。如在三维位置获取、运动跟踪技术领先的美国 Polhemus 公司，最近推出了 FastSCAN Cobra 手持激光三维扫描仪，它在保留了以前产品功能的同时，体积却减小了一半（长度为230 mm），使用和携带方便，费用也可节省 30% 。它还可以实时进行三维模型的“自动缝合”，自动洞穴填补，表面平滑外推，网格简化等。请参见图 8.2。美国 Roland 公司的 Picza LPX-250 型三维扫描仪，其平面扫描模式的分辨率可达 0.2 mm，平面扫描区域为 230 mm（宽）× 406.4 mm（高）；旋转扫描模式的分辨率可达0.2°，旋转扫描区域为254 mm（直径）× 406.4 mm（高）。目前该设备每台市价约 1200 美元。多伦多大学和 Alias Wavefront 公司合作研究的新三维显示界面[Balkrishnan 2001]，采用了新型的“真”三维 Volumetric 显示器。它不需要戴立体眼镜或戴上装有显示器的头盔，而是直接用肉眼看到真三维效果，如图 8.3 所示。这种真三维显示，有的采用全息光衍射原理来显示（holographic display）；有的采用快速的体旋转成像技术（如 felix3d. com 产品）；有的采用在三维静态媒体内发射体素而让用户感受三维视觉效果。[Balkrishnan 2001]详细讨论了在不同显示器大小（直径分别为 3 英寸、1 英尺、4 英尺）、不同的三维输入方法、不同光标、触摸与非触摸交互等情况下，如何用软件 widgets 实现对实体的基本的三维人机交互任务：选择、移动、旋转、缩放、导航、命令、过滤等。可以看到，非强制、无障碍、高精度、低价格是今后交互设备的发展趋势。

图 8.2　三维扫描仪

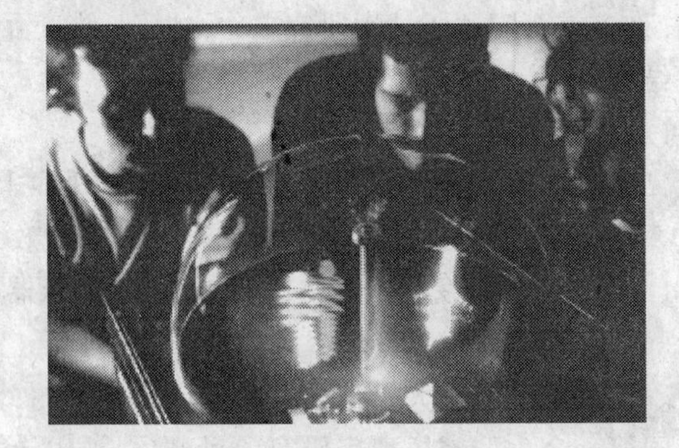

图 8.3　体视显示器

虚拟现实从 20 世纪 90 年代至今已有飞快的进展[Goebel 2001]，主要表现在：稳定的硬件和价格适当的软件已经使不少虚拟现实的工业应用和成功演示出现；像 OpenGL 和 Performer 那样的优秀图形 API 软件包已成为虚拟现实的基础；在大数据集的实时处理和可视质量方面性能不断提高；在交互技术方面已探索了用无线手持设备作为"数字辅助"来执行虚拟现实的交互任务；采用像 PDA 这样的单个设备进行双手交互；在同一虚拟现实环境里实现多用户交互；广泛应用多通道交互如声音、姿势等于虚拟现实中；在协同环境下的按时间顺序解决方案已取得成功；低成本的虚拟现实开发平台已向用户提供；大量的虚拟现实系统是基于"投影"的；CAVE 系统已从三个面发展到六个面；多用户的立体显示器已研制成功；已经采用 PC 集群系统来代替高性能工作站的高成本图形生成；已出现基于图像的绘制等新技术。

8.1.4 可穿戴计算机和移动手持设备的交互

可穿戴计算机可广泛应用于野外作业，如军事作战与训练、航天器、海洋的油井平台等。它的设计的主要问题是，如何在有限的工作空间内提供各种信息工具的无缝集成。为了达到这个目的，系统必须通过一种自然而非强制的方法来提供功能，以便让用户的注意力集中在手上的任务，而不是被系统所分心。在用户和所有设备(鼠标、键盘、监视器、操纵杆、移动通信设施等)之间应该有固定的物理联系。国际上，美国麻省理工学院媒体实验室在可穿戴计算技术的研究上一直站在最前沿，德国 Xybernaut 公司等在产品开发上卓有成效，IBM，HP，Sony 等大公司也都开始了这方面的研发。在可穿戴计算机的人机交互中，应特别重视自然的多通道界面(如语音、视线跟踪、手势等)、上下文感知应用(如位置、环境条件、身份等传感器)、经验的自动捕捉及访问(如采用增强现实-AR 的 see-through 头盔显示来交流信息)。LingWear[Fugen 2001]是一个可移动的游览信息系统，它使得用户在身处外国城市时可以找到道路、景点、住宿等相关信息，为处于外语环境下的游客、参观者、军事人员等提供协助。我们在 8.4.3 节中将适当介绍。[Siewiorek 2002]在总结 CMU 可穿戴计算机应用时，认为"CMU 在二十余项不同的可穿戴应用中，发现有三种式样用得频繁：每日(周、月)报表；工作定单；各类求助咨询"，因而需要针对频繁的应用式样来设计快速、方便、自然的交互方式。在我国，哈尔滨工业大学、重庆大学等单位已成立了研究组织，进行可穿戴计算新技术和产品的研究开发。

移动手持计算设备是指具有计算功能的 PDA、掌上电脑、智能手机这类小型设备。2002 年我国手机拥有量为 2.6 亿部，普及率为 16% 左右，在美欧等市场手机的普及率已经达到 60% 以上。随着无线互联网、移动通信网的快速发展，手机的普及率还将提高，小型、时尚、功能强、价廉的手机已是厂商的开发目标。其中将计算功能嵌入手机、通信功能加入掌上电脑已成潮流。在移动计算环境下的人机交互有什么特点呢？第一是自然交互，自然感知。我们不能想像用大屏幕、键盘、鼠标来操作手持移动设备，在小屏幕条件下应按照人类认知的特点，利用简洁、摘要、逐步交互细化的方法交流信息。而交互手段应采用简单按键、笔、语音等自然、高效的多通道方式。第二是应充分利用上下文感知的特点，自动简化信息的复杂性。例如通过对位置、身份、时间、环境条件等上下文的检测，自动简化信息的处理。第三是重视不同设备、不同网络、不同平台之间的无缝过度和可扩展性。这里有数据传输的协议标准问题，有不同网络(有线与无线、电信网与互联网等)的覆盖、互联、带宽问题等。前面提到W3C国际组织正在制定支持移动设备多通道交互的协议标准，就是为了抢先确定标准，尽早占领市场份额。美国著名的SRI的 PowerBrowser 项目[Buyukkokten 2000]，设计了一个基于移动PDA的 web 信息界面。此项目采用低带宽的无线连接设备访问 WWW 网络，用户可以通过语音和笔输入信息，并实现了以下功能：导航、站点检索、关键字自动填充、可折叠的摘要、文本摘要、表单输

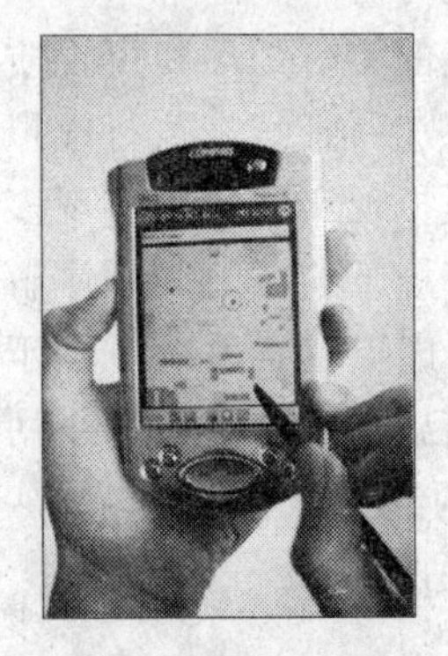

图 8.4 TGH 系统

入等。北京大学人机交互和多媒体研究室，通过移动导游系统TGH的开发[Wang 2002](见图 8.4)，对移动设备多通道交互框架、上下文感知的设计实现、移动互联网上 Client/Server 结构对语音和笔通道整合的处理等进行广泛的研究，通过实验和评估表明上述框架、设计方案是合理的，其结果值得重视和推广。

8.1.5 智能空间及智能用户界面

智能空间(smart space)是指一个嵌入了计算、信息设备和多通道传感器的工作空间。由于在物理空间中嵌入了计算机视觉、语音识别、墙面投影等多通道交互能力，使隐藏在视线之外的计算机可以识别这个物理空间中人的姿态、手势、语音和上下文等信息，进而判断出人的意图并做出合适的反馈或动作，帮助人们更加有效地工作，提高人们的生活质量。这个物理空间可以是一张办公桌、一个教室或一幢住宅。由于在智能空间里，用户能方便地访问信息和获得计算机的服务，因而可高效地单独工作或与他人协同工作。国际上已开展了许多智能空间的项目(Smart X)。麻省理工学院的人工智能实验室从 1996 年开始了名为 Intelligent Room [Coen 1999]的研究项目，其目的在于探索先进的人机交互和协作技术。具体目标是建立一个智能房间，解释和增强其中发生的活动。通过在一个普通会议室和起居室内安装多台摄像头、扩音器、墙面投影等设施，使房间可以识别身处其中的人的动作和意图，通过主动提供服务，帮助人们更好地工作和生活。例如，当墙面投影图像是一张地图时，他可以用手指向某个区域并用语音问计算机这是哪个位置；系统也会根据你当前的位置把你需要的图像投影到离你最近的地方。其他研究还有 Stanford 的 Interactive Workspace[Johnson 2002]，Georgia Tech. 的 Aware Home(http://www.cc.gatech.edu/fce/ahri)，UIUC 的 Active Space(http://choices.cs.uiuc.edu/gaia/index.html)，Microsoft 的 EasyLiving [Shafer 1998]，IBM 的 Blue Space (http://www.research.ibm.com/bluespace/index.html)，欧洲 GMD 的 iLand [Streitz 1999] 等。我国清华大学计算机系实现了一个智能环境实验系统——智能教室(Smart Classroom) [Shi 2002]。智能教室把一个普通的教室空间增强为教师和远程教育系统的交互界面，在这个空间中，教师可以摆脱键盘、鼠标、显示器的束缚，而用语音、手势，甚至身体语言等传统的授课经验来与远程的学生交互。在这里，现场的课堂教育和远程教育的界限被取消了，教师可以同时给现场的学生和远程的学生进行授课。智能教室实现了实时远程教学，它借助于一种可靠多播协议和自适应传输机制的支持，可以在网上开展交互式的远程教育。同时，这个空间可以自动记录教学过程中发生的事件，产生一个可检索的复合文档，作为有现场感的多媒体课件来使用。

将智能技术结合到用户界面中，而构成“智能用户界面(Intelligent User Interface, IUI)” [Maybury 1999, Shneiderman 1997]，智能技术是它的核心。智能用户界面的最终目标是使人机交互成为和人-人交互一样自然、方便。智能环境是指用户界面的宿主系统所处的环境应该是智能的。智能环境的特点是它的隐蔽性、自感知性、多通道性及强调物理空间的存在。智能空间是“智能环境”的一种。在当今的无线互联网时代，人们通过跨地域的互联网，已可以和世界任何地方进行交互。互联网、GPS、移动通信、家电一体化等已为更大范围的智能环境创造了良好的基础。上下文感知[Schmidt 1998, Schmidt 1999]是提高计算智能性的重要途径。上下文是指计算系统运行环境中的一组状态或变量,其中的某些状态和变量可以直接改变系统的行为,而另一些则可能引起用户兴趣从而通过用户影响系统行为。上下文感知计算是指系统自动地对上下文、上下文变化以及上下文历史进行感知和应用,根据它调整自身的行为。任何可能对系统行为产生影响的因素都属于上下文的范畴,包括用户的位置、状态和习惯,交互历史,设备的物理特征、环境温度、光强、交通、周围人等各种状态。

智能体(agents)在智能技术中的重要性已"不言而喻"了。在智能用户界面中,SRI 提出的开放智能体结构(Open Agent Architecture, OAA)[Cohen 1994],已用于许多多通道用户界面系统(包括 Smart X)中。OAA 是开发多 agent 系统的一种通用框架,它将一群异质的软件 agents 组织在一个分布式的环境中。OGI 提出的 AAA(Adaptive Agent Architecture)[Kumar 2000]是开发多 agent 系统的另一个通用框架,它以 Java 库的形式支持 OGI 的各类多智能体的系统(包括多通道交互系统)的研究。已经实现的 AAA 库能完全与 SRI 的 OAA 1.1 版本兼容。与 OAA 结构相比,AAA 有更多的优点,包括多代理(multi-brokered)的系统结构,其健壮性好;支持并发处理;采用内部智能体直接通信,其效率高等。

8.1.6 计算机支持的协同工作

迄今为止,计算机技术的重点在于提高个体的生产率。虽然通过计算机网络可以把成千上万的用户连在一起,共享部分信息,但数据存取、信息处理、编程等方面的工作仍各自独立。另外,个人的经验、智慧和力量总是有限的,而人们在日常生活中,总是在一定的群体中工作,因此这种独立的工作方式已被群体的协同工作所替代,以促进群体成员的相互协调与合作。从 20 世纪 80 年代开始,信息高速公路的发展,计算机网络及多媒体技术的不断成熟,促成了计算机支持的协同工作(Computer Supported Cooperative Work, CSCW)这一研究领域的产生。

CSCW 的研究最早始于 20 世纪 60 年代,并诞生了第一个实验系统 NLS/AUGMENT。虽然该系统仅支持终端连接、电子邮件传递、文件共享等基本功能,但系统设计者 Engelbart 等第一次提出并实现了超文本(HyperText)概念。到 70 年代中期,在美国 Stanford AI Lab 建立了一个支持视频、声音、文本、图像等多媒体的 CSCW 环境,并将其命名为电视会议(TeleConference),但由于巨大的存储开销和极其昂贵的通信媒体,以及通信速度的低下和数据压缩技术的落后,该系统的多媒体功能十分薄弱。到了 80 年代,和 CSCW 相关的计算机技术、网络技术、多媒体技术、数据压缩存取技术、通信技术、分布与并行处理技术等都有了长足的进步。同时由于指导多媒体技术和 CSCW 技术的人机交互理论的逐渐成熟,大大推动了 CSCW 技术的发展。1984 年 MIT 的 IrenGrief 和 DEC 公司的 Paul Cashman 两人,组织了一个由来自不同领域的 20 个科研工作者组成的工作组,共同讨论和探索如何发挥技术在协同工作中的作用问题,并第一次正式提出了计算机支持的协同工作 CSCW 的概念。此后,CSCW 很快吸引了许多不同领域的科研工作者。美国 ACM 于 1986 年 12 月在 Texas 组织了一次国际性 CSCW 学术会议,集中了社会学、人类学、计算机科学、办公自动化、决策系统、人素(human factor)学等多方面的专家学者,研讨人类群体工作的特性及计算机技术对群体工作的可能支持,从而正式提出了将计算机科学、心理学、人类工程学、认知科学、社会学等多个学科综合在一起的新的技术领域。

CSCW 已有了很大的发展,已研制出许多有学术和实用价值的系统原型和一些产品。电视会议系统、协同创作系统等已开始在市场上销售,它将对计算机技术的发展产生深远的影响。

1. CSCW 工作模式

人们的合作包括同时同地、同时异地、异时同地和异时异地四种情况，CSCW 由此而归结为四种不同的模式。

(1) 同步模式：在同一地点和同一时间进行同一任务的合作方式，如共同决策、共同编辑文件、CAD、室内会议等。

(2) 分布式同步模式：在同一时间不同地点进行同一任务的合作方式，如联合设计、合作编辑、群体决策、电视会议等。

(3) 异步模式：在不同时间，但在同一地点进行同一任务的合作方式如轮流作业等。

(4) 分布式异步模式：在不同时间和不同地点进行同一任务的合作方式，如电子邮件、工作流(workflow)、大规模开发项目的支持。

从 CSCW 的模式，我们可以看到 CSCW 必须具有以下的功能和特性：

(1) CSCW 是一个分布式的计算机系统，其分布结构可以是同构性，也可以是异构性的；

(2) CSCW 是以多媒体方式进行通信交互的，并具有较高的实时性；

(3) CSCW 具有并发处理和控制功能，可实现共享媒体的互斥互访；

(4) CSCW 应具有良好的人机界面和人-人界面。

2. CSCW 研究的主要问题

要实现 CSCW，需要解决的技术问题很多，主要涉及以下几个方面。

(1) 协作的多用户界面

许多计算机系统可以支持多用户同时交互，如多用户数据库、多用户分时操作系统以及多用户 MIS 信息系统，但这些系统往往通过禁止协作以支持多用户交互，系统向用户说明只有他自己在使用系统，而将其他用户隐藏起来。但在 CSCW 系统中，为了支持协作，其多用户界面必须允许用户知道其他用户的活动。因此，CSCW 用户界面不是一般意义的人机界面，而是广义的人与人之间的界面，它的基本要求是：

① 支持多种显示。因为协作的用户必须知道其他用户的活动，所以 CSCW 必须支持在不同的 CSCW 节点上形象地显示共享的协作信息，并支持对不同视窗上的共享信息做出各种有效的协作操作。

② 支持不同观点。对应于不同级别的信息共享，CSCW 的用户往往要求以不同方式表达。按照交互作用的程度，通常有三种级别的共享方式：

- 表示级共享(紧耦合)：对于公共信息区的同一信息为用户提供统一的显示输出方式。当显示内容改变时，所有协作成员的显示屏幕都要随之改变。这种级别的共享方式也称为“你见即我见”(WYSIWIS)。
- 视图级共享(中等耦合)：每个用户使用的显示数据相同，但显示方式不同。例如，同一数据可以为用户表示为图表或图形。
- 对象级共享(松耦合)：每个用户使用的显示数据都不相同。例如，几个用户可能编辑同一文档的不同部分。

在多用户界面技术方面，目前已有不少的开发方法，但还未获得理想结果。其关键的问题是要以用户为核心，研究如何将界面的结构与分布式技术结合起来，以寻求一种分布环境中运行的多用户界面支持机制。

(2) 协作过程中的协调和冲突

① 冲突：人与人之间的差异，使人们在完成相同任务时采用的方法和工作方式不同，期望和目标不同，甚至对问题的表述也不同。因此，在协作过程中协作成员之间必然存在某种程度的冲突。冲突是指有相互依赖关系的人员之间的相互作用，这些人持有不相容的目标、目的和价值，并且彼此认为对方潜在地妨碍这些目标的实现。虽然目前尚无统一的冲突定义，但冲突一般包含三个要素：相互作用、相互依赖及不相容的目标。

② 协调：协调是指为达到某一共同目标，在所采取的处理活动中行为者行动之间的相互依赖关系。这个定义与人们的直觉知识是一致的，如果活动者之间没有相互依赖的关系，也就没有协调性而言。组成协调的四个要素包括：共同目标、活动、活动者及相互依赖。

对冲突和协调定义加以比较，可以发现它们组成的要素是一致的：目标和相互依赖关系是共同的要素，而冲突的相互作用要素包含了交互者和交互活动两方面的内容。发现冲突、解决冲突是协同工作的基本内容，协调就是解决冲突的过程。从冲突到协调，是一个从不相容目标到相容目标的过程，其间发现冲突和进行协调的着眼点是相互依赖关系。冲突和协调是协同工作成败的关键问题，正确处理它们是 CSCW 系统能否成功的决定因素，可以预见，冲突和协调理论的进一步深入研究将使 CSCW 得到更大的发展。

(3) 协作成员的社会因素

CSCW 系统的功能特征与群体工作的社会因素联系在一起。每个功能影响到工作特性和应用 CSCW 系统的整个群体的有效性。这些功能也同样影响群体内成员的行为。然而，协作群体成员的心理、社会和文化方面的能动性能否充分发挥是 CSCW 系统能否成功并被接受的关键。在支持群体协作过程中，必须考虑到协作伙伴之间的心理、社会、文化甚至政治上的差异(语言、谈判策略、行为、风格和法律等)。因此，必须研究人类在协作过程中的社会动力学，建立合适的描述方法和模型，以便用更系统化的方法建立 CSCW 系统，从而使 CSCW 系统更好地支持人类的协作过程。

(4) CSCW 中标准与规范的统一

CSCW 技术是一门新兴的交叉学科，不仅技术没有统一的标准，而且术语、概念、理论体系等也没有公认的定义。缺乏标准，对于 CSCW 的使用者和设计者而言都存在一种压力，担心自己的工作与未来的标准不符合。因此，制定 CSCW 的技术标准已成为发展该技术的迫切任务。CSCW 的技术标准应当包括体系结构、层次协议、互连模式、创作工序、多媒体传输技术和协议、协作机制、人机交互、人-人交互等多项内容的规范定义。

3. CSCW 的应用

CSCW 环境消除了人们在时空上的障碍，为在时空上分散的人们提供了一个可以协同工作的环境。人们在这样的环境中工作，不但可以节省时间和精力，而且能够提高工作质量和效率。凡是在计算机及网络环境中共享信息、协同完成任务的应用领域都属于 CSCW 的范畴。目前其应用主要包括以下方面：

(1) 军事应用：各种类型的指挥、控制、通信、计算机和情报系统及各种级别的参谋会议系统等。它们可以是远程会议系统，也可以是本地会议系统或会议室系统，其规模可大可小。

(2) 工业应用：在计算机集成制造系统 CIMS 基础上发展起来的新一代 CIMS。也称为面向计算机集成制造系统的 CSCW，这和并行工程 CE 紧密相关。

(3) 办公自动化(OA)和管理信息系统(MIS)的新发展：传统的 OA 和 MIS 一般只能管理和处理数据、文字信息。如果与多媒体技术结合，增加处理图形、图像、声音、动画和视频等信息的能力，并且在通信网络环境支持下，进行协同工作和决策，这就大大扩展了 OA 和 MIS 系统的功能和应用领域。面向 OA 和 MIS 的 CSCW 系统的研究和开发，将使“智能大厦”成为现实。

(4) 医疗应用：面向医疗的 CSCW 系统研究和开发，将使就诊计算机化，特别是远程专家会诊更具有吸引力。这会使边远地区的病人也能获得同城市一样的医疗条件。当然，没有国家的信息基础设施或信息高速公路的支持是不可能真正实现远程医疗的。目前研究和开发大城市间的远程专家会诊系统是可能的和现实的。

(5) 远程教育：远程教育系统可提供一种新型的教学和授课方式，可以进行学生、教师和专家之间的协作式教学，可从联机式图书馆中获取信息，甚至可以不离开教室而到博物馆和展览会进行虚拟的现场参观，在精巧的仿真环境中实现虚拟现实教育。目前在若干大学之间开发远程授课是现实的。

(6) 合作科学研究：通过信息交换、会议系统、合作协作系统等手段在科学家之间进行密切的科研合作是 CSCW 提供的一种有效手段。现代科学研究的复杂性和学科间的相互交叉，使许多科学家都深感开发所谓“协作体”(collaboratorics)的必要，这是一种“无墙”的研究中心。在其间，各种研究人员不论其地理位置分布如何，都能共同从事研究、相互交流、共享数据和资源、在数字式图书馆中存取信息、共同写出研究报告。所有这些环境不必是面对面的，可在分布式环境下，通过电子邮件或多媒体电子邮件、多媒体会议系统等手段来实现。

8.2 人机交互技术的标准化问题

8.2.1 以人为中心的交互系统设计过程(ISO 13407)

在人机交互领域 ISO 已正式发布了许多国际标准(http://www.iso.org/)，下列为其中一部分：

ISO 10075：1991　　人类工效学与心理负荷相关的术语
　　(国标 GB/T 15241：1994 等效采用)
ISO 6385：1981　　工作系统设计的人类工效学原则
　　(国标 GB/T 16251：1996 等效采用)
ISO/IEC 10741：1995　　信息技术-系统用户界面-交互对话
ISO/IEC 11581：2000　　信息技术-系统用户界面-图标符号及功能
ISO 13406：(1999～2001)使用平板视觉显示器工作的人类工效学要求
ISO 9241：(1992～2000)使用视觉显示终端办公的人类工效学要求(VDTs)
　　(国标 GB/T XXXX 等效采用)
ISO 13407：1999　　以人为中心的交互系统设计过程
　　(国标 GB/T XXXX 等效采用)

这些标准的实施对于提高企业软硬件的设计和开发水平、提高系统产品的使用质量、增强高新技术产业的市场竞争力具有重要的意义。我们国家标准化管理委员会已经或正在制定相应的国家标准，以便推动我国的标准化工作，为我国经济发展服务。与交互设计直接有关的 ISO 13407 和 ISO 9241 国际标准，在国际社会的产品设计方面带来了重大影响，其中 ISO

13407 已成为产品设计、测试和可用性评估的依据，对我国加入 WTO 后企业管理和产品设计与国际接轨有重要作用。ISO 9241 标准共分 17 部分，包括概述、任务要求指南、视觉显示要求、键盘要求、工作场所布置和姿势的要求、环境要求、显示反射要求、显示颜色要求、非键盘输入设备要求、对话原则、可用性指南、信息表达、用户指南、菜单对话、命令对话、直接操作对话、填表式对话。这里重点介绍 ISO 13407 标准的主要内容。

1. ISO 13407 标准简介

本标准一共包括前言、引言、正文、附录、图表等部分。其中正文共分八节，包括：范围、术语和定义、本标准的结构、采用以人为中心的设计过程的理论依据、以人为中心的设计原则、策划以人为中心的设计过程、以人为中心的设计活动、符合性。附录中包括了两个实例：可用性评价报告的结构实例、证实符合本标准的程序的实例。

该标准的引言指出："将人类工效学知识应用于交互系统的设计，可以帮助用户提高工作的有效性和效率，改善工作条件，减少使用过程中可能对用户健康、安全和绩效产生的不良影响。""本标准的目的在于帮助那些软硬件设计过程的负责人员，认识和策划以人为中心的设计活动，为现有设计过程和方法提供有效、及时的补充。"标准详细讨论了四项以人为中心的设计活动："a. 了解并确定使用背景；b. 确定用户和组织要求；c. 提出设计解决方案；d. 根据要求评价设计。"

2. 以人为中心设计的依据及设计原则

以人为中心的设计均遵循的是 ISO 6385：1981 中所述的人类工效学原则。这样设计的系统将：更易于理解和使用并因此而减少培训和支持费用；增进用户满意并减少不适和紧张感；提高用户的生产率和组织的运转效率；提高产品质量，吸引用户增强竞争优势。

该标准既不采用任何一种标准的设计过程和方法，也不包含为确保有效的系统设计而必须的所有活动类型，而仅对现有设计方法加以补充，并提供一个以人为中心的观点。这一观点能够以适合于特定环境的形式集成于不同形式的设计过程之中。标准分析和概括的以人为中心方法的特征是：

(1) 用户的积极参与和对用户及其任务要求的清楚了解。

(2) 在用户和技术之间适当分配功能，这种分配取决于许多因素。例如人与技术在以下方面的相对能力和局限性：可靠性、速度、准确性、力量、反应的灵活性、资金成本、成功地及时完成任务的重要性、用户的健康等。

(3) 反复设计解决方案。

(4) 多学科设计。这种多学科设计小组可以是小规模的和动态的，并只存在于项目的执行过程中。小组的构成应反映负责技术开发的组织与消费者之间的联系，多学科设计小组成员可包括：最终用户、购买者、用户的管理者、应用领域业务分析人员、系统工程师、市场营销人员、用户界面设计人员、人类工效学家、技术文档编写人员等。

3. 四项以人为中心的设计活动

标准详细讨论了四项以人为中心的设计活动：

(1) 了解并确定使用背景

在这方面，标准指出应从以下几方面去了解：① 未来用户的特性。可包括知识技能、经验、教育、培训、生理特点、习惯、偏好和能力等。必要时可确定不同类型用户的特性，例如不同的经验水平、所承担的不同任务（维护人员、安装人员等）等。② 用户拟执行的任务。可包括系统的总目标、可能影响可用性的任务特性(例如执行任务的频次和持续时间)及活动、操作步骤在人与技术资源之间的分配情况。如果涉及健康和安全(例如操作某个受计算机控制的机器),则应对此方面加以描述。不宜仅从某产品或系统所提供的功能或特性方面描述任务。③ 用户拟使用的环境,包括所用的硬件、软件和材料。有关物理和社会环境的特性可包含:有关的标准、范围更广的技术环境(例如一个局域网络)、物理环境(例如工作场所、家具)、周围环境(例如温度、湿度)、立法环境(例如法律、法规和规章)、社会和文化环境(例如工作实践、组织的结构和态度)。

(2) 确定用户和组织要求

不同的要求可包括:① 新系统在运行和财务目标方面所需的绩效水平;② 有关的法规要求(包括安全与健康要求);③ 用户与其他有关各方的合作与沟通;④ 用户的工作性质(包括任务分配、用户健康和动机);⑤ 任务的执行绩效;⑥ 工作的设计和组织;⑦ 变更管理(包括有关的培训及人员);⑧ 操作和维护的可行性;⑨ 人-计算机界面和工作站设计。

用户和组织要求的规范应包括:① 确认设计中有关用户和其他人员的范围;② 明确陈述以人为中心的设计目标;③ 为不同要求确立合适的优先顺序;④ 为正在形成中的设计提供可度量的测试准则;⑤ 为用户或在过程中代表用户利益的人员所确认;⑥ 包括任何法规要求;⑦ 形成充足的文件。

(3) 产品设计解决方案

应根据当前成熟的技术发展水平、参与者的经验和知识、使用背景、分析结果,提出可能的设计解决方案。过程可包含下列活动:① 使用现有知识提出体现多学科考虑的设计解决方案;② 使用仿真模型设计原型等手段,使设计解决方案更具体化;③ 向用户展示设计解决方案,并让他们在其上执行任务(或模拟任务);④ 按照用户的反馈,反复更改设计,直至满足以人为中心的设计目标;⑤ 对解决方案的反复设计过程进行管理。

(4) 根据要求评价设计

在以人为中心的设计中,评价是一个基本的步骤,在系统生命周期内的所有阶段都应进行评价。评价活动包括:制定评价计划,提供对设计的反馈信息,评定目标是否已经实现,现场证实,长期监视,报告结果等。

4. 有关的表格

标准的附录给出了下列五种表格,以支持以人为中心的设计过程(详细表格请参见标准的文本):

(1) 策划以人为中心的设计过程;

(2) 使用背景的详细说明;

(3) 用户和组织要求的详细说明;

(4) 设计解决方案的产生;

(5) 依照用户要求评估。

8.2.2 多通道交互(W3C 标准)

除了 ISO 国际标准外,还有许多事实上的工业标准,如下面介绍的 2002 年 2 月 W3C“多通道交互”工作小组开发的支持移动设备多通道交互的协议标准和下一小节介绍的用户界面标记语言(UIML)。

1. 国际组织 W3C 的简介

1994 年 10 月，Web 的发明者 Tim Berners-Lee 在美国麻省理工学院的计算机科学实验室创建了 the World Wide Web Consortium (W3C)。W3C 主要领导互联网的成员开发公共的协议,以促进互联网信息技术的发展和确保它的互操作性。目前 W3C 已有 450 个单位成员,覆盖了全世界各国,并已得到国际上的公认。W3C 并不是一个官方组织或赢利组织,但它已开发了互联网上大量的协议标准,诸如 XML，XHTML，SVG，PNG(Portable Network Graphics)，SMIL，CSS(Cascading Style Sheets)，XForm，FO，VoiceXML, SSML，RDF，OWL，SOAP, WSDL，DOM(Document Object Model), MathML，P3P(Platform for Privacy Preferences)，等等。它的活动以工作小组(working group)为单位进行。工作小组按其性质分为 4 类来管理：结构类(architecture domain，开发互联网的基本协议标准),交互类(interaction domain,开发便于用户间通信的各类协议标准),社会技术类(technology and society domain，开发与社会、法律、公共政策有关的基础设施、平台的协议标准),互联网推广类(Web Accessibility Initiative—WAI,从教育、工具、指南、技术、研发等方面,促进互联网新技术的可用性)。它的目标和结构,参见图 8.5(http：//www. w3. org/consortium/)。该图展示了 W3C 期望从现有的互联网技术(URL, HTTP, HTML)向未来的互联网技术过度的计划和目标,其中包括互联网的基础协议(URI, HTTP1.1，XML 等)、中间层次的重要协议(交互类、安全类、语义互联网类、互联网服务类等)、共用类(可获取性、国际化、设备独立性、质量保证等)及应用类协议。其中不少是现在已广泛使用的协议标准(XML 等),并为另一个重要的 Internet 国际组织 IETF(the Internet Engineering Task Force)所共同采用。因而我们这里并没有称他们开发的是正式的“国际标准”,但这些是“事实上的工业标准”。

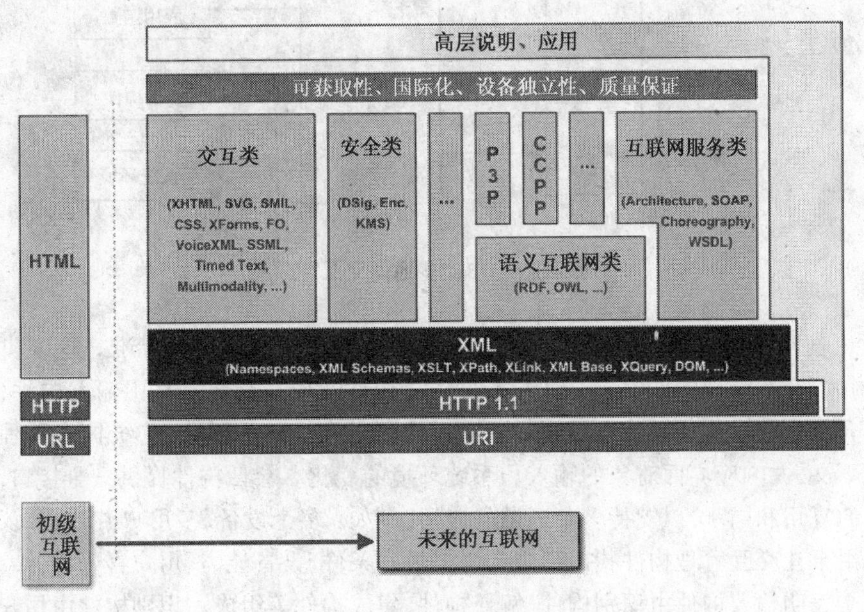

图 8.5　W3C 的目标和结构

2. 参加“多通道交互”活动小组的企业及进展情况

2002 年 2 月 W3C 成立了“多通道交互”活动小组(Multimodal Interaction Working

Group),它开发 W3C 新的一类支持移动设备"多通道交互"的协议标准。通道可包括 GUI, speech, vision, pen, gestures, haptic 等,其中输入可包括声音、键盘、鼠标、触笔、触垫等,输出可包括图形显示器、声音或语言提示等。目前已有 42 个大型 IT 企业或单位参加该小组,制定"多通道交互"的相关协议标准,其中包括 Apple, AT&T, Canon, Cisco, Corel, Ericsson, Hewlett-Packard, IBM, Intel, Microsoft, Mitsubishi Electric, Motorola, NEC, Nokia, Oracle, Panasonic, Siemens, Sun Microsystems, Toyohashi University of Technology 等。可见它覆盖了几乎所有计算机软硬件、移动通信、家电的大型厂商,而大学中只有日本丰桥技术大学一个参加。目前它已开展了七项标准的制定:多通道交互框架(multimodal interaction framework),多通道交互需求(multimodal interaction requirements),多通道交互用例(Multimodal Interaction Use Cases),可扩展多通道注释语言需求(extensible multiModal annotation language requirements),数字墨水需求(ink requirements),可扩展多通道注释标记语言(EMMA—Extensible MultiModal Annotation markup language),数字墨水标记语言(ink markup language)。并已在互联网上发布不同阶段的正式草稿,供补充、完善。见(http://www.w3.org/2002/mmi/)。

3. 关于"多通道交互框架"

在"多通道交互"活动小组发布的五项标准中,"框架"(multimodal Interaction Framework)是其中的一项最基础的规范和说明。该规范描述多通道交互的框架、多通道系统的主要构件和构件所需要的信息及数据流的标记语言。该规范不是一个体系结构的描述,而是体系结构的一种抽象的描述。它给出了三个框图:总框图、输入的构件框图、输出的构件框图,分别参见图 8.6、图 8.7 及图 8.8。

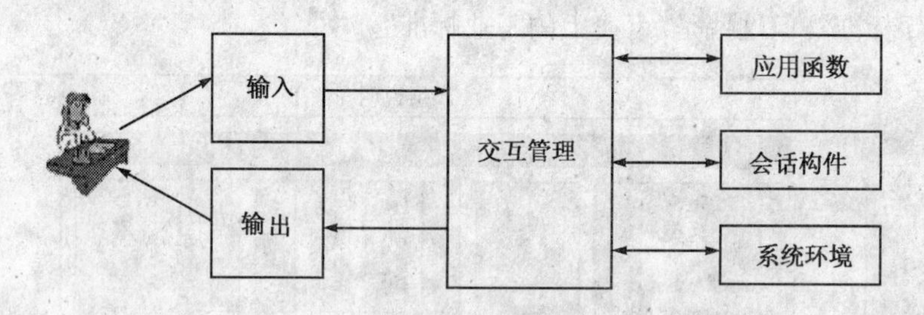

图 8.6 W3C"多通道交互"框架

图 8.6 表明"多通道交互"工作小组将按照 6 类构件来制定协议标准。这 6 类是输入构件、输出构件、交互管理构件、会话构件、系统环境构件及应用函数。其中输入构件、输出构件将在后面介绍。交互管理构件是界面对象所在的宿主环境的一部分,它维护应用程序的交互状态和上下文,并响应界面对象的输入和系统环境的变化。会话构件提供一个接口,用于描述多个通道的复用和同步,以支持多个通道的应用,例如:多个设备、多用户游戏、会议等。系统环境构件用于让交互管理构件找出宿主环境提供的条件、设备能力、用户喜好等。

图 8.7 表明输入构件由识别构件、解释构件、集成构件等组成。识别构件由用户处获得自然(原始)的输入,再经解释成一表格以便以后处理。识别构件可以用文法标记语言来描述它的文法。

下面是识别构件的例子:

(1) 语言识别构件。它将人类语言转换成文本。一个自动语言识别构件可以使用某种声

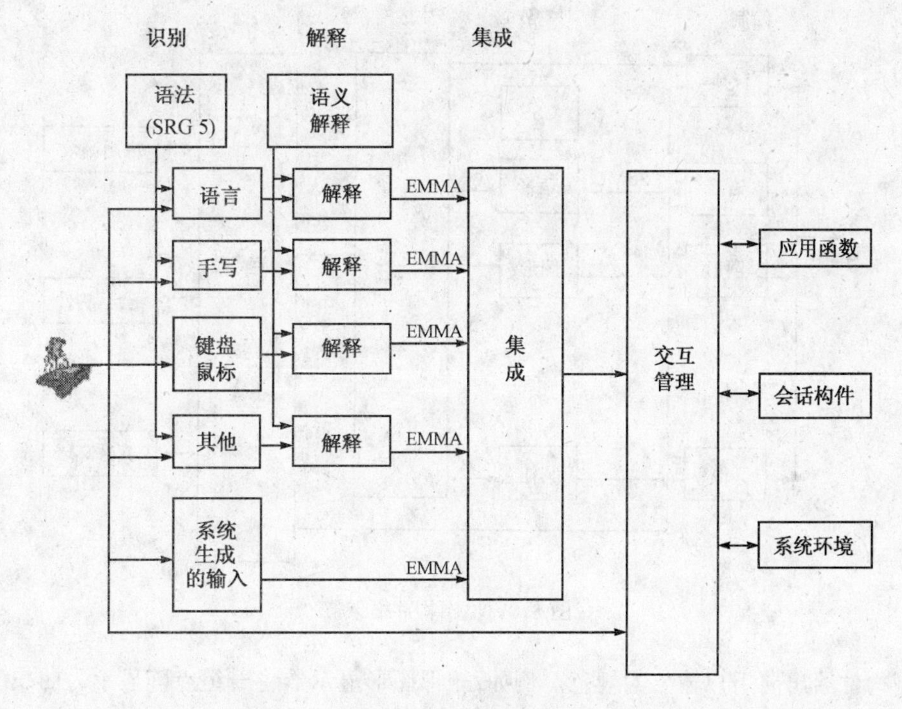

图 8.7 输入构件框架

音模型、语言模型及文法规范。W3C Speech Recognition Grammar 或 Stochastic Language Model (N-Gram)就是这类的文法规范。

(2) 手写识别构件。它是将手写的符号或消息转换成文本的构件。手写识别构件可以使用某种手写姿势勾画模型、语言模型及文法规范。

(3) 键盘构件。将键盘的击键转换为文本的字符。

(4) 指点设备。将按钮的按压转换为二维平面上的 x-y 位置。

其他输入识别构件还有:视线输入、手语、温度测量装置(DTMD)、生物特征识别器、触觉输入、语音鉴别器、手写鉴别器等。

解释构件将识别构件的输出进行"语义"解释,以便为使用者理解。例如,我们可以把英语中的"yes," "OK," "affirmative," "sure," 及"I agree,"均解释为"是的!"

集成构件把各个解释构件的输出集成起来。例如,唇读是将嘴唇的动作形状和声音输入整合起来;著名的"Put that there "将语言输入(that)和指点设备指点的位置(there)整合起来;

输入也可以来自系统生成的信息。例如,GPS 定位系统生成的位置信息可以和用户的输入信息整合起来;银行应用系统生成的透支信息可以阻止用户超支购物的输入要求。

可扩展多通道注释语言(EMMA)可用于描述解释构件或集成构件的 "语义" 输出。

图 8.8 表明输出构件可以由生成构件、风格构件和绘制构件组成。

生成构件确定从交互管理构件向用户输出信息的表示方式。这种方式可以是单一的;也可以是多种互补的或同时附加的。工作小组目前倾向于用一种"内部语言"来描述生成构件的输出。交互管理构件也可以不经"内部语言"的编码直接向绘制构件输出。

风格构件用于加入"布局"信息。例如,显示器的"画布"位置,向语音合成器加入"休止符"和"音高"的变化。CSS(Cascading Style Sheets)标准可用于描述声音改动的输出。

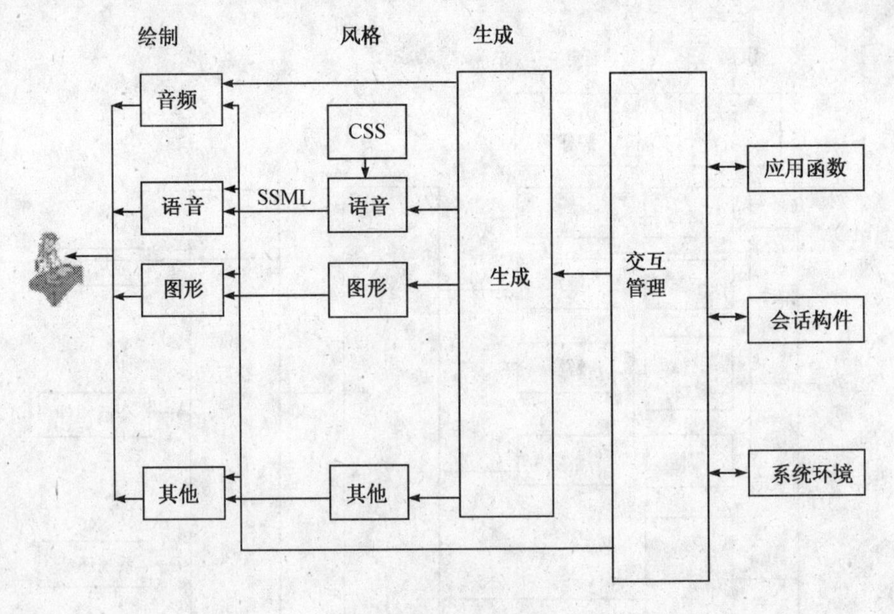

图 8.8　输出构件框架

绘制构件给出向用户输出的规范。例如,矩形图形显示器将一组点阵显示为曲线,语音合成器将文本转换为合成语音。可以用 SSML(Speech Synthesis Markup Language), SVG, XHTML, SMIL 等标准来描述语音、图形绘制或多媒体的输出。

"多通道交互框架"标准里还给出了三个多通道应用需求例子(其例子描述见该标准的最后部分及附图,其详细分析及相关事件说明见下节)。

4. 关于"用例"

"多通道交互" 活动小组为了对有关多通道应用的需求提供进一步的考察,决定开发一个新的文件:"用例"——multimodal interaction use cases。该文件根据"多通道交互框架"的描述,对三个多通道使用实例用 user-action-event 模型的事件表方法给出了详细的分析。这三个例子是:

(1) 预订航班。用手写或语音等通道,通过在无线个人移动设备上填表来预订航班。

(2) 驾驶导引。用户期望用按钮、触摸屏、语音等,通过汽车显示器、地图数据库、语音输出、当地雷达、GPS 等设备或服务,经过交互,找到从当前汽车位置到达某餐厅的驾驶路线。

(3) 读姓名拨打电话。用户通过向电话(也可以是移动电话)说出被呼者的姓名,来呼叫对方。如被呼者不在,用户可在语音信箱留言或发 E-mail。被呼者的姓名及不同情况用的不同电话(住宅、办公室、手机等)均可存入相应的能够保护隐私的数据库。被呼者也可事先留言,如"抱歉,我有事,请勿打扰"等。

这三个例子是经过专门挑选以便尽可能覆盖不同类型的多通道应用。在该文件的开始,将多通道设备按处理能力分为简单(thin)、中间(medium)和复杂(thick, fat)三类,手机、语言识别器或最新的 PDA 分别是各自的例子。对于每个例子,文件都用摘要、详述、角色、假设、用户视图分析及设备等来描述。对于摘要,文件用一个表来叙述,它包括描述(description)、设备类型(device classification)、设备描述(device details)及执行模型(execution model)四部分组成(见下面摘要表)。而对用户视图的分析,则采用 user-action-event 模型的事件表方法给出。事件表通常分为五项(见下面事件表)：用户动作(user action),设备上动作(action on device)、设备送出的事件(events sent from device)、服务方的动作(action on server)及服务方送出的事件(events sent from server)。

由于篇幅有限,这里只给出第三个例子(读姓名拨打电话)的摘要表及其中的一个事件。

摘要表

描述	设备类型	设备描述	执行模型
用户读姓名拨打电话	简单或复杂设备	电话	本例子适应下列几种可能：应用可能运行的设备或者服务器上设备；是否支持有限语言的识别。这些选择决定了事件的不同类型：是需要设备、还是基于网络的服务

事件表之一(全部识别通过网络实现的情况)

用户动作	设备上动作	设备送出的事件	服务方的动作	服务方送出的事件
打开设备	通过网络在用户表上注册	注册用户名(userID)	根据注册信息,更新用户的现状和位置信息(包括密友表、人员目录及公共目录)等	注册成功
按键准备呼叫	显示提示：请说姓名	将识别(userID)置初值	激活人员目录及公共目录	识别初始化成功
读姓名	送出语音,通过网络来识别	送出(userID, 语音)	首先在人员目录中识别;如不符,再在公共目录中识别	识别成功或失败

一旦识别成功,系统将根据被呼者事先提供的规则,即双方的关系密切程度、当前的状态、位置、时间进行处理。系统可以自动转到被呼者的住宅、办公室的电话或手机。当被呼者忙碌(如开会)时,系统也可以请对方留言或回答“抱歉,我有事,请勿打扰”。该文件针对这个例子的不同情况给出了许多事件表,它由两人执笔,并经各大公司 20 人的参与写成。

8.2.3 用户界面标记语言(UIML)

UIML(User Interface Markup Language)是一种适应 XML 的语言。它将界面设计者和不同应用的特性隔离开来,以设备无关的方式描述用户界面。这种语言是为了适应当今因特网应用的需要而产生和发展起来的。UIML 产生于 1997 年,目前的 2.0 版本是 2000 年 1 月公布的(http://www.uiml.org/)。

1. 用传统方式开发网络应用界面的困难

随着计算设备的迅速发展,桌面计算机的用户将迅速转移到 palm PC、手持 PC 以及具有显示屏的蜂窝电话等因特网应用设备上。因此,用户界面技术已经超越了图形用户界面、键盘和鼠标等传统方式,带之以触摸屏、笔输入、语音输入等多通道方式。由于设备的多样性,使得开发用户界面的任务变得愈加重要和艰巨。

为 Web 和网络应用程序创建用户界面已经有很多方法。包括标记语言、用于移动无线设备的标志语言 WML(Wireless Markup Language), SpeechML, Voice Markup Language (VoxML) 和 Java 语音标志语言(JSML)以及我们熟悉的 Java, JavaScript, Visual Basic 和C++。

开发用户界面的设计者必须学会多个语言,进而,他们需要维护多种语言的源代码。例如,访问同一个医院的信息系统,如果通过 PC 机上的 Web 浏览器来访问需要用 HTML 语言,但通过蜂窝电话访问却需要用另外一种语言(如 WML)来实现一个完全不同的用户界面,界面部分的程序代码占到整个系统的一半以上,这样重复开发的工作量很大。

2. 与设备无关的 Web 界面语言的设计

实现与设备无关的用户界面,可以解决由于硬件平台不同带来的用户界面的复杂管理工作,同时降低其开发投资。下面介绍与设备无关的 Web 界面语言的设计要求及其在 UIML 中的实现:

(1) 用户界面和非界面代码的自然分离

UIML 是一种定义性语言,用于描述在界面中应该出现的内容。传统的编程语言和脚本语言都是过程性,它们说明某个操作是如何通过过程执行的。在界面代码和内部程序逻辑之间有一个清晰的界限:用户界面使用声明语言来描述,而内部逻辑通过一种过程语言来描述。UIML 描述各种事件时不依赖脚本语言。在 UIML 中描述的每个用户界面组件都可以和一组事件联系起来。在事件声明中,某个用户界面属性或者等于某个新值,或者在用户界面内激活某个操作(后端逻辑程序中的一个过程)。在 UIML 事件中设置新属性的能力使得用户界面设计者可以实现复杂的行为,许多一般性的事件不需任何过程代码来处理。

(2) 对非程序员的易用性

类似于 HTML,非程序员可以容易地使用 UIML。为了适应未来 UI 技术的发展,可以创建具有特定设备词汇的领域变量,这些变量可以映射为一般的 UIML。特定领域的 UIML 描述要比一般的 UIML 描述更高效,因为结构和风格信息是间接指定的。

(3) 有助于用户界面快速原型的建立

UIML 的下述特点有助于快速原型的建立:① 用户界面的外观可以通过对风格表单的简单修改来改变;② UIML 是一种声明性语言,语言的非过程性更高。

(4) 语言的扩展性

UIML 的两个方面有助于可扩展性:① UIML 标识符可以作为类的属性。UIML 的作者可以通过创建类属性的新值来为新设备扩展 UIML。使用风格表单将类的属性值映射为特定应用设备的特定生成。② UIML 用户界面元素产生的事件没有使用硬编码的方式,所有事件都用一个类属性来命名,这些事件可以通过风格表单建立属性与特定的界面技术的映射。

(5) 对一般特征的统一描述

为了对应于统一程序逻辑的相关类界面的创建,UIML 分别列举了组成用户界面的元素和用户界面结构,每个结构都可以用一类名字来命名。这类名字可以在一个风格表单中使用,或者在 UIML 成员中的共享界面描述部分中使用。

(6) 有助于国际化和本地化

UIML 将界面内容和界面描述分离,用户界面中使用的信息(用户看到文本)或者听到的内容等均未嵌入到界面描述中。相反,这些文本都是在 UIML 内容部分以 Unicode 的形式给出。对应于不同的语言,内容均有不同的名字(如语言名字);而且,风格表单元素可以用同一个名字来进行关键字标志。因此,合适的布局、颜色、声音反馈以及其他表现属性都可以根据某一种语言来具体设计。

(7) 允许通过网络或者 Web 浏览器高效下载用户界面

UIML 使用了较小的文件,这些文件比较容易快速下载而且容易缓存。

(8) 增强安全性

UIML 是一种声明性语言,不能用来编写过程性程序,与过程性语言相比较,是一种内在的安全措施。UIML 的安全性可以和没有脚本语言的 HTML 相比较。如同不能阻止 HTML 一样,防火墙无法阻止 UIML。由于 UIML 没有对输入或输入方法做限制,适合在非视觉设备上创建用户界面或者使用特定的输入机制,所以,UIML 对于某些残疾人同样适用。

3. UIML 语言结构

(1)总体结构

在 UIML2.0 版本中,用户界面由一组与用户交互的界面元素构成,这些元素可以根据用户和应用种类不同进行组织。每个用户界面元素包含与用户进行信息交换的数据(例如声音、图像)。界面元素可以使用界面组件(如滚动选择列表)从当前应用程序中接受来自用户的信息。由于不同应用程序之间的组件不同,界面元素和相关组件之间的实际映射是通过风格表单来实现的。

运行时人机交互使用事件实现。事件可以是局部的(在界面元素之间)或者全局的(在界面元素和应用程序内部逻辑之间)。界面和后端程序通过通信来执行特定工作,通信由一个运行引擎(runtime engine)提供,这个运行引擎有助于界面和后端之间的明显划分。

(2) 语言描述

UIML 对用户界面的描述有五个部分:描述(description)、结构(structure)、数据(data)、风格(style)和事件(event)。

UIML 中的界面描述逻辑结构如下面框架所示:

```
<? xml version = "1.0" standalone = "no"? >
<uiml version = "2.0">
<interface name = "Figure5" class = "MyApps">
<description>...</description>
<structure>...</structure>
<data>...</data>
<style>...</style>
<events>...</events>
</interface>
<logic>
</logic>
</uiml>
```

我们以下面的字处理程序的菜单(见下页图)为例,来说明 UIML 语言的结构。

① <description>部分列出了用户界面的各个元素。每个菜单项、工具条按钮、下拉列表等等都是界面元素。每个元素都有用户界面中的一个惟一名字,而且有特定的功能。对一个菜单的描述示例如下:

```
<description>
<element name = "Main" class = "Main"/>
<element name = "File" class = "ActionGroup"/>
<element name = "NewAction" class = "ActionItem"/>
<element name = "CloseAction" class = "ActionItem"/>
<element name = "QuitAction" class = "ActionItem"/>
</description>
```

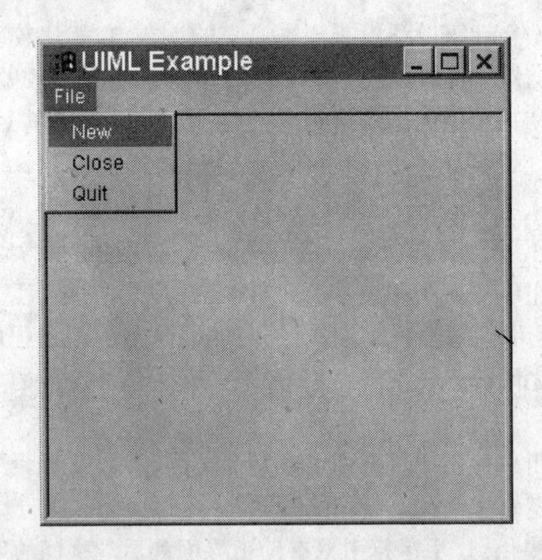

在描述部分没有说明每个元素应该如何生成或者它的功能如何实现。所有界面元素都能够和后端程序或其他元素进行通信。

② <structure>部分指定了对于具体应用程序的必要元素及元素的组织方式。通常情况下,结构部分列出了在描述部分出现的界面元素的子集,这是由于在某些特定设备上(如,手持设备)的应用不能支持原界面描述的所有功能。

```
<structure>
<element name="Main">
<element class="Bar">
<element name="File">
<element name="NewAction"/>
<element name="CloseAction"/>
<element class="Separator"/>
<element name="QuitAction"/>
</element>
</element>
</element>
</structure>
```

③ <data>部分包含与设备无关而与应用有关的数据。这一部分描述呈现给用户的所有信息。

```
<data>
<content name="Main">Example</content>
<content name="File">File</content>
<content name="NewAction">New</content>
<content name="CloseAction">Close</content>
<content name="QuitAction">Quit</content>
</data>
```

<data>部分中的每一行都有一个确定相应界面元素的名字属性。对应于每个界面元素的文本可以是任意一个有效的 XML 代码,允许使用多种语言字符和特殊的格式(如 HTML)。

④ <style>部分包含与设备无关的风格表单信息和数据。它的作用是使输入数据的来源(命令行、文本域或语音识别结果等)对后端程序没有影响。

```
<style>
<attribute class="Main" type="rendering" value="java.awt.Frame"/>
<attribute class="Main" type="size" value="100,80"/>
<attribute class="ActionItem" type="rendering"
value="java.awt.MenuItem"/>
<attribute class="Separator" type="rendering"
value="wrapper.MenuSeparator"/>
<attribute class="ActionGroup" type="rendering"
value="java.awt.Menu"/>
<attribute class="Bar" type="rendering"
value="java.awt.MenuBar"/>
</style>
```

在<style>部分中的每一行描述了一组具有同样属性的界面元素,可以指定特定设备的各种风格属性(如颜色、字体),可以创建不同设备的风格表单。这样修改风格中的每一行都可以在界面中产生较大的变化。称为 rendering 的特定属性可以在界面中同一类属性的元素与本机 UI 工具包中的某个组件类之间建立映射。在上面的例子中,如果把菜单项变为按钮,只要简单地修改 rendering 的“ActionItem”。

⑤ <events>部分描述了运行时界面事件。事件用于在界面元素和终端之间进行通信,并允许元素之间彼此同步。事件与设备和应用均相关。为了避免为每个设备和应用的组合编写多个事件处理器,UIML 允许程序员用 generic 的项(item)编写处理描述,然后在运行时使用<style>将他们解释为设备相关事件。一个 generic 事件有一个触发器、一个或者多个来源元素名字、目标元素名字和动作。generic 可以由用户交互(比如,当用户输入一些文本)、应用程序(如后端开始显示数据)、当前系统(定时器超时或者发生异常)来触发。

```
<events>
<event name="SelectQuit" class="ActionSelect"
source="QuitAction" trigger="Select">
<action target="Main" method="exit"/>
</event>
</events>
```

<events>部分可以包含多个事件描述。每个事件都由一个名字来确定,这个名字在界面描述中是惟一的。事件和元素都在不同的名字域上,而且可以分享同一个名字。利用风格表单,类属性从目标设备中获得并解释事件。

4. 采用 UIML 开发网络应用用户界面的优点

(1) 设备独立性。它将界面设计者和不同应用的特性隔离开来,以设备无关的方式描述用户界面,这样,界面设计者学习一种语言,可以在多种设备上开发应用。

(2) 表达能力强。UIML 提供像 java 语言那样的表达能力,同时具有 HTML 语言诸多优点：UIML的应用程序易于下载，安全性高，简单易学。

(3) 支持多通道用户界面。

(4) UIML是一种类XML。UIML为XML用户提供了一种自然的方式创建客户机/服务器应用程序的用户界面，将用户界面嵌入到文档和数据库中。

(5) 易于开发新设备上的应用。通过建立UIML到新设备的映射，新型硬件设备的设计者可以通过简单的方法实现系统移植。

(6) UIML通过管理功能不同的一组用户界面，简化了设计不同版本用户界面的任务。

8.3 虚拟现实及网络用户界面

8.3.1 虚拟信息房间(Virtural Information Room, VIR)

虚拟现实、多媒体和诸如头盔式显示器、语音识别、手势识别等各种新型交互技术的发展，使人们更大程度上感觉到传统的WIMP界面的局限性。

传统的WIMP界面模型以“桌面”为隐喻，由于“桌面”是二维的，人们与之交互受到屏幕大小的制约，信息以一种“位图比特”(painted bits)的形式[Ishii 1997]呈现于一个个矩形窗口中。随着信息量的膨胀，信息的近乎“无限性”与计算机屏幕的“有限性”之间的矛盾越来越尖锐起来。尽管我们可通过“桌面”的层叠来表现信息，但这只会带来更严重的小屏幕效应，用户很容易迷失在浩瀚的信息海洋中，增加了用户的负担，系统的可用性大打折扣。

人与GUI交互的本质是与信息空间的交互，按[Negroponte 1995]的说法，我们生活在两个世界中，一个是“比特”(bits)世界，它对应于一个信息空间(cyberspace)；另一个是“原子”(atoms)世界，它对应于一个物理环境(physical environment)。传统的WIMP界面将信息空间与我们熟悉并生活其中的物理世界完全割裂开来，不能充分利用人体丰富多彩的感知和动作器官以及人们与日常物理世界打交道时所形成的自然交互技能。由于信息空间与物理空间的分离，人们在GUI的比特世界与现实生活的原子世界之间无法建立自然的联系，从而限制了交互时的各种通信通道的使用，交互手段显得单一落后。

显而易见，这种界面模型并不适合表现新一代的三维界面的虚拟现实世界。人们在与虚拟现实环境交互时存在两个极其重要的特性：沉浸感(immersion)和交互的丰富性(rich interaction)。沉浸感是指用户只感觉到一个模拟的、计算机生成的虚拟世界，它与一个三维空间打交道而根本没有二维显示器尺寸的概念。交互的丰富性主要来源于三个因素[Wloka 1995]：① 它不再使用不直接的交互方式，如菜单选取、命令行界面等，每个物体的界面都是该物体本身，操作变得十分方便。② 同时使用多种输入设备是轻松平常的事。③ 虚拟现实中的输入设备一般都有很大的自由度。受启发于虚拟现实中的交互自然性和目前在数据组织领域方面广为流行的“信息的空间化”趋势，我们从二维“桌面”隐喻走向三维“房间”隐喻，提出了支持多通道交互的新一代界面模型VIR (Virtual Information Room)。与WIMP界面相比较，VIR在下列几方面具有它无可比拟的优越性：

(1) “房间”与“桌面”的明显不同就在于增加了一维空间，多了这一维，便别有一番洞天。以三维空间取代二维屏幕，避免了Windows中窗口层叠的尴尬境地，自然而然地解决“小屏幕”效应。

(2) 可充分开发和利用三维空间中的各种隐喻。各种建筑学中的概念都可在其中觅得踪迹,而且可以借助各种建筑结构的不同含意,来表示信息数据之间的抽象关系。例如:我们可以用各种不同形式的嵌套空间的概念,来象征地理位置和内容相关程度各异的超链结构,用“门”来代表空间内容紧相关而且地理位置上也相邻的信息链接,用“走廊”来代表空间内容紧相关但地理位置上不相邻的信息链接……

(3) 通过一个虚拟的房间将信息空间和物理空间自然地联系起来,人们觉得自己仿佛正同一个熟悉的日常世界打交道。代表某物件的最合适的图标就是该物体自己,VIR 中所有元素都是“实物化”的,用户可以想当然地认为它们就像在现实世界中一样表现和动作。

(4) 极其自然的交互方式。用户可采用日常生活中最直接、最习惯的方式来操纵 VIR 中的物体,或触手即得,或语音遥控,可以充分发挥自身的感知和效应通道的协调作用。

(5) 得益于“无处不在的计算”(ubiquitous computing)[Weiser 1991]的预见。通过“比特”和“原子”的结合,将数字计算功能融合进物理世界,而得到一个增强功能的虚拟世界,并试图将计算机由桌面隐入背后而让用户感觉到屏幕式的界面不见了。这里“虚拟”的本质不能仅仅从字面上理解为物理世界的视觉映像,而应拓广为“计算机能为我们提供什么可能性”。VIR 就像一艘“载梦船”,可载着用户超越物体的物理存在驶入一个梦幻的虚拟世界,这一虚拟世界的深度与广度只受限于我们自己的想像力的发挥。我们可以赋予 VIR 中物体新的隐喻,普通房间中的门、窗、墙等都可在你的想像和驾驭下改头换面,它们变成为连接物理世界和虚拟世界的界面,何不把“门”看做是进入另一个 VIR 天地的通道,“窗”看做是通向 Internet 的入口,“地图”看做是连接 Internet 的超媒体的图形表示?

(6) 电视、电信与电脑一体化。在我们的 VIR 中也有虚拟的电视、电话等家用电器,但它们不像我们日常生活中那样各司其职,互不相干。相反,我们的虚拟电视、电话甚至电脑相互之间可以通信,共同完成一个任务。例如:电话可以与一个电脑记事本相连来完成电话的自动留言,通过计算机时钟来控制电视节目的定时录放,等等。

更为重要的是,VIR 并不是“海市蜃楼”,在当前计算机软件技术的支持下,它是完全可能实现的。VIR 中的物体在功能上与我们平常在面向对象技术中所讲的应用对象(application objects)基本相同(可能内容更丰富),消除了由桌面隐喻而带来的人为的应用与界面的分离。我们在实现应用对象时积累的编程经验、技巧和工具完全可以移植到 VIR 中物体的实现。

VIR 也有广阔的应用背景,根据不同的应用,它可呈现为不同的空间表现。例如:在办公室自动化中,VIR 可实现为一个虚拟的办公室。对于这个虚拟办公室的应用方式我们可以有两种选择:一种是把它作为一个遥控操作的界面。通过物理的电话线以及全球网络的互联,你可以在虚拟办公室(存在于你的笔记本电脑)中完成日常的办公业务;另一种则更为大胆,也许我们根本没必要有一个物理的办公室,办公室就在你的 VIR 计算机中,人们共享一个虚拟的世界,这是一种更高意义上的资源共享。当然,目前这只是一个设想,要实现它还有一条漫长的道路要走。

与上述把人机界面从“二维桌面”扩展到“三维房间”的想法不谋而合,MIT 提出并实现了智能房间的思想[Torrance 1995]。不同的是他们不是将用户带入计算机所构造的虚拟房间,而是将计算机嵌入到人们日常生活的真实世界中。他们在普通房间中安装了一些能感知用户的手势、语音的装置,将普通的家具扩展成了有智能的房间件(roomware),实现与用户的交互。目前,用户可以通过语音和手势来控制系统访问因特网和视频库。类似的工作还有 GMD IP-

SI 的 i _ Land 项目(http://www.darmstadt.gmd.de/ambiente/i-land.html)等。

8.3.2 自然交互和虚拟现实

当前主流的 GUI/WIMP 界面正遭受不断的批评，而新的交互技术尚不成熟，还不能得到普及，因此人们更热衷于争论未来的人机界面"可能是"什么样子，而且莫衷一是。我们从人机工程学这个大的背景出发，遵循人机工程学的基本观点，在以人为中心的前提下强调人机配合。

首先，人机工程学出现之前，人类是如何对待工具的？不管某个具体的工具设计者在某个具体时期如何理解人与工具的关系，在人类劳动尤其是制造和使用工具的历史长河中，人类始终是在努力不懈地改造自然并使之驯服于人类。工具的制造和完善都是在服从于这种目的的前提下进行的。即使就使用特定工具是否需要经过训练以及训练的程度而言，也不能一概而论。的确，人的技能有简单与复杂之分，吃饭与打字就有不同的复杂程度。也许人人均能学会打字，但未必人人均能驾驶航天飞机，因为对于高速运动的控制能力，人类本来就极其有限。毕竟心理学一直承认人的个体差异。现在较普遍的看法是"自然交互指利用人的日常技能"的交互，强调无需特别训练，甚至根本不需要训练。究竟什么是"日常技能"？日常技能是否都是不经训练或者稍作训练即可获得？语言特别是书面语言是必须经过训练的，音乐、绘画、生产工艺莫不如此。我们认为人从日常环境走向计算环境时，他原本具有的技能便是所谓的"日常技能"。可见这是相对的概念，它并未包含是否需要训练的问题。所以我们不能以是否需要训练来衡量人机交互技术的好坏。人机工程学并不否定训练，避免训练或减少训练是人们的愿望，但这不应由主观而定，应由人机交互任务的目的、特点、场合来决定。

人机工程学对传统人机关系的研究已获得许多成熟的结论，同时在生产实践中获得了成功的应用。人机工程学普遍承认以人为中心的人机配合原则，而不是强调极端的"人中心"论，在"高效、安全、健康、舒适"四项指标不能统一的情况下，必须抓住主要矛盾。

人机交互技术和用户界面发展的历史事实也反映了人们认识的过程。从没有对话到终端对话，无疑是前进了一大步，也许对于早期的"纯粹"的计算问题，命令语言及程序语言界面是足够的。只是到了计算机广泛应用于 CAD/CAM、字处理、办公自动化、MIS 等领域，需要大量处理几何的、空间的以及非数值、非符号的信息时，形式语言界面的复杂性、抽象性、对记忆负荷要求等限制了计算机应用的深入和普及，随之直接操纵式用户界面便应运而生并受到广泛欢迎。但可以相信，形式语言不会消失，尽管也不强迫所有的计算机用户接受它。这正如数学语言不会被其他形式的(如图形的、手势的)语言所取代，虽然心理学家在数学教育中大量采用非数学符号的教学手段。

目前，直接操纵界面非但没有彻底取代形式语言，而且其自身也表现出许多局限性。对话式交互方式又开始受到重视，只是对话语言不再单纯是形式语言，同时更希望支持自然语言，所谓第四代语言就是如此。基于形式语言的和自然语言的或类自然语言的用户界面本质上都是命令驱动的，其基本模式正与直接操纵的用户界面相对应。这两种人机交互模式在人类的日常生活中有其对应形式，分别对应于语言的和非语言的，后者是泛指的形体语言，包括姿势、情态、触摸、近体、标志等。语言是后天的，有口头语言和书面语言两种，书面语言更是需要专门的教育和训练才能掌握。

因此，自然人机交互界面将是以直接操纵为主的，与命令语言特别是自然语言共存的界面。大多数交互任务直观、简单,适合用直接操纵形式完成。对另一类复杂而抽象的任务,则需要命令语言的帮助。毕竟从事高级脑力劳动者只占劳动者总数的少数,如果让我们自由选择文字输入方法,我们希望先是口述,稍后用笔写,偶尔用拼音输入。实际上这一思想在许多交互系统中都已有所体现。以前面所述的 MIT 的智能房间系统为例,房间中的摄像机能对用户进行跟踪,捕获其手势;房间中的话筒,则能获得用户的语音命令;通过计算机视觉、语音识别、自然语言理解等技术手段实现对用户的感知和理解,达到自然交互的目的。

Stanford 大学在 Responsive Workbench 的基础上研制成的两用户的 Responsive Workbench[Agrawala 1997]可以让两个用户直接操纵投影到桌面上的物体。并可以通过摄像机跟踪使用者头部及手的位置,实时地针对两用户的不同视点生成各自的立体图形,为用户能在虚拟环境中像现实环境中一样自然的交互奠定了基础。同时,他们又将 Responsive Workbench 和他们的信息墙一起扩展为一个交互空间(interactive space)。此系统可供 4~8 人围坐在 Responsive Workbench 周围,他们可以互相讨论,也可直接操纵显示于桌面的信息。信息墙和 Responsive Workbench 都支持二维和三维可视化图形的精细显示。两者可以相互配合,针对不同的应用显示相应的信息。同时房间中还包括无线网络连接的 PDA 和膝上电脑以便允许用户以各种方式操纵显示的信息,并能将信息从个人设备快速传到集体的工作空间中。这一系统为用户提供了一个直接操纵的多用户协同工作的自然交互环境。IBM 公司于 1997 年 11 月在美国拉斯维加斯的 Comdex′97 上展示的可视化空间 VizSpace [Lucente 1998]系统中,也实现了用户仅通过手势和语音命令而不借助任何其他指点设备对显示墙上的虚拟物体进行操纵和浏览的交互方式。

在这些系统中,无论是用户一个人独自操作还是多人协同工作,用户都可以通过手势直接操纵,也可通过语音对系统发出一些命令。虽然,这些系统都处于研究阶段,离我们希望的自然交互方式还较远,但它们毕竟为这一目标奠定了基础。在这一方面要继续发展,达到自然交互的目的,可能还需在以下几个方面继续努力。

(1) 输入设备:一方面,在某些应用中,自然交互的输入设备希望是对用户无障碍的。用户不必手持或佩带任何设备,系统可以主动地对用户进行跟踪,捕获其手势(无论是一手操纵还是双手操纵)、语音。将来还有可能进一步实现对眼动、表情以及用户的其他生理特征如瞳孔直径、皮肤反应甚至脑电图进行感知。另一方面,某些应用情况下,为了保持与真实世界中的直接操纵有相同的感受,可能需要为用户提供虚拟工具,作为输入设备的隐喻,以便增加与系统交互的自然性。另外,交互中还应将对用户的约束降到最少,如交互中对语音命令的词汇量的约束,手势种类的约束等。总之,应能让用户自由自在地使用他在日常生活中已掌握的自然技能与系统进行交互,以便用户能将全部精力集中于所要完成的任务本身,而不是交互设备的选择和复杂的使用方法的学习。

(2) 输出设备:大型的高分辨率的显示设备(如 Stanford 的信息墙和 Responsive Workbench, MIT Media Lab 的 Datawall 等)将得到广泛应用。立体显示技术、可触摸的三维显示、三维真实感声音、连续的自然语音合成输出设备、力和触摸反馈装置、气味输出等将展露头脚,三维真实感图形生成技术将得到进一步发展。

(3) 交互软件的智能化:要想使得人机交互能自然地进行,关键还需要计算机提高智能,实现对人的交互意图的理解,完成人要求它完成的工作,这主要包括以下几方面:

① 对输入的理解和整合:众多的输入设备、输入方式的出现向计算机的“接受能力”提出

了挑战。一方面,计算机要对各种输入设备提供的不同格式、不同意义的数据进行处理。如:采用图像处理技术对用户的位置、手势进行跟踪和识别,采用语音识别,自然语言理解技术对用户命令的解释等,这些技术本身都需要进一步完善和发展;另一方面,系统要根据上下文环境将各个输入设备的输入整合起来,以便准确地了解用户的交互意图。如:交互中某种手势可能在不同的上下文环境中代表不同的含意。因此,对于整合算法还需要进一步地研究。

② 任务处理的智能化:我们之所以要发明计算机,主要并不是想让它成为一个能与我们交谈的自然人,而是要将其作为一种工具为我们服务。因此我们希望它能做的事情尽可能的多,希望我们吩咐它做的事情不仅仅是像“打开文件”这样仅通过几次鼠标点击就能完成的简单工作,而是更复杂、需要经过一系列操作才能完成的工作。例如:“统计一下本公司在亚洲各子公司今年的销售额”,“上网找找某产品的最新行情”等,这需要计算机明白用户提出的要求后,能自动地对完成此任务所需的一系列操作做出规划,如:到哪儿去找数据,数据格式如何转换,统计方法的使用,等等。比如:华盛顿大学的 SoftBot 系统(http://www.cs.washington.edu/softbot/),作为 UNIX 系统上的一个面向目标的命令规划系统,它能将用户以自然语言输入的复杂的系统操作要求自动规划为一系列的 UNIX 系统命令并执行。

③ 输出表示形式的自动生成和优化:迅速、准确、美观、生动的系统反馈是一个自然交互界面不可缺少的一个方面。多媒体的输出形式当然是很重要的,但还不够。系统还应能根据用户的特点(如年龄、喜好、健康状况等),所要输出的内容的类型、环境、系统本身的配置(如屏幕大小等)等选择适当的媒体和表现形式,自动生成相应的输出。如:是用自然语言朗读,还是用图像、音乐,还是用表格等,都需要计算机根据实际情况能自动选择和生成输出界面。[Han 1997]的 Magpie 便是一个多通道表示的自动规划系统。[Maybury 1993]也对多通道-多媒体表现形式的自动生成有详细的论述。

④ 知识的表示和推理:以上三个方面都要求系统具有相应的知识。如:多输入整合时上下文环境的知识,对交互任务的自动规划所需的领域知识,将输出内容转换为适宜的媒体表现形式时的媒体选择规则、转换规则、与媒体相关的知识等。研究这些知识的表示形式,并利用其进行推理以实现我们希望系统所表现的自然交互性,也将成为一个不可忽视的方面。如:[Jacob 1998]为与媒体无关的知识的表示提供了一种方案。

(4) 软件结构:自然交互涉及对多通道、多用户、多媒体的感知和管理,因此其软件结构很复杂,探索其软件结构已成为多通道研究的一个重要方向。近几年兴起的多 Agent 结构可能是一种很有希望的方法。国内提出的 MAMS(Multi-agent Architecture with Multimodal Support)模型、欧洲 Amodeus 计划提出的 PAC-Amodeus、SRI 提出的 OAA 结构[Cohen 1994]都在此方面做出了有益的尝试。另外,人机交互的软件开发工具,对 UIMS 的进一步扩展也可能是一个方向。

(5) 虚拟现实的交互方式:虚拟现实技术是人机交互面临的一个重大挑战和研究目标,上面各种技术的集成、完善和发展将使虚拟现实系统得以实用。那时,虚拟旅游、虚拟课堂、虚拟购物等等均可成为现实。Mark Weiser 在他的著名论文[Weiser 1991]中曾对虚拟现实和嵌入式的无所不在计算,即该文中所称的“具体化的想像”(embodied virtuality),用两个图示做了对比,前者通过计算机可看到各式各样的虚拟世界,后者则将各式各样计算装置嵌入到世界万物中。前者可能是大型分布式计算机应用系统,后者可能是联网的微型计算设备。以虚拟现实为代表的计算机系统拟人化和以掌上电脑、智能手机为代表的计算机微型化、随身化和嵌入化,是当前计算机的两个重要的发展趋势。大型虚拟环境和科学可视化系统,均需构造三维交互环境,但目前的手段还是头盔加手套,十分不便。而当多人协同或远距离操作时,还有更多问题需解决。有实用前景的增强现实(Augmented Reality, AR)技术也有许多问题(如被动观察、简单浏览、同步配合等)要解决[Poupyrev 2002]。虚拟现实和可视化从三维交互设备、自然交互、上下文感知等方面,同样提出了大量新的人机交互课题。

(6) 最后,也是最重要的一点,是对人机交互规律的进一步探索。这一工作将为以上各方面的工作提供理论基础,具有积极的指导意义。

8.3.3 网络用户界面

1. 网络用户界面(NUI)的兴起

目前,随着计算机网络尤其是因特网的迅猛发展,一种以网络为中心的用户界面已出现在许多PC机及网络计算机(NC)的屏幕上。Apple, IBM, Lotus, Microsoft, Netscape, Oracle, Sun等公司纷纷推出相应的产品。为了统一起见,"BYTE"杂志[Halfhill 1997]推荐了一个新名称,叫做"网络用户界面(NUI)",这被称为"1984年以来GUI(图形用户界面)的又一革命"。

NUI的兴起无疑是由于计算机网络的出现和发展,尤其是近些年,计算机网络几乎无处不在。据Business Research Group调查,在大中型企业中,94%的桌面PC已经联网,Modem也已成为家用和笔记本电脑中的标准部件。因此,几乎所有的人都能上网。另外,当前的GUI界面本身也有一定的缺陷。GUI的设计者本来是要用文件系统和操作系统的图形视图来取代命令行界面,其目标是为了便于管理容量为数兆位的本地资源。然而,今天的用户所面对的是全球范围的容量为数T($1T=10^{12}$位)的虚拟文件系统。在网络已经普及的今天,理所当然地应把以网络为中心的功能追加到以桌面为中心的GUI中。除此以外,NUI之所以成为必需,还有以下几个原因:

(1) 可执行的内容:现在的软件已经不仅仅是在本机平台或本地执行,从几千公里之外的服务器立刻就可以把应用传送过来。而"应用"既可以是股市行情的"实况转播",又可以是通过Web服务器自动更新的"新闻发布"。

(2) 重用代码:没有必要让程序员再去重复开发已有的应用软件,NUI应提供通向已有的应用软件和数据库的"网关",它一般是仿真已有终端的Java Applet。

(3) 新用户的原因:多数新用户只是集中地使用一些基本功能,不需要功能很完善的图形用户界面。

(4) 对GUI的重新审视:软件技术人员要对已有的假定重新反思,开拓自己的思路。在NUI中,要摒弃那些容易给非专业用户带来麻烦的功能,如"双击"图标和重叠窗口、分层菜单、工具条中难以理解的"按钮"等。

(5) 远程访问:NUI使远距离复制、移动用户间的电子邮件以及与企业网的连接等操作变得非常容易。由于NUI将本地的状态存储在服务器上,所以很容易实现用户间计算机的共享。用户无论从什么地方登录,都可以访问私人工作空间。

目前,众多的用于NC的NUI正在开发之中。Oracle的NC Desktop运行在符合该公司标准平台的NC上,IBM有基于Power PC、用于网络工作站的NUI,Sun的HotJava Views由于是用Java编写的,所以可运行在具有基于SPARC的JavaStation和Java VM的任何机器上,Netscape的Constellation也可以在多个平台上运行。

在多数开发者为 NC 设计 NUI 的同时,PC 也一样被卷入了 NUI 这一浪潮。Microsoft 把类似于浏览器的文件导航功能添加到 Windows 98 和 Windows NT 中,将 IE4.0 深深嵌入到 Windows 内部,实施"Web PC"新战略,把 Web 和桌面统一起来。IBM 已经将 Java 虚拟机等网络核心功能添加到 OS/2Warp4 中,且正在开发代号为"Bluebird"的 NUI。Apple 把 personal Web publishing 功能和快速 Internet 访问嵌入到 MacOS8 和 Rhapsody 中。Netscape 的 Constellation 也成为覆盖在 PC 现行 GUI 上的 NUI。

其他一些公司也挤入这一市场,如:SCO 将 Tarantella Applet 包括在称之为 Webtop 的简洁 NUI 中。Lotus 用 Java 来编写 NUI Kona Desktop(不是最后的产品名)。Ulysses Telemedia 正在开发将 Windows95 和 Motif 等 GUI 的外观和动作混合起来的基于 Java 的 NUI。Ulysses 的 VCOS 使有 PC 经验的人看起来很习惯,而他们背地里却"悄悄"地把桌面做了一些微妙的变动。Triteal 的 SoftNC 可用控制面板从 Windows95, UNIX/Motif, UNIXCDE(Common Desktop Environment)三种风格的桌面中进行选择,这是由于 SoftNC 具有能使整个桌面立刻改变的独特装置。

所有的 NUI 都有一个共同点,就是可以把网络资源看做本地资源。它能提供统一的浏览器风格的接口,既能导航本地文件,又能导航远程文件。即使没有 Web 浏览器,它也能在桌面上显示 Java Applet 和其他动态的 Web 内容。当然,不能回避带宽带来的物理上的差异。通常,访问远程 Web 服务器要比访问内置硬盘费时间。但是,NUI 可以进一步缩小这一距离。NUI 实现这一目标的方法之一是提供所有的资源及其图形视图,另一个方法是把联网操作集成到通常的桌面操作中。

同时,NUI 还可以使用"Push"和"Pull"技术自动动态更新内容,从而使本机平台和异种平台间、本地应用和远程应用间的区别日渐模糊。

另外,无论是对 NC 还是通常的 PC 机,NUI 都能提供将客户端的本地状态存储或镜像到服务器上的功能选择。对于客户机来说,通过把客户端那些复杂的应用转移到专门进行管理的服务器上,可以大大减少管理的费用。这就使用户能通过连到网络上的所有计算机自由地远程访问某些应用。

此外,NUI 还要逐渐吸收为使用网络所必须的各种客户端程序,如 Web 浏览器、客户端 FTP、电子邮件、HTML 编辑器、电子商务等。

2. 智能网络界面

将来的 NUI 除了有上述特点外还应该具有高度的智能,不妨称其为智能网络界面 INUI,这一点对因特网用户尤为重要。因为因特网上浩如烟海的信息可谓是一个知识宝库,但是要从中找到真正所需的信息又犹如大海捞针。虽然有搜索引擎的帮助,但是让用户逐一点击并阅读引擎返回的数百、数千甚至数万条搜索结果仍是一个费时、费神的劳动。因此网上用户迫切需要具有高度智能的 NUI 的出现。那时 INUI 不仅能对收到的 E-mail 和"推"进来的信息按内容进行过滤并按用户习惯存入特定的文件夹或转发给相关人员,更重要的是,它能使用那时的自然语言理解等智能技术,采用基于内容的搜索方法上网去自动搜寻用户感兴趣的信息,并能对搜索到的结果进行筛选、组织、总结等再加工,之后按用户习惯或要求生成一份定制的报告或电子报刊,或者为用户的进一步阅读提供参考意见,甚至也可进一步辅助用户的决策。

美国研究人机交互多年的 MITRE 公司准备为 ARPA 开发的智能 Mosaic 系统便是这样的一个原型。它集成了全文理解和文档可视化功能,其信息检索结果可以很符合用户的要求,并能通过可视化工具根据用户的特点(如年龄、偏爱的语言等)采用适当的方式(颜色、尺寸、图、表等)表现出来。

虽然,目前的INUI还不能达到令人非常满意的程度,但是其前景对网络用户来说还是非常诱人的。

3. 基于因特网的多通道用户界面研究

近两年来Internet异军突起,成为信息产业中万众瞩目的焦点。自然也受到了多通道用户界面的研究人员的关注。国外已有一些研究机构开始从事因特网上的多通道用户界面的研究。目前,这方面的研究主要是利用因特网的分布式计算模式为其上的信息检索提供多通道用户界面。具体地说就是:采用客户/服务器结构。客户端接受来自用户的语音、手势、笔输入等,对其进行一些预处理后将待识别的特征信息传送到远程的服务器端。由服务器端对其进行运算密集型的识别工作,并对多通道进行整合,获得用户交互意图。然后,按用户要求进行信息的检索或查询,并将结果通过网络传回客户端。

如:OGI(Oregon Graduate Institute)学校的CSLU(Center for Spoken Language Understanding)中心的SLAM(Spoken Language Access to Multimedia)项目是WWW上的第一个语音界面。它是对WWW浏览器的语音扩展,利用语音和鼠标直接指点这两种互补通道来该改善互联网上的庞大信息存取的界面。为了使语言系统为广大用户所使用,可通过网络进行远程语音识别。

MIT的GALAXY系统也是一个在线信息的语音界面。在GALAXY的客户-服务器结构中,许多领域服务器为一些客户提供信息。这些领域服务器封装了特定领域的专家知识,能够处理一定类型的询问。客户程序为用户提供多通道界面,它能捕获来自用户的语音,键盘输入和指点事件,并以图形、文本和合成语音的多通道形式将服务器的反应反馈给用户,客户和服务器之间通过一种领域无关的通信协议进行交互。GALAXY的服务器允许用户存取航班时刻表、电话黄页查号簿、都市地图和天气预报的真实数据库。现在的版本由三个领域服务器构成:城市导游、航班订票和天气服务。GALAXY是语音技术走出实验室迈出的重要的一步。

CMU的ISL(Interactive System Laboratories)利用Java Applet为前端程序捕获用户的语音、手势和手写输入,与服务器端配合实现了通信录的查询(Voice Pen Directory Assistant System)和辅助医疗诊断(QuickDoc系统)等多通道应用[Jing 1997]。

8.4 无所不在的计算

无所不在的计算(Ubiquitous Computing, Ubicomp)是由Xerox PARC首席科学家Mark Weiser1988年提出的。他认为[Weiser 1991]从长远看计算机会消失,这种消失并不是技术发展的直接后果,而是人类心理的作用,因为计算变得无所不在。当人类对某些事物掌握得足够好的时候,这些事物就会和我们生活密不可分,我们就会慢慢不觉得它的存在。就像现在的纸和笔无所不在一样,将来计算机会看不见,而计算会无所不在,不可见的人机交互也会无所不在的。就像我们时刻呼吸着的氧气一样,我们看不见却可以体验到。也有人把无所不在说成五个“any”: access Any body , Any thing, Any-where, at Any time, via Any device。无所不在的计算强调把计算机嵌入到环境或日常工具中去,而将人们的注意中心集中在任务本身。

实践表明,无所不在的计算是一项长期研究目标,它涉及众多领域(硬件、软件、网络、心理学、社会学等),而其核心是自然的人机交互。要适应任何一个"any",都将有大量的工作要做。例如"任何设备"就需要解决微型化、数据交换、互操作性和平台问题等;"任何人"就需要解决各类自然语言理解和翻译等问题。第三节中论述的内容,各类自然感知技术,不同设备、网络、平台的的无缝连接和可扩展性,感知上下文技术(包括情感交互)等,均是无所不在计算的关键技术。

8.4.1 Ubicomp:第三代计算浪潮

自从计算机产生到现在,一共经历了三代计算浪潮。第一代浪潮是大型计算机的出现和广泛使用,在时间上大致是从20世纪40年代到70年代。在这个时期,计算机主要是作为科学计算的工具,其重要的特点在于多人共同使用同一台计算机进行计算。从人机交互的角度看,这个时期的人机交互方式处于命令行的阶段。

第二代浪潮是从20世纪七八十年代开始,并延续至今的个人计算时代,以个人电脑(PC)的广泛使用为主要的标志。在这个时期,计算机已经从专门的科学计算工具演化成了人们日常生活和工作中最为常见的辅助性工具之一,计算机的使用范围空前的扩大,其使用者也从专家和管理人员扩大到了数以亿计的普通用户。需要特别强调的是,在第二代计算浪潮中,以微软公司Windows操作系统为代表的图形用户界面的出现,大大地提高了计算机界面对于普通用户的易学性和易用性,从而有力地推动了计算机的普及。由于基于WIMP界面的计算机在这个时期居于主导地位,因此第二代计算浪潮也被称为桌面计算时代。

第三代计算浪潮就是我们这里着重讨论的无处不在的计算(Ubiquitous Computing, Ubicomp)。这个浪潮处于刚刚兴起的阶段,它是由美国著名的计算机和人机交互专家Mark Weiser于20世纪80年代末、90年代初提出的,并被国际计算机学界所普遍接受和承认。Mark Weiser认为,在Ubicomp的计算模式下,传统的用户界面将消失,取而代之的是计算嵌入在人们日常生活每一个对象中,它将在任何时间(anytime)、任何地点(anywhere)为任何用户(anyone)提供所需的计算服务,Mark Weiser本人也因此被称为"无处不在计算之父"。在Ubicomp的时代,交互技术和交互过程本身都将融入我们日常生活,人们与计算机打交道通常是在不经意间完成的,而不是为了计算而计算,Mark Weiser称这种技术为平静的技术(calm technology)。他在当时就指出Ubicomp的关键技术应包括:便宜、低功耗的计算设备,高带宽、低成本的无线网络,能适应动态变化、微内核的软件系统等。

8.4.2 Ubicomp中的关键技术

Ubicomp作为一个完整的计算模式,不仅涉及到人机交互的相关理论和技术,还涉及到其他软、硬件领域,包括计算机科学之外的学科,例如心理学、工效学等。其中与计算机有关的方面可以概括为以下几个方面:

(1) 嵌入式技术。计算机要深入人们的生活,就必须解决如何嵌入的问题,嵌入式技术是计算小型化的基础,也是Ubicomp发展的基础。

(2) 移动计算技术。在Ubicomp的时代,很多计算都是在移动的环境中进行的,如何提高移动计算设备的性能,提高网络覆盖率、带宽以及安全性,如何尽量地克服设备过小的物理尺寸给交互带来的不利影响,是一个十分重要的问题。

(3) 智能交互技术。如前所述,在Ubicomp的时代,用户不是为了计算而计算,计算应该在适当的时候为用户提供辅助性的服务,以帮助其完成当前关注的任务。这就需要计算机"主动地”判断何时应该向用户提供何种服务,这种判断应该保证:既不能在用户需要计算辅助的时候没有提供服务,也不能在用户不需要计算的时候提供多余的服务。

(4) 计算机视觉和模式识别技术。计算机要捕捉用户的意图,用户要用最自然的手段与计算机进行交互,这就需要计算机能够“看见”用户的举动,而这正是计算机视觉的研究范畴。

(5) 分布式计算。无所不在的计算中,很多计算都是在基于分布式体系结构的多个计算工具之间协同完成的,这些计算工具甚至可能是不同种类的,这有赖于分布式技术的研究与发展。

(6) 以用户为中心的设计。以用户为中心的设计(User Centered Design, UCD)保证了计算机系统应该尽量地满足和迁就人的日常习惯,而不是让用户去适应计算机,这正是 Ubicomp 的主要特点之一。

8.4.3 Ubicomp 的研究进展和主要应用

Ubicomp 是一个长远的发展目标,在现阶段以及今后一个相当长的时期内,处于主导地位的仍将是图形用户界面。在目前阶段,Ubicomp 的研究主要集中在如下的几个方面。

(1) 手持移动计算和可穿戴计算。

(2) 高带宽的无线网络通信。

(3) 上下文发觉和感知,包括定位技术等。

(4) 各种网络和设备的无缝连接和无缝转移。

(5) 多通道用户界面(MMI)和自然用户界面(NUI)。

(6) 软件开发平台,包括移动智能体技术等。

(7) 支持多用户、多平台的系统集成技术。

(8) 社会问题,如安全性、隐私保护、可扩展性等。

从目前的情况看,Ubicomp 的主要应用集中在军事、商务、教育、旅游旅行、日常起居、公众服务等方面。国外已开展了大量的研究工作,如 MIT 的 Oxygen 项目(http://oxygen.lcs.mit.edu/), CMU 的 Aura[Garlan 2002],等等。下面简单介绍若干研究项目及其研究成果。

1. 导游导航

美国 CMU 和德国 Karlsruhe 大学联合研制开发的 LingWear 导游信息系统是一个可穿戴计算环境下的成功尝试。它为旅行中的用户提供各种查询导游服务,使用户在身处外国城市时,可以找到道路、景点、住宿等相关信息,并且能够通过语言的机器翻译功能消除语言的差异为游客带来的不便,从而为处于外语环境下的游客、参观者、军事人员等提供协助。该项目涉及语音处理和多通道两方面的技术,包括语言翻译、道路导引以及通过声音、手写、手势和图像处理等方式进行信息的存取。

我们已经介绍过,北京大学人机交互研究室开发的 TGH 导游系统是一个在手持移动计算环境下运行的系统。它可以通过自身携带的 GPS 接收器感知用户当前的位置,判断其所处的景区、景点,并且通过其多通道用户界面使用户可以采用语音与系统进行交互。

2. 数字桌面和智能房间

1993 年,Xerox 完成了一个称为数字桌面(digital desktop)的项目,其示意图如图 8.9 所示。数字桌面由一数字化板和笔组成,上面有一摄像机和投影仪来获取用户的动作或放映桌面的文件资料。当用户用笔对投影仪显示的文件资料内容在数字桌面上进行操作时(例如,做删除、增加的编辑工作),通过摄像机记录笔的动作和轨迹的图像,经过计算机的图像处理,得到结果再返回给投影仪输出。这是一个数字化的虚拟桌面,是一个由"消失的计算机"控制的无形界面。

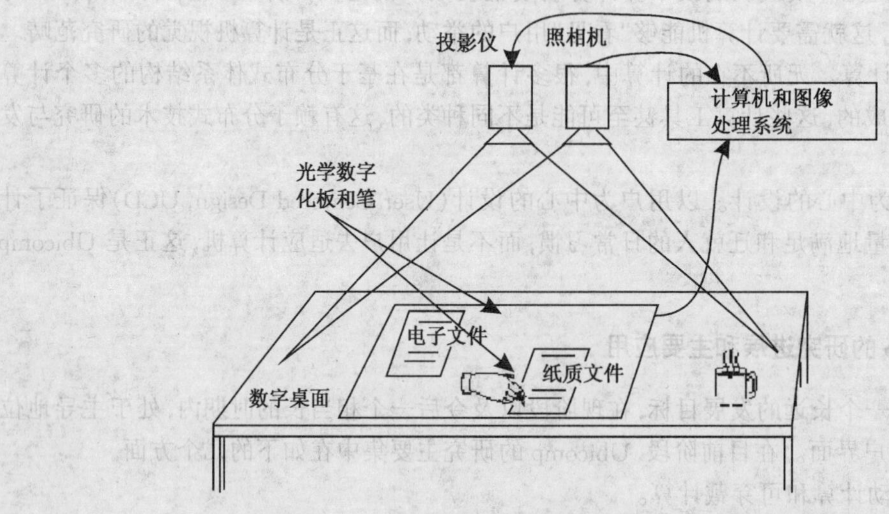

图 8.9 数字桌面

MIT 的智能房间是另一个 Ubicomp 的例子。和上面的例子类似,由许多摄像机来获取智能房间内用户的意图,由语音识别装置来分析用户说话的内容,而投影仪等则显示用户的工作内容,如墙上的地图等。如图 8.10 所示,当用户指点投影仪显示的欧洲地图上某处时,并问"这是什么国家?"。系统通过摄像机的图像,并经分析后,用语音合成装置告诉用户"这是德国"。当用户再问"什么是德国的工业情况",系统会根据所存储的资料,显示德国工业的数据列表。

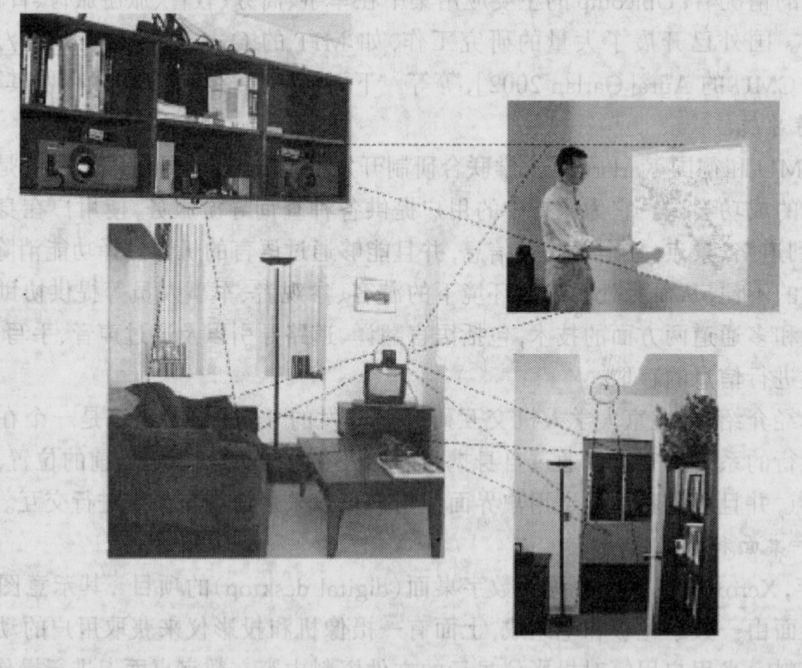

图 8.10 智能房间

人们在智能房间里，看不到计算机的存在，但"不可见"的计算一直在感知用户的各种活动和提问。

3. *移动教育*

教育的普及化和终身化已经成为了不可阻挡的趋势，如何在传统课堂以外采用有效的模式开展教育是一个十分有意义的课题。美国伯克利加州大学和 Palm 公司于 2000 年联合启动了一个通过手持移动计算设备进行教育的项目，通过开发专门的基于手持设备的教育软件，使学生能够随时随地地获取教育资源，进行学习交流，或者协同完成某些教学任务。

北京大学人机交互研究室和北京大学现代教育中心合作，在 2001 年也进行了这方面的初步的尝试，其示意图如图 8.11 所示。我们采用 GSM 数字通信网为媒介，以目前普遍使用的短信息服务(SMS)为载体，使学生可以通过自己的手记进行交流、查询、发布消息等操作。在系统中，服务器端设有专门的短信收发端口，服务器接受用户的短信息，提取和分析其中的内容，并根据内容提供相应的服务。例如：某学生通过短信息提出了一个学习中的问题，则服务器会首先查找数据库中是否存在已经被解答过的类似问题，若有则直接返回答案，否则将问题在合适的时间发送给解答人；又如：教师可以通过系统向自己的所有学生发布某些教学通知，等等。

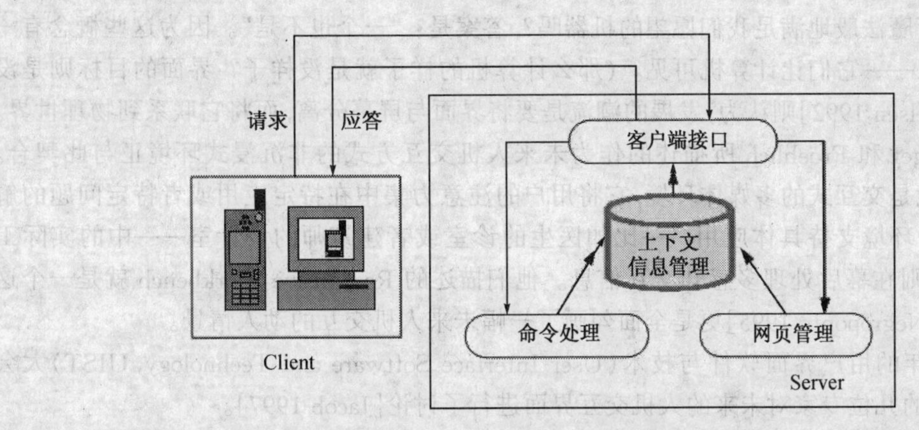

图 8.11　移动教育系统示意图

无所不在的计算是 21 世纪新的计算模式。它是一项长期的目标，表明了人机交互在"嵌入性"和"可移动性"方面的理想目标。在这样的模式下，计算机消失了，用户界面消失了！只有计算存在。一个人可能同时使用了(被嵌入或隐藏的)多种、多台计算机，此时计算、通信、传感有机地结合在一起；人们进行的是"嵌入式""可移动"的计算；人们得到的是一个随时随地的全方位服务。计算装置变成了不可见的计算机，计算也变得无所不在，不可见的人机交互也会无所不在的。就像我们时刻呼吸着的氧气一样，我们看不见，却可以体验到。

8.5　关于新一代界面的讨论

这里，我们想对"新一代界面究竟可能是什么样的"做一点更为广泛的探讨。最近，随着人机交互研究的飞速发展，不同于传统的 GUI/WIMP 的界面蓬勃涌现，关于将来的界面会是什么样子的讨论也热闹起来。

Frohlich [Frohlich 1993]指出交谈式界面(与直接操纵式界面相对)正在回潮。他认为最早的交互计算机系统是基于交谈式交互的,用户和计算机通过交换语句进行通信。随着"直接操纵(direct manipulation)"技术的到来,出现了强调用户操纵计算机所显示的对象的倾向。回顾最近在实现和理解直接操纵界面方面的进展后,他指出了直接操纵界面的各种局限,并且认为这些局限可以通过有选择地引入交谈式的交互来克服。Frohlich 所谈到的刚好是一个正题、反题、合题的发展过程,两种原来互相排斥的技术在更高的层次上得到了综合,而这种综合正与多通道界面的动机相吻合。同样是针对人机对话方式,[Nielsen 1993]认为所有传统界面有一个共同的特征,就是它们都基于计算机与用户之间显式对话(explicit dialogue)这个概念。在这样的对话中,用户总是去命令计算机做什么事情。他指出,下一代界面可能以非命令式的交互为特征,也就是说用户与计算机的交互是隐含的,更多地由计算机来感知人而不是人去命令计算机。在这方面走得更远的是所谓智能代理式界面(Intelligent Agent Interfaces),这种界面的特点是只需要人把他的目的告诉计算机,计算机就会自动完成所需要的相应工作,甚至人不必将他自己的需求告诉计算机,计算机也能够基于自己的知识和推理去自动为人服务。

关于计算机将来的样子,[Weiser 1994]追问道:什么是未来计算机的隐喻呢?智能代理吗?多媒体吗?虚拟现实吗?无处不在的语音计算机吗?GUI 桌面,打磨过、精炼过的?类似阿拉丁神灯魔法般地满足我们愿望的机器吗?答案是:"一个也不是"。因为这些概念有一个共同的误区——它们让计算机可见。(那么计算机的样子就是没样子?界面的目标则是没界面了?)[Nielsen 1992]则认为,发展的潮流是要将界面与屏幕分离,而将它联系到物理世界。1994 年 Krueger 和 Froehlich 所描述的作为未来人机交互方式的非沉浸式环境正与此契合。非沉浸式环境是交互式的多媒体环境,它将用户的注意力集中在特定应用或者特定问题的解决过程。这一环境支持具体应用——比如医生的诊室或者建筑师的设计室——中的实际工作,而计算机则在幕后处理多感知交互信息。他们描述的 Responsive Workbench 就是一个这样的例子。[Negroponte 1995]更是全面勾画了一幅未来人机交互的动人情景。

在 1997 年的用户界面软件与技术(User Interface Software and Technology, UIST)大会上,HCI 领域的几位专家对未来的人机交互界面进行了讨论[Jacob 1997]。

Columbia 大学的 Steven K. Feiner 认为未来的 UI 将呈现以下几个方面:

(1) 可穿戴的用户界面:个人数据助理(PDA)随着显示、输入设备、无线网络、电池及封装技术的发展,它将比现在的台式计算机功能更强大,并能够以可被接受的价格舒适地集成到服装中。在任何时间和地点都能使用的可穿戴的用户界面,将与膝上电脑甚至当前的 PDA 上的用户界面迥然不同。

(2) 混合型 UI:将来除了高品质、价廉的头盔式的显示装置外,我们周围还将出现高品质的、价廉的、尺寸如墙面大小的及尺寸如桌面大小的显示装置。混合型 UI 将把大型与小型、二维与三维、静态与动态的输入及输出设备组合在一起。

(3) 环境管理:控制混合型 UI 所展现的动态的、共享的、分布式的信息空间是非常棘手的一个问题,用当今一般的窗口管理器是几乎不能完成的。将来的用户界面系统研究人员们将开发一整套环境管理软件,对复杂的信息进行高级描述。

(4) 自动设计及控制:更快速的处理器使得在需要立即响应的交互循环中能使用大型的基于知识及基于约束的系统。将来的用户界面研究包括:设计及控制定制的、交互的、多用户的、多媒体显示的研究,构造可视化的、可听化的信息及多媒体工作的研究等。

三菱电子研究实验室的James D. Foley认为：在未来10年，最普遍的界面将是以因特网为中心的。因特网的用户数量，用途及普及性将不断增长。我们不仅将拥有现在浏览器的GUI风格的网络界面及集成桌面、文件系统和浏览器的界面，还将拥有规模不同的，从高速视频点播系统到低速蜂窝电话之带宽不同的，从手表大小到一面墙大小之尺寸不同的界面。而且，因特网将无处不在，我们的界面更是如此。因特网将进入我们的家庭(设想每个电灯开关及装置上都安置URL来使住所自动化，设想一个因特网浏览器/电子公告板可以嵌入冰箱中)以及我们的小汽车中(与汽车行驶系统、蜂窝电话及无线电集成在一起，通过因特网了解路况、交通情况及天气信息)。

这就是说，将来许多界面的形式将与典型GUI风格的界面大相径庭。它们将是无处不在的，将嵌入到我们生活中的各种装置中。多通道输入及输出将扮演更重要的角色。在三菱电子研究实验室(MERL)，研究人员已使用低成本的视觉系统通过手势来控制一台电视机，通过身体的移动来控制游戏，并能识别人脸的方向。同时，还有待开发适用于这种应用的软件工具，如：支持多通道、并行输入的工具包，可帮助我们轻松地让计算机生成具有"Put that there"功能的应用程序包，可支持身体、表情、方向识别和应用的工具包等。另外，在网上发布数据库或填写表格使用比"create, delete, drag, resize"形式更直接、操纵更方便的方式。因此，由于因特网的界面语义较为简单，它将为用户界面自动生成软件的广泛应用提供契机。而且随着基于Java的开发工具的问世，将会出现支持基于知识的自动设计工具。界面将会与不同应用环境和开发平台上不同类型的网页内容相适应。

Xerox PARC用户界面研究组的Jock D. Mackinlay认为：用户界面的改变源于两方面：技术进步以及对人类能力与需求的更深入的了解。通常成功的创新，都应涵盖这两个方面。例如，第二代用户界面，即WIMP界面包括位图显示器，是在字符与向量显示器基础上的技术发展，它认识到人类识别命令比记住它们更容易。

将来，人类最迫切的需求是：将计算技术不断深入地集成到我们的物质生活中。因此，如果仅靠坐在桌旁操作鼠标和键盘，计算能力就要受到限制，因为我们的认知能力中只有某些是面向桌面的，如作家写文章等。其余的时候，当我们与其他人进行交互及操作实际物体时，只有计算机与用户界面充分发挥了人的认知能力，并成为人们生活的一部分时，才对我们有用。

技术发展的趋势是令人鼓舞的。膝上电脑体积变得越来越小，而功能更趋强大。快速计算机正用于支持传感器数据的有效解释和提高操作机器人的控制精度。显然，有效的自然语言和视觉理解将对我们如何设计用户界面产生很大的影响。

CMU人机交互研究所主任Dan R. Olsen教授认为：HCI是未来的计算机科学。我们已经花费了至少50年的时间来学习如何制造计算机以及如何编写计算机程序。下一个新领域自然是让计算机服务并适应于人类的需要，而不是强迫人类去适应计算机。计算的最终目标是影响人类的智力使其穿越时间、空间和人类体能的障碍。通过提供控制、通信及信息，计算可以达到的影响远远超越了一个特定的人在一段特定时间内所能完成的工作量，计算将物质世界中的人的智能、信息的获取与实际行为联系了起来。

其他的学科将为我们改造客观世界提供先进的知识与技术，所有这些中不变的是人类获取并掌握信息、决定行动的方案并将该行动以有效的方式表现出来的能力。尽管技术变得越来越便宜，但人类的这种能力将保持不变。由于系统中人的成份在成本中所占比例越来越大，更为重要的将是了解人与技术如何交互。对其中人的部分而不是技术方面进行优化，将变得更加重要。

未来的界面将更加紧密地适应人们自然的工作和生活方式,每个人将会拥有更多的计算机,而它们的功能会更加专业化。随着计算机的不断专业化,其集成化程度及软件结构的复杂程度将会不断增加。我们需要用能相互交互的硬件进行设计,这些硬件与我们现在设计 GUI 界面所用的硬件具有相同的作用。进行交互时,更多的将是面向基于信号的技术,如声音和视频,因为这些对于人类来说是最自然的方式。用计算机作为通信传递的媒体必将遍及到每一个方面,因为没有人是单独工作的。三维界面仍将占据重要的地位,但它并不是未来的最优方案。最优方案将是"可居住的计算机",它是我们生活和工作环境的一部分,我们不需要穿戴它,但却可以随时使用它。

图形用户界面会被替代吗? 否! 它将会增强,而不是被替代! 有没有一个最终、最佳的用户界面? 没有! 界面存在的本身,就是一个"不幸"。应该是没有界面,计算机应是不可见的! 图形用户界面 WIMP 将继续在许多办公系统及桌面系统中长期使用。它还将在以下几方面继续发展:从直接控制到非直接控制(如智能空间);从二维到三维视感;更准确的语音、手势识别;高质量的触觉反馈设备;更方便的界面开发工具;增强"智能代理"功能;用视频摄像来识别用户的身份、位置、眼动和姿势。

虽然很多人怀疑 Moore 定律是否将继续成立,但计算机的芯片仍按 Moore 定律而发展,也即计算机的运算速度、存储能力、以至于整体计算能力一直在成倍翻新。而人的能力呢? 人的认知能力(包括记忆、理解能力)是不随时间成倍增长的。那么人和计算机的交互就会存在严重的不平衡! 针对 Moore 定律的挑战,我们必须用工具或手段来扩展人的认知能力,或者说我们要增加"人脑的带宽"。顺风耳,千里眼,以至于各种嵌入式设备(眼镜、手套、耳机等)都是为了减轻人的认知负荷,扩展认知能力。我们的人机交互技术,从本质上讲,是为了减轻人的认知负荷,增强人类的感觉通道和动作通道的能力。

变革的时代会创造出无数新事物、新名词。在 GUI/WIMP 不再适应计算机快速发展时,新一代界面的新名词层出不穷,如 PUI(Perceptual UI,有知觉的界面)[Turk 2000], SUI[王玉 2001], IUI, NUI, AUI, TUI(Tangible UI,有形的界面)[Ishii 1997], Post-WIMP UI[Dam 1997]等。现在喜欢用"计算"(computing)来代替"计算机"(computer)。ubiquitous(无所不在), pervasive(普适), mobile(移动), wearable (可穿戴), intelligent(智能), invisible(不可见)等名词也被广泛使用。这里我们不想逐一解释它们的含意,或区分它们的差异。要强调的是无所不在的计算是一项长期的目标,它表明人机交互在"嵌入性"和"可移动性"方面的理想目标。而普适计算、不可见计算则更侧重于它的"嵌入性",而可穿戴计算、移动计算则更侧重于它的"移动性"。"智能计算或界面"则更侧重于它的一个核心技术——智能。图 8.12[Lyytinen 2002]形象地表示了它们的联系。希望通过这些眼花缭乱的新名词,发现"嵌入性(不可见性)"和"可移动性"的实质。

尽管众说纷纭,我们还是可以理出点头绪。总的说来,目前的台式机/桌面系统/GUI/WIMP 在将来相当一段时间内仍然会作为计算机与界面的主要样式而存在。最近十多年 Internet 的飞速发展也正是得益于 WWW 实现了 GUI/WIMP 与 Internet 的结合。这个例子生动地说明:尽管受到越来越多的批评,GUI/WIMP 仍然具有旺盛的生命力。事实上,绝大多数多通道研究的实例都是由 GUI/WIMP 界面的扩展来实现的。与此同时,从智能代理界面到 Responsive Workbench,再到尚未出现的种种界面,五花八门的新思想将不断涌现,而且各

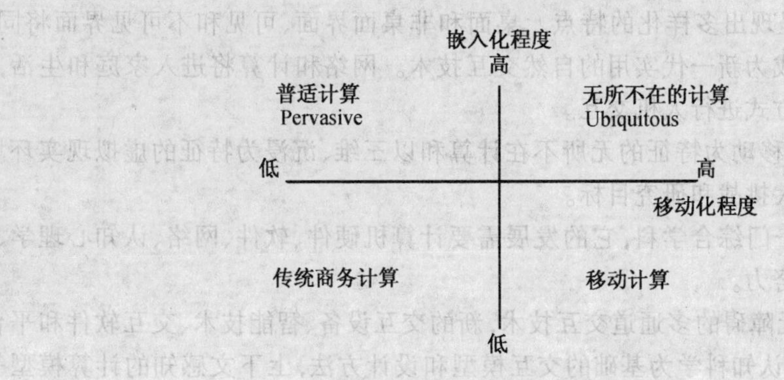

图 8.12　各种新型计算之间的关系

自会找到自己的生存空间。正如,[Nielsen 1993]所指出的,界定下一代界面的特征之一可能正是它们抛弃了遵循同一种规范的界面的原则,而是强烈地倾向于根据各种任务的需求来确定风格。在各种趋势中,可以找出一些值得注意的方向,包括:

(1) 小型与隐形的趋势:今天的全自动洗衣机、微波炉、电视机等早已成为计算机隐身之处,计算机还会继续以各种"不起眼"的形式进入我们的日常生活空间。

(2) 服务方式的兴起:无论是生态界面设计、非命令界面,还是智能代理,都强调减小人在使用界面时的认知负荷,让用户集中注意力于事情本身,而非机器或者界面上。这实际上反映了从人操作计算机向计算机在人的工作中"悄悄地"主动为人服务的发展。

(3) 对界面无障碍(non-intrusive)特点的强调:有障碍的界面或设备的问题在于干扰用户的正常活动,不自由也不自然。CMU 大学利用多通道整合,在给人以充分的活动自由的同时,进行语音识别和视线跟踪的技术很值得注意。MIT Media Lab 所研制的白光全息技术是一种前景非常广阔的技术,因为它不需要用户佩带任何额外的设备,用户只要正常地看,就能获得立体图像,这是其他任何立体视觉技术所不能比拟的。

(4) 虚拟与现实的结合:无论是 Augmented VR 还是前面所提到的 Responsive Workbench,都是这方面的例子。与沉浸式虚拟现实相比,能够以更低的成本达到更好的效果。完全逼真地模拟现实既无可能也不必要,虚拟与现实可以很好地互补。如果用白光全息技术代替立体眼镜、用摄像跟踪技术或者其他无障碍的技术代替手套,那么人们就可以完全自由在现实中享受虚拟的乐趣了。

(5) 与 Internet 连接:无论是为了分享信息资源还是计算资源(比如语音识别能力),绝大多数计算机都将与 Internet 或其后继相连接。

(6) 自然交互:人们将以日常技能来与计算机打交道。

传统界面仍然会有其生机,各种技术会被综合使用,因为更重要的是交互本身这一目的。不管怎样,世界不是桌面,计算机也远远不止是键盘、鼠标和显示器。人机交互的研究无论是在实际的还是在隐喻的意义上都正将我们带离桌面,去探索更广阔的物理的、生活的和数字的世界。

最后,我们重申一下在新一代界面及人机交互问题上的几个主要观点[董士海 2004]:

(1) 以 WIMP 为代表的图形用户界面将继续使用和发展,尤其是在办公室、家庭中广泛应用。

(2) 人机交互将呈现出多样化的特点。桌面和非桌面界面、可见和不可见界面将同时共存。语音和笔有希望成为新一代实用的自然交互技术。网络和计算将进入家庭和生活,人们可用多种简单的自然方式进行人机交互。

(3) 以不可见、可移动为特征的无所不在计算和以三维、沉浸为特征的虚拟现实环境,将是人机交互面临的重大挑战和研究目标。

(4) 人机交互是一门综合学科,它的发展需要计算机硬件、软件、网络、认知心理学、人类工效学等多学科共同努力。

(5) 自然、高效、无障碍的多通道交互技术,新的交互设备、智能技术、交互软件和平台,无缝的不同网络互联,以认知科学为基础的交互模型和设计方法,上下文感知的计算模型等,是当前人机交互的研究热点。

(6) 以国际和国家标准为指导,采用以用户为中心的设计方法,对产品进行设计和可用性工程评估,是我国工业技术(包括软件产业)健康发展的有效措施。

(7) 我国人机交互研究和产业已有明显的进展。我们仍需从战略高度出发,抓住时机,增加投入,加强各学科间、企业界与学术界间及国际上的更紧密合作,注意知识产权保护,大力培养人机交互人才,开创我国 HCI 的新局面。

参 考 文 献

[1] 陈敏,罗军,董士海.ATOM——面向任务的多通道界面结构模型.计算机辅助设计与图形学学报,1996, 8[增刊]:61~67

[2] 董士海,肖斌,汪国平.基于 Internet 的多通道用户界面.计算机学报,2000,23[12]:12701~275

[3] 董士海,王坚,戴国忠.人机交互和多通道用户界面.北京:科学出版社,1999

[4] 董士海.人机交互的进展及面临的挑战.计算机辅助设计与图形学学报,2004,16[1]:1~13

[5] 普建涛,王悦,陈文广,董士海.多通道用户界面原型系统 FreeVoiceCAD.计算机研究与发展,2003,40[9]:1382~1388

[6] 汪成为等.灵境技术的理论、实现及应用.北京:清华大学出版社,1997

[7] 王坚,董士海,戴国忠.基于自然交互方式的多通道用户界面模型.计算机学报,1996,19[增刊]:130~134

[8] 王玉.SUI:新一代用户界面技术.微电脑世界,2001(5):19~20

[9] 肖斌,蒋宇全,董士海.一个基于 Web 浏览器的多通道网上购物界面 NetShop.计算机辅助设计及图形学学报,2001,13[2]:168~172

[10] Agrawala M et al. The two-user responsive workbench: support for collaboration through individual views of a shared space. SIGGRAPH 1997, 1997, 327~332

[11] Balkrishnan R et al. User interfaces for volumetric displays. IEEE Computer, March 2001, 34(3): 37~46

[12] Bolt R. Conversing with computer. Technology Review, 1985, 88(2): 34~43

[13] Buyukkokten O et al. PowerBrowser: efficient web browsing for PDAs. Human-Computer Interaction Conference 2000 (CHI 2000), April 1~6, 2000, 430~437

[14] Card S et al. The keystroke-level model for user performance time with interactive systems. Communications of the ACM, 1980, 23(7): 396~410

[15] Card S et al. The psychology of human computer interaction. New Jersey: Lawrence Erlbaum Associates, 1983, ISBN: 0-89859-243-7

[16] Carroll J. Making use: scenario-based design of human-computer interactions. Cambridge: MIT Press, 2000
[17] Carroll J. Scenario and design cognition. Proceedings of the 5th Asia Pacific Conference on Computer Human Interaction (APCHI 2002), Beijing, Nov. 1-4, 2002, 23~46
[18] Coen M. The future of human-computer interaction or I learned to stop worrying and love my intelligent room. IEEE Intelligent Systems, March/April, 1999, 14(2): 8~10
[19] Cohen P R et al. An open agent architecture. in AAAI Spring Symposium, March 1994, 1~8
[20] Dam V. Post-WIMP user interface. Communications of the ACM, 1997, 40(2): 63~67
[21] Frohlich D M. The history and future of direct manipulation. Behaviour and In1formation Technology, 1993, 12(6): 315~329
[22] Fugen C et al. LingWear: a mobile tourist information system. in Proceedings (on-line) of the Human Language Technology Meeting (HLT-2001), San Diego, March 2001
http://hlt2001.org
[23] Garlan D et al. Project aura: toward distraction-free pervasive computing. IEEE Pervasive Computing, 2002, 1(2): 22~31
[24] Goebel M. Special Issue "Virtual Reality". IEEE CG & A, Nov/Dec 2001
[25] Halfhill T R. Good-Bye GUI...Hello NUI. Byte, July 1997
[26] Han Y et al. Mechanism for multimodal presentation planning based on agent cooperation and negotiation. Human-Computer Interaction, Special Issue on Multimodal Interfaces, 1997
[27] Hollan J et al. Distributed cognition: toward a new foundation for human-computer interaction research. ACM Transactions on Computer-Human Interaction, June 2000, 7(2): 174~196
[28] Hua Q et al. Conceptual modeling for interaction design. Proceedings of HCI International 2003, Crete, Greece, June 22-27, 2003, 351~355
[29] International Standards Organization, ISO 13407: Human-Centered Design Processes for Interactive Systems, ISO, Geneva, Switzerland, 1999
[30] Ishii H et al. Tangible bits: towards seamless interfaces between people, bits and atoms. Proc. of Conference on Human Factors in Computing Systems - CHI'97, New York: ACM Press, 1997, 234~241
[31] Ivory M et al. The state of the art in automating usability evaluation of user interfaces. ACM Computing Surveys, December 2001, 33(4): 470~516
[32] Jacob R J K. Where will we be ten years from now? Proc. of the UIST'97, 1997
[33] Jacob R J K et al. A human-computer interaction framework for media-independent knowledge. AAAI'98 Workshop on Representations for Multi-Modal Human-Computer Interaction, 1998, 26~30
[34] Jing X et al. Java front-end for web-based multimodal human-computer interaction. Proc. of the PUI'97, Alberta, Canada, 1997
[35] John B et al. The GOMS family of user interface analysis techniques: comparison and contrast. ACM Transaction on Computer-Human Interaction, 1996, 3(4): 320~351
[36] Johnson B et al. The interactive workspaces project: experiences with ubiquitous computing rooms. IEEE Pervasive Computing, 2002, 1(2): 67~74
[37] Kumar S et al. The adaptive agent architecture: achieving fault-tolerance using persistent broker teams. Proceedings of the Fourth International Conference on Multi-Agent Systems (ICMAS 2000), Boston MA, USA, July 7-12, 2000, 159~166
[38] Liu Z et al. An organizational human-centeredness assessment at Chinese software enterprises. Proceedings of the 5th Asia Pacific Conference on Computer Human Interaction (APCHI 2002), Beijing, Nov. 1-4, 2002, 251~259

[39] Lucente M et al. Visualization space: a testbed for deviceless multimodal user interface. AAAI'98 Symposium on Intelligent Enviroments, Standford University, March 23~25, 1998

[40] Lyytinen K et al. Issues and challenges in ubiquitous computing: introduction. Communications of the ACM, Dec. 2002, 45(12): 62~65

[41] Maglio P et al. Attentive agents. Communications of the ACM, 2003, 46(3): 40~46

[42] Maybury M T (ed.). Intelligent multimedia interfaces. AAAI Press, The MIT Press, 1993

[43] Maybury M. Intelligent user interfaces: an introduction. Proc. of International Conference on Intelligent User Interfaces (IUI'99), ACM, Tutorial. Los Angeles, CA. 5 January 1999, 3~4

[44] Negroponte N. Being digital. New York: Alfred A. Knopf Inc, 1995

[45] Newell A et al. Human problem solving. Englewood Cliffs, NJ: Prentice-Hall, 1972

[46] Nielsen J. Usability engineering. San Diego: Academic Press, 1993

[47] Nielsen J. Foretells future away from flat screen. CHI'92 , IEEE Software, 1992, 9(4): 78~79

[48] Nielsen J. Non command user interfaces. Communications of the ACM, April 1993, 36(4): 83~99

[49] Norman D. Cognitive engineering.

[50] Norman D, Draper S(Ed.). User centered system design, Lawrence Erlbaum Associates, Hillsdale, NJ. , 1986, 31~61

[51] Norman D. Things that make us smart: defending human attributes in the age of the machine. Addison-Wesley Longman Publishing Company, Incorporated, Reading, MA. 1993

[52] Oviatt S et al. Designing the user interface for multimodal speech and gesture applications: state-of-the-art systems and research directions. Human Computer Interaction, 2000, 15(4): 263~322

[53] Poupyrev I et al. Developing a generic augmented-reality interface. IEEE Computer, March 2002, 35(3): 44~50

[54] Schmidt A et al. There is more to context than location. In Proceedings of Workshop on Interactive Applications of Mobile Computing (IMC'98), Rostock, Germany, Nov. 1998, Neuer Hochschulschrift verlag, 893~901

[55] Schmidt A et al. Advanced interaction in context, In Proceedings of First International Symposium on Handheld and Ubiquitous Computing, HUC'99, Karlsruhe, Germany, Springer Verlag, Sept. 1999, 89~101

[56] Shafer S et al. The new Easyliving project at Microsoft Research. In Proceedings of the 1998 DARPA/NIST Smart Spaces Workshop, Gaithersburg, MD, USA, July, 1998, 127~130

[57] Shi Y et al. Smart remote classroom: creating a revolutionary real-time interactive distance learning system. In: Fong J. (eds) Proceedings The First International Conference on Web-based Learning, HK, Berlin: Springer, Aug. 2002, 130~141

[58] Shneiderman B. Direct manipulation for comprehensible. Predictable and Controllable User Interfaces, Proc. of International Conference on Intelligent User Interfaces (IUI'97), ACM, Orlando, Florida, 1997, 33~39

[59] Siewiorek D. Pervasive and context aware computing. Proceedings of the 5th Asia Pacific Conference on Computer Human Interaction (APCHI 2002), Science Press, Beijing. ISDN 7-03-010904-X/TP * 1850, Nov. 1-4, 2002, 3~11

[60] Stary C. Contextual prototyping of user interfaces. Proceedings of the conference on Designing interactive systems: processes, practices, methods, and techniques (DIS'2000), 2000, 388~395

[61] Streitz N et al. I-Land: an interactive landscape for creativity and innovation. Proceedings ACM Conference on Human Factors in Computing Systems(CHI'99), New York: ACM Press, 1999, 120~127

[62] Torrance MC. Advances in human-computer interaction: the intelligent room. Proc. of the CHI'95, 1995.

[63] Turk M. Perceptual user interface. Communications of the ACM, March 2000, 43(3): 32~34

[64] Wang J. Human-computer interaction research and practice in China. Interactions, 2003, 10(2): 88~96

[65] Wang Y et al. Research of context awareness in handheld & mobile computing. Proceedings of the 5th Asia Pacific Conference on Computer Human Interaction (APCHI 2002), Beijing, Science Press, ISBN 7-03-010904-X/TP1850, Nov. 2002, 401~406

[66] Weiser M. The computer for the 21st century. Scientific American, 1991, 265(3): 94~104

[67] Weiser M. The world is not a desktop. Interactions, 1994, 1(1): 7~8

[68] Wloka M. Interacting with virtual reality. in Rix J., Haas S. and Teixeira J. (ed.), Virtual Prototyping—Virtual Environments and the Product Development Process, Chapman and Hall, 1995

[69] Vertegaal R. Attentive user interfaces. Communications of the ACM, 2003, 46(3): 30~33

[70] Vertegaal R et al. The GAZE groupware system: medicating joint attention in multiparty communication and collaboration. Proc. of the Conference on Human Factors in Computer Systems(CHI'99), NY: ACM Press, 1999, 294~301

[71] Vredenburg K et al. User-centered design: an integrated approach. NJ: Prentice Hall, December 13, 2001, ISBN: 0130912956

[72] Zhai S. What's in the eyes for attentive input. Communications of the ACM, 2003, 46(3): 34~39

附录一：W3C 多通道交互用例[①]

岳玮宁，董士海

（北京大学计算机科学技术系，人机交互与多媒体研究室）

译自 http://www.w3.org/TR/2002/NOTE-mmi-use-cases-20021204/

摘　要

W3C 的多通道交互活动小组正在制定一项规范，作为未来网络应用程序的标准规范，在这些网络程序中，用户可以通过多种交互通道进行交互，例如通过语音、手写和键盘进行输入，通过语音、声音和可视化显示作为输出。本文档描述了多通道交互的若干用例（use case），并且通过对不同能力设备和用例中具体事件的描述将多通道应用程序中的不同构件进行了有机的结合。

文档情况

W3C 的多通道交互活动小组正在制定一项标准，用以扩展 Web 页面使其支持多通道交互。本文档给出了多通道交互的若干用例，以便使大家更好地理解多通道交互的需求，以及究竟哪些信息流需要多通道处理。

1. 引　　言

对用例的分析能够使我们更好地理解多通道交互应用程序的需求。

本文档描述的三个例子表现出对多通道交互的不同需求，这种需求差异是由不同应用领域中程序的多样性导致的，例如设备、所处理的事件、网络状况和用户交互方式等。

需要特别强调的是，尽管 W3C 多通道活动小组正在将本文分析结果作为多通道规范的输入进行开发，但并不能保证这些应用程序都是可以通过规范中定义的语言实现。

1.1　设备类型

低性能客戶端（Thin Client）

处理用户输入（麦克风、触摸屏、笔等）和非用户输入（例如 GPS）能力都很弱的设备。设备解释用户输入的能力非常有限，例如只有一个很小词库的语音识别或手写识别器。包括自然语言处理和对话管理在内的大多数处理过程都是在服务器端进行。

这类设备的一个实例是具有数字卫星广播（DSR）功能和可视化浏览器的移动电话（实际上还有比它性能更低的客户端）。

高性能客戶端（Thick Client）

具有强大处理能力的设备，绝大多数处理过程都可以在本地进行。该类设备可以捕获和

① 本文按照面向对象（Object-Oriented）中的习惯术语，将 Use Case 译为“用例”。

解释输入信息。例如，这类设备可以具有一个中等词库的语音识别器、一个手写识别器、自然语言处理和对话管理能力。其自身的数据可能仍然保存在服务器。

这类设备的实例是最近生产的PDA或者一个车内系统(in-car system)。

中性能客户端(Medium Client)

具有捕获输入和部分解释输入能力的设备。处理过程在一个Client/Server或多设备(multidevice)体系结构中分布式进行。例如，这类设备可能具有处理小词汇量命令和控制任务的语音识别能力，但仍需通过服务器进行高级对话管理等操作。

1.2 Use Case概述

表1 填写航班预约表格

描 述	设备类型	设备描述	执行模块
用户通过无线移动设备预约航班的方法和操作过程中的多通道结合；用户和应用程序之间的对话通过由表单填写(form filling)范例控制	低性能或中性能设备	触摸式显示器(例如，支持笔输入)、语音输入、本地语音识别和分布式语音识别框架、本地手写识别、语音输出、TTS、GPS、无线连接、不同网络之间的自由切换功能	客户端执行

情景描述1

用户在上班的路上希望通过自己的移动设备预约航班。用户可以给一个支持多通道交互的服务器(电话的隐喻)拨打电话或是选择一个应用程序(入口环境隐喻)来启动这一服务。细节不在此描述。

当用户在特性差别很大的网络之间移动时，他可以根据其偏好和最适合当时环境的方式进行交互。例如，当用户乘坐火车时，使用笔和手写输入可以获得比语音更好的识别率(取决于环境噪声)，并可以更好地保护个人隐私。当用户行走时，最适合的输入/输出通道应该是语音，并辅助以一些可视化输出。用户在办公室中则可以将笔和语音结合使用。

用户和应用程序之间的对话由“表单填写”范例(form-filling paradigm)驱动，即用户在表单的各个域中填入相应信息，例如“旅行原因”、“旅行目的地”、“出发时间”、“返回时间”等。用户选中程序中的每个域填入信息时，相应的输入约束就会被激活，用以驱动对用户输入的识别和解释。通过多通道方式输入的信息将接受同样的约束检测，这时来自多个交互通道的输入被结合起来解释用户的意图。

表2 驾驶向导

描 述	设备类型	设备描述	执行模块
用户可以通过语音和图形可视化的输入/输出请求并获得驾驶过程中的向导	中性能设备	具有图形显示、地图数据库、触摸屏、声音和触摸输入、语音输出、本地ASR和TTS处理以及GPS的主板系统	客户端执行

情景描述2

用户希望从当前位置去往某个指定地点，并且希望途中顺路去当地的一家餐厅(用户并不知道该餐厅的位置和名字)。用户通过方向盘上的按键启动服务，并且通过触摸屏和语音与系统进行交互。

表3 通过姓名拨打电话

描　　述	设备类型	设备描述	执行模块
用户通过读姓名拨打电话	低性能或高性能设备	电话	分析包含了以下情况： ● 应用可能运行于设备或服务器 ● 设备是否支持有限的本地语音识别 上述两方面决定了那些需要对基于设备和基于网络的服务进行调整的事件的类型

情景描述 3

Janet 按压她的多通道电话上的一个按键，并说出下列命令中的一个：

- 给 Wendy 打电话
- 给 Wendy 的手机打电话
- 给 Wendy 的工作单位打电话
- 给 Acme 研究院的 Wendy Smith 打电话

应用程序首先在 Janet 的个人联系表中进行匹配，如果没有匹配成功则会在另一个通信录中继续匹配。通过声音或可视化提示给出的向导对话框和减缩式(tapered)帮助可以帮助用户缩小搜索的范围。Janet 可以通过按键、笔触或声音进行响应。

选择完成后，关于 Wendy 的若干规则将用来确定如何处理这个呼叫请求。Janet 会看到一幅 Wendy 的图片，旁边是一段 Wendy 留给她的信息(通过声音或可视化显示)。呼叫处理可能依赖于时间、双方的位置和状态以及双方的关系，等等。Janet 可能会被告知 Wendy 正在开会，半小时后会议结束才可以接听电话，系统同时显示一个"ex"表示不要重播。呼叫也可能被自动地转接到 Wendy 的家庭电话、办公电话或者移动电话，还可能请 Janet 给 Wendy 留言。

2. Use Case 详细描述

2.1 填写航班预约表格

描述：航班预定用例描述了一个用户通过无线移动设备以及多个输入、输出通道的结合进行航班预定的情景。

用户使用的设备具有触摸屏(例如，支持笔输入)和声音功能。本例描述了一个丰富的多通道交互情景：用户在乘坐火车时开始预定操作，在步行去往办公室的途中继续交互，坐在其办公室的办公桌前完成整个事务的处理过程。用户在整个事务处理过程中前后处在几个差异很大的不同环境中，他可以使用其最习惯的、最适合当时环境的方式进行交互。例如，当乘坐火车时，使用笔和手写输入可以获得比语音更好的识别率(取决于噪声情况)，并可以更好地保护个人隐私。行走时最适合的输入/输出通道是语音，再辅助以一些可视化输出。用户在办公室中则可以协同使用笔和语音。

本例假设：可以在各种不同网络之间进行无缝转换，这些网络环境包括：办公室中的高带宽局域网(例如 802.11)、行走时的低带宽网络(例如 GPRS 等蜂窝通信网)以及乘坐火车时的低带宽且时断时续的网络环境(例如,在火车穿越隧道的时候网络链接将断掉)。

参与者

- 预约旅行的用户。
- 具有触摸屏、无线网络连接、手写识别能力和有限语音识别能力的移动设备。
- 具有完全声音对话能力、与旅行预约服务和位置时间服务连接的网络服务。

附加假设

- 数据性能可以从通信提供者的网络上获取。语音需求可以通过通信提供者网络上的声音能力实现,也可以通过一个利用现有数据性能的 DSR 框架实现。
- 用户和设备的特征信息可以通过多种方法进行描述,且有多种方式可以实现服务器与客户端之间的信息交换。

表 4　事件表

<table>
<tr><th>用户动作</th><th>设备上动作</th><th>设备送出的事件</th><th>服务器上的动作</th><th>服务器送出的事件</th></tr>
<tr><td>打开设备</td><td>通过网络进行注册,并且上载传输上下文[可用的 I/O 通道,网络带宽,用户指明的信息(例如出生城市)]</td><td>注册设备(传输上下文)</td><td>会话初始化:注册设备和传输上下文</td><td>注册应答</td></tr>
<tr><td>用户选择应用程序(通过笔或语音)</td><td>应用程序的客户端部分启动</td><td>应用程序连接(程序名)</td><td>载入一个适合当前属性的页面</td><td>应用程序连接应答(起始页面)</td></tr>
<tr><td colspan="5">应用程序处于运行状态并准备接受输入;根据用户属性和位置服务推测用户的出发地;用户正在火车上;可用的 I/O 通道是:笔、显示屏和声音输出</td></tr>
<tr><td>用户选中表单中的一个域,并通过笔进行交互</td><td>突出显示用户正在操作的域</td><td>获得焦点(域名称)</td><td>服务器载入这个域的约束限制,并将其发送到客户端用于手写识别</td><td>监听响应(域的语法约束)</td></tr>
<tr><td>用户开始手写输入,当他完成输入时</td><td>手写识别在客户端本地进行,并且通过可视化或声音(例如,耳标)显示识别结果</td><td></td><td></td><td></td></tr>
<tr><td colspan="5">如果识别的可信度较低,则通过耳标提示用户,并且将最有可能的前 n 个识别结果通过下拉菜单显示给用户,供其选择</td></tr>
<tr><td>用户确认其输入后将笔移动至下一个域中(例如,“出发时间”域)</td><td>结果提交服务器;突出显示用户新选中的域</td><td>部分提交(目的地)
获得焦点(域名称)</td><td>更新对话状态;载入该域的适当的输入约束;语法约束被发送到客户端</td><td>监听响应(域的语法约束)</td></tr>
<tr><td colspan="5">用户离开火车,开始步行。声音是惟一可用的 I/O 通道</td></tr>
<tr><td>用户通过按键进行显式的属性切换,或者通过非用户输入感知到属性的切换</td><td>更新属性:只有语音输入和可视化输出可用</td><td>更新(传输上下文)</td><td>语音识别和输出模块初始化;对交互通道之间的对话状态进行同步;产生声音提示“您准备何时出发”</td><td>发送(声音提示)</td></tr>
</table>

续表

用户动作	设备上动作	设备送出的事件	服务器上的动作	服务器送出的事件
用户应答说“我准备早上起飞”	采集声音输入,通过数据或声音信道将其发送至服务器	发送(声音)	识别语音,得到可信度最高的识别结果;产生相应的语音提示(例如:“您希望早上10点还是11点起飞”)	发送(声音提示)
在行走过程中,表单域的选择可以通过服务器的对话引擎驱动,也可以由用户说一些简单的短语控制				
用户到达办公室	用户通过按键进行显式的属性切换,或者通过非用户输入感知到属性的切换	变更传输上下文,提供通过语音、笔和GUI的交互方式		
此时,服务器确定了没有从出发地到目的地的直航航班;应用程序将所有出发地到目的地的可能路线显示在地图上,并提示用户进行选择				
用户通过语音说“这条线路”,并通过笔指明所选路线(例如在所选路线上画一个圈)	采集用户的手写和语音输入,和附加的时间戳一并发送到服务器	发送(声音) 发送(电子墨水)	服务器接收两个输入,将其整合为具有语义的命令;更新应用程序,确认输入整合的可用性	完成响应
此时用户需要支付费用;用户通过语音、笔或键盘输入其信用卡的相关信息				
用户签字,用于认证	采集手写输入信息,包括压力和角度等	发送(电子墨水)	服务器校验签名	完成

2.2 驾驶向导

假设

- 本地语音识别可以处理简单请求(例如会话习惯设置)
- 基于服务器的语音识别处理复杂请求(例如地址)
- 本地语音合成
- 执行模块在客户端
- 单一语言——最终支持多种语言
- 可用性(始终是可用的)——由于不可知的环境因素(例如隧道、山峰)可能造成暂时的中断
- 司机是单独驾驶(无法获得协助)
- 用户通过菜单启动服务之后,可能同时启动了其他可用的附加应用程序(这不在本例分析的范围之内)
- 用户通过按键初始化语音识别;结束语音输入有两种方式:用户可以通过按键显式的通知系统,也可以根据系统预先设定的一个时间阈值停止对语音的监听(用户在驾驶过程中总是操作按键可能造成危险)
- 在会话中的任意时刻用户都可以通过触摸屏改变显示选项(包括放大和改变路线显示选项);用户也可以通过方向盘上的按键启动语音会话,而后用语音更改显示选项

参与者

主要设备

- 基于主板的系统(车内),具有如下功能:
  - 图形可视化显示
    - 地图
    - 旅行时间估算
    - 文字向导
  - 触摸屏
  - 声音(输入、输出)
  - 键盘/文字输入
  - 本地语音识别 (ASR) 和语音合成(TTS)
  - 远程服务访问(语音识别服务和应用程序服务)
  - GPS

数据源

- 路线数据库
- 交通状况
- GPS 数据
- 里程表
- 地标数据库和景点:
  - 最近的加油站
  - 最近的指定类型的餐厅
- 用户偏好数据库

情景预排

用户偏好(可以根据每个会话进行变更)

- 主要输入通道:语音
- 次要交互通道:触摸屏
- 语音和图形化输出
- 为了支持多用户使用同一设备,将用户偏好保存在服务器(用户偏好可以根据说话人身份识别或是密码识别自动从服务器取回,其中采用密码识别时需要用户与一个认证对话框进行一次交互)

用户希望从当前位置出发到达一个指定地点,并且希望途中顺路到一家当地的餐馆(用户不知道餐馆的具体位置和名称)

协议

- HTTP
- 连接语音识别服务器的所有权协议
- GPS
- 其他

表 5　事件表

用户动作/外部输入	设备动作	事件描述	事件处理者	结果性动作
用户按压方向盘上的按键	服务初始化，启动 GPS 位置监测	向应用程序服务器发送 HTTP 请求	应用程序服务器将初始化页面返回给客户端设备	显示欢迎提示；初始化身份认证对话框(可以通过说话人识别或密码识别)
用户同身份认证对话框交互	客户端通过本地语音识别进行身份验证	向服务器发出带有用户认证信息的 HTTP 请求	服务器将用户偏好和初始化页面返回给客户端设备	提示用户输入一个目的地（如果身份验证之后还有别的应用程序可用，我们假设用户选择了驾驶向导程序）
初始化 GPS 输入	N/A	GPS 数据输入	客户端处理位置信息	客户端在显示器上更新地图(假设所有的地图都保存在客户端本地)
用户通过触摸屏改变音量	N/A	触摸屏事件（包括 x，y 坐标）	触摸屏检测到并处理用户输入	屏幕上的音量标志改变；语音输出的音量变更
用户按压方向盘上的按键	客户端初始化与语音识别服务器的连接	开始监听	语音识别服务器接受用户请求并建立连接	屏幕上出现“listening”图标表示开始监听(连接建立之前的用户语音输入被保存在缓冲器中)
用户说出目的地(为了提高识别率，可以将基于用户位置的语法约束发送到服务器，限制用户的输入)	N/A	N/A	语音识别服务器识别用户输入，将识别结果发送回客户端设备	客户端处理识别结果，向用户显示一个确认对话框，并且将目的地和到达目的地的路线突出显示在屏幕上
用户确认目的地	客户端在本地执行语音识别过程。用户的确认信息和目的地一起发送到服务器。	发送 HTTP 请求到应用程序服务器(包括当前位置和目的地信息)	服务器处理输入，将数据返回给客户端设备	客户端处理结果，更新显示有路线和方向信息的屏幕，突出显示下一步的向导
GPS 每隔一定时间输入	N/A	GPS 数据输入事件	客户端处理位置数据，并且判断是否达到了转向点等重要位置	客户端在屏幕上更新地图（假设所有地图都保存在客户端）并且突出显示当前步骤；当到达转向点时向用户显示下一条指令

续表

用户动作/外部输入	设备动作	事件描述	事件处理者	结果性动作
GPS每隔一定时间输入(显示用户没有按预期方向驾驶)	N/A	GPS数据输入事件	客户端处理位置数据,并且判断用户是否没有按照预期方向驾驶	更新地图,通过文字提示用户当前的路线不正确;客户端提示用户:正在重新计算路线
N/A	包含最新位置数据的路线请求发送到服务器	发送HTTP请求到服务器(包括当前位置和目的地)	服务器处理输入并且将结果数据返回给客户端	客户端处理结果,更新显示有路线和方向信息的屏幕,突出显示下一步的向导
服务器接收到基于交通情况的警示信息	N/A	路线变更警示	客户端处理该事件,初始化一个对话框以决定是否重新计算路线	将交通状态提示给用户,并询问其是否重新计算路线
用户要求根据当前的交通状况重新计算路线	客户端在本地进行语音识别处理。确认信息和目的地信息一起被发送到应用程序服务器	发送HTTP请求到应用程序服务器(包括当前位置和目的地信息)	应用程序服务器处理输入并将结果数据返回给客户端	客户端处理结果,更新显示有路线和方向信息的屏幕,突出显示下一步的向导
GPS每隔一定时间输入	N/A	GPS数据输入事件	客户端处理位置数据,并且判断是否达到了转向点等重要位置	客户端在屏幕上更新地图(假设所有地图都保存在客户端)并且突出显示当前步骤;当到达转折点时向用户显示下一条指令
用户按压方向盘上的按键	建立与语音识别服务器的连接	开始监听事件	语音识别服务器接收到请求并且建立连接	用户听到继续执行的提示,屏幕上显示"listening"图标
用户通过按压方向盘上按键请求输入一个新目的地(为了提高识别率,可以将基于用户位置的语法约束发送到服务器,限制用户的输入)	N/A	N/A	语音识别服务器处理语音信息并且将结果返回给客户端设备	客户端处理识别结果,向用户显示一个确认对话框,并且将目的地和到达目的地的路线突出显示在屏幕上
用户通过一个需要多次交互的对话框来确定精确的目的地位置	客户端根据用户的响应执行对话(使用本地语音识别)并且在需要时访问服务器	发送HTTP请求到服务器,获取由用户响应指定的对话和数据	应用程序服务器通过适当的对话进行响应	用户与一个对话框交互并且选择目的地;询问用户这是否是一个新的目的地

续表

用户动作/外部输入	设备动作	事件描述	事件处理者	结果性动作
用户指明这是去往原目的地途中的一个停车地点	客户端将更新后的目的地信息发送到应用程序服务器	更新向导的 HTTP 请求（根据当前位置、途中停车位置和最终的目的地）	应用程序服务器处理输入，并且将结果数据返回给客户端设备	客户端处理结果，更新显示有路线和方向信息的屏幕，突出显示下一步的向导
GPS 每隔一定时间输入	N/A	GPS 输入事件	客户端处理位置数据，判断是否到达了转向点等重要位置	客户端更新屏幕上的地图（假设所有的地图都保存在客户端）并且将当前的步骤突出显示；当达到转向点等重要位置时向用户显示下一条指令

事件

- 语音识别事件
- 触摸屏事件
- GPS 更新
- 屏幕刷新
- 交通状况警示
- 其他

同步问题

- 语音向导必须与当前位置同步
- 当路线变更并显示提示时，原来的提示必须停止，新的提示进入队列等待显示。这可以由如下事件触发：
  - 用户按压方向盘上的按键
  - 用户触摸屏幕
  - 接收到交通状况更新事件
  - 驾驶错误
- 屏幕必须及时更新以显示当前位置和路线，这可以由如下事件触发：
  - 刷新事件
  - 目的地变更
  - 路线变更
  - 驾驶错误
- 诸如交通状况更新的异步事件需要同用户的显式请求进行同步，这些请求包括：
  - 路线变更请求
  - 显示/输出偏好变更请求
- 其他

潜在关系

- 不可预料的服务器延迟可能会造成向导信息的不准确

情景考虑

输入信息：

- 起始地址/位置：
  - 明确的街道地址
  - 通过 GPS 获取的当前位置
  - 地标或景点
- 目的地址/位置：
  - 明确的街道地址
  - 地标或景点
- 交通状况
- 一般性偏好：
  - 高速公路 vs. 景色宜人的道路
  - 时间 vs. 距离
  - 输出风格(图形化、逐一输出，等等)
  - 输出单位(英里 vs. 公里)

可能的设备：

- 带有屏幕的电话
- 没有屏幕的电话(只能通过声音)
- 内置式系统(GPS，语音识别，语音合成)
- PC 机
- PDA
- 电话(声音 + 数据)
- UMTS (3G 时代的一种网络系统，Universal Mobile Telecommunication System)

可用技术：

- 通信 (2.5G，3G)
- 显示 (Y/N)
- 应用程序运行时环境(BREW，J2ME 等)
- 服务访问

数据源：

- 路线数据库
- 交通状况
- 位置(GPS)
- 速度和到达时间 (GPS，里程表)
- 地标数据库和景点：
  - 最近的加油站
  - 最近的指定类型的餐厅
- 用户偏好数据库

输出机制：

- 图形化(地图)
- 文字描述

- 声音
- 传真
- 动态更新(根据交通状况的重新计算,驾驶错误,等等)
- 处理结果的单独发送 vs. 处理结果在必要时的多路/连续发送

2.3 通过姓名拨打电话

概述

本用例描述了这样的情景:用户想给某人拨打电话,可以向用户自己的移动终端读出某人的名字、电话根据姓名给对方拨打电话。

如果对方无法接听电话,用户有两种选择:或是通过语音信箱系统给对方留言,或是给对方发送 E-mail。被拨叫用户可以为拨叫方设置个性化的留言信息,例如“请不要再给我打电话!”

被拨叫用户可以选择接听呼叫的设备,例如工作电话、移动电话、家庭电话或是语音信箱。这种选择可以根据当时的时间、位置和拨叫方的身份确定。

本用例中通过语音读姓名拨打电话是一个充分利用各种信息服务的实例,这些信息包括个人和网络通信录、位置、环境现状、密友名单和个性化特征。

使用多通道进行交互的优势在于:可以看到和听到被拨叫方的信息,可以在选择姓名的过程中使用语音,也可以使用笔或键盘。

参与者

- 拨叫方:拨打电话的用户
- 被拨叫方:希望可以控制对拨入电话的处理的用户
- 一个带有轻量级客户端浏览器的移动电话,还可以具有基于特定说话人的、功能较弱的语音识别功能
- 具有语音识别功能的基于网络的通信录服务,它支持用户在个人联系名单中查找姓名,就像在公共的通信地址录中查找一样
- 统一的基于网络的信息服务,提供信息的合成、发送和播放功能,包括针对特定用户的个性化信息
- 用户属性数据库,其中包括现状信息、密友名单和个性化的拨叫处理规则

假设

用户的设备上有一个按键,用户按压这个按键开始拨打电话。设备具有录音功能。(设备的声音激活功能依赖于电源的电量,并且在嘈杂环境中的可靠性不高)

语音和数据功能均可以从通信提供者的网络上获得(两者不需要同时处于活动状态)。

如果用户的电话支持语音识别并且保存有联系人名单的一个副本,则语音输入首先在本地通信录中进行识别,如果匹配不成功则将请求发送给通信录提供者。

通信录提供者可以访问信息服务、用户属性和用户现状信息。这样通信录的提供者就可以掌握每个注册用户的位置和当前状况——正在打电话、在工作、无法拨叫等。

通信录提供者强制执行访问控制规则,用以保证个人和集体隐私,在此不做详细介绍。

用户身份可以通过姓名进行区分,例如“Wendy”,也可通过昵称或别名进行区分。个人联系名单允许用户自己设置联系人的别名,以此限定搜索范围(叫“Wendy”的人太多了)。

客户端设备上有一个用户智能体(Agent),它带有一个 XHTML 浏览器,还可以带有基于特定说话人的语音识别功能。

用户设备上的智能体和通信录的提供者之间是客户端与服务器的关系。

对话可以由客户端设备驱动,也可以由网络驱动。这并不影响用户的浏览,但是影响了用来协调两个系统的事件。下文将会有详细的解释。

我们从如下角度描述通过姓名拨打电话的用例:

用户角度

用户按键并且说:

"给 Wendy Smith 打电话"

也可以说:

"给 Wendy 打电话"

"给 Wendy Smith 的工作单位打电话"

"给 Wendy Smith 家打电话"

"给 Wendy Smith 的手机打电话"

各种可能的情景是:

如果客户端具有本地识别功能,用户的语音输入首先被本地的一个读姓名打电话的应用程序处理。如果没有匹配成功,则将用户的语音输入发送到一个基于网络的读姓名打电话的应用程序进行处理。

用户个人联系名单的优先级高于公共通信录,无论这个个人联系名单是在用户设备上还是在网络上。

当用户读姓名的时候,可能出现如下情况:

(1) 惟一匹配:将被拨叫者的信息(例如被拨叫者的照片)呈现给拨叫用户。在正式拨叫之前,用户要对被拨叫者进行确认。

(2) 多匹配:如果匹配结果比较少(例如 5 个以下),则通过列表的方式让用户选择。系统将候选人的姓名和照片通过列表显示给用户,并通过语音提示用户进行选择。用户可以:

- 通过电话上的按键选择列表中的一个选项
- 点击或是触摸屏幕上列表中的一个链接
- 通过语音说出列表中某选项的索引编号或扩展名

另一种可选的方式是:系统逐个读出列表中的每个选项,当读到被拨叫方姓名时,用户说"就是这个"。这种方式适合用户"手忙眼忙"的情况和设备无法显示列表的情况。

(3) 众多匹配,例如被拨叫方的姓名使用非常普遍。通过一个向导对话框逐步引导用户缩小选择范围。

(4) 无匹配:识别没有匹配成功。用户可能什么也没有说,也可能环境噪声太大。调用一个渐缩式(tapered)帮助。系统可能要求用户重新输入,或者说出关键词数目或者逐个地读出字母。

假设用户完成了选择:

- 系统取得被拨叫者的相关信息,例如当前位置、所在位置的时间等。这些信息的显示可能依赖于拨叫方与被拨叫方的关系。假设支持密友名单和显示功能。被拨叫方可以根据时间等因素,确定指定群组或个人呼叫自己时的处理原则。

● 在这里描述两个情景：

(1) 系统发现被拨叫用户的当前位置可以接通，向拨叫方提供一副对方的照片和(或)一段声音。系统接通电话，建立用户与 Wendy Smith 间的连接。

(2) 系统发现被拨叫用户无法接通，则试图连接对方的语音信箱。

如果成功连接语音信箱，则提示拨叫用户："目前无法接通 Wendy Smith，这是她给您的留言。"

播放 Wendy Smith 的留言信息，这些信息可以包括录制好的声音、文字、图片甚至是一段视频录像。

系统提示用户："你是否想给 Wendy Smith 留言？"

用户说："是的"。

而后用户建立同语音信箱的连接，给 Wendy Smith 留言。

如果 Wendy 的语音信箱已满或是不可用，系统会提示用户给 Wendy 发电子邮件。这将占用拨叫方的存储空间，直到信息被成功送出。

被拨叫用户是否可接通取决于时间、用户是否离开其工作或居住位置以及拨叫方的身份。例如，白天当你正在行走时你希望通过移动电话接听来电；你的朋友可能因为忽略了时差的影响在午夜给你打电话，这时系统可能拒绝接听这些电话，当然对一些密友或家庭成员可以例外；还有一些人，你可能根本不想接听他们的任何电话，哪怕是语音留言也不愿意！

当一个用户被提示有电话拨入时，设备可以将拨叫方的信息显示出来，包括图片、姓名、声音、位置、当地时间，等等，拨叫方信息的显示依赖于通话双方的关系。用户可以根据这些信息决定是接听电话还是将其转到语音信箱。

通信录提供者角度

● 用户设备上的客户端录下用户语音输入。语音输入在客户端本地进行识别。若识别失败，语音信息被发送给通信录提供者进行识别。

若用户的设备不支持本地语音识别，仍然需要录下用户的语音输入，以便可以让用户立刻开始语音输入，而无需等待与通信录提供者的连接时间。

● 通信录提供者获取拨叫用户的属性信息，包括用户发出拨叫请求的设备信息、用户位置等。拨叫用户必须是经过注册和身份验证的。

● 提供者的语音识别器对用户的语音输入进行识别，并将结果返回。这个结果可以是惟一的结果，也可以是一个最有可能匹配的列表。

● 服务器应用程序(在通信录提供者一端)从此取得对交互流程的控制。

● 服务器访问数据库，并且根据识别结果取回更多的信息。

● 通信录提供者查询被拨叫用户的现状和个性化信息(包括密友名单、位置和现状信息等)，用以组织和建立响应内容。

● 处理结果可以通过如下多种途径返回给客户端：

一个具有匹配者全名、图片和声音的 XHTML 页面。

双通道的反馈信息，例如一个显示照片的可视化通道，另一个独立的语音通道播放用户的姓名(可以缩短响应时间)。

● 服务器创建并发送一个组合页面到客户端。

● 用户收到服务器信息后，不同的识别结果将导致不同的交互情景，详见"用户角度"。

● 从列表中选择一个选项可以通过语音、按键或笔完成。用户应该能够浏览整个列表，并且可以放弃前一次的选择而重新访问列表。

例如,用户说“给第一个人打电话”。通信录提供者处理这段语音并且选中匹配结果中的第一个。

- 当匹配结果较多或是需要提供语音识别和减缩式帮助时,通信录程序可能需要执行一个引导对话框来缩小搜索范围。

对话驱动

事件的细节依赖于对话是用户设备本地驱动的,还是网络驱动的。

若设备将用户语音发送给服务器处理,用户可以直接念出对方的姓名,如“Tom Smith”,也可以说“最后一个”。如果通信录搜索在用户设备本地进行,则服务器的响应很可能是一个短小的匹配列表、一个命令或是一个错误代码。为了支持应用程序,服务器必须具有如下功能,包括为设备提供传输识别上下文的途径、显示特定提示、下载指定用户信息等。

如果对话通过网络驱动,用户设备通过同样的方式将用户语音输入发送到服务器,但响应信息将更新显示和本地状态。如果用户通过按键或者笔进行了选择,这个事件将被发送到服务器。设备和服务器之间可以交换低层次的事件,例如笔在给定坐标位置的点击;也可以交换高层次事件,例如用户从列表中选择姓名。

表6　事件表

用户动作	设备动作	设备送出事件	服务器动作	服务器送出事件
打开设备	通过网络进行用户注册并下载个人通信录	用户注册(用户ID)	通信录提供者获得注册信息,更新用户的现状和位置信息,加载用户的个人信息(密友名单,个人通信录等)	确认信息+个人通信录,可以使用SyncML减小网络延时
按键拨打电话	初始化本地识别,激活用户的个人通信录			
	显示提示“请读一个姓名”			
读一个姓名	本地识别,并在个人通信录中进行搜索			
a) 如果语法匹配				
	显示姓名或姓名列表(见下表)			
如果只显示了一个姓名,则再次按键表示确认;如果显示的是姓名的列表,则从中选择一个(见下表)	从个人通信录中获取号码	呼叫(用户ID,电话号码)	检测被拨叫用户的位置和当前状态	拨叫成功(照片) 或 无法接通

续表

用户动作	设备动作	设备送出事件	服务器动作	服务器送出事件
	如果拨叫成功,则显示被拨叫方的照片并通话,如果无法接通,则提示用户留言或发送 E-mail			
i) 如果用户选择留言				
用户通过按键表示选择留言	初始化录音操作,并提示用户开始录音			
用户语音留言,并按键表示留言结束	录音结束,将录制结果发送到通信录提供者的应用程序	留言(用户 ID、电话号码、录音)	保存给被拨叫方的消息	留言成功
ii) 如果用户选择发送 E-mail				
用户通过按键表示选择发送 E-mail	启动一个 E-mail 编写程序			
书写电子邮件	从个人通信录中获取 E-mail 地址,发送 E-mail,而后关闭 E-mail 程序	发送邮件(用户 ID、E-mail 地址、内容)	将 E-mail 发送给被拨叫方	E-mail 发送成功
b) 如果语法不匹配				
	将用户语音输入发送到网络进行识别	发送(用户 ID、语音)	识别语音输入,并且在公共通信录中进行搜索	识别成功(姓名列表)或识别失败
	如果识别成功,则显示姓名或姓名列表(详见下表),若姓名不惟一,则激活列表索引的本地识别功能。 如果识别失败,则向用户显示相应信息			
如果只显示了一个姓名,则再次按压拨叫按键,表示确认;如果显示的是姓名的列表,则从中选择一个(见表 7)	接收选择(可能首先识别语音)	呼叫(用户 ID、电话号码)	检测位置……(同上)	

表7 显示和确认识别结果的交互细节

用户动作	设备动作	设备送出事件	服务器动作	服务器送出事件
… 用户的语音输入已经经过了识别器处理				
ⅰ）识别可信度极高，匹配结果惟一，自动确认（但是我们认为最好还是由用户进行确认，这样可以保证应用程序行为与用户意图的一致性）				
	显示姓名，并且显示提示“正在拨叫…”			
	获取号码	呼叫（用户 ID、电话号码）	检测被拨叫用户的位置和现状信息	拨叫成功（照片） 或 无法接通
ⅱ）较高的识别可信度，匹配结果惟一，用户显式确认				
	显示姓名和照片，并提示用户“是否拨叫？”			
通过再次按压拨叫按键进行确认	获取号码	呼叫（用户 ID、电话号码）	检测被拨叫用户的位置和现状信息	拨叫成功（照片） 或 无法接通
ⅲ）较高的识别可信度，多个匹配结果；或是识别可信度一般，一个或多个匹配结果				
	显示带有索引的姓名列表，激活本地的索引识别功能；如果有多个选项的拼写完全一样，应在列表中附加其他信息，以帮助用户进行选择			
读出选项的索引，或者通过键盘将焦点移至目标选项上，而后按键确定	获取号码	呼叫（用户 ID、电话号码）	检测被拨叫用户的位置和现状信息	拨叫成功（照片） 或 无法接通
ⅳ）识别可信度较低，没有从通信录中获得匹配结果				
	提示用户“没有找到这个姓名，请重新输入”			
用户再读一遍姓名	进行识别，如果经过第二次或第三次仍然没有匹配成功，则提示用户“对不起，没有这个号码”			

表8　无本地识别、所有识别过程都在网络进行的情况

用户动作	设备动作	设备发出事件	服务器动作	服务器发出事件
打开设备	通过网络注册	用户注册(用户ID)	获得用户注册信息,得到用户现状和位置信息(密友列表,个人通信录等)	注册响应
按键准备拨打电话		识别初始化(用户ID)	激活个人通信录和公共通信录	识别初始化完成
	显示提示"请读姓名"			
读姓名	通过网络对语音输入进行识别	发送(用户ID,语音)	首先在个人通信录中识别,若识别结果的可信度均不高,则在公共通信录中进行识别	识别成功(姓名列表) 或 识别失败

3. 致谢

下列人员参与了本文档的指定和编写:

- Paulo Baggia, Loquendo
- Art Barstow, Nokia
- Emily Candell, Comverse
- Debbie Dahl, Consultant and Working Group Chair
- Stephen Potter, Microsoft
- Vlad Sejnoha, Scansoft
- Luc Van Tichelin, Scansoft
- Tasos Anastasakos, Motorola
- Lin Chen, Voice Genie
- Jim Larson, Intel Architecture Lab
- T. V. Raman, IBM
- Derek Schwenke, Mitsubishi Electric
- Giovanni Seni, Motorola
- Dave Raggett, W3C/Openwave
- Bennett Marks, Nokia
- Katriina Halonen, Nokia
- Ramalingam Hariharan, Nokia
- Stephane Maes, IBM
- Purush Yeluripati
- Kuansan Wang, Microsoft

附录二：北京大学本科生“人机交互”课程实习情况简介

1. 课程实习要求

北京大学计算机科学技术系的本科生课程“人机交互”由北京大学人机交互与多媒体研究室开设。该课程的考核由三个部分组成，下面进行简要的介绍。

1.1 论文或技术报告

我们给学生提供了以下 HCI 方面的选题，学生可以根据自已的兴趣和爱好从中任选一个题目：

- 人机交互的发展历程
- 交互技术的发展和现状(可包括自己的想像)
- 交互设备的发展和现状(可包括自己的想像)
- 对用户界面评价方法的探讨
- 对未来用户界面的构思
- 如有兴趣可针对具体的交互设备或技术单独做文章，例如：
  - 网页设计中的人机交互问题
  - WEB 界面的可用性问题和评价方法
  - 网站导航系统
  - 语音识别
  - 远程教育中的人机交互问题
  - 走向自然的人机交互技术
  - 计算机语音技术在人与人交互中的作用
  - VRML——虚拟现实建模语言
  - 虚拟现实技术
  - 多通道用户界面的发展历程及其研究方向

1.2 思考与讨论题目

讨论和交流是进行前沿性课题研究必不可少的一个重要组成部分，特别是对于人机交互这样一门跨领域、综合性强的交叉学科而言，创造性的思维和想法显得更为重要。为了鼓励和启发学生的创新和参与，我们通过思考题和讨论题的形式鼓励学生表达自己的想法，并用课上讲授的理论、方法和技术指导实践。例如，下面是我们给北京大学计算机系 1999 级本科生开课时所布置的讨论题：

(1) 对现代电话系统(手机)的功能和交互方式进行分析，提出你认为可改进的方面。

(2) 设计一个调查问卷，例如主题是在校大学生互联网的使用情况等。

(3) 说明在人机交互系统设计过程中设计说明、原型、用户活动模型、行为数据、调查计划和报告的重要性。

(4) 对你熟悉的一个系统,如网上图书馆,进行认知尝试分析(cognitive walkthrough analysis)。

1.3 上机实习

为了检验学生学习、掌握知识的情况,以及解决实际问题的能力,我们要求选课学生独立或以小组为单位设计实现一个与 HCI 有关的计算机软件或系统原型。具体的选题情况不限制,鼓励大胆想像和创造,不拘泥于具体的形式,学生有充分的任意发挥的自由空间,也可针对具体的应用软件进行改造。要求这些系统能够解决现存应用或系统中的交互问题,提高人机交互的效率和自然性。我们的一些参考选题如下:

(1) 编制一个 Windows 程序,要求界面美观、易于操作。

(2) 使用 IBM Via Voice 或微软等语言识别引擎,开发基于语音的多通道界面系统。

(3) 开发一个超媒体界面。

(4) PC 游戏中的图形用户界面(GUI)设计。

(5) 网页设计。

(6) 移动设备界面设计。

(7) 图标设计。

2. 上机实习示例

我们从历年来上机实习课程的作业中挑选出一些具有代表性的系统或原型,在这里进行逐一的简要介绍,供读者了解、研究和讨论。

2.1 多通道交互系统

- 基于鼠标手势的电子图书阅读器(1999 级本科生作业)

电子图书和相应的阅读器是一个具有广阔发展前景的应用领域。据调查显示:2005 年以前将会有 2800 万人阅读电子图书,占整个图书市场的十分之一。本系统是一个模拟人类日常读书习惯的电子图书阅读器,使用这个阅读器,用户可以用自己日常习惯的交互动作和方式控制阅读过程。首先,它支持以双页模式显示图书的内容,这与纸媒介图书的特点很好的吻合;其次,它模拟人们日常用手翻书的工作,通过鼠标手势控制图书的翻页,并且配以相应的声音效果,使读者进入最为习惯的阅读环境,从而提高阅读效果。

用户可以通过鼠标手势控制书的翻页,只需在书页上滑动,则书会根据鼠标的滑动方向和路线,确定其翻页的方向。同时,为了使用户获得更加真实的感觉,书页厚度的视觉效果也会根据当前所处页数和总页数的关系自动的进行调整。

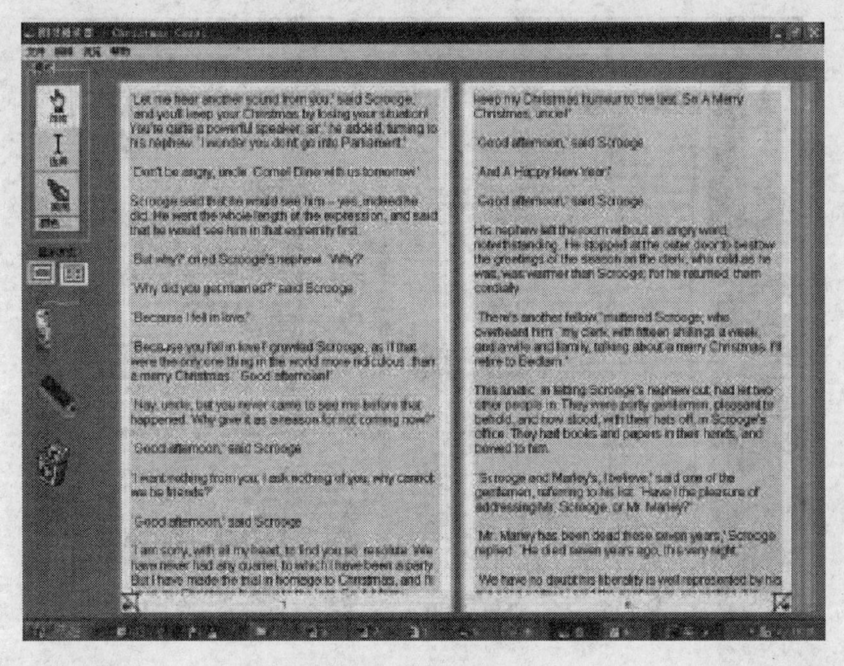

电子读书器界面

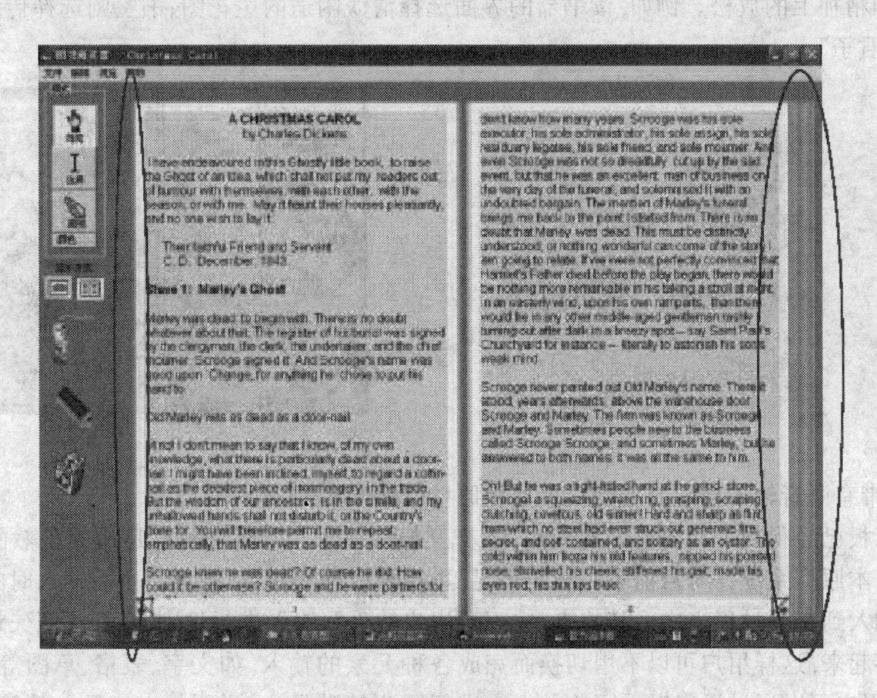

浏览书的前半部分时的视觉效果

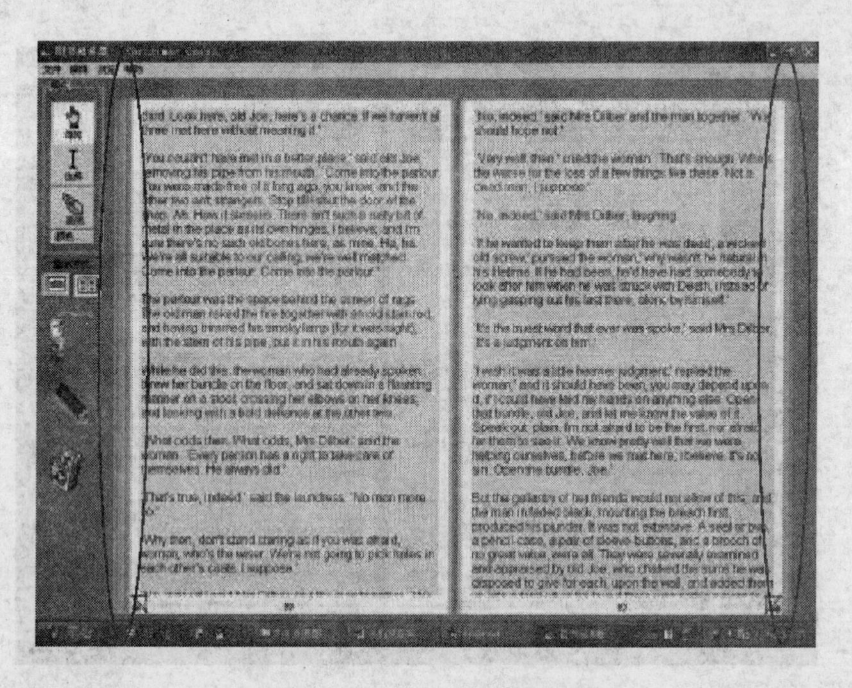

浏览书的后半部分时的视觉效果

此外,系统在设计实现的过程中充分考虑和体现了中国人的传统审美观点,使用户可以得到心理和精神上的放松。例如,读书器的界面选择清淡闲适的兰花图;书签则选择传统的梅兰竹菊“四君子”。

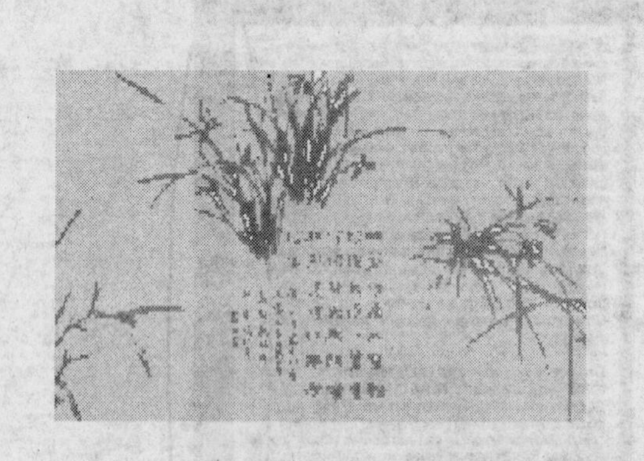

● 带有语音输入功能的便携式手写板原型(1999级本科生作业)

手写板已经得到了相当普遍的应用,其交互模型基于“纸-笔”模型,是最为自然的交互模型之一。本原型系统针对目前手写板的不足,进行了修改和提高,并且将手写输入时的同步语音信息加入到交互过程当中。其特点是:不对用户的手写输入进行识别,将其按照矢量图像的方式保存起来,这样用户可以不用切换而完成各种元素的输入,如文字、表格、草图等;在输入的同时,用户可以通过语音对手写输入内容进行同步辅助批注、说明。内容导入计算机之后,系统会自动地保证语音和手写信息的同步关系,通过相应的浏览软件,用户可以像查看普通批注一样查看语音批注。如下图是计算机上与手写板配套的浏览软件,背景变色的部分表明带有语音同步信息,用户点击鼠标时,播放相应的录音,且允许用户对播放过程进行控制。(注:本系统已由北京大学申请了国家发明专利)

● 语音、鼠标和键盘协同控制的作图系统(1997 级本科生)

作图是工业设计和 CAD 领域最常使用的工具之一,当今的作图软件在功能上虽然越来越强大,但是其操作方式往往过于复杂,增加了用户的交互和认知负担。所设计的有语音通道的多通道用户界面的绘图系统,包括了三个交互通道:语音、鼠标和键盘。用户可以根据自己的使用偏好和习惯,通过对受限语音、鼠标、键盘三个通道的自由组合来完成绘图任务,从而使绘图系统更加自然、高效。

以圆形的绘制为例,用户可以通过传统的方法用鼠标进行拖动绘制,也可以通过语音输入:“绘制一个半径为 10 的圆形”。当用户试图对已经绘制的图形进行操作时,他可以将鼠标、键盘和语音进行协同的输入,例如:用户可以用鼠标选中一个圆的同时通过键盘将其向右移动,并同时说:“将它变成红色”,用户所选的圆形会在向右移动的过程中变成红色。

在这个系统中应用了我们课程上讲授的“基于任务的多通道整合模型”,对语音、鼠标和键盘信息进行整合处理,取得了良好的效果。

2.2 CSCW 环境支持系统

● WorkTogether 系统(1999 级本科生)

WorkTogether 是一个 CSCW 环境下的支持系统,它具有项目人员分组功能,而且开发人员可以自己选择加入或者退出某一小组。如果加入了某一小组,则可以享受相关的权利,比如修改该小组的文档等。否则,则对文档只具有浏览的权限。WorkTogether 平台提供文档管理的功能。即:文档按小组进行管理,并通过文档管理系统来进行相关的权限和文档一致性的维护。WorkTogether 平台提供小组成员之间相互交流的功能。比如说,传送文件、发送信息(聊天室)、协同编辑文档。

以协同编辑为例(如下图所示),最上面标题栏中显示的是打开该文档的用户的名字。下面两个窗口,一个是显示窗口,另一个(右边)是编辑窗口。最下面是提供给用户协同编辑时所用的聊天室。

WorkTogether 的功能示意

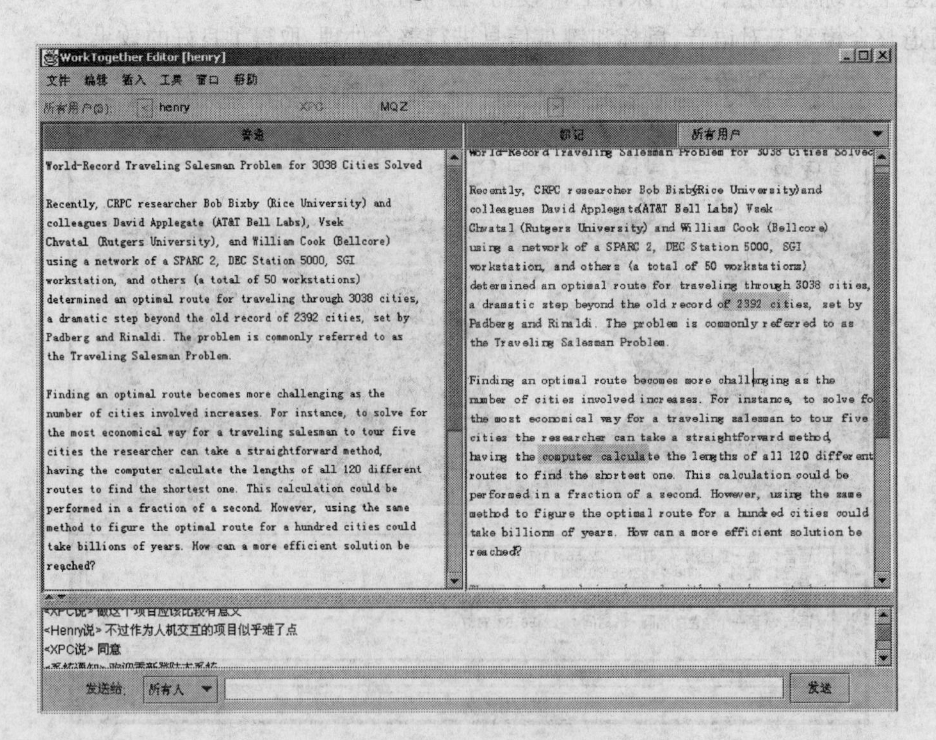

WorkTogether 中的协同编辑器

- 电子白板系统(1998 级本科生)

本系统是一个允许多个远程参与者共享同一块工作空间、让每个参与者都可以使用简单绘图工具和文字进行网上协作的工具。类似于一块黑板,所有的参与者均可在上面书写文字,绘制简单的图形(直线、曲线、矩形等),并对这些对象进行移动、编辑、取消等操作。白板数据是共享数据,当一个用户修改了其中的数据之后,就要把修改立即通知给其他用户,让他们及时更新自己的白板视图。其更新结果应该立即反映在其他所有用户的视图上,即所谓的“你见即我见”(WYSIWIS, What You See Is What I See)。每次电子白板内的各对象实体可被储存下来,以备进一步查询使用。由于电子白板是分布式环境下的以人为中心的协作工具,它一方面要求系统满足多用户、分布式的要求;另一方面,又要求系统的操作在协作允许的范围内响应,使人与人之间的协作流畅、自然。

2.3 网页设计

- 聊天交友网站的设计与实现(1999 级本科生)　　URL:http://
- 留言板校友录的设计与实现(1998 级本科生)　　URL:http://
- 主题页面的设计与实现(1998 年本科生)　　URL:http://
- 个人主页的设计与实现(1998 级本科生)　　URL:http://162.105.30.86

2.4 其他

- 地图浏览系统 GumViewer(1999 级本科生)

GumViewer 地图浏览系统是一个基于 gum 格式地图数据文件的地图浏览器,其特点是充分考虑和支持了个性化的交互操作。如下图,用户可以通过菜单和按键快捷地进行操作和设置,主要功能均有相应的按键,在左上窗口中显示出所有导入的地图数据文件名,用户可以用鼠标或按键简单地选择打开其中的某几幅。用户菜单中有详细的使用说明,可以方便地获取产品信息和使用信息。在功能设置按键中,用户可以选择改变背景颜色、点半径与线条选择精度,以达到最佳显示效果。

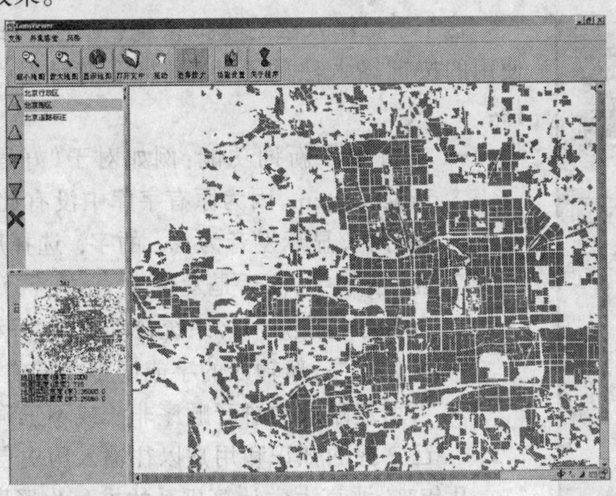

GumViewer 地图浏览系统

在使用本系统时,用户可以根据自身的爱好选择界面的风格和色彩。用户可以将主窗口设置为 Java 风格或 Windows 风格。还可以在颜色上进行调整,例如海宝石蓝、祖母绿和宝石红的选择,就适合了各类用户的需要,见下图:

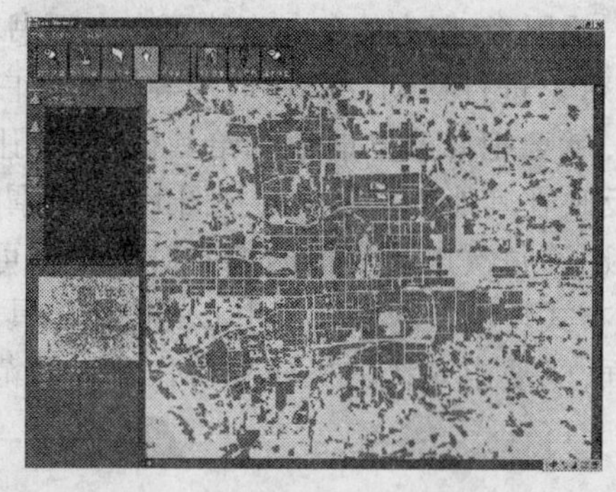

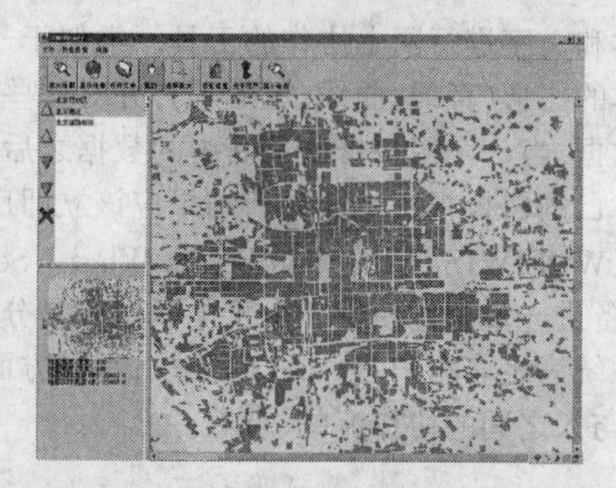

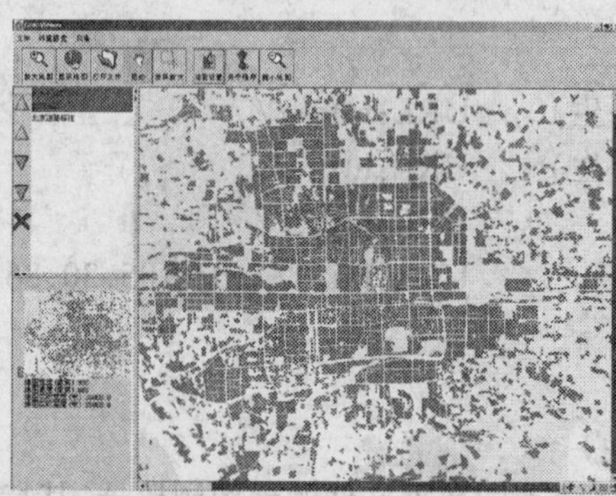

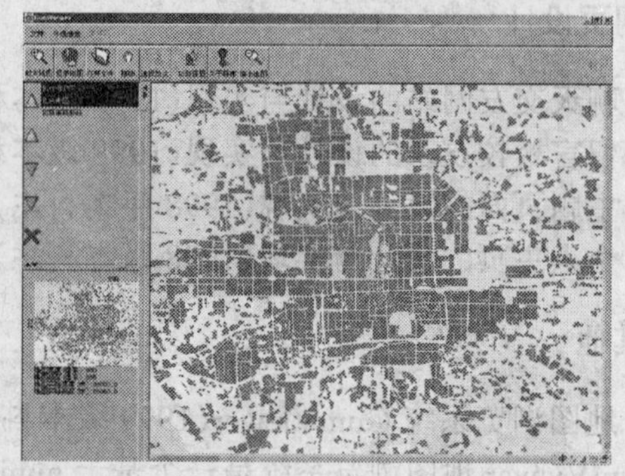

Java 风格与 Windows 风格的用户界面

不同颜色风格的界面

- 手持设备输入法原型系统(1999 级本科生)

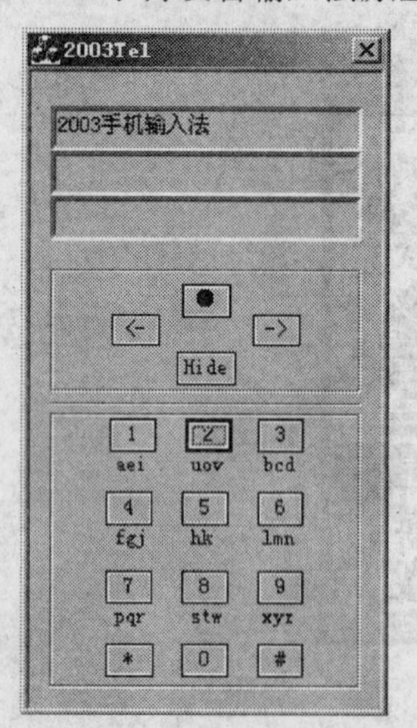

这个手机输入法的模拟系统(见左图)针对目前手机上广泛使用的按键输入法的不足,进行了有针对性的改进。其特点包括:

→ 支持记录新词功能:例如对于"好程序"这个词组,键入 haochengxu, 因为原有字库中没有此词,所以系统进行自动分词,显示发音为 hao 的字, 选择后继续显示出发音为 cheng 的字,而后是发音为 xu 的字。此后,当用户再次输入 haochengxu 时,系统自动显示"好程序"。

→ 词频排序:新输入的字或词排在最前面。

→ 当用户敲入的拼音顺序非法或不正确时,系统将会根据自己掌握的知识和用户以往输入历史自动地给出纠正提示。

几年来,北京大学计算机系的本科生踊跃选修《人机交互》课程,他们在课上讨论、论文和上机实习中所提出的新想法、新观点、新思路对于我们不断完善本课程以及进行 HCI 前沿领域的研究具有十分重要的启发和推动作用。

上面选择的只是几年来具有代表性的一些上机作业,读者可以通过访问 http://graphics.pku.edu.cn 获得更多实习课程的信息和情况。在此对这些工作的完成者和参与者表示衷心的感谢。